广视角·全方位·多品种

U0257694

皮书系列为
"十二五"国家重点图书出版规划项目

移动互联网蓝皮书

BLUE BOOK OF
CHINA'S MOBILE INTERNET

中国移动互联网发展报告
（2014）

ANNUAL REPORT ON CHINA'S MOBILE INTERNET DEVELOPMENT
(2014)

主　编／官建文

副主编／唐胜宏

社会科学文献出版社
SOCIAL SCIENCES ACADEMIC PRESS (CHINA)

图书在版编目（CIP）数据

中国移动互联网发展报告. 2014/官建文主编. —北京：社会科学
文献出版社，2014.6
（移动互联网蓝皮书）
ISBN 978 - 7 - 5097 - 6000 - 0

Ⅰ.① 中… Ⅱ.①官… Ⅲ.①移动网 – 研究报告 – 中国 – 2014
Ⅳ.①TN929.5

中国版本图书馆 CIP 数据核字（2014）第 090760 号

移动互联网蓝皮书

中国移动互联网发展报告（2014）

主　　编／官建文
副 主 编／唐胜宏

出 版 人／谢寿光
出 版 者／社会科学文献出版社
地　　址／北京市西城区北三环中路甲 29 号院 3 号楼华龙大厦
邮政编码／100029

责任部门／皮书出版分社（010）59367127　　　责任编辑／陈　帅
电子信箱／pishubu@ ssap. cn　　　　　　　　责任校对／张蓝鹤　李　俊
项目统筹／邓泳红　陈　帅　　　　　　　　　责任印制／岳　阳
经　　销／社会科学文献出版社市场营销中心（010）59367081　59367089
读者服务／读者服务中心（010）59367028

印　　装／北京季蜂印刷有限公司
开　　本／787mm×1092mm　1/16　　　　　　印　　张／25.5
版　　次／2014 年 6 月第 1 版　　　　　　　　字　　数／412 千字
印　　次／2014 年 6 月第 1 次印刷
书　　号／ISBN 978 - 7 - 5097 - 6000 - 0
定　　价／79.00 元

主要编撰者简介

官建文 人民网副总裁，人民网研究院院长，人民日报社高级编辑。长期从事新闻编辑、网站管理及新媒体研究，是 2011 年度国家社科基金重大项目首席科学家。著有《新闻学与逻辑》等；近年来的相关代表作有：《中国媒体业的困境及格局变化》《移动客户端：平面媒体转型再造的新机遇》《大数据时代对于传媒业意味着什么？》等。

唐胜宏 人民网研究院院长助理兼综合部主任，长期从事新闻网站管理和研究工作，代表作有《网上舆论的形成与传播规律及对策》《信息化时代舆论引导面临的难点和工作中存在的不适应问题》《运用好、管理好新媒体的重要性和紧迫性》《2012 年中国移动新媒体发展状况及趋势分析》等。

彭　兰 中国人民大学新闻学院教授，博士生导师，国家社科重点研究基地"中国人民大学新闻与社会发展研究中心"专职研究员，新媒体研究所所长，北京网络媒体协会理事。主要研究方向为新媒体传播、媒介融合。著有《网络传播概论》《网络传播学》《中国网络媒体的第一个十年》等。

顾　强 曾长期在国家经济和贸易委员会、国家发展和改革委员会、工业和信息化部等部门工作，现为中国科学院科技政策与管理科学研究所博士后，主要研究方向为三网融合、战略性新兴产业、工业发展战略等。主持和参与若干国家社科基金、省部级重大课题研究。专著、主编、编著二十余部书籍。

许洪波 华南理工大学教授，国家"核高基"科技重大专项总体组成员，并作为创始人发起了广州国际移动互联网产业基地——国际创新谷，任创新谷董事长。

胡　泳　北京大学新闻与传播学院副教授。中国传播学会常务理事，中国网络传播学会常务理事，中国信息经济学会常务理事。"信息社会50人论坛"成员。世界经济论坛社交媒体全球议程理事会理事。2014年入选南都报系·奥一网颁布的"致敬中国互联网20年20人"榜单。著有《网络为王》《众声喧哗》等。

摘　要

《中国移动互联网发展报告（2014）》全面介绍了 2013 年中国移动互联网发展状况，梳理了年度发展的特征特点，展示了年度发展的重点亮点，是 2013 年中国移动互联网发展水平与研究成果的汇集和展示。本书由人民网研究院组织相关专家、学者与研究人员撰写。

全书由总报告、综合篇、产业篇、市场篇和专题篇五部分构成，总报告不仅对 2013 年中国移动互联网发展状况做了详细介绍，而且对其发展特征、影响等做了深度解读和分析；综合篇对中国移动互联网之全球地位、与中国经济和产业转型升级的关系、与物联网之关系、对新闻生产和消费的影响等进行了独到的分析与论述；产业篇分别对中国移动互联网基础设施、国产移动终端、应用服务与移动安全等的发展情况做了介绍、分析、展望；市场篇对移动金融、移动阅读、移动游戏、移动搜索、移动视频广告和移动旅游等各细分市场情况进行了梳理和研判；专题篇对 2013 年中国移动互联网发展的热点与亮点做了盘点、评析。全书共收入 25 篇文章，涉及中国移动互联网发展的各个重要方面，有对中国移动互联网 2013 年发展状况的总体描述、介绍，有对各重点领域、主要创新与突破点的介绍与评论，还有对中国移动互联网发展关键问题的深入研究。

本书作者对中国移动互联网都有深入的研究，他们有的是互联网主管部门的相关领导，有的是重点大学资深的新媒体教授，有的是新兴媒体研究机构、咨询机构的专家，有的是互联网企业的管理者，他们把长期跟踪、研究中国移动互联网的成果奉献给了这部蓝皮书。与前两年的蓝皮书相比，今年的蓝皮书除了有详细的数据、深度的分析，更多了理性的思考以及对未来发展的探究。

《2013 年中国移动互联网发展大事记》，列出了当年的重要事件，附后供参阅。

Abstract

Annual Report on China's Mobile Internet Development (*2014*) is a combination of general research, systematic analyses, and data-based studies on the status, features, and stresses of China's mobile internet development in 2013. It is also a collective effort by the researchers and experts from the Institute of People's Daily Online, as well as other research branches of government, industry, and academia.

Containing 25 articles, the report is divided into five major sections: General Report, it not only presents a clear description of the general status of China's mobile internet, and provides an in-depth interpretation and analysis of its features and impacts. Overall Reports, they conduct a special analysis and discussion on issues concerning the mobile internet such as its status worldwide, its relations with China's economic and industrial transformation and upgrading, its connection with the internet of things, and its impact on news production and consumption. Sector Reports, they combine introductions to, analyses of, and forecast for the development of China's mobile internet infrastructure, Chinese-made terminals, mobile applications and security. Market Reports, they offer specific views and information on mobile use in finance, reading, games, search functions, video adverts and tourism. Special Reports, they focus on hot spots and issues relating to China's mobile internet development in 2013. All the articles in this book cover the key facts of China's mobile internet development, providing a panoramic view, commenting on current focal points or breakthroughs, and presenting in-depth researches on the major issues related to China's mobile internet development.

The author team is composed of leading internet authorities, senior academics in new media field, new media specialists from research and consulting bodies, and executive officers from the internet industry, all with profound knowledge of China's mobile internet, all of whom contribute their expertise based on prolonged experience. Compared with the reports of 2012 and 2013, this year's includes further rational thinking and exploration of future development, as well as a wealth of data and analyses.

The Appendix lists the memorable events of China's mobile internet in 2013.

序

　　"移动互联网蓝皮书"已经出到第三本了。在第一本书的序言中，我曾写下这样一段话："移动互联网让互联网的触角延伸到每一个角落，成为真正的'泛在网络'：无论何时、何地、何人，都顺畅地通信、联络，网络几乎无处不在、无所不包、无所不能。"现在看，这段话恰如其分。2011年底，中国智能手机保有量刚刚突破1亿部，现在达到5.8亿部；2011年移动互联网接入流量为5.4亿GB（54083万GB），2013年达到13.2亿GB（132138万GB），是2011年的两倍多；2011年中国人民银行分三批发放了101张第三方支付牌照，移动支付刚刚起步，2013年移动支付金额已近10万亿元；当时微信用户还不到5000万人，现在已超过6亿人。工业和信息化部副部长尚冰2014年2月在巴塞罗那世界移动通信大会上用三个"70%"概括2013年中国移动互联网的快速发展：智能手机占全部手机销量的比例超过70%，移动互联网接入流量增长超过70%，移动互联网对行业增长的贡献率超过70%。比数量的快速增长更为重要的是，移动互联网已经深入人心，渗透到各行各业和社会生活的方方面面，不仅媒体传播、电商交易、缴费付款向移动终端转移了，而且教育培训、娱乐游戏、旅游预订，甚至代驾、打车都用上移动互联网了。随着4G的商用，更快、更优质、更适用、更便宜的移动网络将给每个行业、每个人提供更好的发展机会和更大的发展空间。

　　手机是带着体温的媒体，它与受众零距离接触，与读者、观众须臾不离、如影随形，是最为贴身的传播载体。正因为如此，移动互联网成了媒体新的战场、新的舆论阵地，无论传统媒体还是新兴媒体，都在抢占移动传播的高地。传统媒体在发行量、广告额下降，收视收听率走低的背景下，对移动传播投入了更多的关注。2012年7月21日，人民日报社在北京特大暴雨之夜开通了法人微博，一年后的 2013 年 7 月，人民日报社再次推进传播形态创新，利用二维码、图像识别等技术，将部分报道内容从单一文字形态转化为多媒体形态并进行传播。随后，在央视新闻联播的屏幕上也出现了二维码。中国两大最具代表性的媒体都在努力探索打通传统传播模式与移动互联网的通道。仅仅 20 个月，人民日报社在新浪开通的法人微博粉丝数就超过 1800 万人。央视新闻、新华视点等主要新闻单位的微博都进入媒体微博风云榜前列。微博超过 60% 的流量来自移动端，中央和地方新闻媒体的法人微博账号实际上构成了移动互联网舆论的重要一极。

除微博外，中央和地方的主要新闻媒体还进行了多种方式的移动传播。《报刊移动传播指数报告》统计，2013 年，国内已有数百家报刊既开通了微博，又开设了移动客户端和微信公众账号。印刷版、数字版，电视屏、电脑屏、手机屏，有线传播、移动传播，中国媒体正在开启多形态、多终端的融合传播之途。

2014 年是我国全功能接入国际互联网 20 周年。我国的互联网起步晚于发达国家，20 年走过了从平稳发展到跨越式发展的历程，网民数量已居世界第一，已出现市值千亿美元的互联网企业，但是无论技术还是应用，都以学习、模仿为主，一直扮演跟随者的角色。不过，我国的移动互联网与发达国家几乎同时起步，与世界先进水平的差距远比传统互联网小。目前，除美国等少数国家移动互联网技术与应用全球领先外，中国与多数发达国家处于同一水平，各有优势。中国移动互联网技术与应用已经开始走出国门，微信用户达 6 亿人，海外用户超过 1 亿；UC 浏览器、海豚浏览器已在国际上占有一席之地；一些移动游戏已进入国际市场。习近平总书记提出中国要从"网络大国"走向"网络强国"，这为中国的互联网界指明了前进的方向。从"网络大国"到"网络强国"，有漫长的路要走，相对于传统互联网来说，中国移动互联网有条件在走向"网络强国"的道路上率先取得突破。这需要我们依托现有的技术基础与庞大的用户资源，积极开拓、勇于进取、不断创新，在移动互联网技术、应用的发展中做出更多贡献，占有更大的份额，拥有更多的话语权。

2014 年 2 月 27 日，中央网络安全和信息化领导小组成立，习近平总书记任组长，李克强总理和中央政治局常委刘云山任副组长。这表明，网络安全与信息化已成为极重要的国家战略，预示着我国网络安全和信息化将进入一个新的发展阶段。移动互联网拥有广阔的发展空间，其市场规模十倍于传统互联网，承载着国家网络安全与信息化的双重重任。近年来，移动互联网的迅猛发展掩盖了其系统安全方面比传统互联网更脆弱的问题。移动互联网的安全不仅涉及个人信息安全、企业安全、数据安全、云安全，而且关乎国家安全。"没有网络安全，就没有国家安全。""网络强国"，既包括网络技术创新、应用服务丰富优质，又包括网络防御能力强大。我们要加大网络安全的研究与投入，大幅度提升网络防御能力，否则不可能有网络安全。

没有信息化，就没有国家的现代化。移动互联网对我国信息化的作用日益明显。近年来，随着移动互联网的普及，广大农村地区的信息化程度迅速提高，有线网络难以覆盖的地区，移动网络很容易就覆盖了。有了移动网络，不仅打电话方便了，上网浏览、阅读，网上银行、网上支付更是水到渠成的事。随着3G、4G的普及，网络视频在广大农村地区也大有市场。移动互联网能缩小城乡差别、弥合数字鸿沟，并将促进泛在网的形成，让广大农村和边远地区也能像城市一样畅享网络，便捷地获取、分享知识，顺畅地沟通、交往，共同进步。移动互联网还将进一步推动物联网、云计算等技术的应用，让新技术、新应用在经济社会发展中产生更大作用。

本年度蓝皮书的撰稿人分别来自移动互联网主管部门、研究机构、新媒体咨询机构及移动互联网企业，他们是离中国移动互联网最近的人，身处其中，亲身感受到了移动互联网日新月异的发展变化，他们深入观察、研究移动互联网，掌握着第一手数据，请他们为"移动互联网蓝皮书"撰稿，能确保蓝皮书的质量。2013年，社会科学文献出版社组织专家根据学术价值、规范性、影响力等多项指标，对2012年出版的200多种皮书进行综合评分，首次出版的2012年版"移动互联网蓝皮书"排第75名，在20多种文化传播类皮书中名列第五。2014年1月，社会科学文献出版社公布了由专家打分和网民投票评出的2013年"十大皮书"，"移动互联网蓝皮书"在260多种皮书中脱颖而出，名列"十大皮书"之五。我为此感到骄傲，感谢所有为之付出努力的皮

书作者和编辑！这份荣誉属于大家。第三本"移动互联网蓝皮书"即将面世，希望这一本蓝皮书百尺竿头更进一步，比前两本品质更高，更受社会欢迎，获得更多人的喜爱！

人民日报社副总编辑
人民网股份有限公司董事长
2014 年 4 月

目录

B Ⅳ　市场篇

B Ⅴ　专题篇

B Ⅵ　附录

皮书数据库阅读**使用指南**

CONTENTS

B I General Report

B II Overall Reports

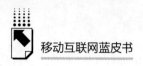
B Ⅲ   Sector Reports

B Ⅳ   Market Reports

ℬ V   Special Reports

ℬ VI   Appendix

总 报 告

General Report

B.1

阔步前行的中国移动互联网

官建文　唐胜宏　王培志*

摘　要：

2013 年是中国移动互联网稳健发展并有突破和创新的一年，虽然用户、市场规模、智能手机销量的增长率不是近几年中最高的，但移动互联网在媒体中曝光度之高、对社会影响力之大是空前的。4G、移动金融、可穿戴设备、打车软件……都曾在社会上激起层层波澜。中国移动互联网正加速向各行各业及社会生活的方方面面渗透，带来的变革将更加深入，影响更为深远。

关键词：

移动互联网　智能终端　移动金融

---

* 官建文，人民网副总裁，人民网研究院院长；唐胜宏，人民网研究院院长助理，综合部主任；王培志，人民网研究院研究员。

随时、随身、永远在线，移动互联网以其特有的优势和强大的发展潜力，正在加速向各行各业及社会生活的方方面面渗透：e代驾以低廉的价格、便捷的服务完胜代驾公司，打车软件让千百万出租车司机与乘客迅速用上了移动互联网，订购机票、火车票，预订宾馆、旅游线路，读书、K歌、听音乐、购物、付款、医院挂号……都可通过移动终端，利用碎片化时间办妥。2013年以来，不同行业、不同性质大企业的领航人不约而同地吹响了向移动互联网转型的号角。马云内部喊话：阿里All In（全进入）移动电商，从云端入手建设移动电商的生态；① 俞敏洪认为"必须更换我本人的基因，同时更换整个新东方的发展基因"，将移动互联与培训教育结合起来；② 复星集团CEO梁信军提出积极应用移动互联网改造复星集团；③ 中国移动总裁李跃提出了以"三新"（新通话、新消息、新联系）为主要内容的向互联网转型的战略……④

网络信息平台正在从桌面端向移动端迁移，人们的信息获取方式与使用习惯也正在向移动智能终端转移。手机和平板电脑成为最受欢迎的移动媒体，⑤ 移动互联网覆盖了越来越多三线以下城市及城镇中不便于使用PC或笔记本电脑上网的人群，移动游戏、购物、阅读、社交成为人们的刚性需求和强有力的市场增长点。2013年，移动互联网金融交易笔数和交易金额分别为16.77亿笔和10.27万亿元，⑥ 支付宝、微信、余额宝等引领着移动金融时代疾步走来，4G商用、可穿戴设备成为移动互联网下一个爆发点，中国移动互联网带来的变革更加深入，影响更加深远。

一　2013年中国移动互联网发展概况

中国移动互联网在2013年的发展既是快速稳健的，又是具有突破和创新

---

① 马云发给员工的内部邮件，2014年2月28日，http：//www.36kr.com/p/210036.html。

② 新东方教育集团有限公司董事长俞敏洪在创业家5周年庆典上的演讲，2013年11月19日，http：//finance.sina.com.cn/leadership/20131121/075217389739.shtml。

③ 《复星集团CEO：移动互联网会把互联网颠覆》，2013年12月27日，http：//money.163.com/13/1227/08/9H3APFOT00253G87.html。

④ 《中国移动总裁李跃：4G发展关键方向的解读》，2014年2月26日，http：//labs.chinamobile.com/news/102587。

⑤ InMobi：《2014中国移动互联网用户行为洞察报告》，2014年1月8日。

⑥ 详见本书《2013：我国移动互联网金融发展破局之年》。

的。用户规模、智能终端销量、移动应用数量的增长都达到了新的量级，移动
网络和可穿戴设备等方面的发展有长足的进步和突破性跨越。

（一）用户规模持续快速增长

根据中国互联网络信息中心（CNNIC）报告，截至2013年12月，中国手
机网民规模达5亿人，较2012年底增长19.1%，占总网民数的81.0%，台式
电脑上网比例达69.7%（4.3亿人），笔记本上网比例达44.1%（2.73亿
人），手机继续保持第一大上网终端的地位。[①] 另据工业和信息化部（简称
"工信部"）公布的2014年1月通信业经济运行情况，我国移动互联网用户总
数达到8.38亿人，在移动电话用户中的渗透率达到67.8%。[②] CNNIC的数据
是根据抽样调查获得的，工信部的数据是基于移动通信网络接入情况统计的，
包括移动上网卡用户和手机上网用户。两个数据统计的对象不一样，虽有差
别，但都反映了我国移动互联网用户快速增长的客观实际。移动上网用户规模
的持续增长，促进了智能终端各类应用的发展，这成为2013年中国移动互联
网发展的一大亮点。

（二）智能终端普及提速

随着台式电脑与笔记本电脑出货量的持续减少，智能手机和平板电脑的增
长进入繁荣期。2013年1~10月，我国智能手机终端出货量达3.48亿部，同比
增长178%。[③] 2013年上半年中国平板电脑（含在线市场）零售量为758万台，
同比增长65%。[④] 移动终端的普及不仅有量的提升，更有质的飞跃。三四线城
市的移动终端普及率大幅上升，用户的移动终端使用时长大幅增加，2012~2013
年，PC端的人均单日使用时长（小时）略有下降，从2.73小时下降到2.71小
时；而移动端使用时长则大幅增加，从0.96小时增加到1.65小时。[⑤]

---

① 中国互联网信息中心（CNNIC）：《中国互联网络发展状况统计报告（2014年1月）》。

② 《工信部：我国移动互联网用户总数达8.38亿户》，2014年3月4日，http://www.cctime.com/
html/2014 - 3 - 4/2014348009182.htm。

③ 工信部公布的2013年通信业运行报告，2014年1月2日。

④ 捷孚凯（GfK中国）：《中国平板电脑市场2013年上半年回顾与展望》。

⑤ 《2013年移动智能终端用户行为研究》，http://www.199it.com/archives/191194.html。

最具有标志性意义的是，继千元智能手机之后，智能手机逐渐迈入百元时代，硬件价格不断下探，推动三四线城市及乡镇移动互联网的发展。2013 年 8 月 12 日，小米公司以 799 元超低价正式销售红米手机，酷派、华为、中兴等国内厂商也都推出 600～800 元的智能手机，并在网络商城开始热卖。

4G 牌照的发放，将加速移动设备的更新换代。有专家认为，网速提升带来的换机潮，将产生上千亿元的终端手机市场，整个产业链加上对移动互联网应用市场的投资预期，数年内带动的投资将达上万亿元。[①]

（三）信息内容的流量消费 G 时代开启

2013 年，国内 3G 网络进一步普及，网络质量不断提升，3G 用户总规模突破 4 亿人，比重突破 30%，占到 32.7%，同比提高 11.8 个百分点，呈现不断上升的态势，继续挤压 2G 网络的市场份额。[②] 相比较而言，3G 用户信息内容消费的流量花费是 2G 用户的 3 倍左右，这表明 3G 在支撑移动互联网应用拓展和收入提升方面具有更强的延展性和更大的潜力。

2013 年是移动互联网用户上网流量大幅增长的一年。据工信部统计，2014 年 1 月我国移动互联网接入流量达 1.33 亿 GB，同比增长 46.9%，户均移动互联网接入流量达到 165.1 MB，同比增长 38.6%，其中手机上网流量占比提升至 80.8%，月户均手机上网流量达到 139.3 MB。[③] 这并不包括通过 WiFi 使用的流量。中国移动 2013 年第三季度财报显示，2013 年前三季度用户无线上网业务流量同比增长近 1.2 倍。

2013 年 12 月 4 日，工信部正式向中国移动、中国电信、中国联通颁发了三张 TD–LTE 制式的 4G 牌照，这意味着中国 4G 网络、终端、业务将正式从实验转为商用，中国移动互联网进入 4G 时代。2013 年 12 月，4G 手机市场的厂商数量由 2013 年初的 9 家增加到 14 家，在售机型由 45 款增加到 64 款，[④]

---

① 《4G 来了：盘点 2013 年移动互联网五大关键词》，2013 年 12 月 5 日，http：//news. xinhuanet. com/fortune/2013 – 12/05/c_ 118435522. htm。
② 工信部公布的 2013 年通信业运行报告，2014 年 1 月 2 日。
③ 工信部公布的 2013 年通信业运行报告，2014 年 1 月 2 日。
④ 《2013 年中国 4G 手机市场回顾》，国际电子商情，2014 年 1 月 27 日，http：//www. esmchina. com/ART_ 8800129317_ 1300_ 2201_ 3500_ 0_ d9938094. HTM。

中国移动也已经向北京、上海、广州、深圳等 16 个城市提供 4G 网络服务。预计 4G 手机的增长将迎来爆发期，带动流量消费 G 时代的到来，LTE 发展将进入快速增长期。

（四）移动应用分发渠道竞争激烈

2013 年，中国移动应用（App）数量已达百万量级规模，其中在 App Store 各国应用下载量排行榜上，中国排名第二，位次与 2012 年持平；在应用营收排行榜上排名第四，较 2012 年上升 4 个位次。[①] 应用商店仍是移动应用分发的主渠道，为整体分发量的 80% 以上。2013 年第三季度中国移动应用分发量达 180 亿次，[②] 中国市场虽然拥有成百上千家 Android 应用商店，但在整个移动应用生态系统内唱主角的只有约 20 家，其中百度（收购 91 无线后）的应用分发能力最强，份额占比达 40.6%，360 手机助手占比为 24.8%，豌豆荚占比为 12.4%。

手机应用逐渐从通信、碎片化阅读等相对简单的应用，向黏度较高、时长较长的视频、商务类应用发展。截至 2013 年 12 月，我国手机端在线收看或下载视频的用户数为 2.47 亿人，与 2012 年底相比增加了 1.12 亿人，增长率高达 83.8%，[③] 在所有应用类型中增长最快，已经成为移动互联网的第五大应用。手机网络购物发展迅速，用户规模达到 1.44 亿人，使用率从 2012 年的 13.2% 提高到 28.9%，增幅达到 119%。2013 年手机在线支付快速增长，用户规模达到 1.25 亿人，使用率为 25.1%，较 2012 年底提升了 11.9 个百分点。

（五）移动互联网投资并购火热

2013 年，中国移动互联网领域频现巨头身影，并购火热，大额投资突出。传统 PC 互联网企业巨头争抢移动互联网"入口"，并购大戏不断上演。

2013 年，百度、腾讯、阿里巴巴三大巨头在移动互联网投资上动作频频，

---

① 《2013 应用市场报告：中国 iOS 应用营收上升》，2014 年 2 月 5 日，http：//soft.zol.com.cn/431/4317850.html。

② 易观智库：《2013 年第 3 季度中国移动应用分发市场监测报告》。

③ 中国互联网信息中心（CNNIC）：《中国互联网络发展状况统计报告（2014 年 1 月）》。

一方面投资并购的次数增多，另一方面投资并购的金额增大。百度用 18.5 亿美元收购 91 无线，使得百度在应用分发市场上占据了重要的位置，补齐了自身"短板"。阿里巴巴在移动互联网的各个环节进行重点布局，投资新浪微博、高德地图、快的打车、UC 浏览器、友盟，投资数额较大。腾讯围绕线上到线下（O2O）、垂直应用等持续布局，先后投资嘀嘀打车、e 家洁、365 日历、安管佳科技、泰捷软件、"阅后即焚"照片分享应用 Snapchat、基于开源Android 系统的 CyanogenMod。

（六）技术创新领跑互联网行业

移动互联网的发展离不开技术驱动，2013 年，引领或应用于移动互联网的技术更新应接不暇。

在终端技术方面，可穿戴智能设备技术不断成熟，Google 在 2012 年公布的"谷歌眼镜"（Google Project Glass）概念于 2013 年终成现实。国内智能眼镜、智能手表、智能手环等可穿戴设备从概念走向产品，百度眼镜正在内测，盛大果壳电子推出智能手表，奇虎 360 发布主打儿童安全的智能手环。在人机交互技术方面，语音指令、面部识别、手势控制技术进入应用高峰，将人们全面带入"知觉时代"，不仅在智能手机、智能电视中流行，而且在智能家居中也开始渗透。2013 年科大讯飞智能语音技术已经在电视、空调、风扇、微波炉、智能手表等家电领域和可穿戴设备中实现应用。在网络技术方面，作为移动互联网的下一代技术，4G 标志着更快的速度和更大范围的覆盖，它的商用将真正实现人们的沟通自由，彻底改变人们的生活方式甚至社会形态。此外，云计算、物联网、大数据等当前信息技术产业发展的热点和动向，与移动互联网产业紧密结合，催生了新一轮科技革命和产业变革。将移动互联网与物联网技术结合起来的"车联网"，更是远程智能互动的一个重要应用领域。移动大数据也已经在移动社交、智能交通、精准营销、电子政务、移动金融等领域得到了应用。

在 2014 年世界移动通信大会期间，工信部副部长尚冰在出席 GTI 国际峰会时表示，中国移动互联网发展呈现 3 个"70%"，即智能手机占全部手机销量的比例超过 70%，移动互联网接入流量增长超过 70%，移动互联网对行业增长的贡献率超过70%。无论国际还是国内，无论新兴行业还是传统行业，移动互联网的观念都已经深入人心，得到了社会认同，人们已经摆脱了原来的不知、畏惧、无所适从，逐渐适应了移动互联网快节奏的变革。

二 2013 年中国移动互联网市场分析

2013 年，中国移动互联网保持快速增长，市场规模极速扩大。艾瑞咨询数据显示，2013 年中国移动互联网市场规模达到 1059.8 亿元，尽管增长率比 2012 年有所下降，但增长速度仍然达到 81.2%。[①] 购物、游戏、营销等领域是移动端最主要的赢利来源，并且仍将稳定增长，而移动金融、移动支付、移动广告、移动营销、移动旅游市场将会有所突破，市场份额将有所增长。

（一）移动电子商务增势迅猛，入口争夺暗流涌动

2013 年，中国移动购物市场交易规模达 1676.4 亿元，同比增长 165.4%，在移动互联网市场规模中占比为 38.9%，居于首位。[②] 这一年，马云宣布"退居二线"，刘强东出人意料地低调静默，而移动电子商务市场却暗潮汹涌，各大电商巨头竞争激烈，争抢移动流量的入口。2013 年上半年，手机淘宝客户端新增激活用户数达到 1.02 亿人，京东商城移动端下载量超 1 亿次，流量约为京东商城总流量的 30%。

目前，阿里巴巴、京东商城、当当网、亚马逊中国、易迅网在移动端加速"跑马圈地"，百度、苏宁、360、小米等企业都看到了移动电商的大机会，正在加紧布局，在应用、营销上不断推出创新产品，力争多分一杯羹。

"双十一"是电商的节日，更是移动电商的节日。当天，手机淘宝在支付宝的成交金额达到 53.5 亿元，是 2012 年的 5.6 倍。易迅微信卖场下单量突破

---

① 艾瑞咨询：《中国移动互联网规模数据》，2014 年 1 月 23 日。
② 《艾瑞咨询：2013 年移动购物市场交易规模 1676.4 亿元》，2014 年 1 月 9 日，http://ec.iresearch.cn/shopping/20140109/224694.shtml。

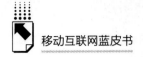
8 万单,占易迅全站订单总量的 13%。在京东商城 680 万份订单中,移动端订单量占比为 15%。[1]

(二)移动游戏呈现井喷,市场前景广阔

2013 年,中国的移动游戏市场可谓百花争艳。腾讯、银汉科技、广州谷得、蓝港在线、玩蟹科技等移动游戏开发商之间你争我夺,游戏产品迭代加快,游戏用户增长迅猛,付费意愿提高,中国移动游戏产品收入高速增长,估计国产手游产品达到"月收入破千万"标准的超过 60 款。[2]

据中国版协游戏工委(GPC)、中新游戏研究中心(CNG)、国际数据公司(IDC)联合发布的《2013 年中国游戏产业报告》显示,2013 年中国移动游戏的市场规模达到了 112.4 亿元,同比增长 246.9%,占全国游戏出版市场的 13.5%,较 2012 年的 5.4% 增长了 8.1 个百分点,移动游戏市场给人以巨大的想象空间。

移动游戏是游戏产业细分行业中市场份额增幅最为明显的一个分支。2013 年中国移动游戏用户数量突破 3 亿人,智能终端快速普及使移动游戏在画质、操作体验、创新创意等环节大幅度提升,付费方式更为灵活。移动游戏正为越来越多人所认可和接受,用户的付费意愿增强,市场发展健康而稳定。

(三)移动广告平台趋于分化,强者恒强

2013 年,中国移动广告市场品牌客户接受度、点击量等都取得明显突破,移动广告平台的赢利水平提升,市场规模保持较高增长速率。艾媒咨询统计,2013 年我国移动广告平台市场规模为 25.9 亿元,同比增长 144.3%,2014 年则有望增至 50.1 亿元。[3]经过 2012 年的"跑马圈地",2013 年中国移动广告市场竞争格局趋向分化,小型和相对落后的平台难以继续生存,优势资源向大平台集中倾斜,开始从粗放型发展转向精准化发展,具有强大资源渠道和媒体

① 《开放平台盈利 移动端购物冲击传统电商》,《新快报》2013 年 12 月 17 日。
② 《速途研究院:2013 年中国移动游戏市场分析报告》,2014 年 1 月 23 日,http://www.sootoo.com/content/476892.shtml。
③ 艾媒咨询:《2013~2014 年中国移动广告平台行业观察报告》,2014 年 1 月 26 日。

整合能力的新型移动广告平台更具有竞争力。

从移动广告投放行业上看，2013 年汽车行业的投入最大，占比达 18.6%；快消品次之，占比达 15.3%；日化、娱乐、电商的投入也居于前列。从广告类型上看，移动应用内置广告发展为完整的产业链，移动视频广告在 2013 年的市场规模为 8.3 亿元，占整个中国网络视频广告市场规模的 6.8%，① 爱奇艺 2013 年第四季度的移动视频广告已占其广告总收入的 20% 以上。

（四）移动支付数额暴涨，市场集中度高

2013 年，基于移动互联网的新型移动支付，如手机钱包客户端、应用内支付、手机刷卡器、二维码支付、NFC（近场通信）支付等，发展迅猛，移动支付市场进入爆发式增长阶段。易观智库发布的《2013 年中国第三方支付市场季度监测》数据显示，2013 年中国移动支付市场总体交易规模突破 13010 亿元，同比增长率高达 800.3%，远远超过 PC 互联网支付增长率。②

受移动购物、信用卡还款和转账业务驱动，加之余额宝、微信理财等理财应用的推出，中国移动支付市场硝烟弥漫。根据易观智库数据，在 2013 年中国第三方支付市场中，移动支付业务交易额的市场格局变化非常大，支付宝、拉卡拉、财付通分别以 69.6%、17.8% 和 3.3% 的市场份额位居市场前三位，占据了超过 90% 的市场份额，市场集中度非常高。未来，随着线上与线下渠道的打通，以及消费引导的用户支付习惯的养成，银行、运营商和第三方支付企业将携手促进移动支付产业的快速发展。

（五）移动金融破局，线上、线下开始贯通

在余额宝、微信银行等非银行理财应用的带动下，移动互联网金融已经从

① 《易观分析：2013 年中国互联网广告市场规模超 1000 亿元　移动搜索、移动视频的商业化进程加速》，2014 年 2 月 18 日，http：//www.enfodesk.com/SMinisite/newinfo/articledetail - id - 400823. html。

② 易观智库：《2013 年中国第三方支付市场季度监测》。另据艾瑞咨询统计数据，2013 年第三方移动支付市场交易规模达 12197.4 亿元，同比增速 707.0%。另据中国人民银行公布的《2013 年支付体系运行总体情况》，第三方支付市场，加上银行支付系统，2013 年中国移动支付业务量达 16.74 亿笔，金额为 9.64 万亿元，同比分别增长 212.86% 和 317.56%。

过去的小规模、零散型，开始进入规模化、与传统线下金融服务互补、融合发展的新阶段。2013 年 6 月 13 日，支付宝推出余额宝，上线仅 4 个月，余额宝用户规模突破 3000 万人，管理资产规模突破 1000 亿元。[①] 截至 2014 年 2 月 26 日，余额宝的开户数已经突破了 8100 万人，余额宝规模突破 4000 亿元。[②]

各大银行在推出手机银行、微信银行服务的基础上，纷纷试水移动金融理财投资产品，开始了新时代的金融革新；支付宝已经成为国内首个综合性移动金融理财和管理平台；三大电信运营商全面向移动金融领域进军，获得支付牌照后均开始涉足手机金融业务；手机余额宝的资金规模和用户规模大幅超过 PC 端；国内移动金融服务移动支付可信平台（TSM）2013 年 6 月上线，移动金融前景广阔。

（六）在线旅游向移动端发力，深度竞争才刚开始

2013 年中国在线旅游市场交易规模 2204.6 亿元，[③] 虽然移动端比例还不到 20%（国外旅游预订业务，互联网占 70%～80%，手机占 20% 左右），[④] 但是增长速度快，旅游预定尤为明显：截至 2013 年 10 月，携程移动端酒店预订占比的峰值超过 40%，艺龙来自移动端的业务贡献率也超过 25%，而去哪儿网 2013 年第三季度来自移动端的收入占总收入的比例已接近 15%。[⑤] 在在线旅游市场中，移动端的分量越来越重，正在成为巨头们争夺的新战场。

除了正在向移动端转型的在线旅游巨头外，移动应用创业公司纷纷涌现，分享类应用如面包旅行、在路上、布拉旅行，工具类应用如飞常准、航班管家等移动应用也在快速积累人气。旅游业有可能成为绕开 PC 端，真正实现移动化的行业。

---

① 截至 2013 年 12 月 31 日，余额宝的客户数达到 4303 万人，规模为 1853 亿元。
② 《余额宝规模突破 4000 亿》，2014 年 2 月 18 日，http：//www. morningpost. com. cn/xwzx/jjxw/ 2014 - 02 - 18/551927. shtml。
③ 《艾瑞咨询：2013 年中国在线旅游市场交易规模 2204.6 亿元》，2014 年 1 月 13 日，http：// ec. iresearch. cn/reservation/20140113/224796. shtml
④ 《在线旅游企业向移动端大迁徙》，2013 年 9 月 19 日，http：//www. traveldaily. cn/article/ 74402. html。
⑤ 《四大变化彰显在线旅游市场进入"洗牌期"》，2013 年 12 月 25 日，http：//tech. hexun. com/ 2013 - 12 - 25/160899742. html。

2013 年多款旅游应用获得投资。4 月，"今夜酒店特价"移动预定平台获 IDG 资本约 3000 万元投资；5 月，航班管家旗下"快捷酒店管家"，获得携程旅行网约 4000 万元战略投资；11 月，"面包旅行"宣布获得宽带资本领投的近千万美元资金；同程网于 10 月与中信银行合作，获得授信额度，用来扩张无线市场。移动互联网改变了用户的旅行预订行为，碎片化时间被大量运用，个性化旅游的需求日益强烈。2014 年有可能成为移动旅游的产品化元年，由"跑马圈地"逐渐向为用户提供更具体验度和价值度的产品方向迈进。

三 2013 年中国移动互联网的发展特征

2013 年中国移动互联网超速发展，改变了传统的网络观念、经营方式和赢利模式，技术创新、产品迭代迅速，移动互联网产业链各方的竞争和合作全面铺开，行业内、不同行业间的界限被打破。

（一）移动互联网影响力空前扩大，监管开始补位

从移动互联网用户增长率、市场规模增长率、智能手机销量增长率来说，2013 年并不是最高的，但是论到移动互联网对传统产业的震动程度、在媒体的曝光度以及对社会的影响力，2013 年是空前的。这一年，在地铁、公共汽车上，在机场、站台上，甚至在会议室、餐桌上，到处都是低头刷屏一族。报刊发行量、广告额下降，电视收视率下降，手机短信发送量、PC 端的流量也下降，快速增长的是移动端流量，门户网站、视频网站、购物网站都是如此，以至于互联网巨头们、电商们、新闻网站们，甚至某些传统行业，都言必称移动互联网了。与此同时，监管部门也把目光聚焦于移动互联网，原来缺位的监管开始补位。

2013 年，主管部门明显加强了对过去不太被重视的移动互联网的监管：一方面，加大了对移动互联网发展的指导、管理；另一方面，加强了对移动互联网发展的监督、治理。国家"宽带中国"战略的实施，推动了移动网络全面覆盖和产业化发展。8 月，国务院印发《关于促进信息消费扩大内需的若干意见》，重点加强 4G 网络建设和产业化发展。10 月，国家发改委

发布《关于组织实施 2013 年移动互联网及第四代移动通信（TD-LTE）产业化专项的通知》，将"向移动互联网的可穿戴设备研发及产业化"列为专项支持重点范围，为推动可穿戴设备行业发展，带动产业链上下游升级打下了政策基础。

同时，更加严格的管理措施出台，安全监管补位，对 PC 端和移动端提出相同的要求，用相同的尺度进行监管。《电信和互联网用户个人信息保护规定》《关于加强移动智能终端进网管理的通知》的出台，旨在加强对个人信息安全和合法权益的保护。11 月 1 日，工信部《关于加强移动智能终端管理的通知》开始实施。随着"嘀嘀打车"与"快的打车"两款打车软件的恶性竞争，深圳、北京、上海等城市甚至专门出台了针对打车软件的政策。

（二）巨头争"入口"，中小企业抢"船票"

互联网的重要特点之一是互联互通，输入网址、关键词检索、超链接……有许多方式可以找到想找的内容。拥有某种应用而集聚大量人气，进而能够非常便捷地到达其他网页的网站，便被称为"门户""入口"。"门户""入口"是用户寻找信息、解决问题最便捷的通道。传统互联网时代，浏览器、搜索引擎是典型的互联网入口，人气旺盛的导航网站在一定程度上也成为入口。控制了入口，就等于拿到了商业利润的金钥匙。

2013 年，中国三大互联网巨头 BAT（百度、阿里巴巴、腾讯）对移动互联网入口的争夺达到了白热化程度。腾讯拥有的注册用户达 6 亿的微信，被认为占据了一大优质的移动互联网入口。电商大佬阿里巴巴，为改变没有移动互联网入口的被动局面，花 5.86 亿美元购入注册用户达数亿、60% 流量来自移动端的新浪微博 18% 的股权，随后又重金收购拥有 O2O 高期望的高德地图——2013 年 5 月，以 2.94 亿美元收购高德28% 的股份，2014 年 2 月又宣布拟以 11 亿美元全资收购高德。被认为在移动互联网方面出手较晚、没有大动作的百度，2013 年重拳出击，斥资 18.5 亿美元收购 91 无线，谱写出中国互联网有史以来最大的收购案。"得入口者得天下"，为得"天下"不惜血拼，三家互联网公司（BAT）在 2013 年正是这么做的。

绝大多数互联网公司、传统媒体、传统企业不像 BAT 那样财大气粗、出手阔绰，但是它们也都在想尽办法挤上移动互联网这趟车，想办法争取拿到移动互联网的"船票"。2013年底，360手机卫士开始捆绑手机助手，在移动安全和移动应用分发领域占据了显著位置，手机卫士用户量为4亿人，控制了七成的市场份额，手机游戏分发能力不俗。搜狐张朝阳制定了"以媒体为中心布局移动互联网入口"的战略，2012年首创订阅模式，2013年入驻媒体和自媒体超过3000家，搜狐新闻客户端装机量达1.85亿部，活跃用户超过7000万人，被认为是中国最大的移动媒体平台。

（三）碎片式泛在化，渗透颠覆行业和生活

移动互联网最重要、最具魅力的特征是：贴身、网随人走、随时可用、无处不在、永远在线。随着移动网络广泛覆盖、3G提速、智能手机旺销，2013年移动互联网在中国可以说无孔不入，已经渗透到了社会生活的各个方面。智能终端操作系统、第三方应用商店中的移动应用应有尽有，报纸、杂志、电视台、新闻网站都有一个或多个新闻客户端，医院、银行、航空公司以及铁路系统都有客户端，读书学习、儿童教育、旅行购物、娱乐美食、摄影录像……只要有需求、想得到的，差不多都能找到移动客户端，而且免费者众多，任君选择。下载了客户端，大大小小的碎片化时间就都可被用来刷屏：3秒钟能读一条微信；1分钟能看一段微视频、读一篇微型小说；3分钟能完成一次网购……移动互联网在传统行业和社会生活中的渗透，正在产生颠覆性作用、震撼式的效果。"嘀嘀打车"和"快的打车"两款打车软件在腾讯和阿里巴巴的巨额补贴中拼抢出租车和乘客，顿时成为全社会的热点话题。

有人把移动金融比为互联网金融"皇冠上的明珠"，它与互联网尤其是移动互联网的结合，提升了金融服务效率，模糊了金融业边界，极大地满足了人们随时随地碎片化、长尾式的金融理财需求，其发展模式具有颠覆性，它甚至能够到达银行所到不了的"最后一公里"。从这个角度来看，互联网金融的下一个爆发点在移动领域。如余额宝、理财通等移动互联网金融理财产品风生水起，改变了普通百姓的金融消费习惯和理念，让指尖金融在年轻人中广泛流传。

（四）移动互联网驱动创新，引领产业融合发展

2013年，移动互联网驱动产业融合、创新，开启了一扇扇创新的大门。可穿戴设备、4G、云计算、大数据，以及语音识别技术等，都给相关行业的发展带来巨大的想象空间。

在谷歌眼镜的影响下，2013年可穿戴设备在中国迈出了实质性的步伐：3月，小米宣布研发智能鞋；4月，百度智能眼镜开始内测；6月，盛大果壳电子发布智能手表、智能戒指；10月，360发布儿童卫士手环……涉足智能可穿戴设备的还有橡果信息、东软集团、映趣科技、奥雷德光电等科技企业。移动互联网与服装配饰、医疗保健等的融合，无疑是又一座金矿。

2013年8月，中国汽车工程学会发起成立"车联网产业技术创新战略联盟"。联盟成员涵盖汽车制造商、移动通信运营商、硬件设备制造商、软件服务提供商及相关科研院所。联盟重点推进Telematics车载应用服务，通过移动互联网将车与车、车与人、人与人、人与物连接起来，建立一个围绕车辆的数据汇聚、计算、调度、监控、管理与应用的复合智能体系。这将是一个生活在2013年的普通人难以想象的复杂的智能系统。

2013年12月，阿里巴巴与海尔达成合作协议，阿里巴巴以约22.1亿元的资金投资海尔集团子公司海尔电器。此次合作看上去是海尔电器日日顺物流与阿里巴巴天猫的结合，但两大巨头的合作无疑留下了"智能家电"的想象空间。2014年初，阿里巴巴宣布联手新奥特、华通云数据，打造中国最大的全媒体云计算平台"ONAIR"（在云上），2013年内，将全国200家电视台接入云计算平台，这又是一个媒体融合的大手笔。

（五）抢滩海外市场，实施本土化策略

在PC互联网时代，中国的互联网始终处于落后跟随的地位，没有走出国门的底气与实力。而移动互联网，中国与发达国家几乎同时起步，差距相对较小。美国一家独大，领衔第一梯队，在移动互联网关键技术掌握及应用生态方面遥遥领先；中国与日本、韩国处于第二梯队，中国在终端整机制造和本土化应用服务方面表现突出，不仅拥有知识产权的智能手机出口业绩可观，华为、

中兴、联想 2013 年出口智能手机共计约 5000 万部,而且原本基于中国本土的应用服务开始在海外市场扎根,微信、UC 浏览器已经拥有亿级海外用户,中国的移动游戏开发商也开始瞄准海外市场。

中国的移动应用服务不是简单地推向海外,而是进行了区域化、本土化改造。2012 年 4 月,腾讯将微信的国际版本改名为"WeChat",由此开启国际化进程。微信的国际化路径,一是小范围推广,而后联手本土化明星,配合广告大范围推广;二是与当地运营商合作,手机预装;三是与当地的技术、媒体、游戏类战略伙伴合作。在微信国际化之前,腾讯已经在许多国家设立投资公司,拥有了一批战略伙伴。2013 年 4 月,UC 在全球第二大移动互联网市场——印度发布了 UC 浏览器国际版,7 月,UC 浏览器在印度的市场份额超过了 30%,成为印度市场占有率最高的手机浏览器。截至 2013 年 10 月,UC 浏览器已推广至全球 150 个以上的国家和地区,并在 10 个国家和地区获得了10% 以上的市场份额。[①] UC 的国际化策略是,设立本土化办公室,招聘本地员工,根据本地的互联网环境进行适应性改造。

中国移动互联网应用服务已经进入国际市场的还有 GO 桌面、《捕鱼达人》手游等,它们的共同经验是本土化、区域化。UC 董事长兼 CEO 俞永福认为移动互联网时代到来后,工具化和技术性公司迎来全球化机会,但是要本土化执行,融合当地的互联网生态。

四 移动互联网加深对中国社会生活的影响

移动互联网正加速向中国经济、社会、文化、生活等方方面面深度渗透。2012 年版移动互联网蓝皮书总报告探讨过移动互联网对中国社会发展、经济生活、政治生活、文化生活、个人生活、新闻传播、人类文明七个方面带来的影响,强调了移动互联网作为经济增长的引擎和社会转型的催化剂,是一种宏观、全面的渗透。2013 年,移动互联网的发展已经进入全民时代,移动互联

---

① 《UC 浏览器:一个"准"超级 APP》,2013 年 10 月 11 日,http://www.tmtpost.com/70305.html。

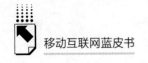

网成为一种新兴的贴近大众的生产和生活方式，个体和个性都被移动网络包容，每个人、每个公司、每个产业难以绝缘于无线网络。

（一）永远在线，移动网络覆盖 24 小时

家庭及办公室的 PC 机，在你外出、上班或者下班时，常常要关闭，但是手机、移动互联网可以让我们 24 小时"一直在线""永远在线"。不少人读过、看过不同版本的《未来的一天》，有文章，有视频，大体上是：从起床到重新躺回床上，无论什么活动，无论到哪，都离不开终端、显示屏，而将这些终端无缝连接起来的，只有移动互联网！有线互联网是人随网走，哪里有网线，就到哪里上网，像过去的座机，也像 BP 机，有电话线、电话机才能通话；移动互联网是网随人动，人到哪儿，网络就到哪儿，人就能在哪儿上网。未来的移动网络就像空气、水、食物一样成为生活之必需品，人活着就需要空气、水、食物，人要工作、生活、从事各项活动，就离不开移动网络，一旦没了网络，就会抓瞎。

"24 小时在线、永远在线"——假如人人都如此，整个社会都如此，那将带来什么结果？至少有以下几点：一是模糊了工作与休息的界限，除非 8 小时之外一概不问工作之事；二是人的躯体、感官被无限延伸，知识的获取变得轻而易举，创造性得到提升；三是"分享"的成本降到极低，思想、知识、智慧的分享将促进人群和谐、社会进步；四是人始终处在被"定位"中，作为社会的人更容易受到社会的保护，作为个体的人更没有隐私。

（二）随时随地，人生无时无处不社交

人需要社会交往，以往人与人之间进行远距离的沟通极为困难，成本巨大。互联网尤其是移动互联网大大改善了人类社交。移动互联网的普及，让社交网络盛极一时。移动社交超越时空的限制，具有人机智能交互、实时场景对话等特点，真正做到"天涯若比邻"，让用户无远弗届，随时随地沟通、交流、分享。

社交的本质和目的是解决需求问题，比如学习需求、工作需求、健康需求或者娱乐需求等，移动互联网让这一需求的实现场景变得随时随地，你可以通

过一款育儿应用与妈妈们一起分享宝宝成长的乐趣，可以在微信的工作群中分享知识、交流经验，可以通过一款跑步应用来记录你的运动数据、进行路线分享……无论你想广交朋友，还是进行私密的情感交流，移动应用都可以为你实现。

移动互联网时代，人真正地变成了社交网络的节点，这个节点包括了人的身份属性、地理属性和物理属性。过去，社交活动的场所是节点，有节点才有交往；现在，人本身就是节点，你随时可以交往，时时处在社交网络之中。移动网络的社交，更注重真实的需求、真实的情感，它排斥形式主义、虚伪、客套。因为缺少真实情感、缺少真实需求，才出现了一群人围坐在一起却各自上微信、微博——"近的疏离、远的亲近"现象。

（三）渗透颠覆，促进传统行业深刻变革

2013 年，"互联网＋"成为热词，传统行业一旦与互联网联姻，被互联网渗入，便发生巨变甚至质变，获得较快发展和改变。其实，"互联网＋"在很多情况下体现为"移动互联网＋"，移动互联网"基因"在整个过程中得到快速复制，无论是零售、餐饮、旅游，还是电信、金融、传媒、医疗行业，其与互联网的融合，在更大程度上是与移动互联网的融合。

2013 年，4G 牌照已经发放。4G 将给"移动互联网＋"带来无限创新的动力和发展的基础，可穿戴设备已经进入了医疗和健康行业应用，余额宝等已经把手机变成随时随地的金融理财"工具"，智能电视、智能家居将更多的实体、个人和设备连接在一起，移动互联网加速渗透到传统行业，或将带来业务模式、商业模式的变革。

移动互联网对传统行业的渗透，不是简单的 1＋1，它是互联网思维、移动化、平等精神、分享模式等的注入，带来改造、改变，甚至颠覆、再造。北京市路边的黑车屡打不绝，多年不见减少，而 e 代驾、易到用车推出后，原来的黑车司机都跑到 e 代驾、易到用车去了，黑车数量大大减少，司机说：这收入高，还合法，不用整天担惊受怕！进入 2014 年，多地教育培训机构的名师抛弃传统培训方式，投身网络，以免费方式扩大影响，以小众化、个性化教育赢利。原来红红火火的传统教育培训开始出现分崩离析迹象，新的教育模式融入了互联网、移动互联网的基因。

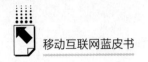

（四）无限连接，从平行和垂直方向拓展智能应用

有线网络是有形的，连接是有条件的，而无线网络是无形的，连接更广泛、更便捷。移动互联网呈现了一个数字的、智能的、无限连接的世界，并昭示着创造新生活的无限可能性。

首先是平行方向的连接，人的身上、车里、家里可以放置（携带）很多硬件设备和可连接装置，无线网络让诸多原本孤立的设备和终端接入网络，无处不在的连接和不断发展的用户规模又催生出大量智能应用场景。智能手机、平板电脑与汽车跨界应用，实现智能移动设备与汽车的"无缝"连接，美国的福特公司已经发布了一款用手机遥控的新车，点火、车门开关、影音娱乐、远程遥控都可用手机控制。通过智能家居系统可以控制房屋内的各种设备，智能手机取代钱包、钥匙、遥控器等并不是遥远的事。

其次是垂直方向的连接，移动互联网在本地生活消费平台能让人们可以真正便利及快捷地享受 O2O 服务。用户随身携带智能终端，实现"在任何角落都能找到商铺"。通过移动互联网进行线上、线下的垂直连接，还将持续延伸到教育、医疗、旅游等诸多领域，使 O2O 应用大放光彩。

（五）形态衍生，变革文化消费观和形成新的生态链

泛在网络和无缝连接是移动互联网的重要特征，不同终端的无限连接，物与物、物与人、人与人的随时随处连接，不仅改变了信息生产、消费、分享方式，而且将改变人们的文化消费模式，形成新的文化产品生态链。数字电视让观众从电视台节目播放时段的束缚中解放出来，移动互联网让观众从影院、客厅、PC 中解放出来，可以在任何时间、任何地点收看。影院票房已经不能全面反映电影的受欢迎程度了，央视索福瑞收视率也不能反映电视节目的真实收视情况了，多终端、全媒体收视率正越来越被重视。

网络连载小说，发一段，读一段，也评一段，读者有意无意参与、影响创作过程。对文化消费来说，不仅其形态、方式正在改变，而且其创作 - 消费 - 反馈的链条也发生了变化，创作者与消费者、创作者与创作者、消费者与消费者正在形成新的相互影响格局。文化产品的生产、消费、评价都在发生变化。

移动互联是网络发展的趋势，它整合网络、智能终端、数字技术等新技术，培育新型文化形式和内容，催生新兴网络文化产业形态，阅读、游戏、音乐、艺术等文化产业借助移动互联网平台进行融合创新，建立了新的产业生态链，衍生出了新的文化产品，带动了全民参与的开放、创新文化场域的形成，使人类文化产品更加丰富、立体。

五　中国移动互联网的发展趋势

2011～2013年，中国移动互联网经历了发展最为迅速的三年，2014年将由高速发展期进入持续稳定发展期，有整合、有拓展、有创新，更广泛、更深入，令人充满期待。

（一）入口平台将进入整合期

2013年，手机浏览器、移动搜索、地图导航、应用商店、安全助手、无线广告平台等移动互联网平台入口之争呈现白热化，诞生了依托传统互联网强势企业的超级应用，如微信、支付宝、新浪微博、UC浏览器、百度移动搜索、高德地图等。一些应用平台植入众多应用，企图打造O2O综合性平台入口，一站式满足人们衣、食、住、行等诸多需求。

当前，中国移动互联网仍处于持续发展的初级阶段，遍地开花、野蛮生长的情况比较严重。未来移动互联网平台入口将会走向整合，通过并购、重组形成新的格局，横向整合是其重要表现。越来越多的优质应用被巨头们收购，大鱼吃小鱼，小鱼抱团取暖，未来将灭亡一批，整合生长一批，甚至入口级的平台也会整合。

（二）纵向深入、跨界融合成发展态势

移动互联网发展已经迈入2.0时代，横向在延伸，纵向在深入，跨界融合，虚拟的线上和真实的线下已经开始连接贯通。传统产业基于互联网思维的跨界颠覆不断出现，催生出新的业务形态和经营模式，开放合作、垂直融合的产业新格局正在形成。

食品、餐饮、娱乐、航空、汽车、金融、家电等传统行业纵深跨界融合加速，产业边界日渐模糊。移动互联网融合创新，催生出移动支付、位置服务等一批跨产业新兴业务，医疗、教育、旅游、交通、传媒等正在与移动互联网结合，进行业务改造，重构适合移动智能终端的新业务模式。O2O 的爆发式发展正引领着移动互联网与传统服务行业的跨界融合，改变传统的服务平台和经营模式。

（三）开启智能化延伸的新阶段

智能手机和平板电脑可视为人体器官的智能化延伸，而且目前只是初期阶段。随着智能终端所承载的功能越来越多，以及物联网技术的日益成熟，可穿戴设备、车联网、智能家居、智能交通等将逐渐走进百姓生活，人体器官智能化延伸将进入新的发展阶段——这将大大突破智能手机时代做终端硬件的思路。

移动网络的无限连接，让无线传输及控制变得无比容易，可穿戴设备和智能家居进一步延伸了人类的各种感官，将人感知到和触及的一切进行数字化，车载设备，冰箱、微波炉、抽油烟机等家用设备，眼镜、手表等穿戴设备，都将成为泛终端。围绕运动健康的智能产品也会带来大量的机会。作为人体器官智能进化的新阶段，移动终端进一步智能化的过程必定是技术创新的过程，这对传统产业也是机会，传统产业与移动互联网的融合，直接影响到人类的衣食住行，它将带来人类生活的全智能化。从这个意义上说，移动互联网的下一步发展意义更加深远。

（四）4G 引领网络基础设施升级换代

随着 4G 牌照如期发放，我国开始进入 4G 时代。对电信运营商来说，基站建设关系到全球 LTE 格局的转变，更影响每个设备企业的国内市场地位，中国移动希望扭转其 TD 网络在 3G 时代的劣势，计划在全国 340 个城市开通 50 万个 4G 基站，相当于同期全球 4G 基站总数的 60% 以上。[①] 为 4G 网络提供

---

① 详见本书《中国移动互联网基础设施发展状况与趋势》。

基础支持的设备也将随之迅速扩容、提速。

随着 4G 的到来，终端硬件，包括 3G、2G 终端，将逐步更新换代。未来 TD-LTE 和 FDD–LTE 的 4G 智能终端种类更加丰富，价位覆盖范围更全，2G/3G 时代的近 400 家手机厂商可能有 80% 会被"灭灯"，有竞争力的 4G 厂商可能集中在前 20 名厂商中。当然，国产智能手机厂商在 4G 时代拥有实现"弯道超车"的大好机会。

（五）移动互联网成为大数据基础网络

智能终端普及和移动网络发展，以及物联网的应用将推动大数据技术的发展。移动大数据已经在移动社交、智能交通、精准营销、电子政务、移动金融等领域开始应用。结合用户属性和地理位置信息，移动互联网将成为大数据应用的主战场，成为大数据的基础网络和重要数据源，成为社会的基础设施。大数据的应用也会大大提升移动互联网的价值，为物联网的发展奠定基础。

2014 年春节，百度推出春运迁徙地图，数据来自百度地图的移动应用所传送的定位请求，百度对所有定位信息及位置变化信息进行全样本数据分析处理，最后形成迁徙地图。大数据还可以通过用户行为分析，优化移动体验，实现精准营销，从而能够既有创造性又有效率地满足用户的需求。

（六）移动安全问题成最大挑战

2013 年，移动安全问题引起了社会广泛关注，社交应用、购物应用、理财工具都因泄漏用户个人信息和支付信息成为舆论焦点。微博微信诈骗、二维码扫描诈骗、移动快捷支付诈骗等危害甚大，已给一些智能手机用户带来经济损失。据国家互联网应急中心统计，2013 年手机病毒发生数继续呈爆发式增长，比 2012 年增长了 5 倍，总数达到 70 万例，中国移动互联网安全呈现越发严峻的态势。

从手机聊天、手机购物，到打车应用、手机银行、手机理财……移动互联网的业务创新带来新的安全隐患，一些新应用与智能手机绑定功能，在手机被植入木马或丢失时，更容易给用户造成损失。当然，移动安全也会逐步成为一个产业，从"蓝海"发展成"红海"。

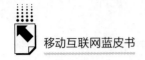
移动互联网更涉及国家与社会的安全，没有网络安全就没有国家安全。2014年2月，中央网络安全和信息化领导小组成立，党和国家的最高领导人任组长，凸显了国家对网络安全的重视，也表明国家对网络安全会有更多投入，会采取更有效的管理措施。

（七）移动广告营销迎来爆发期

视频广告在2013年成为移动广告发展的新亮点，2014年有望迎来爆发式增长，从而带动整个移动广告行业的规模化发展。4G网络的商用，视频网站在移动端战略布局的进一步实施，使得手机、平板电脑、PC和电视都能成为受众观看视频的渠道，多屏联动、个性化营销将兴起。视频广告将由以贴片为主变为更加多样化，有可能多屏联动使用同一广告内容，也可能因时因地因人而异，根据用户观看视频的行为习惯和位置数据，推送不同的个性化视频广告。

基于移动大数据的广告精准推送会更受青睐。与PC端相比，移动智能终端是天然的人手一机，移动互联网比传统互联网更具有大数据的价值，可以进行各式各样的数据挖掘。在大数据技术支持下，比较容易根据用户的偏好、用户当前或未来一段时期所处的实时情境推送广告。未来，位置数据与移动视频和社交应用结合，有可能给移动广告带来更为美好的前景。

综合篇

Overall Reports

B.2

从全球视角看中国移动互联网
产业发展现状及地位

许志远　周　兰*

摘　要：

在全球移动互联网生态中，美国领衔第一梯队发展，在关键技术掌握及应用生态方面遥遥领先；中、日、韩位列第二梯队，且各有优势，韩国在消费电子产品及显屏技术方面优势明显，日本更偏重于产业基础元器件和原材料的提供，中国在整体产业的布局深度和广度上领先于日、韩。与PC时期的落后跟随相比，中国在移动互联网时代的产业地位有了显著提升。

---

* 许志远，工业和信息化部电信研究院规划所信息网络部主任，主要从事3G、移动互联网领域的研究工作，对国际信息产业，以及国内外电信运营市场、业务和网络拥有丰富的研究经验；周兰，工业和信息化部电信研究院规划所信息网络部工程师，研究方向包括电信网发展环境、策略分析和发展规划，互联网技术、业务及管理，移动互联网发展环境、策略分析和发展规划。

关键词:

 移动互联网 移动智能终端 生态格局

一 全球移动互联网产业发展现状与特征

(一)总体状况

1. 整体而言,全球移动互联网继续保持高速增长态势

移动互联网自2007年起步,历经数年发展至今,仍保持高速增长的态势:从用户的角度来看,2013年全球手机上网用户超过20亿人,[①] 2008年以来年复合增长率接近40%。作为移动互联网应用发展的主要载体,2013年智能手机出货量接近10亿部,[②] 继2012年之后,再次保持了超过40%的同比增长(见图1),并且销量首次超过功能手机。平板电脑作为移动智能终端的重要分

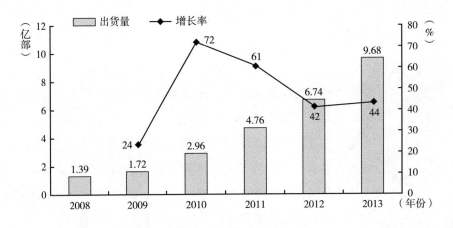

图1 全球智能手机出货量增长情况

资料来源:Gartner.

---

① 国际电信联盟统计数据。

② Gartner 统计数据(Gartner,中文译名为高德纳,全球 IT 研究与顾问咨询公司,成立于1979年,总部设在美国康涅狄克州斯坦福)。

支，在 2013 年也获得了快速增长，全年全球平板电脑出货量为 2.171 亿台，[①]较 2012 年的 1.442 亿台增长了 50.6%。用户与终端的快速普及为应用服务的深化发展提供了良好的基础，来自移动设备的网络流量每年增长 1.5 倍，[②] 在互联网整体流量占比中接近 15%，预计未来数年仍将保持此增速，并逐步成为互联网深化发展的重要构成。在应用快速发展的同时，移动互联网的货币化能力也开始逐步显现，2013 年苹果的 App Store 营业收入超过 100 亿美元，[③]按照三七分成的比例计算，应用开发者 2013 年通过 App Store 获得了 70 亿美元的收入，而累积分成收入已超过 150 亿美元。2013 年第二季度，Facebook 移动端广告收入占其整体广告收入的 41%，[④] 其广告收入增速是 PC 端广告收入增速的 4 倍。

2. 操作系统作为技术主线，依然是产业发展核心

自诞生之日起，移动互联网就快速形成了以移动操作系统为核心的垂直一体化发展模式，移动操作系统成为当之无愧的产业轴心，向上通过把控终端能力及应用程序编程接口（API）决定整个移动应用生态的聚合模式，向下通过升级系统版本及组建产业联盟显著影响元器件及终端制造产业的发展。2012 年以 HTML 5 为代表的新一代 Web 技术的兴起，引发了业界关于移动互联网技术主线的选择性争议，即浏览器甚至 Web OS（基于网络的操作系统）弱化并取代操作系统的平台及第一入口地位，实现应用的跨平台开发和运营，由云端的大型内容服务企业掌控产业核心，成就真正的内容为王。

但经过 2012 年及 2013 年的论证及尝试，移动互联网技术主线之争基本尘埃落定，原生操作系统的技术主线地位依然稳固，而 HTML 5 更多的是作为操作系统技术发展中不可或缺的一部分而存在。移动互联网目前以移动操作系统为核心的垂直一体化发展规律依然有效。

---

① 《IDC：2013 年全球平板电脑出货量增长 50%》，2014 年 1 月 30 日，http：//tech. qq. com/a/20140130/006647. htm。
② KPCB 统计数据。KPCB 成立于 1972 年，是美国最大的风险基金，主要承担各大名校的校产投资业务。
③ 苹果公司发布的媒体公报，2014 年 1 月 7 日。
④ Facebook 公布的 2013 年第二季度财报。

就移动操作系统①本身而言，2013 年其产业核心地位在进一步巩固的同时，市场资源也进一步集中：Android 的市场份额在稳步提升，2013 年第三季度整体份额突破 80%，领先优势明显；iOS 与 iPhone、iPad 等新品发售紧密相关，近几年市场份额基本趋于稳定，始终在 20% 上下；微软并购诺基亚之后，Windows Phone 系列终端的不断丰富，对其 WP 系统是一大明显促动，2013 年第三季度市场份额达到 3.6%，增长虽然明显，但相比于 Android 和 iOS 而言，差距依然较大。

3. 应用商店稳步发展，构成生态主体

与移动互联网技术主线及产业发展模式相对应，应用商店仍然构成移动互联网应用生态的主体，并且在 2013 年实现了稳步发展。苹果、谷歌两大生态系统的原生应用商店依然占据统治地位，截至 2013 年 10 月，苹果、谷歌两大巨头应用总数超过 200 万个，苹果应用商店应用下载量超过 600 亿次，②谷歌应用商店应用下载量超过 500 亿次；微软作为另一生态的引领者，整体应用不足 20 万个，应用下载量约为 30 亿次，仍未形成有效生态。

此外，全球还有 160 余家应用商店，其中第三方应用商店超过 120 家，很多第三方应用商店在应用发现、推荐机制方面形成了颇具特色的发展模式，在整个生态发展中也取得了不错的产业地位。

（二）发展特征

1. 智能终端启动新一轮变革，融合再造更多计算信息设备

自 iPhone 定义了智能手机之后，在后续几年的规模扩张中，移动智能终端虽然在屏幕、芯片、传感器、终端软件等各个维度均展开了积极创新，但并未颠覆已有的终端架构。2013 年智能电视和可穿戴设备出现发展热潮，标志着智能终端在再造上一代计算设备（电脑和电视）之后，开始启动新一轮变革，融合更多外围技术，形成更具新能力的泛智能终端，与之相匹配的终端形态和应用场景也在发生颠覆性变革。

2013 年初，在经历一年的沉寂期之后，谷歌通过发售谷歌眼镜（Google

---

① 本文相关移动操作系统市场份额数据均来自 IDC 统计。
② 苹果新品秋季发布会发布数据，2013 年 10 月 23 日。

Glass），将"可穿戴"这一概念正式带入公众视野。谷歌眼镜将随身性最强的物件之一的眼镜与移动互联网融合，通过配备微型投影仪、摄像头、骨传导麦克风和多种传感器，实现穿透式显示、语音控制等新型交互能力；通过解放双手和更为随时随地随身的使用场景，使现实世界与虚拟信息更为便捷地无缝交互，为应用创新提供了无限可能。可穿戴设备所引发的无限想象空间，吸引着ICT（信息、通信和技术）巨头和新兴创业公司积极加入可穿戴产品研发和推广，三星发布智能手表 Galaxy Gear，索尼发布智能手表 Smart Watch，创新消费电子设备公司 Jawbone① 也推出了第二代智能手环 UP 2。此外，更多的概念性可穿戴终端产品，如智能戒指、智能服装、智能鞋、智能头盔等，仍在不断涌现。

就目前来看，可穿戴终端及相关应用的发展仍处于非常初级的阶段：一方面，业界对可穿戴产品定位、应用方式等仍存在诸多分歧，虽有很多企业发布了可穿戴产品，但主要是手环腕带等简单初级、功能较为单一的信息采集类终端，或者是智能手表类产品，多数仍是一味跟风模仿，并未形成有独创性的用户操作界面和应用体验。另一方面，可穿戴相关产业链配套仍然不足，许多技术问题尚待解决。以目前技术较为复杂的智能眼镜为例，谷歌经过多年研发推出的眼镜产品依然在诸多方面有待提高，如芯片等低功耗硬件、更精准的人体数据（运动与体征等）采集器件、新型光感原件和显示技术、新型电池技术及与可穿戴终端形态相匹配的终端设计及制造技术等。

2. 加速重构传统行业，创新发展模式

互联网对传统行业的重构不断推进，而移动互联网则大大加速了这一进程。移动互联网浪潮已经开始改变甚至颠覆我们已有的经济与生活，无论是旅游、租车、零售等消费经济行业，还是电信、金融、传媒、医疗等传统高壁垒行业，在移动互联网的冲击之下都在酝酿变革，并寻求新的发展模式。如在医疗健康领域，通过移动智能终端内置传感装置，或外接型配件的方式，为用户提供个人健康管理、运动统计等新型感知应用，已成为民众日常医疗保健的重

---

① Jawbone，美国创新型消费者电子产品制造商，成立于1999年，主要生产蓝牙耳机，蓝牙便携音响和 UP 手环。

要方式，据不完全统计，目前全球已有超过 6 万个医药健康类应用，[①] 涵盖从预约医生到监控血糖等多个方面，市场价值约 2.2 亿美元。除此之外，以移动智能终端为控制中枢的智能安防、智能家居等应用也开始起步。例如，将 Android 手机作为遥控器，控制照明灯、洗碗机、落地灯等家用电器。

而传统行业在借助移动端对业务发展模式重构的背景下，也表现出了更大的发展潜力。如借助移动智能终端这一随身设备，可以实时便捷地办理金融业务、实现网络购物等，移动支付还将极大地扩展金融领域的交易能力。据阿里巴巴官方统计，在 2013 年"双十一"购物热潮中，手机淘宝成交额达到 53.5 亿元，是 2012 年同期的 5.6 倍；支付宝完成 1.88 亿笔交易，其中 4518 万笔是无线支付。此外，综合利用智能手机的定位、社交、通信等能力，预约出租车或酒店、在线自助游等诸多领域，也成为时下发展的热点。

二 中国移动互联网产业发展现状与地位

（一）产业发展总体状况

1. 持续高速增长，为后续发展奠定良好基础

中国移动互联网发展几乎与全球同步，借助国内巨大的用户市场优势，呈现了更为快速的增长态势，为后续应用服务创新和产业升级奠定了良好基础。截至 2013 年底，我国移动互联网用户数已达到 8.3 亿人，[②] 在整个移动电话用户中的渗透率达到 2/3。2013 年我国手机产量占全球总量的比例超过 80%，有 3 家本土企业进入全球智能手机排行榜前十位，国内智能手机年出货量超过 4 亿部（见图 2），我国全球手机生产制造基地的地位得到进一步稳固。移动互联网流量达到 1200 PB（千万亿字节），[③] 同比增长超过 70%，其中手机上

---

① 来自英国国民健康服务（National Health Service，NHS）统计数据。NHS 又被称为"英国国家健康中心""国家医疗保健服务"或"英国国民卫生保健"，是英国社会医疗制度，为英国居民提供全方位医疗服务。

② 工信部通信业经济运营情况分析，2013 年 12 月。

③ 工信部通信业经济运营情况分析，2013 年 12 月。

网是主要拉动因素。国内应用生态也实现稳步发展，已拥有超过 50 家第三方应用商店，应用生态规模约为百万量级。在终端、用户、应用发展的同时，我国在核心基础技术方面也得到快速提升，国内厂商基于 Android 原生操作系统，在软硬件匹配、节能、Web 框架及生态、虚拟机等方面坚持深耕细作，并已取得不错的市场应用。国内芯片企业借 3G 发展的良好契机实现崛起，包括海思、展讯、联芯等多家企业的芯片产品，不仅在国内市场占有一定的份额，而且在海外市场的拓展取得了积极成果，如展讯芯片已在非洲、南美洲、印度等地区大批量出货。

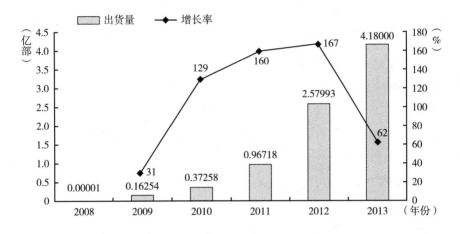

图 2　我国智能手机出货量增长情况

资料来源：工业和信息化部电信研究院设备入网中心。

2. 应用加强并深化普及，"去系统化"开始起步

在 2013 年，我国移动互联网在保持快速增长的同时，本土超级应用的用户规模、使用范围等也得到了快速扩充，微信用户超过 6 亿人，UC Web 成为 Android 平台中第一个用户过亿的移动浏览器。我国互联网企业以此构建新型入口平台的趋势则更为明朗。2013 年，我国典型互联网企业普遍以超级应用为基础，在应用之上运营大量子应用，发展与操作系统和应用商店弱关联的自有生态。超级应用凭借巨量用户成就惊人的应用分发能力，如微信游戏"天天爱消除"发布 10 天，用户就达 4000 万人；百度整合 91 无线资源后，其移动搜索应用年下载量增长 465%，一挽移动互联网开局颓势；阿里巴巴联手新

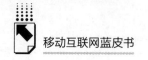

浪微博，试图打开移动电子商务新渠道。

依托超级应用构建轻应用生态，正成为中国发展自主移动互联网生态模式的创新体现。以微信为例，其通过整合互联网社交关系与手机通讯录的关系，添加移动位置与互联网信息图层，建立了一个多维立体的关系链，为用户提供了多媒体交互能力，并结合移动互联网产品差异化的运营模式，打造了移动互联网时代的融合信息平台。

（二）发展阶段、生态与格局

1. 在全球生态中暂列第二梯队

纵观目前全球移动互联网技术及产业发展情况，初步呈现美国遥遥领先，中、日、韩快速跟进，其他地区平稳发展的格局。

（1）美国领衔第一梯队发展，在关键技术掌握及应用生态方面遥遥领先

在核心软件平台方面，苹果、谷歌、微软三大公司几乎垄断了目前移动智能终端操作系统的全部市场，并掌握了相关核心关键技术，主导移动互联网技术主线的升级演进。在核心硬件平台方面，高通、苹果等在全球移动芯片发展当中名列前茅，不仅拥有大量的移动通信等相关知识产权，而且掌控了 GPU IP[1] 等关键技术，在多模多频 LTE[2] 芯片、64 位及多核芯片等方面均处于领先发展地位。在移动智能终端方面，苹果更成为引领者，不仅通过推出 iPhone 重新定义了智能手机、通过推出 iPad 开创了 PC 和手机融合发展的新领域，而且通过智能语音、指纹识别等创新技术的应用始终引领智能终端创新，与谷歌一起掀起可穿戴、智能家居等新型泛智能终端方面的创新浪潮。在应用生态方面，苹果、谷歌、微软等三家公司也是全球移动互联网应用生态的主导者，其中，苹果开创了"应用商店"这一新的生态发展模式，而谷歌将其原有的互联网服务优势完美地迁移至移动互联网，通过 Android 的全球垄断性地位，以 GMS[3] 服务的方式将搜索、电子邮箱、地图等谷歌自有服务快速推广至移动互

---

[1] Graphic processing unit，中文翻译为"图形处理器"。
[2] LTE（long term evolution）：3 GPP 长期演进（LTE）项目是 2006 年以来 3 GPP 启动的最大新技术研发项目，这种以 OFDM/FDMA 为核心的技术可以被视为"准 4G"技术。
[3] GMS 全称为 GoogleMobile Service，即谷歌移动服务。

联网领域。

（2）中、日、韩位列第二梯队，在基础制造和产品服务方面有所突破

除了美国外，中国、日本、韩国等均在特定的领域拥有自身的发展优势，位列第二梯队。在第二梯队当中，在整体产业的布局深度和广度上，我国目前实现了领先日、韩等发达国家的发展局面，相较于 PC 时期的落后跟随，是非常显著的进步。

我国在终端整机制造和本土化应用服务方面表现突出。国内移动终端产业全球领先，中华酷联等终端企业在海外市场均有不俗业绩，华为主打欧洲市场出货量超过 3000 万部，中兴在北美市场出货量超过 1000 万部，联想海外出货量超过 800 万部；此外，国内形成了世界级应用，目前，在全球互联网公司市值（包括估值）TOP 5 中，有腾讯、阿里巴巴两家中国企业，微信、新浪微博等用户规模达到数亿人。

韩国在消费电子产品及显屏技术方面较为领先。三星凭借其优秀的品牌价值和对消费电子市场的深刻理解，在高端智能手机及品牌平板电脑出货量方面位列 Android 阵营首位，其推出的 Galaxy 系列单品均列畅销排行榜前茅；而在智能终端显屏领域，三星和 LG 更是全球重要供货商，且在视网膜、超轻超薄、柔性、可折叠等新型显示技术方面始终走在前列。

日本则更偏重于产业基础元器件和原材料的提供。目前，在显示屏上游材料和零部件当中，如偏光片、彩色滤光片、驱动集成电路（IC）等就被日本垄断，而智能手机制造所需印制电路板（PCB）的基材、电阻电容的陶瓷材料等，也都需要由日本来供给。

2. 产业正处于转型升级的关键窗口期

近年来，我国移动互联网产业虽始终保持较快的发展速度，在某些领域、环节实现了较好的基础积累，也逐步探索形成了具有中国特色的产业生态发展模式，但未来发展仍面临严峻挑战，整个产业正处于转型升级的关键窗口期，具体表现如下。

一是国产智能终端始终未摆脱量收不对等的窘境。在经历了以规模扩张为主的发展初期之后，国产终端厂商普遍开始弱化"以出货量为王"的粗放式发展模式，注重提升产品附加价值并加强品牌建设，但这种"去低端化"进

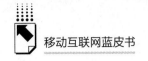

程刚刚起步，国内厂商在旗舰产品发展方面与三星等相比仍存在较大差距，对新产品和新技术应用的研发尚有不足，品牌化建设仍有缺失。

二是国内应用生态受限于无自主操作系统，多年来只能依附两大生态系统发展，不论是生态规模、应用质量还是开发者均无法与领先国家相媲美。除此之外，与原生应用商店相比，国内第三方商店因业务模式雷同、内容重复度高而陷入无序竞争的局面，安全问题频发，缺乏用户信任的应用分发渠道。最近，虽依托亿级用户的超级应用构建轻型应用生态，但应用生态整合能力还无法与谷歌、苹果相比。

三是核心技术仍待继续突破。虽然我国在操作系统和移动芯片两大关键领域实现了一定的自我发展，但仍多是基于国际主流的成熟技术发展而来，在与操作系统和移动芯片相关的核心基础技术方面仍待继续深化，而人机交互、大数据等新技术正呼之欲出，我国在新技术应用方面的积累不足等问题也在逐步暴露。

三　中国移动互联网产业发展展望

展望未来，在《关于促进信息消费扩大内需的若干意见》等国家政策的大力推动下，我国在移动互联网在转型升级的过程中，仍将持续加速实现产业扩张。

（一）4G开启我国通信产业发展新时期，用户规模持续扩张

4G牌照的正式发放标志着我国通信产业开启发展新时期，对移动互联网产业的发展将是极大的促进。预计2014年我国移动电话用户接近13.5亿人，普及率接近100%，智能手机用户渗透率超过50%，移动互联网用户占比超过80%。

（二）在终端和应用两个领域的既有优势将得到进一步强化

在用户规模快速扩张的同时，我国在终端和应用两个领域的既有优势将得到进一步强化。在应用生态发展方面，超级应用的入口平台地位进一步凸显，移动应用服务对部分领域将有突出拉动作用，如移动电商增长速度超过一般电

商200%。在智能终端发展方面，智能手机及平板电脑等传统领域将继续保持全球领先地位；智能电视作为发展新热点，有望结合我国传统电视制造的优势成为我国后续发展的又一领先领域；可穿戴设备也将得到国内产业的积极参与，实现技术和应用的双重突破。

（三）新技术应用方面有望取得突破性进展

终端和应用的创新正推动我国移动通信技术和产业向世界先进水平跨越，依托各类重大专项、产业化项目和企业自研的共同推进，我国有望在移动芯片、移动浏览器及 Web、大数据等应用技术方面取得新的突破性进展。

B.3
移动互联网与中国经济和产业转型升级

顾 强 刘明达*

摘 要：

移动互联网是一种泛在、智能、便捷、绿色的新兴网络业态。近年来，我国移动互联网的快速发展支撑了电子信息产业发展，极大地促进了线下资源的有效配置，形成了统一、开放的线上平台，进而对生产方式和产业发展形态产生了深刻影响，并从宏观经济、产业组织、企业运营三个层面推动了我国经济和产业的转型升级。面向未来，必须加快建设宽带、移动和泛在的网络基础设施，加速移动互联网的发展和渗透，充分发挥其在中国经济和产业转型升级中的引领和支撑作用。

关键词：

移动互联网 经济 产业 转型升级

习近平总书记在全国政协十二届一次会议上指出，移动互联网、智能终端、大数据、云计算、高端芯片等新一代信息技术发展将带动众多产业变革和创新。近年来，国务院相继出台了《关于加快培育和发展战略性新兴产业的决定》《"十二五"国家战略性新兴产业发展规划》，国务院有关部门在通信、软件、信息服务和互联网等多个"十二五"规划中对移动互联网发展做出了部署，移动互联网发展的政策环境不断优化。移动互联网产业链日益完善，在经济转型和社会变革中的巨大作用也在日益显现。

---

* 顾强，中国科学院科技政策与管理科学研究所博士后；刘明达，北京师范大学政府管理学院博士研究生，现供职于中国电子信息产业发展研究院，主要研究方向为政府经济管理、战略性新兴产业。

一 我国移动互联网产业发展现状与面临的问题

（一）移动互联网的产业内涵

移动互联网是随着移动通信技术进步和移动通信终端普及而逐渐发展起来的新兴网络形态。作为一种融合性的新兴业态，移动互联网推动了通信与互联网的深度融合、智能终端与社交网络的互相促进、内容与终端的捆绑、端与云模式的竞合、轻与重应用的并存、制造业与服务业的联姻、软件与硬件的紧密结合、社交与导航的共进、通信与媒体的跨界、垂直整合与平台开放的并行、开发模式上开源与众包的合力、产业链 OTT[①] 化长链与短链的换位、运营商管道与平台的并重，已开始呈现变革产业生态链的趋势。[②]

从产业内涵的角度看，移动互联网本质上是通信和互联网的融合，以满足人们在任何时候、任何地点、任何方式获取并处理信息的需求，以泛在、智能、绿色、便捷、融合、宽带的应用体验推动信息量爆炸式增长、信息流动速度极大加快，进而促进生产和生活向扁平化趋势转变。

从产业链的角度看，移动互联网囊括了第二产业的先进制造业和第三产业的现代服务业两个方面，集部件及整机制造、系统平台、软件、应用服务等于一体，形成"网络＋终端＋软件＋内容＋服务"的产业链条（见图1）。

从当前和未来发展趋势看，移动互联技术面向多行业、跨领域的交叉融合与应用成为演进的基本方向，创造了无数商机，也加速着生产方式、产业组织模式、社会管理手段、服务运营形式和居民日常生活的深刻变革。

（二）我国移动互联网发展概况

近年来，得益于移动智能终端的小型化、普及化，以及 3G 和 4G 牌照的

---

① OTT，over the top 的缩写，即互联网公司越过运营商，发展基于开放互联网的各种视频及数据服务业务，如应用商店是典型的 OTT 应用。

② 中国电子信息产业发展研究院、赛迪顾问股份有限公司：《中国移动互联网产业发展及应用实践》，电子工业出版社，2014，推荐序二。

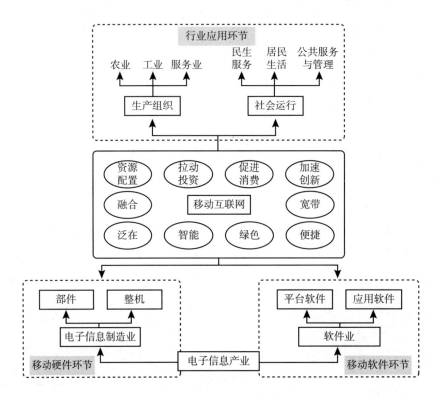

图1 移动互联网产业链

相继发放，我国移动互联网发展势头良好，已初步建立了产业生态系统。中国科学院于2014年1月15日发布了具有自主知识产权的COS（China Operating System，中国操作系统），可应用于PC、智能终端、机顶盒等平台，在开放性上优于iOS系统，在安全性上优于Android系统。这表明，我国移动互联网国产软硬件技术和安全水平有了较快提升。移动数据及互联网业务的快速发展是带动电信业非话音业务收入迅速增长的主要动力，"流量"型业务已取代电信传统业务，成为拉动电信业收入增长的主力（见图2）。从全国范围看，尽管东中西部发展尚不均衡（见图3），但已形成了以京津冀、长三角、珠三角为中心，以成都、重庆、西安等中西部城市为骨干的发展格局，四大区域产业规模超过全国整体的90%。[①]

---

① 中国电子信息产业发展研究院、赛迪顾问股份有限公司：《中国移动互联网产业发展及应用实践》，电子工业出版社，2014，第52页。

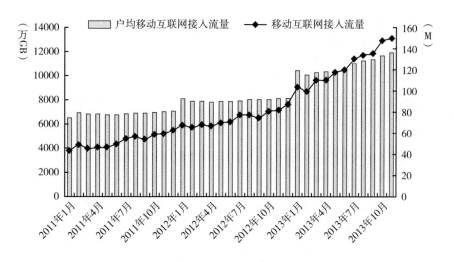

图2　2011～2013年移动互联网接入流量各月比较

资料来源：工业和信息化部运行监测协调局。

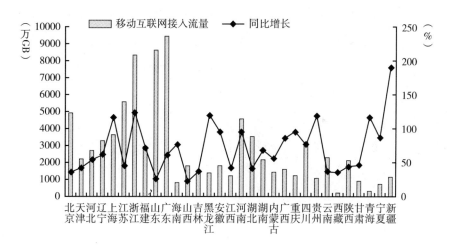

图3　全国各省份2012年移动互联网接入流量及增长率

资料来源：《2012中国通信统计年度报告》。

（三）存在的主要问题

1. 产业生态体系尚不成熟

我国的移动互联网产业生态体系尚在构建过程中，知识产权纠纷不断、部分行业巨头对产品实行封闭化运营、产业各领域发展不均衡等问题较为突出：一方面是知识产权受制于人。在中关村软件园 143 家移动互联企业中，仅有 2 家移动终端企业、2 家应用和支撑服务企业具有千件以上知识产权，且知识产权主要集中在应用服务环节，关键环节的知识产权基本掌握在国外大公司手中。另一方面是缺乏具有竞争力的国产操作系统。目前，我国绝大部分移动智能操作系统，如小米的 MIUI、HTC 的 Sense、酷派的 Cool Touch、魅族的 Flyme OS、联想的乐 OS 等，均是基于 Android 开发而来，国内智能手机操作系统绝大部分为 Android 和 iOS 的（见图 4）；而在 Android 系统的开放联盟中，我国仅有华为和中兴两家公司进入手机和其他终端制造商名单，在半导体公司和软件公司中则没有中国公司，系统的开发和演进方向为外国公司所主导。从国际上看，终端及操作系统已成为移动互联网产业生态体系竞争的核心，移动智能终端软硬一体趋势明显。苹果、谷歌和微软三大移动互联生态系统"三足鼎立"的局面初步形成，全球布局日益加快，产业竞争日趋激烈，其他操作系统有被边缘化的风险，我国移动智能操作系统面临的生存环境可能进一步恶化。

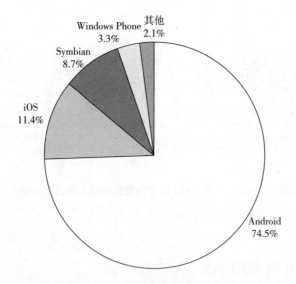

图 4　2013 年第二季度中国智能手机操作系统分布

资料来源：艾媒咨询，http://www.iimedia.cn/36890.html。

2. 产业链条中部分环节尚不完善

我国移动互联网产业链在基础设施建设、应用软件开发、移动智能终端制造普及等方面发展较快，但在核心零部件开发生产、赢利能力提升等方面存在不足。核心零部件除电池外，屏幕、存储、传感器等方面国内企业实力偏弱，产品技术含量低，严重依赖进口；TD 芯片制造工艺处于 40～65nm，而 Intel、三星等已升级到 20～32nm，整体技术水平落后于国际主流一代左右。① 在赢利能力方面，广告与电子商务等互联网的赢利手段对移动互联网赢利能力的贡献有限；艾媒咨询（iiMedia Research）发布的《2012 中国移动电子商务市场年度研究报告》显示，截至 2012 年底，中国移动电子商务用户规模达 1.49 亿人；中国电子商务研究中心发布的《2012～2013 年度中国社交移动电子商务市场报告》显示，截至 2012 年 12 月底，全国移动电子商务交易规模为 965 亿元，而 2012 年我国电子商务交易规模已达 8.1 万亿元，② 两者差距明显。

3. 移动互联网接入环境有待完善

与快速发展的产业链其他环节相比，接入环境已成为制约移动互联网发展的"卡脖子"问题。一方面，许多公立机构、公共区域仍无法接入移动互联网，覆盖率较发达国家还存在不小差距；另一方面，移动互联网的接入环境不稳定，已有移动互联网覆盖的区域在带宽、稳定性等方面存在缺陷，导致接入不畅，影响用户体验。

4. 安全与隐私受到挑战

移动终端不断提升的内存空间和芯片处理能力给了恶意软件和垃圾信息更多的生存空间，开放式的操作系统使恶意软件来源很难追溯。中国互联网络信息中心（CNNIC）发布的《2013 年中国网民信息安全状况研究报告》指出，74.1% 的网民在过去半年内遇到过信息安全问题，总数达 4.38 亿人，全国因信息安全事件造成的个人经济损失达 196.3 亿元。采用实名制注册的移动智能终端将使移动互联网的安全性面临更大挑战。安全和隐

---

① 资料来源于工业和信息化部电信研究院。
② 亿邦动力网，http://www.ebrun.com/20130131/67195.shtml。

私问题如不能得到妥善解决，移动互联网本身所蕴含的革命性潜力也将难以有效发挥。

5. 国产移动智能终端品牌建设差距明显

进入智能机时代以来，中国手机品牌厂商在关键核心技术上的不足进一步凸显，同时在市场模式上也出现了"水土不服"的情况：依靠运营商关系渠道、以量取胜的模式在覆盖中高端用户方面能力不足；通过大量广告打造品牌形象、以较低成本换取较高利润的模式则由于多层级代理推高了成本。这导致国产品牌在产业链上缺乏主导权，苹果、三星等国外智能手机在中高端用户群体中牢牢占据较大份额（见图5）。从全球智能手机的毛利率看，苹果超过50%，三星、HTC维持在30%上下，而国产品牌的毛利率不到20%。[①]

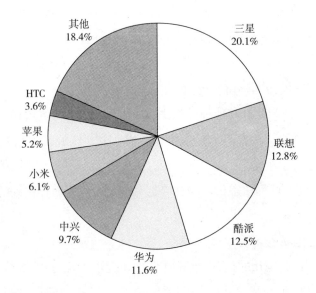

图5 2013年第二季度中国智能手机市场品牌销售占比情况

资料来源：艾媒咨询，http://www.iimedia.cn/36890.html。

当前，信息通信技术向各类制造技术的渗透、交叉与融合正在全世界范围内催生一场新技术和产业革命，产业组织模式和企业生产方式正在发生革命性

---

① 工业和信息化部运行监测协调局网站，http://yxj.miit.gov.cn/n11293472/n11295057/n11298508/15915221.html。

变化。这为移动互联网发展提供了重大机遇。进一步发挥移动互联网在创新产业组织模式、激发市场运行活力、优化资源配置效率、拉动国内有效需求、创造新兴业态和经济增长点方面的积极作用，是保持我国经济稳健增长、有效降低能源消耗的重要保证。

二　移动互联网发展对电子信息产业的带动效应

（一）对电子信息制造业的带动效应

1. 加快推进移动网络基础设施建设

移动互联网发展为网络运营商提供了新的赢利渠道，并促使其加大移动网络基础设施的投资和建设力度，推动了通信及网络基础设施的完善。2013年，我国通信设备产业继续2012年的增长态势（见图6），增速始终保持在25%左右，对全行业增长的贡献率超过30%。[①] 2013年，通信终端设备行业共实现主营业务收入10233亿元，同比增长30.4%；实现利润总额355亿元，同比增

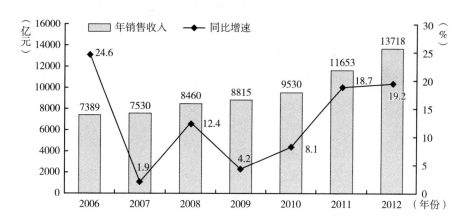

图6　2006～2012年我国通信设备产业年销售收入及同比增速

资料来源：工业和信息化部运行监测协调局。

[①]　工业和信息化部运行监测协调局网站，http://yxj.miit.gov.cn/n11293472/n11295057/n11298508/15789951.html。

长 20.5%；行业收入增速高于电子制造业平均水平 20.0 个百分点；行业平均利润率达到 3.5%。①

2. 加速推动移动通信终端尤其是移动智能终端的普及

移动互联网发展有力地促进了移动电话尤其是移动智能终端产销量的快速增长。2013 年，全国智能手机出货量达到 4.23 亿部，占全球出货量（10.04 亿部）的 42.1%，同比增长 64.1%，市场占有率达 73.1%；上市智能手机新机型 2288 款，同比增长 3.0%，占同期新机型总数的 80%。② 截至 2013 年 12 月底，全国移动互联网用户总数达到 8.1 亿户，其中 3G 用户总数突破 4 亿户，渗透率达 32.7%，比 2012 年同期提高 11.8 个百分点；3G 网络已经覆盖到全国所有乡镇。③ 2G 移动电话用户减少 5185 万人，在移动电话用户的比重下降至 67.3%。④

3. 加快推动移动终端技术演进

近年来，移动智能终端在工业设计、硬件集成、硬件功能、新型材料等方面均取得了长足进步，一部分领军企业已经涉足人眼识别、动作感应、语音输入等智能化操作领域，硬件提供商也随之将重点调整到智能化元器件方面。三星公司的 Galaxy S4、Note 3 等机型已经实现了手势操作和人眼识别。同时，智能终端的种类和形式也日趋丰富。2013 年，苹果、谷歌、三星、高通、微软几大巨头都开始了对智能手表的研发，并已开发出相关产品，如三星的 Galaxy Gear、高通的 Toq 等。我国已形成了完整的移动智能终端装配产业链，产能和成本优势明显，具有较强的独立第三方设计室（design house）设计能力；通过快速吸收先进技术，国内已建成投产多条 8.5 代液晶面板生产线，正在研发更高级的生产技术。

4. 加快推动关键部件技术升级

京东方已经成功研发出柔性屏幕，待其他组件的协同问题得到解决，就能

---

① 工业和信息化部运行监测协调局网站，http://yxj.miit.gov.cn/n11293472/n11295057/n11298508/15915221.html。
② 工业和信息化部运行监测协调局网站，http://yxj.miit.gov.cn/n11293472/n11295057/n11298508/15915221.html。
③ 工业和信息化部运行监测协调局网站，http://yxj.miit.gov.cn/n11293472/n11295057/n11298508/15909362.html。
④ 工业和信息化部运行监测协调局网站，http://yxj.miit.gov.cn/n11293472/n11295057/n11298508/15856685.html。

开发出可以卷曲甚至折叠后放入口袋的移动智能终端了。三星宣布已成功研发8 GB 的 LPDDR 4 移动内存，采用 20nm 工艺，数据处理速度为 LPDDR 3 的 2 倍，具有高集成、高性能、低耗电的特性，使超高画质大屏手机、平板电脑和超极本等高性能附加值产品硬件性能进一步提升。

5. TD （移动通信标准） 发展推动国产芯片质与量的双重提升

自 1998 年正式向国际电联提交 TD-SCDMA 标准以来，我国已经围绕 TD 形成了包括研发、制造、运营、渠道等在内的完整产业链，直接促进了终端、通信设备、芯片等电子信息制造业产业链环节的完善。其中，TD 对国产芯片的带动和促进作用尤为突出。数据显示，2013 年国产芯片出货量已突破 1.4 亿片，国内市场的占有率超过 70%。4G 牌照的发放也将拉动对国产芯片的巨大需求，推动国产芯片厂商加快研发进程、突破关键技术瓶颈、提升设计水平，为国产芯片实现"弯道超车"提供良好契机。

（二）对软件及信息服务业的带动效应

1. 促进移动终端操作系统升级

移动互联网促使操作系统向优化用户体验、强化硬件支撑、无缝跨平台三大方向深度演进。以操作系统为核心组建和打造知识产权壁垒，形成垄断优势，并加速其跨平台深度演进，已经成为移动互联网巨头的普遍战略，也推动了移动互联网对传统互联网行业的改造。截至 2013 年第一季度，Android、iOS、Windows Phone 三大操作系统分别以 75%、14.4% 和 3.2% 的市场占有率位居前三。

2. 加快基于移动终端及其操作系统的应用软件开发

以强大的硬件和操作系统为后盾，应用软件的开发活动日益活跃。目前的手机应用主要包括游戏类、音乐类、即时通信类、浏览器类、视频类、书籍阅读类、安全类、学习办公类、地图导航类、支付类等，一些重要的应用程序已经形成了独立的产业链条。随着基于手机操作系统的应用软件日益丰富，移动终端最终将提供比 PC 更丰富的服务内容。

3. 推动电信业转型与发展

2013 年，我国电信业实现业务收入 11689.1 亿元，同比增长 8.7%，连续三年保持高于同期 GDP 增速的增长态势；电信业业务总量实现 13954 亿元，同比增长 7.5%。① 依据菲德模型建立的电信业对国民经济的宏观计量模型，本报告计算出了 2006～2012 年电信业增加值对 GDP 增长的直接带动作用（见表 1）。②

表 1　电信业增加值对 GDP 的倍增作用

单位：亿元

年份	2006	2007	2008	2009	2010	2011	2012
电信业增加值	4235	4704	4729	4900	4963	5434	5709
带动 GDP	9825	10913	10971	11368	11514	12606	13245

近年来，随着电信业传统业务增长速度放缓，移动互联网成为支撑电信业发展的中坚力量。

（1）3G、4G 有力地带动了电信业的增长

3G 已成为拉动移动电话业务用户增加和收入增长的主力（见图 7）。据工

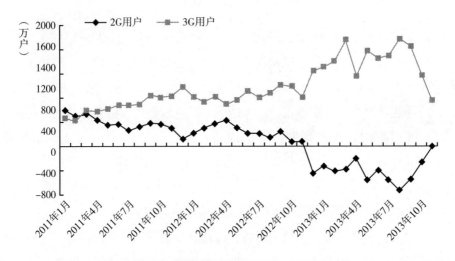

图 7　2011～2013 年 2G 用户和 3G 用户净增比较

资料来源：工业和信息化部运行监测协调局。

---

① 工业和信息化部运行监测协调局网站，http：//yxj. miit. gov. cn/n11293472/n11295057/n11298508/15856685. html。

② 工业和信息化部：《2012 中国通信统计年度报告》，人民邮电出版社，2013，第 8 页。

信部统计，3G 发展头三年，直接带动 GDP 增长 2110 亿元，间接拉动 GDP 增长 7440 亿元。4G 牌照发放以来，三大电信运营商反应积极，纷纷加紧布局，中国移动已经制定了 4G 资费标准和套餐。

（2）手机上网有效填补了电信业传统业务增长放缓形成的利益空间

据工信部统计，2013 年我国手机网民增加了 8009 万人，总数达 5 亿人，其中，手机上网用户占比上升到 81%，超过 PC 上网用户。手机即时通信、手机搜索、手机视频、手机网络游戏用户规模比 2012 年分别增长 22.3%、25.3%、83.8%、54.5%。电子商务应用在手机端应用发展迅速，手机在线支付用户在手机网民中占比由 2012 年底的 13.2% 上升至 2013 年底的 25.1%。

（3）开放的产业组织模式允许更多市场主体进入产业链条，做大蛋糕

移动互联网开放的产业组织模式吸引了更多企业进入产业链条，激发了市场活力。华为、小米、中兴、联想等一批手机厂商进入移动终端市场。苏宁等一批传统零售业巨头与新兴网购企业共同推动移动电子商务发展。优酷土豆、金山软件、盛大游戏等软件企业也投身移动互联网应用下载和服务环节。多利益主体涌入，丰富了产业业态，延长了产业链条，促进了产业繁荣发展。

三　移动互联网发展对生产制造方式和产业发展形态的影响

（一）移动互联网催生精准农业服务

移动互联网发展增强了信息要素在农业生产中的作用。获取农业全过程的信息并对其进行优化处理，利用泛在的移动通信网络和普及的移动智能终端，向农业产业链各环节从业者传递信息，实现了投入要素精准化控制，推进了农业现代化。移动互联网应用于农业生产的方向之一是精准农业。

精准农业（precision agriculture）是由信息技术支持的根据空间变异，定位、定时、定量地实施一整套现代化农事操作技术与管理的农业。将移动互联网技术融入精准农业，可以建立类似于物联网的动态监测和控制系统，对农作物长势、农业生态资源和环境状况开展动态监测，对农药化肥的施用效果进行远程分析，对冻害、旱涝、病虫、风灾等灾害进行监测与预警，并针对各种外

界条件变化对农作物管理活动进行灵活控制。

我国于1999年设立了小汤山国家精准农业研究示范基地，建立了以3S技术为核心、以智能化农业机械为支撑的节水、节肥、节药、节能的资源节约型精准农业技术体系。

（二）移动互联网发展促进工业生产方式变革

从工业生产方式的演进路径看，当今世界正在经历一场新科技和产业革命。移动互联网利用数字化、虚拟化和智能化的技术手段，顺应了全球化、服务化、平台化的产业组织发展趋势。将线上平台与线下工业生产环节相结合，实现信息交互与网络协同，能够有效整合并改善研发设计、生产控制、供应链管理、市场营销等环节，推动工业从以产品为中心的批量、刚性制造，向以消费者为中心的个性化、网络化、柔性化制造模式转变。

1. 促进工业生产模式智能化、服务化变革

移动互联网与制造领域的结合催生出工业互联网、工业云、移动O2O等新模式，实现了大规模工业设备、生产过程、产品和用户数据的感知、传输、交互和分析，可帮助制造企业实现产品全生命周期的实时动态控制与管理，提升制造效率和服务能力。

（1）智能化变革

借助移动互联网，使单一（刚性）生产系统转向可快速重构制造系统，即柔性化、超柔性化制造模式，如德国大众汽车正在实施一项全新的"模块化横向矩阵"生产战略，通过标准化某些部件的参数，最终实现在一条生产线上生产所有型号的大众汽车。

移动互联网加快推动工业互联网发展与成熟。工业互联网将智能设备和人连接起来，并结合大数据技术，支持工业企业智能决策。三一重工利用智能工程机械物联网支持决策分析，新增利润超过20亿元。

移动互联网助力工业云。工业云即云计算理念在制造领域的应用和探索，北京已打造工业云服务平台，为中小企业提供软件设计和研发资源服务。广东打造的工业云平台可以提供产品设计、检测、质量管理，以及环境监测与保护、电子商务等多种服务。

移动互联网催生移动O2O。利用移动智能终端采集线上数据，实现线上、线下的及时交互，是移动互联网对制造业发展做出的重要贡献。奔驰、大众等汽车公司相继推出了移动O2O应用，建立起集汽车销售与维修、零配件供应、信息反馈于一体的服务中心。

（2）服务升级

移动互联网有助于制造业的在线、实时、远程服务升级，促进制造业从以产品为中心转向以服务为中心。陕鼓集团实施交钥匙工程，通过提供全程在线支持，为客户一揽子解决风机系统全系统、全流程的相关问题，最大限度地满足客户需求；苹果通过客户体验的精准把握和对工业设计的精益求精，取得了"产品＋服务"商业模式的巨大成功；通用汽车与上汽集团、上汽通用汽车联合成立了安吉星信息服务有限公司（On Star），利用全球卫星定位系统和移动互联技术，为汽车提供无线服务，用户只需简单操作即可获取安吉星的全程语音帮助。

2. 促进工业生产组织方式协同化、互动化变革

互联网将长尾市场、用户创造价值等理念和模式扩展到制造领域，改变了制造企业的关系网，全球有竞争力的制造企业均已实现全球协同设计、协同制造和全球化资源配置，在研发、制造、物流等环节实现了国际化、网络化、虚拟化协同，并促进了企业与市场的实时化、个性化互动。

（1）协同化变革

移动互联网促进网络协同制造。全球制造企业通过互联网或移动互联网形成若干协同体，开展研发和制造合作，实现产品设计、制造、管理的高效协同。小米公司通过论坛、微博等网络渠道与用户频繁互动，对MIUI操作系统进行定期调整和更新，不断优化用户体验，促进了小米手机的销售；奥克斯空调在淘宝网发起"万人空调定制大团购"，消费者根据个人喜好来定制空调的功率、外观、功能、颜色等，38小时内共售出空调10407台，相当于线下整个奥克斯空调在国内一天的销量。①

移动互联网推动车联网发展。以汽车为载体和终端形成的"车联网"是

---

① 资料来自阿里巴巴集团研究中心发布的电子商务研究报告。

移动互联网应用和拓展的新形式,这种汽车与移动互联网服务的融合创造了巨大创新和增长空间。汽车企业近年来积极开发自适应巡航控制系统、道路辅助技术、自动驾驶技术、车载电子设备等,研发出更具科技含量的仪表盘生态系统,打造可以自动驾驶的"智能汽车";同时,车企也致力于将个人移动设备与车载娱乐导航系统整合,如谷歌与奥迪公司将合作开发基于 Android 系统的车载娱乐和信息系统,为驾驶者提供音乐、导航、应用和其他服务。苹果最新发布了支持 CarPlay 的 iOS 7.1 系统更新,从而将手机与汽车系统连接起来。

(2)互动化变革

移动互联网促进众包模式完善。众包即一个公司或机构把过去由自身开展的工作任务,以自由自愿的形式外包给非特定的大众网络,以与用户共创价值为核心理念,与众多分散的生产者和消费者实现广泛互动,有效满足个性化需求。百度、小米等国内企业已尝试开展众包业务。

移动互联网推动生产模式由规模化向定制化转变。定制化生产包括规模化定制和集中式定制两种模式。规模化定制指依靠柔性化生产组织和技术,在产品设计与生产过程中融入消费者的个性化需求,海尔集团积极适应移动互联网,提出"人单合一"的企业管理模式,即员工(人)与客户(单)相互融合,由传统的大型企业转型为适应移动互联网时代的平台型企业,让用户需求与世界一流资源在海尔的开放平台上对接。集中式定制指通过用户交流平台,从众多的个性化需求中提取出共性需求,利用移动互联网平台与全世界的研发机构进行互动,形成用户需求与全球创新资源的对接。海尔集团的天樽空调就是在平台上通过员工与 67 万名网友的交流互动设计而成的,曾创下 1 天内取得 1228 份订单的纪录。

移动互联网同样对 3D 打印技术有着积极意义。设计人员可以随时随地开发出 3D 打印模型,传输给合作生产厂家甚至个人进行生产。目前,桌面 3D 打印机在开源软件及工艺创新推动下,成本快速降低,个人 3D 打印机价格已经低于 1000 美元,并在 2007~2011 年实现了 200%~400% 的年均增速。也许在不远的未来,人们就可以在市场上购买材料,在网络上购买设计文件,在家里制造产品。

（三）移动互联网促进服务业变革

腾讯公司基于微信平台开发的各种增值服务是移动互联网应用于服务业的典型。依托超过 4 亿的个人用户和大量企业、政府部门用户，微信相继推出了在线支付、游戏中心、表情商店、数据管理等服务内容。微信支付是依托第三方支付开发的移动支付服务，用户只需在微信中关联一张银行卡，并完成身份认证，就可将装有微信的智能手机变成一个钱包，目前，已有包括中国建设银行、招商银行等在内的多家银行的借记卡和信用卡实现了接入。微信的数据服务则依托其平台上的海量数据，利用大数据技术，为企业提供数据服务。

移动互联网的发展推动了服务业相关领域的信息化进程，在医疗领域体现得尤为明显。在硬件方面，移动医疗硬件近年来发展迅速，利用可穿戴设备终端收集人体信息，经与手机交互后传输到云端，成为医疗监护和检查的新模式；糖护士手机血糖仪可以利用智能手机的数据采集和分析模块对血糖仪的数据进行实时分析和建议；Latin 电子秤可以测试体重、身体脂肪含量、水分含量、肌肉量等多项身体健康指标，利用数据分析引擎 PHMS™ 为用户提供报告和建议；目前，谷歌正计划开发可以检测血糖的隐形眼镜，苹果也准备在 iWatch 中加入检测血压心率的模块。在软件方面，移动医疗软件领域也出现了好大夫在线、丁香园、39 健康网、杏树林、春雨医生等新产品；春雨医生致力于浅问诊模式，利用手机作为交互平台，促进医患间的交流，在皮肤科、妇科，以及性病、婴幼儿等领域表现较好；丁香园是目前医药行业较有影响力的社会化媒体平台，它致力于为专业人士提供服务，产品包括用药助手、骨科时间、家庭用药、肿瘤时间、心血管时间、医药大辞典等，已积累逾 320 万注册用户；杏树林为医生人群提供国内外最新、最专业的资讯，产品包括病历夹、医口袋、杏树林医学文献等，并与云之声合作开发了医疗行业语音识别系统，方便用户快速搜索。

（四）移动互联网发展对产业发展形态产生深刻影响

1. 促进传统行业模式变革，推动经济增长方式转变

移动互联网的发展不仅给产业链上各利益主体带来商机，而且其独特、丰富而强大的功能给经济生产和社会生活带来新的改变，有利于提高效率、降低

时间和成本损耗，推动经济增长方式转变。

以物流业为例，移动互联网是提升物流信息化水平的重要技术工具和手段，能够有效提升货物周转效率，实现实时跟踪监控，大幅度降低成本，并通过建立呼叫中心实现对各种资源和货物的统一调度，从而显著提高物流系统的科学性和安全性。

再以传媒业为例，移动互联网打破了信息传播的时间滞后性和空间约束性，信息传播模式变为多对多，传统媒体纷纷进军移动互联网，改变了传媒业的传统面貌。

2. 催生新兴业态拉动经济增长

（1）移动电子商务受益于移动互联网发展

移动电子商务目前已形成以移动用户、基础设备提供商、内容提供商、移动门户提供商、移动网络运营商、移动服务提供商和终端设备供应商为主体的产业链条（见图8）。除直接收入外，移动电子商务还可以通过提供娱乐软件、植入广告、发布资信和发展会员等方式赢利。[①]

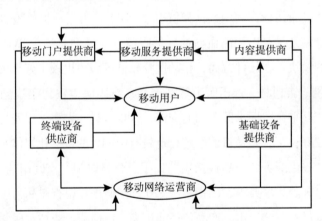

图8 移动电子商务产业价值链

资料来源：邵继红《我国移动电子商务市场价值链研究》，《统计与决策》2009年第1期。

近年来，在移动互联网高速发展的驱动下，中国移动电子商务快速发展，传统电子商务提供商、电信运营商、软件提供商纷纷涉足移动电子商务领域。在

---

① 王瑞花：《移动电子商务价值链及其商务模式》，《经济导刊》2010年第11期。

空间布局上，中国移动电子商务基本形成环渤海、长三角、珠三角和成渝地区"四轮驱动"的态势；在应用领域上，移动购物、移动交易、移动支付、移动团购、移动互享和移动比价等重点应用领域逐渐形成并完善；在商业模式上，形成了传统电子商务龙头企业主导的"品牌＋运营"模式，电信运营商主导的"通道＋平台"模式，软件提供商主导的"软件＋平台"模式，移动电子商务提供商主导的"创新"模式，以及平台提供商主导的"联盟＋平台"模式（见表2）。

表2　移动电子商务商业模式比较

模式名称	主导厂商	商城代表	主营商品	支付模式	商业模式
品牌＋运营	电子商务企业	手机淘宝网	基本覆盖淘宝全部商品	手机支付宝，货到付款	传统淘宝网基础上加强与手机厂商合作
通道＋平台	电信运营商	中国移动广东移动商城	服饰、箱包、运动健康、图书	手机支付账户	代理商运营
软件＋平台	软件提供商	用友移动商街	各类商户信息聚集的平台，类似于移动C2C模式	环迅支付，货到付款	向加入平台的商家收费
创新	移动电子商务提供商	立购网	手机数码类产品	货到付款，账户转账付款	向加入代销平台的商家收费
联盟＋平台	平台提供商	移联通址	覆盖多种商品交易	支持多种支付模式	向注册的商家收取年费

资料来源：赛迪世纪。

（2）物联网的发展受益于移动互联网

据不完全统计，我国2010年物联网市场规模接近2000亿元。赛迪顾问预测，2015年我国物联网市场规模将达7500亿元，2020年将达28000亿元，年复合增长率超过30%，市场前景超过计算机、互联网和移动通信业务市场。[①]

借助移动互联网，物联网的"物－物"模式将更为便捷高效，用户可以通过随身携带的移动智能终端实现远程操控，日益提升的技术水平和安全性能可以满足越来越多样化、复杂化的操控命令，从而大大拓展物联网的应用范

---

① 余周军：《中国物联网产业发展现状及展望》，2011年1月5日，http://www.ccidgroup.com/xxh/602.htm。

围。中国移动以移动智能终端和无线通信网络为基础和载体，利用无线射频技术将移动物联网技术应用在农业、电力等行业，以及家居、交通、医疗、地质灾害防治等领域。

（3）云计算产业发展受益于移动互联网

云计算的五大特征是按需自助服务、随时随地访问、资源池化、弹性、服务可量化，移动互联网发展进一步凸显了云计算按需自助服务和随时随地访问的优点。得益于移动互联网，我国云计算产业已经在政府、医疗、金融、教育等领域分三个层次投入应用，能够满足调动 IT 资源实现规模化应用的初级层次，对资源集约、数据集中有迫切需求的中级层次，以及对产业价值链各环节协同工作要求高的高级层次等各层次需求。

（4）大数据发展受益于移动互联网

移动互联网的出现和大规模应用拓展了大数据的信息来源渠道。在移动互联网的推动下，物联网、车联网、服联网等新型移动互联模式的出现将更多的要素接入互联网；同时，人们在操作各种移动互联终端时也产生了大量数据，这些数据从技术上讲都构成了大数据的信息来源。美国互联网数据中心测算，目前世界上 90% 以上的数据是最近几年才产生的，这也与移动互联网在最近一段时期内的井喷式发展相契合。

四　移动互联网发展对中国经济发展和产业转型影响的宏观分析

移动互联网对经济转型升级的影响主要是通过应用信息技术和开发信息（知识）资源促进经济社会活动的创新来实现的。从供给的角度看，移动互联网发展带动了投资增长，并通过乘数效应刺激经济发展。从需求的角度看，移动互联网带动了就业，拉动了消费增长，创造了新的消费形式。从更大的尺度看，作为一种技术形式和手段，移动互联网对经济生产和社会生活起到了革命性作用。

（一）宏观经济层面，移动互联网能够有效拉动就业和内需

移动互联网发展可有效推动宏观经济增长。2013 年，我国移动数据及互

联网业务收入对行业收入增长的贡献率从上年的 51% 猛增至 75.7%。① 2014 年 1 月，我国移动数据及互联网业务实现收入 181.2 亿元，同比增长 49.5%，在电信业务收入中的占比提高到 19.1%，比固定数据业务收入占比高 5.4 个百分点，比移动增值业务收入占比高 3.6 个百分点。②

1. 移动互联网产业持续深刻变革，发展活力空前

移动互联网产业的发展速度 10 倍于传统互联网，③ 将整个 ICT 产业带入快速重组和高速发展的快车道。虽然以基础芯片为代表的部分领域仍然遵循摩尔定律，④ 但移动互联网产业在移动芯片设计和制造分离、SOC 模式与 Turnkey 模式、多样化的传感器件和交互方式等的推动下，终端硬件、软件、应用、流量等以大致 6 个月的周期快速迭代（见图 9）。⑤ 这种快速的发展带给产业以蓬勃活力，创造着巨大商机和财富。

2. 移动互联网能够带动就业、促进创业创新

移动互联网能够从三个方面带动就业并促进创业：一是维持和促进了电信业发展，保证了相关就业；二是形成了开放的产业体系，为运营商、提供商和用户间建立了多向沟通、充分竞争的平台；三是提升了信息化与工业化融合水平，刺激和带动了新兴业态发展。工信部统计测算，3G 发展头三年，已直接带动投资 4556 亿元，间接拉动投资 22300 亿元；直接增加就业岗位 123 万个，间接增加就业岗位 266 万个。

3. 移动互联网能够拉动消费、扩大需求

从内需上看，移动互联网增加了用户的消费行为。在电子商务尤其是移动电子商务兴起之后，CNNIC 发布的《中国互联网络发展状况统计报告（2014 年 1 月）》显示，截至 2013 年 12 月，我国网络购物用户规模达 3.02 亿人，网

---

① 工业和信息化部运行监测协调局网站，http：//yxj. miit. gov. cn/n11293472/n11295057/n11298508/15856685. html。

② 工业和信息化部运行监测协调局网站，http：//yxj. miit. gov. cn/n11293472/n11295057/n11298508/15907154. html。

③ 中国电子信息产业发展研究院、赛迪顾问股份有限公司：《中国移动互联网产业发展及应用实践》，电子工业出版社，2014，第 8 页。

④ Wintel 阵营（由微软和 Intel 组成）依照摩尔和安迪比尔定律，共同推动 PC 和互联网产业以 18 个月为周期升级演进。

⑤ 资料来源于工业和信息化部电信研究院。

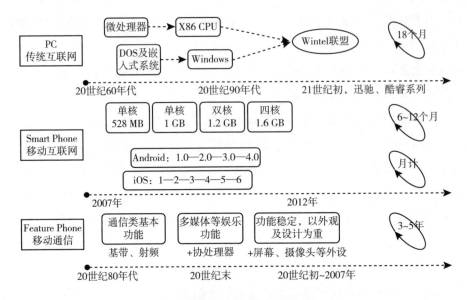

图9 移动互联网产业发展周期

资料来源：工业和信息化部电信研究院《2013 年 ICT 深度观察》，人民邮电出版社，2013，第 133 页。

络购物使用率从 2012 年的 42.9% 提升至 2013 年的 48.9%。与 2012 年相比，网购用户增长 5987 万人，增长率为 24.7%。商务部披露的数据显示，我国电子商务交易总额 5 年来翻了两番，网络零售交易额 5 年来平均增速为 80%；2013 年我国电子商务交易总额超过 10 万亿元，其中网络零售交易额大约为 1.85 万亿元，乐观估计已经超过美国，成为世界上最大的网络零售市场。

从外需上看，通过对全球资源、市场信息的搜集、处理和反应，移动互联网有效地促进了对外贸易的发展，拉动了外部需求的增长。工信部统计测算，3G 发展头三年，直接带动终端业务消费 3558 亿元，间接拉动社会消费 3033 亿元。

（二）产业组织层面，移动互联网能够有效地提升两化融合水平，加速技术和业态创新

1. 移动互联网有效推动两化深度融合

在生产过程方面，移动互联网与工业的结合催生了 O2O、网络协同制造

等新型生产模式，助力打造了工业互联网和工业云，并推动了制造业的智能化、互动化、定制化，促进了生产过程的信息化、网络化。在产品销售方面，整合线上与线下资源，创造了一个公平竞价、透明交易的良好商业环境，促进了产品销售。在产品服务方面，移动互联网直接推动了制造业服务化，许多在服务化方面成绩突出的制造企业积极借助移动互联网整合服务资源，实现全球、全程、实时服务。

2. 移动互联网催生新的创新增长点，从而实现创新驱动战略

首先，移动互联网创新了创新活动的组织方式。线下的创新资源可以依托线上平台进行充分整合，企业、科研机构、网民、第三方开发者等主体均可参与创新过程，增强了创新协同性，加快了创新速度。其次，移动互联网正在创造独特的"开放平台＋大数据"的商业模式。有研究认为，与传统商业模式相比，"开放平台＋大数据"模式能够为更多参与主体提供赢利机会，从而有助于其打造更为庞大的商业帝国。最后，移动互联网本身也加速了技术创新发展。以国内电信业为例，从2G到3G再到4G，电信业的技术手段和标准更新速度越来越快。移动互联网就像催化剂，在吊足用户胃口的同时，大大加快了技术更新换代的速率，激发了全社会的创新活力。

从研发创新活动的实际看，在2012年全球PCT专利[①]申请排名前20位的企业中，有14家是信息通信技术（ICT）企业；在美国专利授权排名中，排前20位的企业中有18家是ICT企业，其中国际商业机器公司（IBM）连续20年排名第一，发达国家已基本进入3G/LTE网络的大规模商用阶段，并着手开始在5G网络方面进行前瞻性部署。信息通信技术的发展也为各领域技术突破提供了重要手段，信息网络已成为技术创新与变革的基础性、开放性、综合性集成平台，新产品、新业务、新业态和新模式加速涌现，推动经济增长由传统要素驱动向创新驱动转变。

---

① PCT专利，即"专利合作条约专利"。《专利合作条约》是继《保护工业产权巴黎公约》之后专利领域最重要的国际条约，该条约于1970年6月19日由35个国家在华盛顿签订，1978年6月1日开始实施，现有成员60多个，由总部设在日内瓦的世界知识产权组织管辖。

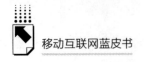

（三）企业运营层面，移动互联网能够有效推动企业经营和管理方式转变

移动互联网的企业级应用能够为企业管理和流程优化提供新的解决方案，进而强化内部管理，扩展对外商务交流渠道。企业的移动互联网应用可以分为通信系统、业务平台、增值服务和业务应用四个层级（见图10）。

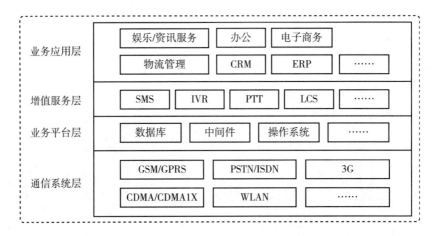

图10 移动商务应用层次模型

资料来源：中国电子信息产业发展研究院、赛迪顾问股份有限公司《中国移动互联网产业发展及应用实践》，电子工业出版社，2014，第186页。

移动营销是企业开展精准营销的重要手段。据统计，目前移动营销在企业移动商务市场所占比例超过1/4，成为移动商务在企业中成长最快的应用。移动营销的手段也从短信群发扩展到 WAP、Push Mall、位置服务、行业移动终端、二维条码以及移动流媒体等新技术。

移动支付进一步推动了企业移动应用的整合。谷歌联手万事达信用卡与众多商户推出了谷歌钱包，中国三大电信运营商也正式成立了支付公司，互联网金融已经对银行业构成了巨大挑战。

同时，移动互联技术本身也能够改进企业的生产和管理，提高信息化水平。移动办公（移动 OA）拓展了办公空间，减少了办公成本。移动客户关系管理（移动 CRM）使企业能够及时响应客户需求，有效管理客户关系和销售流程。移动企业资源计划系统（移动 ERP）实现了随时管理的功能，中小企业也可以在没有配备传统 ERP 硬件设备的情况下，采用价格较低廉的手机等终端来进行 ERP 活动。

五　进一步发挥移动互联网在中国经济和产业转型中的重要作用

（一）构建并完善宽带、移动、泛在的网络基础设施

在"宽带中国"战略部署下，应调动各方力量，以快速增长的信息消费带动投资增长，加快推进网络基础设施建设，构建以高带宽、高覆盖、移动互联、绿色智能为特点的网络基础设施体系。鼓励运营商扩大 WiFi "热点"覆盖深度和广度，统筹推进 3G、4G 网络建设。力争到 2015 年，第三代移动通信及其长期演进技术（3G/LTE）用户普及率达到 32.5%，3G 网络基本覆盖城乡，LTE 实现规模商用，无线局域网全面实现公共区域热点覆盖，移动互联网广泛渗透。到 2020 年，3G/LTE 用户超过 12 亿人，普及率达到 85%，移动互联网全面普及，形成较为健全的网络与信息安全保障体系。

（二）大力推动物联网、服联网等业态发展

在感知、传输、处理等涉及物联网、服联网（the internet of services）① 关键领域和环节，集中突破一批核心共性技术，在高端领域掌握一批自主知识产权，增加中国企业参与国际标准和规则制定的机会。同时，要重视市场培育，努力消除行业部门间的壁垒，建立运作成熟、全国统一的商业模式，以规模化应用分摊科研和组织成本，促进新技术应用和行业推广，加快发展物联网和服联网。

---

① 物联网对拓展移动互联网的应用范围具有重要推动作用，其核心原因在于其将用户手持的移动终端与加装传感器和通信芯片的其他终端设备连接起来，使用户能够随时随地与这些设备进行交互，从而扩大支配范围，缩短操作时间。由于服务业也可以借助移动互联网将大量的线下服务转移到线上，所以可以尝试将蕴含在物联网中的大量服务元素剥离出来，面向金融、家政、医疗、养老、交通等重点领域，加快构建一个专门的基于组织和提供服务的移动互联网，即"服联网"。

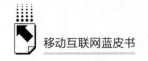

（三）加快发展近场支付等移动互联网应用形式

推进移动互联网全产业链商业化进程，突破口和着力点在于加快发展和成熟一批重要的应用形式。从目前移动互联网在我国的发展实际看，应重点在零售、医疗、养老、教育、传媒、政务等领域启动一批试点示范工程，通过发展近场支付、远程医疗、网络教育、移动新媒体、移动电子商务、移动电子政务等服务形式和业态，拓宽移动互联网的应用领域。

（四）依托协同创新加快推动下一代移动互联网络发展

依托成熟创新平台，发挥重大科技专项、技术改造专项、电子信息产业发展基金、战略性新兴产业专项等的导向作用，开展对关键共性技术的联合攻关。在开展协同创新基础上，加快推动下一代移动互联网发展，加快下一代IP协议及技术研发，大力推广和普及现有移动网络IP地址向IPv6升级。要加快相关技术、标准和商业模式的研究、制定与开发，从着力改善和提升用户体验、安全性、稳定性、便捷性等方面入手，打造下一代移动互联网。

（五）降低信息消费成本，提高居民信息消费能力

推动"三网融合"和"宽带中国"工程建设，提升3G、4G网络质量和覆盖区域，鼓励更多形式和种类的信息消费产品投放到市场。着力降低通信资费，通过市场竞争引导3G、4G资费回到可接受区间。适当降低具有公共服务属性的信息产品和服务费用，鼓励创新和规模化提供信息消费产品和服务。降低信息消费产品和服务的提供成本，研究制定相关税收优惠、财政补贴政策。

（六）优化市场环境，加强对创新型小微企业的扶持

降低信息消费产品和服务的进入门槛，加强数据和接口规范的制定和执行。加强网络化市场竞争环境及其治理的研究，强调信息消费产品和服务分发的公平和非歧视原则，加强信息消费领域的反垄断和反不正当竞争查处力度。推动政府部门信息消费向市场化转变，通过公平、公正、公开的方式面向市场购买服务。拓宽融资渠道，营造宽松资本环境，扶持一批创新型小微企业发展壮大。

物联网：移动互联网时代新变革的诱因 *

彭 兰 **

摘 要：

2013 年，物联网在中国的发展得到了进一步推动，相关政策与项目的推出更为密集，相关开发也更为丰富。物联网与移动互联网的发展存在很大的交集，两者的交互发展将主要体现在以下几个方向：可穿戴设备的发展、智能物体间的远程互动应用、基于环境感知与适配的信息服务以及自然物体的终端化。物联网与大数据的结合对新闻传播业的冲击也非常突出。物联网在使人体变成一个终端，使人体的状态、人的活动信息"外化"的同时，必然给隐私保护带来更多风险。

关键词：

物联网 移动互联网 大数据 可穿戴设备 隐私

1999 年，"物联网"作为一个新概念问世。10 多年过去后，它逐渐从概念变成现实，并成为公认的一个未来发展方向。在中国，物联网发展已被列入国家战略，一批企业也开始投身这一领域。

从字面上看，物联网意味着"万物相连"，但事实上，它不仅意味着物与物的相连，而且意味着物与人、物与环境、物与信息等之间关系的深刻变化，它带来的将是一场全面的信息传播革命。

---

* 本文为国家社科基金特别委托项目"三网融合相关问题研究"（项目编号：10@ zh002）研究成果。

** 彭兰，博士，中国人民大学新闻学院教授、博士生导师，中国人民大学新闻与社会发展研究中心研究员，新媒体研究所所长，主要研究方向为新媒体传播。

移动互联网蓝皮书

物联网与当下热门的"移动互联网"和"大数据"等趋势紧密相连，而这几者的共同作用，将进一步改写包括新闻传播在内的信息传播业的格局。

一 2013年中国物联网应用：雷声更大，雨点更近

2009年11月，时任国务院总理的温家宝在其讲话《让科技引领中国可持续发展》中指出，未来要着力突破传感网、物联网关键技术，及早部署后IP时代相关技术研发，使信息网络产业成为推动产业升级、迈向信息社会的"发动机"。[1] 这被认为是物联网发展被列入国家战略计划的一个标志。

2012年2月，我国《物联网"十二五"发展规划》发布，明确了到2015年物联网发展的目标、步骤和重点领域。数据显示，2012年，我国物联网产业市场规模达到3650亿元，比2011年增长38.6%。[2]

2013年，与物联网有关的政策与项目的推出更为密集，具体如下。

2013年2月17日，国务院《关于推进物联网有序健康发展的指导意见》公布，该意见提出到2015年的近期发展目标："在工业、农业、社会事业、城市管理、安全生产、国防建设等领域实现物联网试点示范应用，突破一批核心技术，初步形成物联网产业体系。"

3月4日，《国家重大科技基础设施建设中长期规划（2012～2030年）》正式发布，物联网应用被明确列为未来20年我国重大科技基础设施发展方向和"十二五"时期建设重点之一。

5月，国家发改委正式批复"国家物联网标识管理公共服务平台"项目。

6月20日，国家标准化管理委员会向公安部、国家林业局、全国信息技术标准化技术委员会、全国智能运输系统标准化技术委员会、全国物品编码标准化技术委员会下达了47项国家标准计划，其中包括物联网标准计划。

8月5日，住房和城乡建设部公布2013年度国家智慧城市试点名单，确定103个市（区、县、镇）为2013年度国家智慧城市试点。至此，确定的智

---

① 温家宝：《让科技引领中国可持续发展》，《人民日报》2009年11月24日。
② 《我国物联网市场规模已达3650亿》，《经济参考报》2013年1月8日。

慧城市试点已达 193 个。

9 月 17 日，国家发展和改革委员会、工信部、科技部、教育部、国家标准化管理委员会联合物联网发展部际联席会议相关成员单位，制定了 10 个物联网发展专项行动计划。这 10 个专项行动计划分别为顶层设计专项行动计划、标准制定专项行动计划、技术研发专项行动计划、应用推广专项行动计划、产业支撑专项行动计划、商业模式专项行动计划、安全保障专项行动计划、政府扶持措施专项行动计划、法律法规保障专项行动计划，以及人才培养专项行动计划。

9 月 26 日，中国国际物联网（传感网）博览会暨第四届中国国际物联网（传感网）博览会在无锡市举行，受组委会委托，新华社正式发布《2012 ~ 2013 年中国物联网发展年度报告》。该报告认为，2013 年我国物联网产业呈现新的特点与发展趋势：一是物联网政策双向加码、稳中求进；二是细分市场需求强劲，民生应用受到关注；三是物联网与信息化融合，推动智慧城市建设；四是无锡物联网产业发展特色进一步凸显。①

10 月，国家发改委连同财政部发布了《关于请报送 2013 年国家物联网应用示范工程工作方案的通知》。此举标志着物联网应用示范工程正式启动。我国在警用装备管理、监外罪犯管控、特种设备监管、快递可信服务、智能养老、精准农业、水库安全运行、远洋运输管理、危化品管控九个重点领域，将推进实施 2013 年国家物联网应用示范工程。

10 月 24 日，由中国电子科技集团公司率先发起、40 家单位加盟的物联网产业技术创新战略联盟成立。这是由物联网产业链主要企业、科研单位和组织共同组建的首个国家级物联网产业联盟。

作为中国物联网技术开发应用的主要基地，无锡在物联网产业发展方面取得了显著进展。2013 年 9 月，无锡市出台建设传感网创新示范区三年实施计划，这吸引了超千家物联网企业，预测 2013 年总产值将达 1400 亿元。②

此外，新浪、百度等互联网公司已经开始涉足物联网应用的相关领域，海

---

① 《〈2012 ~ 2013 年中国物联网发展年度报告〉发布》，2013 年 9 月 26 日，http：//news. xinhuanet. com/local/2013 − 09/26/c_ 117513130. htm。

② 《从"搭摊子"到"赚票子"无锡物联网发展步入转型期》，2014 年 2 月 14 日，http：// business. sohu. com/20140214/n395023718. shtml。

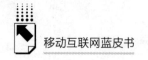

尔、海信等家电企业也在开发与物联网相关的产品。

这一系列的政策与动作表明，物联网开发在中国雷声变得更响，雨点也越来越近。未来几年，一场由物联网带来的新洗礼，将在各个领域展开。

二 物联网+移动互联网：互联网进化 "新生代"的发端

对多数人来说，2013年移动互联网发展比物联网更令人瞩目。2013年被称为中国移动互联网元年。从基础网络建设，到相关应用开发，再到用户规模，移动互联网在2013年显现出全面增长的态势。特别是从用户的角度看，移动互联网时代的确已经到来，根据中国互联网络信息中心（CNNIC）2014年1月发布的《中国互联网络发展状况统计报告（2014年1月）》，截至2013年12月，中国网民规模达6.18亿人，其中，手机网民规模达5亿人。2013年中国网民的增长率为9.6%，而手机网民的增长率则达到19%。

但是，手机、平板电脑这样的移动终端，只是移动互联网的开启者，它们仍是传统互联网思想的延续，这些终端仍是被动的信息接收者与传递者，它们离不开人的控制。换句话说，目前的互联网信息传播，主要是以人为中介的。而人的信息处理能力的局限，影响了信息的采集与利用的水平。

在物联网的视野下，我们将看到另一番景象：未来在各种环境中存在的一切物体，都有可能成为一个智能的终端，它们可以自主地发送或接收信息，物与物之间也可以实现智能的连接与互动，而不再完全受制于人。

物联网的技术将使得未来的移动互联不仅是人与人的互联，而且包含了人与物、物与物、人与环境、物与环境等各种方式的互联、互动。

与移动互联网相比，物联网技术及应用目前看上去似乎离普通用户还有一定距离，但实际上，它与移动互联网的发展有着极大的关联与交集，在未来也必然是在与移动互联网的互动中完成共同的进化，甚至逐渐走向融合。

移动互联网与物联网发展的交互，主要体现在以下几个方面。

（一）可穿戴设备：人体的延伸

可穿戴终端的出现，使人们对移动终端的便携性有了全新的认识。而可穿戴终端的另一个重要意义，是人体传感器。因此，可穿戴终端是移动互联网与物联网的最早交集之一。

2012 年 6 月，谷歌发布的谷歌眼镜是可穿戴终端的主要代表。基于谷歌眼镜现有的功能，人们很容易把它与手机联系起来。但与手机不同，它是一个由摄像头、微型投影仪、传感器、存储传输设备、操控设备组成的结合体。摄像头可以提供"第一人称拍摄"的视角；微型投影仪可以将信息投射到合适的距离；操控设备可通过语音、触控和自动三种模式进行控制操作。谷歌眼镜所采用的技术被称为"扩增现实技术"（augmented reality，AR），其特点是通过显示装置，在当前的现实环境中附加相关虚拟信息，这些虚拟信息是由网络提供的。虚拟信息与真实世界实时叠加，创造了一种全新的体验。

谷歌眼镜的出现，使得人们在移动状态下的信息采集与接收能力得到强化，特别是在那些人们的手被占用的时空里。这样的可穿戴设备，将给手术中的医生、运动场上的运动员、多媒体采访环境中的记者、开车中的用户等带来全新的感受。

虽然谷歌眼镜还没有进入普通消费者市场，但是一些开发者开发的创造性应用，已经让我们看到其更广阔的前景，具体如下。

美国软件开发者兰斯·纳尼克（Lance Nanek）为谷歌眼镜开发出了一款购物应用 Crystal Shopper，它能够利用谷歌眼镜的摄像头，扫描商品条形码，联网对比价格，并提供该商品在亚马逊上的排名信息。

另一个应用 Word Lens 则可以使用谷歌眼镜提供实时的翻译服务。被翻译后的文本会出现在佩戴者的显示屏上，文字呈现的背景、字体风格等与原来的文本保持一致。

2014 年初，英国维珍航空公司展开了一项以谷歌眼镜和索尼智能手表等为助手的新服务试验。利用这两种设备，维珍航空公司人员可以实时识别出头等舱旅客，并获取他们的信息，包括饮食偏好、上次出行信息、最终目的地等，以提供及时的个性化服务。

2014 年初，现代汽车宣布，其正在开发一款谷歌眼镜应用，以后可直接通过 Google Glass 来控制一些基本操作。

尽管 2013 年我们还没有看到谷歌眼镜大行其道，但是可穿戴设备的概念

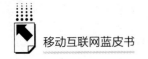

已经越来越被人熟知。而其作为人体传感器的功能，在开发中尤其得到重视。

2013年9月，三星公司推出了智能手表Galaxy Gear。它拥有1.63英寸的AMOLED显示屏、蓝牙以及摄像头，与手机进行蓝牙连接后，能够实现上网、打电话、收发电子邮件和消息、存储和传输数据、玩游戏等，也可以跟踪或管理个人信息。

2013年，百度推出专事人体健康服务的可穿戴设备及服务平台Dulife。Dulife品牌旗下产品皆为智能可穿戴或体感设备，如血压计、心率仪、健康手环、智能秤、智能手表等。Dulife深度整合了百度云服务，包括健康数据存储、分析、处理、展现，以及为用户定制所需的健康云服务。用户通过设备传感将自己的健康数据，如血压、心率、睡眠情况、运动情况等，自动传导到云端，进行聚合与分析，并通过Dulife提供的健康服务，如塑身指导、饮食习惯改造、运动促进，睡眠改善等，实现更为智能的健康生活。

2013年4月，百度首款可穿戴设备BaiduEye进入内测环节，据悉该设备应用百度的语音助手和图像识别技术，已实现语音控制，支持语音启动、这是谁、这是哪里等指令。这款设备还将与百度语音、百度云、百度地图等进行深度整合。

2013年6月，盛大旗下果壳电子正式发布四大全新智能新品，包括GEAK魔戒和GEAK手表两种可穿戴产品。

数据显示，2013年下半年，全球有160万台健康腕带和智能手表被售出。而预计这个数字在2014年将呈现数倍增长，预计2014年全年智能穿戴产品销量将达1700万台。①

无论是谷歌眼镜、三星Galaxy Gear，还是其他的可穿戴设备，都不一定是理想的产品，在未来未必会赢得市场，但是它们所代表的，是未来发展的重要方向。

可穿戴设备是人体延伸的一种全新方式。一方面，作为人的传感器，它可以自动采集人体信息（如体温、血压、脉搏等）或与个体用户相关的信息

---

① 《今年可穿戴设备销量将达1700万台》，2014年2月14日，http://it.sohu.com/20140214/n394971297.shtml。

（如位置信息），将这些信息自动传送给相关的人或设备，这意味着人的状态会更多地被"感知"；另一方面，它以增强人体功能的方式，促进了人在移动或变化环境中信息采集、传输与处理能力的提升。

（二）"智慧"物体：远程互动的实时化与智能化

物联网的基础，是物体本身产生"智慧"。从移动互联的角度看，物体的智慧化，将使得人与物之间、物与物之间的远程互动更为及时、智能。

2013 年 9 月，海信推出了两款智能空调，并联手新浪微博开拓物联网市场。海信智能空调可与用户的微博账号绑定，用户可以通过微博私信看到绑定空调的使用状态、环境数据状况以及舒适度排名，也可以给空调发私信进行开关机、调节温度等操作，做到了用户与空调的实时互动。11 月，海尔也推出了类似的智能空调，利用微信或专门的应用，手机用户可以对空调进行远程控制。这一款空调还可以敏锐地捕捉到实时户外温度，及时给用户提供温度信息和着装建议。

将移动互联网与物联网技术结合起来的车联网，更是远程智能互动的一个重要应用领域。业界也有人将车联网称为"车载互联网"，但这一提法似乎只是把汽车当成一个互联网的接入设备，降低了车联网的革命性意义。车联网并不只意味着在汽车这样的移动物体上可以方便地接入互联网或者享受相关应用，更意味着几种不同层次的数据可交互与互动控制，而且很多可以远程实现。这些互动包括以下三点。

1. 车与人的互动

车与人的互动既可以是近距离的，也可以是远程的。专为特斯拉（Tesla）汽车开发的谷歌眼镜应用 Wearable Computer，可以使驾驶 Tesla Model S 电动汽车的驾驶员远程控制汽车室内温度、锁定与解锁、启动与停止汽车，甚至连喇叭都可远程按响。

2. 车与车的互动

谷歌的无人驾驶汽车技术，是通过数据计算与控制来实现车与车的互动的一个代表。谷歌无人驾驶汽车技术通过摄像机、雷达传感器和激光测距仪来"看到"其他车辆，并使用详细的地图来进行导航。尽管谷歌的技术并不是完

全基于车联网的思路，但在未来所有车辆都互连的情况下，车与车的互动可以为安全行驶提供更好的保障。

3. 车与环境信息系统的互动

车与环境的互动，是车联网更重要的意义所在。对汽车来说，与环境相关的信息系统主要包括地图服务、交通指挥系统、急救系统、保险理赔系统等。

地图服务，地图的数据是导航的重要依据，这不仅包括一般路线的选择，而且包括行车路线的实时优化，以及与行车路线有关的服务导引。2013年诺基亚与全球最大的汽车制造商丰田（Toyota）汽车欧洲公司达成协议，将诺基亚的HERE地图服务集成到汽车中，预计搭载HERE地图的汽车将在2014年问世。诺基亚还会将本地搜索服务集成到丰田汽车欧洲分部的Tough & Go导航与娱乐系统中，提供综合的高质量地图数据及社区化服务。[1]

交通指挥系统，2012年，美国洛杉矶推出"智能车辆公路系统"计划，准备在全市4000个十字路口安装智能传感器，以用来尽量减少"浪费绿灯时间"。据称，未来20年，美国将投入2000亿美元建造这类智能红绿灯系统。可以预见，将交通指挥系统与汽车相贯通的物联网技术，才是理想的车联网发展方向。

急救系统，当车祸发生时，汽车的相关数据如果能及时传送给医院等急救系统，必然会给人员的抢救带来更多的便利。

保险理赔系统，与急救系统一样，将车祸发生时产生的相关数据及时传送给保险公司，也会有效提高保险理赔的效率。

类似于车联网这样的思路，也将在更多的领域得到应用。物体与物体、物体与人、物体与信息之间的远程智能互动，有时需要中介平台。目前，在中国的相关开发中，微博、微信这样的社交平台往往会成为开发者的首选，因为社交带来的黏性，使它们已经渗透到人们的日常生活中，是最方便易得的。因此，对未来的社交平台来说，与物联网应用产生深层关联，是它们维持其长远价值的一个重要途径。

---

① 《移动互联网巨头们为什么都在2013初发力车联网？》，2013年2月18日，http：//www.cww.net.cn/zhuanti/html/2013/2/18/20132181435512137.htm。

今天的手机、平板电脑等移动终端，主要是人－信息、人－人交互的终端，但未来也可能变成一种物－物、物－人、物－信息之间互动的中介设备。因此，这些终端上的应用开发，需要突破今天的思维局限。

（三）环境感知与适配：移动信息服务的深化

移动互联网的一个核心是移动，也就是不断变化中的环境，无论是自然环境还是人文环境。与传统媒体以及早期互联网相比，移动互联网使得传播环境或情境的意义被放大，环境和情境成为传播活动的一个重要变量，为特定环境中的人提供适配信息，成为移动互联网的必然方向。

而物联网技术使得环境数据的获取更为便捷、及时，环境与人的互动也更为具体、实时。因此，提供个性化、与环境适配的信息服务，在很大程度上依赖于物联网技术的支持。

当然，"环境"这样一个概念是相对的。在某些时候，活动中的人也是环境的一部分。物联网在帮助人更好地感知外界环境的同时，也捕捉着这些人的相关数据，把它们作为环境的一部分，反馈给其他人或设备。

"你在看屏幕，屏幕也在看你。"① 美国技术哲学家凯文·凯利的预言提示我们，未来的屏幕不仅是信息的显示设备，而且是用户信息的收集设备。捕捉用户特征，以此为基础完成个性化推送，是未来终端的另一个意义。而这样的屏幕，当然也是一种传感装置。

这样一个设想，正在逐步变成现实。英特尔推出的环境感知营销解决方案，可以根据观众的年龄和性别动态变更数字标牌所展示的广告，让数字标牌的内容投放更加有效。当一位消费者路过基于英特尔酷睿处理器的数字标牌时，英特尔广告框架技术可分析包括天气、社交媒体和顾客手机在内的信息，调整内容和用户界面，使其与受众更相关、更个性化。英特尔环境感知营销解决方案还可与店内库存系统绑定，使前端只展示目前店内有货的产品的广告。②

---

① 《凯文·凯利：未来十年的趋势》，2013 年 5 月 29 日，http://www.36kr.com/p/203658.html。
② 《英特尔通过物联网和大数据 实现个性化购物》，2014 年 1 月 14 日，http://smb.yesky.com/118/35777618.shtml。

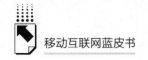

在提供与环境适配的信息服务上，LBS 应用的潜力也值得关注。虽然现在人们没有太多地将 LBS 与物联网联系起来，但在某种意义上，LBS 应被视为物联网应用方向中的一种。只有用物联网的思维来开发 LBS 应用，才能将 LBS 的更大潜力发掘出来。

（四）自然物体的终端化：数字世界回归 "自然"

移动互联网并不只是由那些可以随身携带的终端组成的。移动互联网的另一个思路是，在一切流动空间中，为人们提供某一环境中最适宜的固定终端，而这个方向理想的境界是自然物体的终端化。

几年前，美国麻省理工学院媒体实验室的普拉纳夫·米斯特里（Pranav Mistry）展示其开发的"第六感官"（the sixth sense）技术的一段视频在网上广泛流传。"第六感官"技术的模型由网络摄像头和投影机构成，它们与一个可上网的移动电话相连。当摄像头拍摄到某个对象时，移动电话马上在网上查找有关信息，并用投影机将相关信息投射出来。

普拉纳夫展示了这样一种可能性：当人们读到报纸上的一篇文章时，与文字内容相关的视频在报纸上显现出来；当人们看到报纸上的天气预报时，各个地区的即时天气信息也同时用电子的方式显示在报纸上；当人们阅读一本纸质书时，该书书评的电子信息同时以文字或音频的方式表达出来。

普拉纳夫的发明虽然并不属于物联网领域，但他的发明方向代表了一切技术发展的最高境界，那就是他所说的，"要让人保持人性，而不是变成在机器前的另一个机器"。

物联网以及移动终端的开发，也应该是以他说的"保持人性"为目标。如何让目前的各种自然物体在保持其原有特性的同时，具备终端的能力，使人与终端的交互适应人本来的生活习惯，应是未来物联网开发中的一个重要课题。

在物联网和移动互联网两股洪流的共同推动下，互联网也将进入新的时代。这一新时代，甚至都不能简单地用 Web 3.0 这样的词来概括，因为它不是某种版本的升级，而是互联网的一个全新版本，正如地球进化过程中的"新生代"。

三　物联网 + 大数据：新闻传播业新震荡的源头

物联网与目前另一个热门的概念"大数据"息息相关，甚至是大数据产生的重要因素之一。

2013 年 10 月，全球重要的网络设备生产厂商思科在官方博客中发布的预计数据是，2020 年全球物联网设备将达到 750 亿台，全世界 80 亿人口中每个人届时将对应 9.4 台物联网设备。而 2012 年的物联网设备，思科估计约为 87 亿台。当然，这些设备多数是 PC、笔记本、平板电脑和手机。不过，其他种类的物联网设备很快就将占据主导地位，包括传感器和制动器。摩根士丹利公司则预计，每个人有可能对应 200 台物联网设备。①

如此巨大规模的物联网设备产生的数据自然是惊人的。另外，这些数据多数也是非结构化的，这与大数据的特征是一致的。

物联网必然导致大数据，而大数据技术也是物联网数据处理的主要支持手段。对物联网产生的大数据进行有效的收集、传输与分析，成为物联网发展的另一个挑战。物联网与大数据的结合，也将给专业媒体以及整个新闻传播业的既有传播模式带来一次新震荡。互联网的出现，特别是社会化媒体的普及，使得专业媒体的权威地位受到了第一次冲击。而物联网的发展，对专业媒体的地位发起了新一轮的挑战。

物联网所带来的互连、互通、互动系统，不仅为人们的生活、工作带来更多便利，给社会系统的运转带来更高的效率，而且意味着，无论是物理世界还是社会系统，它们的状态均会以数据化的形式得到更有效的记录、保存与展现，这些系统发生故障或失灵时，其原因也可以通过数据得到更好的揭示。而对以反映社会现实状况为己任的媒体来说，这不能不说是一个重大冲击。

物联网技术意味着，各种"非人"的因素可以进入新闻传播的各个环节，特别是信息的采集环节。在大数据技术支持下，这些来自"物体"的数据，

---

① 《思科预计 2020 年全球物联网设备达 750 亿台》，2013 年 10 月 1 日，http：//tech. sina. com. cn/t/2013 – 10 – 01/10518786414. shtml。

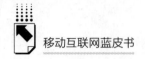

将为我们提供一种全新的认识世界的方式。在这样一个前提下,新闻传播的业务方向也会发生进一步变化。

1. 预测性新闻将进一步增强

用传感设备探测到的信息来预测事物的变化过程,揭示其发展趋势,是可行的,特别是与环境、交通、健康有关的领域。当物联网将所有观察的对象连接在一起时,可以在更大范围内进行数据的比较与综合,物联网作为社会"晴雨表"的功能会更为突出。例如,同一时期部分人的体温等数据出现相似的异常,也许预示着某种流行疾病的爆发。拥有了相应的物联网数据,无论是相关机构还是媒体,都可以更好地预测未来,未雨绸缪。

2. 深度报道模式将得到改变

目前的深度报道主要依赖记者的主观观察。再优秀的记者对事物的观察都会受个人视野与立场的限制,即使相对深入,也未必全面和充分。而在某些领域,物联网的数据可以更直接、准确地反映全局性的或深层次的状况,这与记者在某一个视野有限的观察点上进行观察与分析大不相同。如果能运用大数据技术对这些数据进行分析,将有效提升报道的深度。

因此,基于传感设备的信息采集、基于大数据技术的信息加工与解读,是未来的深度报道需要拓展的一个全新领域。

3. 个性化新闻与信息服务水平将进一步提升

物联网的传感装置不仅可以反映全局性的状态,而且可以反映某一特定物体或特定空间的状况,这为个性化的新闻或信息服务提供了依据。

据报道,物联网企业 Ayla 正在与新浪合作开发 WiFi 气象站,利用安装在某所房子的传感装置,为用户提供针对这所房子的微型天气预报。这样精确的个性化信息服务前所未有,也只有依赖物联网和大数据技术,才能将信息服务做到如此有针对性和个性化。当成千上万这样的设备连接到云端时,就可以获得一个城市的离散天气预报。①

尽管物联网与大数据的结合,可以在某种意义上促进新闻传播业的发展,

---

① 《物联网创业公司 Ayla 获得 540 万美元投资,与新浪合作开发 WiFi 气象站》,2013 年 6 月 8 日,http://www.36kr.com/p/203870.html。

但是在传统媒体模式下成长起来的专业媒体，未必一定是最大的受益者。它们没有物联网的数据资源，也没有大数据处理能力，基本还处于新闻传播的"农耕"时代。而物联网技术的提供者、平台的搭建者、数据及其处理技术的拥有者等，则有可能借物联网进入新闻传播领域，甚至可能成为未来的话语权拥有者。这样一种可能性，需要引起专业媒体的关注，尽早抛开传统的门户之见，以更开放的态度吸取外界的能量，对专业媒体来说，是必由之路。

四 "人肉终端化"：物联网是对人的解放还是进一步束缚？

虽然从字面上看，物联网是"物体"的联网，但这里的物体实际也包含人本身。当传感装置可以直接发送人体的相关数据时，人体也将成为一种完全意义上的终端——人肉终端。

在物联网时代，麦克卢汉的著名论断"媒介是人体的延伸"，显得更加贴切。与以往传统媒体对人的"眼睛"和"耳朵"这样的感觉器官的延伸不同的是，物联网的传感器所构成的"媒介"，对人的"神经系统"的延伸与放大更为显著、更为关键——无论是神经的信息传导能力，还是大脑的信息处理能力。

但在另外一种意义上，增强是否会意味着削弱？当机器侵入人的每一个活动，并替代人体本来的器官时，人体的能力是否会在某些方面出现退化？这不能不引起我们的警惕。

更重要的是，可穿戴设备以及其他人体的传感设备，将带来人的一种"外化"，人的思维活动、内部状态等本来隐秘的东西，会成为可以感知、存储、传输甚至处理的外在信息。而在这样一个状态下，个体的控制能力是相对被动的。在某些情况下，人们很难完全控制是否发出信息，在对信息传播与使用的控制方面，他们也会变得更为无力。相反，拥有某些技术权利的机构和个人，能够收集和利用"人肉终端"发出的信息，这就意味着侵犯个人隐私及私人信息滥用等风险将会加大。

全球最大的科技专业人员组织 IEEE 在包括工程师和技术人员在内的1200多名 Facebook 用户中对物联网未来发展趋势展开调查。2013 年 3 月，该机构

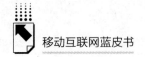
公布的调查结果显示，近46%的受访者认为隐私问题是普及联网设备面临的最大挑战，40%的受访者对物联网数据安全问题表示担忧。①

在物联网的开发过程中，及早制定相应的法律法规，制定更严格的隐私保护措施，开发更有效的隐私保护技术，是物联网发展的基础。但即使如此，物联网带来的隐私风险仍将是前所未有的。在得到更贴心、更个性化、更智能服务的同时，人们必将更多地被捆绑和约束。

物联网技术的发展，向我们展现了一个万物智慧、万物互联的全新世界，但这样一个美丽新世界的后面，也存在着冷酷的一面。与以往任何革命性技术所带来的异化一样，人被自己制造出来的技术异化，也许是一个难以逃脱的陷阱。

---

① 《IEEE：隐私是普及物联网的最大挑战》，2013 年 3 月 4 日，http：//news. ccidnet. com/art/
945/20130304/4769971_ 1. html。

移动互联网对新闻生产和
消费的影响分析

胡泳 向坤[*]

摘　要：

随着新技术和应用的发展，移动互联网对新闻行业形成了巨大
冲击。本文考察了移动互联网对新闻生产和消费的诸多影响，
总结了中国的传统媒体和网络媒体应对移动互联网挑战的尝试
和探索，最后对新闻行业的移动互联网转型给出了一些对策和
建议。

关键词：

移动互联网　新闻生产　新闻消费

一　移动互联网正在改变传统新闻行业

2013 年是中国，也是全世界移动互联网高速发展的一年。截至 2013 年 12
月，中国手机网民达 5 亿人，网民中使用手机上网的人群比例由 2012 年底的
74.5% 提升至 81.0%，手机依然是中国网民增长的主要驱动力。随着移动互
联网时代的到来，我国互联网的商业化和生活化趋势明显，可以说我们正在迈
入"消费互联网"时代。移动支付、移动广告和移动游戏成为产业细分领域
亮点。根据 Gartner 的预测，2014 年全球将要卖出的 25 亿部电子设备中，
75% 会是智能手机，数量约为 18.75 亿部。与上年相比，智能手机的增长速度

* 胡泳，北京大学新闻与传播学院副教授；向坤，经济学学士，法律硕士，《决胜移动终端》一书
译者。

将接近 100%，远远超过过去两年 45% 的增长率。IDC 市场研究公司则估计，2013 年全球智能手机的销量为 10 亿台左右，其中中国市场就卖出了 3 亿部。[①]

信息传播平台开始从台式电脑向智能手机、平板电脑等移动智能终端转移。物联网技术的发展将使新媒体更加广泛和深入地渗透到人们的生产与生活中。可穿戴设备如智能手表、智能眼镜等都会成为移动互联网的一部分。

为了满足用户日益多元的应用需求，苹果、谷歌等公司都开放平台及资源，越来越多的第三方开发者投到应用程序的编写中，为用户提供了丰富的应用体验。移动通信市场分析公司 Flurry 的调查显示，美国消费者每天花费在智能手机和平板电脑上的平均时长为 2 小时 38 分钟。其中，80% 的时间（2 小时 7 分钟）花在应用上，仅有 20% 的时间（31 分钟）花在移动网页上（见图 1）。[②]

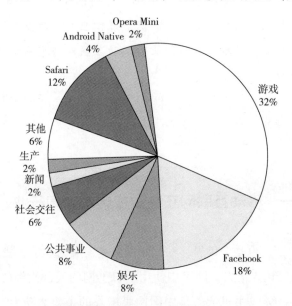

图 1　美国消费者花在应用和移动网页上的时间占比

资料来源：Flurry Analytics。

① 《盘点 2013：那些智能手机开启的新场景》，2014 年 1 月 3 日，http://tech.163.com/14/0103/09/9HLGSRM000094NDN.html。

② *Flurry Five-Year Report：It's an APP World. The Web Just Lives in It*，Flurry Blog，April 3，2013，http://blog.flurry.com/bid/95723/Flurry-Five-Year-Report-It-s-an-APP-World-The-Web-Just-Lives-in-It。

移动互联网正在改变着每一个行业，不论是从全球还是从中国来看，传统行业的移动互联网化都是一个重要趋势，2013 年的流行词汇"互联网思维"正说明了这一点。从通信到娱乐，从零售到物流，从教育到医疗，受到冲击的行业与领域可以列出许多多，而媒体行业堪称受到移动互联网冲击最大的行业之一。

2012 年底，美国《新闻周刊》宣布不再出版纸质版，[①] 引起了全球媒体行业的关注，而德国的《金融时报》也在同一时期结束营运。2013 年同样是传统媒体行业受到巨大冲击的一年，纽约时报集团将旗下的《波士顿环球报》出售给美国职业棒球队波士顿红袜队的大老板约翰·亨利；华盛顿邮报集团将报纸发行业务出售给电商巨头杰夫·贝索斯。而在此前，已有《洛基山新闻报》停刊，《费城问询报》等申请破产保护，《西雅图邮报》和《基督教科学箴言报》转向网络版。

2013 年，中国的媒体行业也不好过。《新闻晚报》《钱经》都宣布将在 2014 年关闭。《中国经营报》和《新京报》等媒体启动内部改革。上海的解放日报报业集团和文广报业集团于 2013 年底合并，半岛都市报社和青岛日报报业集团成立青岛新报传媒公司。2013 年各地的报刊企业均有不同程度的整合发生。由于新媒体的严重冲击和宏观经济的不景气，报业经营出现了负增长，导致有研究者称，2013 年"是我国报业经营最为困难的一年"。[②]

虽然移动互联网对传统新闻行业有着巨大的影响和冲击，但是同时也带来了机遇。新闻仍然是移动互联网用户的核心需求之一，中国互联网络信息中心（CNNIC）发布的数据显示，截至 2013 年 6 月底，我国手机网民的新闻类应用使用频率高达 67.6%，仅次于即时通信和搜索引擎。未来需要在明确移动互联网对新闻生产消费机制产生何等影响的前提下，开发出更加符合消费者需求的新闻产品。

需要注意的是，随着时间的推移，新媒体的内涵也在不断变化，比如门户

---

① 《新闻周刊》在 2013 年底称，在 2014 年初将再度推出印刷版，与《经济学人》竞争。

② 郭全中：《2013 年，中国报业形势及突破路径》，2013 年 6 月 4 日，http：//media. people. com. cn/n/2013/0604/c364547 - 21732574. html。

网站相对于传统的报纸杂志是新媒体，而新闻客户端相对于门户网站又构成了新媒体。我们不能认为目前形态的应用和新闻客户端就肯定是未来移动互联网形态下的主导性新闻产品。在平台化、社交化、垂直化、个性化之下，移动新闻产品必将发展出更多有趣和有用的形态。

二 移动互联网对新闻生产和消费的影响

（一）移动互联网使得新闻生产去中心化，记者和媒体的专业权力在消解

过去新闻行业的权力集中在媒体人手中，按照传播学的守门人理论，新闻人拥有采访、筛选、编辑新闻的权力。现在人手一部的移动终端，非新闻人也拥有报道新闻的权力。在多次重大新闻事件中，来自现场网友的第一手报道往往成为首发信息源，专业媒体随后才会跟进。网友甚至会主动发现新闻点，经过专业媒体的传播整理形成舆论议题。比如"表哥"杨达才事件，就是由细心网友在现场发现，并经过众多网民的渲染，最终成为新闻事件的。移动互联网时代的新闻生产逐渐由新闻人生产到受众接受的单向过程，变为了新闻专业人士和受众不断互动、不断完善新闻的过程。

（二）移动互联网使得新闻制作流程发生变化，新闻实时性增强

过去的新闻制作流程往往是记者在现场采访后，返回编辑部或驻地进行写作。尽管记者努力缩短新闻报道时滞，但往往受客观条件的限制而难以进行实时报道。而"在移动互联网时代，新闻正在走向实时报道为主的阶段。记者能够随时随地用手机发布消息，经过大量追随者的转发、信息交互者的参与，一条新闻可以在极短的时间内传播给广大受众，经过众多追随者的转发、更新、补充，事件的真相、意义、影响等更深层次的内容得到阐发"。[1] 新闻制

---

[1] 白红义、张志安：《平衡速度与深度的"钻石模型"——移动互联网时代的新闻生产策略》，2010 年 6 月 24 日，http://media.people.com.cn/GB/22114/136645/195169/11963314.html。

作流程明显缩短，这对新闻记者的制作能力提出了更高的要求，也对新闻机构的管理方式提出了新的要求。移动互联网推动新闻生产的频率加快，要求新闻生产的整体延续性更强。

新闻的时滞缩短了，任何新闻都会在发生后迅速在互联网上被查询到；但同时在某种程度上新闻的寿命被延长了，未来的新闻发布形式往往是一条新闻发生后在互联网上不断出现动态更新，如微博、微信上不断下拉而获得的新闻。过去新闻机构跟踪一个事件，需要派出专职记者进行跟踪，对采写的稿件进行编辑后印刷在纸上，流程比较复杂并且成本较高。现在通过移动互联网能够很容易地将新闻不断在网上更新，用户也更容易在移动互联网上同记者或新闻机构进行互动，甚至帮助记者逼近真相。

（三）移动互联网下的内容收费模式还没有建立，移动互联网的新闻产品还难以使用户养成付费习惯

传统的新闻纸媒让消费者有了购买消费的习惯。由于移动互联网还处于蓬勃发展的阶段，各家机构在收费方面十分慎重。因此，不管是微信公众账号还是应用，目前新闻媒体的试水都是赔本赚吆喝，还没有让消费者建立付费的习惯。另外，在目前移动互联网环境下提供的新闻内容形式还比较简单和同质化，难以让客户付费。

（四）移动互联网造成内容的碎片化，信息源杂乱，消费者在消费新闻时的干扰增多，信息冗余状况十分严重

信息过剩，信息源杂乱、随机、无序，都是信息冗余的表现。移动互联网推动大量对用户没有价值的新闻、观点、数据、广告、传言甚至谣言等广泛传播，形成冗余信息，使人们难以及时准确地捕捉到自己所需要的内容，信息利用的效率大为降低。而消费者消费新闻的状态也更加多样化。在过去，消费者有相对固定的消费新闻的时间。比如在吃早饭时浏览报纸或者晚饭后观看电视新闻。而现在由于移动互联网能够让消费者随时随地通过移动终端来浏览新闻，消费者消费新闻的时间呈现了高度的离散性。

（五）移动互联网使得新闻呈现社交性和个性化的特点，新闻的运行方式发生了变化

现在的新闻不再是按照传统的方式进行组织，而是每个人可以根据自己的偏好设置其所接收的新闻。新闻和社交的紧密结合，正在改写新闻的定义。没有社交媒体之前，你每天收到的信息，多少来自好友，多少来自媒体？你的消费行为，多少受好友影响，多少受媒体影响？显然，在以前，"媒体"的影响大大高于好友，而现在，用户的新闻消费可能更多地受好友的推荐和过滤影响，媒体的直接影响力在下降。移动互联网使得信息能够更加迅速地传播和在特定群体内分享，而新闻则成了用户社交的激发因素。新浪微博、腾讯微信等产品就充分体现了这一特点。比如微信的朋友圈，可以通过社交方式让用户接受新闻。

（六）移动互联网使得新闻入口更加多样化，消费者拥有更多的选择

一方面是终端多样化，从传统纸媒到平板电脑、智能手机，消费者从来没有拥有过如此之多的工具和载体来阅读新闻；另一方面是新闻入口越来越多样化，手机应用、微信公众号、新闻客户端、微博账号等成了新的新闻入口，这些入口具有各自不同的新特征，也使得没有哪种新闻入口能够轻易地形成压倒性优势，导致各种入口的竞争十分激烈。

（七）移动互联网新闻可能给消费者提供更加实用的信息

由于移动端新闻产品的消费者往往处于移动状态，移动互联网可能会帮助他们基于自身所处的情境和需求获得实时信息，而新闻生产者也可以利用这一点强化新闻的实用性因素。

三　中国传统媒体应对移动互联网挑战的尝试

为摆脱困局，中国新闻业在2013年进行了若干种尝试，以挖掘媒体价值、拓展赢利模式，探索移动互联网时代的媒体发展路径。

（一）改变管理结构，鼓励内部创业

主流财经报纸《中国经营报》在 2013 年对组织机构进行了调整。该报取消了传统的广告部，将广告任务分解到各个项目团队，如汽车事业部等。由原来报社的中层领导担任项目负责人，来管理团队并进行奖惩，负责人薪酬与经营任务挂钩，以年薪方式发放。改变管理结构之后的中国经营报社是一个扁平化的组织，除行政、财务等支持部门和新闻中心、网络中心等平台部门之外，其余部门都是以"产品"为中心的项目团队。这种做法降低了自身的管理成本，但是在媒体商业模式仍然还是以广告为主而纸媒广告又不断流失的大背景下，让内容生产团队承担起试错成本和经营广告的责任，有可能会影响报纸的内容质量。

（二）建立智库模式，展开会员制销售

新华社旗下的《财经国家周刊》期望模仿《经济学人》的模式，建立权威智库，打造自身品牌。主要模式是通过记者在消息灵通人士处拿到消息，然后经过记者的采访证实，撰写出发展趋势报告，聚集到智库项目中。依托机构资源和多年来积累的信息库，吸收社会力量，获得相应收益。对外是会员制，这些报告会通过特定的费用模式出售给会员，而报告本身则类似于一种增值咨询服务。2013 年初，《财经国家周刊》开始加快运作这一项目，通过微信等平台进行推广。其会员大多来自政府和大型企业等。与此同时，瞭望智库和《财经国家周刊》共同创办的"犀牛财经联盟"，致力于成为国内最具影响力的财经自媒体联盟组织之一。

开展类似智库尝试的还有财新集团和《21 世纪商业评论》等，它们为一些机构推出定制化的报告。这种转型方式有一定的可行性，但是并不适合所有的新闻媒体，因为并不是所有新闻媒体都具有庞大的政府资源和专家资源，并且这种提供报告的服务定制性强、个性化强，成本比较高。

（三）以媒体为起点，打造全新平台

《创业家》创刊 5 年，从一家传统杂志社转型为一个创新创业孵化平台，

以创业者为核心，在现有杂志的基础上，通过 i 黑马网、黑马大赛、黑马营、黑马会，为创业黑马提供报道、融资、培训学习、交流和交易的机会。

《创业家》把创业者聚集起来形成了一个叫"黑马营"的圈子，对创业者而言，通过这个圈子可以结识不同行业的创业者，可以进行跨行业的合作，可以聆听商界大佬们的教诲，以及有可能通过黑马大赛拿到 VC 的风投；而对《创业家》杂志而言，则是把一批具有商业能力的人聚集起来，不仅可以收取一次性的入会会员费，而且可以进行长期跟踪，通过它的微博、杂志、网站进行采访报道以及为企业进行营销服务。通过黑马营的圈子服务和专门针对创业者的黑马大赛，《创业家》把它的杂志、微博、网站串联起来，形成了一个完整的商业闭环。

（四）积极利用新媒体，制造分众内容，增强读者互动

财新传媒出品了一系列微信公众号，包括"金融混业观察""无所不能"等。"金融混业观察"在金融混业大潮势不可当、各类金融创新层出不穷的情况下，提供客观及时的金融行业、金融监管的报道精粹，分享深度专业的评论点睛；"无所不能"专注报道能源领域的重大事件、公司、人物、科技和趋势，从政治、经济、社会的更广阔视野探讨能源对每个人的切身影响，这些做法，既推动相关的记者、编辑进行专业性的深度开掘，也满足移动互联网环境下的分众精准需求。

《解放日报》也推出了新媒体阅读产品"上海观察"，目标群体是小众的付费群体。它在网站、微信同步推送，通过提供部分内容阅读体验，引导用户下载应用或进入网站注册充值。

一些媒体已经在实行"去书名号"的战略。胡舒立为财新传媒设立的愿景是，互联网产品将是财新的主产品，杂志只是副产品。2014 年，财新传媒欲整合所有的人力资源，全部投向互联网产品。财新传媒做互联网业务的人数要超过做纸媒的人数。

《东方早报》投资 2 亿元，上马"澎湃"项目：纸质《东方早报》逐步缩版，只保留部分编辑；原有团队 2/3 的成员转战新媒体，其中记者整体划移；即将出现的是一个时政财经新闻社区，进行互动式原创深度报道。这种

模式是利用媒体的内容资源向移动端转移，其实质是培养客户的移动端媒体消费习惯，通过对内容的整合，试图提供给读者更加有竞争力和符合需求的产品。

（五）利用独立应用，开辟新空间

对传统媒体而言，虽然独立应用并不像原先设想的那样有效（在众多应用当中保证读者对自己应用的黏性殊为困难），但作为媒体实现其移动化策略的一个重要方法，只要运用得当，仍然有可能独树一帜，打开新的空间。

《周末画报》用了 15 年的时间，目前拥有 92 万份的发行量，而 iWeekly 仅用三年半的时间已达到 900 多万次的下载量，移动杂志的成功，证明了平面杂志与移动杂志的互补是未来杂志发展的一种趋势。其掌门人邵忠描述："我们眼前可以浮现这样一种情景，每天人们会在办公室用手机或 iPad 浏览在线的 iWeekly，而周末则会与家人一起在舒适的环境里手捧《周末画报》进行阅读。线下与线上的整合与互补，是 O2O 的最佳体现，也是把读者转变为用户的最佳传播渠道与终端，是理想的营销整合平台。"①

（六）拓展非媒体类产品收入来源

向全媒体转型，增加更多的服务性收入，以抵消传统广告收入下滑的影响，成为传统纸媒的一个新选择。

2013 年 1 月，浙报传媒以 31.9 亿元收购全国知名游戏平台杭州边锋和上海浩方 100% 的股权。在下半年，浙报传媒与华奥星空联合承办 2013 年全国电子竞技大赛，参与投资的动漫电影《秦时明月之龙腾万里》于暑期档上映，也成为该股走强的催化剂。浙报传媒还启动了传媒梦工厂项目，采用风险投资的方式孵化创业公司，其中部分创业公司已经初具规模。

传统媒体上市公司收购的多是网游公司，其根本原因在于网游具有高成长性和高利润率。得益于对边锋和浩方的收购，浙报传媒 2013 年上半年营业收

---

① 邵忠：《杂志的未来》，2013 年 11 月 30 日，http://iw-cdn.iweek.ly/entry/11559。

入为9.3亿元，同比增长40.9%，其中，网络游戏业务营业收入达1.28亿元，毛利率高达85.29%。① 但是这种方式的问题在于缺少媒体的专业特性，这些集团是否还可以被称为媒体集团大可质疑。目前，中国的媒体大多数没有财团背景，没有上市公司资源，因此投资风险大，缺少专业投资队伍。在这样的情况下，投资成绩不能得到保证。

四 中国网络媒体的移动互联网路径

移动互联网不但对传统纸媒形成了冲击，而且对基于 PC 端的新闻机构形成了冲击。2013 年，中国网络媒体进行了如下尝试。

（一）以新闻客户端抢占移动入口

随着移动互联网的发展，中国的主要互联网公司纷纷推出新闻客户端，抢占移动终端上的新闻入口。目前，用户已经初步形成了对新闻客户端的使用习惯，但是这些产品的赢利模式还有待加强，产品设计上比较同质化。

搜狐、网易、腾讯三家新闻客户端先后宣布用户数破亿。不少新闻网站也推出了新闻客户端产品，甚至包括央视。新闻客户端产品满足了用户的个性化需求，即信息可以由用户自己选择。这里主要有几种方式：一种是顶部的导航栏，用户可以选择展现前后位置，除了第一个系统推荐不能设置外，接下来顶部的导航栏可以按照用户自己的喜好设置顺序；另一种是订阅，自媒体以及传统媒体、新闻网站等都开始入驻新闻客户端的平台，用户可以按照自己的喜好订阅这些内容。例如，搜狐称，目前搜狐新闻客户端的安装激活量为1.85亿次，入驻媒体和自媒体总数超过6000家。② 这 6000 家用户都可以自由选择订阅。

2014 年，移动新闻客户端进入全面深度整合期，纷纷与微博、微信等平

---

① 秋实：《盘点报业发展新趋势》，2014 年 1 月 23 日，http：//media. people. com. cn/n/2014/0123/c374106 - 24208603. html。

② 《搜狐新闻客户端领衔春运大战》，2014 年 1 月 24 日，http：//www. techweb. com. cn/news/2014 - 01 - 24/2001403. shtml。

台打通，并挖掘用户个性化需求，进行差异化竞争。以腾讯新闻为例，它在移动互联网上做了大量探索。"新闻哥"是腾讯新闻推出的一个栏目，凭借一个虚拟的"新闻哥"形象，以幽默的方式将一天的新闻娓娓道来。"新闻哥"的运营方式体现出了两个特点：一是多种媒介相结合，每期"新闻哥"的内容提供方式包括文字、漫画、照片，甚至视频等；二是"新闻哥"具有拟人化的风格，形成了独特的个人魅力，并和读者进行交互，从而吸引了大批忠实读者。

（二）自媒体蓬勃发展，颠覆传媒生态

2014年自媒体生态进一步形成，基于微博、微信的个人、企业及专业自媒体等将逐渐成熟。

微信等新媒体技术与平台的发展，加快了自媒体时代到来的步伐。个人拥有更好更多的表达载体，传统媒体人突围新渠道，企业想借助社交网络进行传播和营销。凡此种种，令自媒体成为颠覆传媒业生态的一支新兴力量。

搜狐新闻客户端创建了自媒体平台，网易云阅读也开放了自媒体入口，腾讯推出"大家"，百度开设了"百家"，这些大平台推广资源吸引了越来越多的自媒体与其合作，双方各取所需，自媒体的商业探索也逐步走上正轨。

针对移动互联网给新闻行业带来的深度变革，一批富有创新精神的媒体人，甚至一些没有受过专业训练但是热爱分享的爱好者，启动了多个新媒体项目。2013年是科技博客爆发的一年，以钛媒体、虎嗅、36氪、爱范儿等为代表的科技博客，深刻认识到移动互联网背景下传统新闻媒体的弊端，采用符合移动互联网规律的方式来办科技博客。它们聚集了大量写手，相当多的文章具有一定深度和影响力。

2013年，我们也见到了基于微信公众号的个人自媒体的兴起。若干自媒体联盟的成立更将微信公众号带上了组织化的道路。WeMedia联盟打出"我为自媒体人代言"的口号，做自媒体经纪人，给自媒体提供其所需的产品、技术、推广、包装等基础服务，也提供广告和公关的客户资源。截至2013年

12月底，该联盟共有自媒体成员110名，订阅用户总数达1119万人，原创文章8470篇，平均打开率为23%。①

五　新闻行业向移动互联网转型的建议

（一）将采编团队改造成产品经理

未来新闻行业以移动互联网思路做媒体，首先要致力于使传统媒体人具备产品思维。过去的新闻人提供新闻往往是基于新闻人思维，提供的新闻产品是一次性的内容产品。至于内容对读者能够产生什么效应，生产者如何和消费者互动，消费者对消费产品的体验感受如何提升，就都不是新闻人考虑的范畴了。但是，现在移动互联网新闻内容呈现多样化，如何能够让读者在有限的时间内选择新闻来源？必须做到阅读体验一流，同时能够通过快速迭代让读者体验到更好的产品。生产者不再基于新闻机构内部的思维来提供新闻产品，而是基于消费者需要为其量身定制产品。因此，未来整合新闻内容的新闻产品会增多，比如，未来会更多地以可视化图表和数据库形式提供新闻产品，让读者能够直接获得收益。

（二）引入社交元素，将作者和读者以社区的方式联系在一起

由于社交元素可以增加用户黏性，现在越来越多的信息平台注重社交关系的引入。如网易跟帖，喊出"无跟帖，不新闻"口号，叠加网友观点和思维的"盖楼"，重新定义了网友的价值，体现了用户的智慧和集体的力量。网易跟帖通过用户的互动和讨论，增强了用户获取信息的黏性，也延长了整个信息的生命周期。而这种基于信息内容和用户兴趣构建的社交关系，不仅可以衍生出新的产品和内容，而且可以实现受众的转化，拓展新的收入渠道。对移动端而言，信息平台的社交元素尤为重要。手机的随身性、实时性，可以满足用户随时随地进行互动交流的需求，黏性更高，更易融入生活。因此，微信等移动

---

① 来自笔者对 WeMedia 的访谈。

社交平台的快速发展，已逐渐成为大量用户获取信息的第一入口。"朋友圈"的分享互动和"订阅号"的信息推荐，基本可以满足用户获取不同信息的需求。极而言之，社交元素已发展成各种互联网应用的基本元素。

（三）采用大数据技术，通过数据跟踪分析来确定传播效果，最终实现智能化、持久化的长期运作

在过去，一篇新闻能够达到多高的阅读率，产生多大的社会影响，无法予以精准估计。而在移动互联网上，影响力是可以量化和统计的。新闻行业可通过这种手段提升自己的产品质量，同时依靠大数据技术分析受众特征，实现个性化推送。随着大数据技术的不断发展，信息的智能化推荐越来越成为吸引用户的方法之一。当前的主流移动浏览器和新闻客户端，都可以根据用户的不同信息访问时长和页面浏览习惯，智能化地向用户推荐其感兴趣的信息。这种方式能够降低提供新闻的成本，同时提升产品的吸引力。

（四）革新媒体的商业模式，进行高端深度服务

依托核心读者群的特点和需求，进一步延展深入的专业化服务。例如，金融理财领域的雪球，技术产品领域的极客公园等，通过新闻聚拢一批专业化的有付费能力的深度用户，举办线下培训、咨询、社交活动延伸媒体产业链。可以将通过媒体内容优势树立起的品牌输入其他商业活动，并在其中获得变现。目前，已有很多中国媒体采取这种方式进行转型，但重要的是如何盘活媒体自身所有的资源，让媒体不但可以将中介作用从线上转移到线下，而且能够切入商业活动本身。

（五）善用业余记者的力量，将社会化内容生产作为重要的新闻生产方式

充分挖掘互联网上，尤其是社会化媒体上的 UGC 内容，利用工具和专业人员进行分析、整理、核实和确认，生成聚合性内容。这种内容具有极大优势：内容的生产及时、海量，而且低成本。

以新浪微博为例，2013 年 1 月 22 日，新浪微博注册用户数突破 4 亿人，

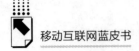

高峰时段日微博发布数超过 1 亿条。这其中有着大量的用户原创新闻内容。2013 年崛起的微信，更是进一步加强了社会化内容生产。每当有新闻事件发生，微博微信上就充满了大量的现场报道，未来新闻记者需要通过微博等社交媒体寻找新闻线索，采写新闻，同时通过和现场目击者的实时沟通，不断完善新闻和补充新闻细节。对大量都市类媒体来说，社会化内容生产将成为趋势。未来的记者需要有更高的移动互联网素养。

总之，移动互联网给新闻行业带来了巨大冲击，也带来了空前机遇。未来新闻行业从业人员必须努力适应新时代的新闻生产方式和生产流程，制作出更加符合消费者需求的新闻产品，以个性化的方式通过各种渠道传递到消费者手中。

2013年中国移动互联网发展政策分析

李欲晓　孟庆顺*

摘　要：

2013年，随着传统互联网内容向移动互联网大范围迁移，国家出台了一批与移动互联网发展、治理相关的政策法规，对规范移动互联网的发展起到了重要作用。移动互联网的应用范围及市场规模远远大于传统互联网，完善、制定相关政策、法律，以保护、规范包括传统互联网和移动互联网在内的整个互联网的健康发展，是首要任务。

关键词：

移动互联网　政策法规　综合治理　发展前景

工信部2013年10月发布的通信业经济运行报告显示，我国移动电话用户总数达到12.16亿户，占电话用户总数的81.9%，其中3G电话用户总数达到3.79亿户，手机上网流量占比达到69.8%。另据2014年2月工信部发布的数据，春节期间，移动互联网接入流量消费比平时增长25%。从除夕到正月初七的八天内，全国手机用户共消费了3674.6万GB的移动互联网接入流量，每个用户平均使用46.4 MB，比平时使用的流量高出了25.3%。与此相应，2014年春节期间受移动互联网应用产品（微信、微博）等新兴拜年方式影响，除夕当日短信发送数量比2013年下降了8.0%，移动电话去话通话时长仅为平日通话量的3/4，而除夕当日发送彩信的数量比2013年提升了17.2%。移

---

* 李欲晓，北京邮电大学互联网治理与法律研究中心主任；孟庆顺，北京邮电大学互联网治理与法律研究中心助理研究员。

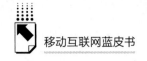
动互联网正以前所未有的发展速度向我们走来，在机遇与挑战并存的同时，相关政策法规的出台与完善也深深影响着移动互联网未来的发展。

一 加强网络治理能力建设成为国家战略

2014 年 2 月，中央网络安全和信息化领导小组（简称"领导小组"）成立并召开第一次会议，这是十八届三中全会以来，第三个由国家最高领导人牵头的机构。中共中央总书记、国家主席、中央军委主席习近平亲自担任组长，李克强、刘云山任副组长，成员包括政治局委员、副总理、军委副主席、政法委书记及十多个正部级单位的正职领导人。

习近平总书记在会上强调，网络安全和信息化是事关国家安全和国家发展、事关广大人民群众工作生活的重大战略问题，建设网络强国的战略部署要与"两个一百年"奋斗目标同步推进，从国际国内大势出发，努力把我国建设成网络强国。中央网络安全和信息化领导小组的成立，标志着加强网络安全、提升网络治理能力已经上升为国家发展战略。

2014 年也是中国接入国际互联网 20 周年。20 年来，中国互联网一直在学习、跟随、借鉴中发展。跨国公司的互联网设备、技术不断进入中国，促进了中国互联网事业的发展壮大，但是关键技术掌握在他人手里，这给中国的网络安全留下了隐患。斯诺登事件引发了中国及世界其他互联网弱国对网络安全的担忧。

从 2011 年美国发布网络空间国际战略到现在，已有 40 多个国家颁布了网络空间国家安全战略。光美国就颁布了 40 多份与网络安全有关的文件，还设立了直接对总统负责的"网络办公室"。2014 年 2 月，美国总统奥巴马宣布启动美国《网络安全框架》。

德国总理默克尔与法国总统奥朗德探讨建立欧洲独立互联网，拟从战略层面绕开美国，以强化互联网数据安全。欧盟三大领导机构提出，要在 2014 年底通过欧洲数据保护改革方案。印度和日本在 2013 年相继提出《国家网络安全策略》和《网络安全战略》，旨在建立"安全可信的计算机环境"。

建设友好、安全、可信、强大的网络体系，已成为摆在中国面前的战略问题。没有网络安全就没有国家安全，没有信息化就没有现代化。信息化和经济全球化相互作用于国际社会的发展，网络时代信息资源已经成为重要的生产要素和社会财富，信息管理与处理能力成为国家软实力和竞争力的重要标志。

从国家形势来看，网络安全和信息化在很多领域是牵一发而动全身的，建设网络强国不仅要有自己的技术、完善的法律，而且要树立网络安全的大局意识，处理好安全和发展的关系，以安全保发展、以安全促发展。

网络安全和信息化是"一体之两翼、驱动之双轮"，在经济与社会发展中具有重要地位，需要传统互联网行业以及移动互联网、物联网等新兴网络应用企业树立网络防范的"底线"意识，把网络安全作为红线，确保安全。对国家的网络安全要高度重视，对用户、网民的个人隐私、支付及交易数据，要确保安全，一旦泄露个人信息，企业要承担责任。

二 2013 年我国移动互联网政策发展进程

2013 年党的十八届三中全会通过的《中共中央关于全面深化改革若干重大问题的决定》（简称《决定》），提出了坚持"积极利用、科学发展、依法管理、确保安全"的方针。《决定》在"创新社会治理体制"与"推进文化体制机制创新"两部分都提到加强网络治理问题，指出要加大依法管理网络的力度，加快完善互联网管理领导体制，确保国家网络和信息安全；加强对网络违法犯罪行为的防范，健全网络突发事件处置机制，重视运用和管理新型媒介，规范传播秩序。

《决定》为社会治理，特别是新型网络社会建设提出了指导性意见。习近平总书记在关于起草《决定》的说明中提到，网络和信息安全牵涉国家安全和社会稳定，互联网媒体属性的加强，使得网上媒体管理和产业管理远远跟不上形势发展变化。面对传播快、影响大、覆盖广、社会动员能力强的微博、微信等社交网络和即时通信工具用户的快速增长，加强网络法制建设和舆论引导，确保网络信息传播秩序和国家安全、社会稳定，已经成为摆在我们面前的突出问题。

（一）大力加强信息化基础设施建设，发展移动互联网产业

1. 推动移动互联网广泛渗透

2013 年 4 月 2 日，工信部、国家发改委、教育部、科技部、财政部、环保部、住建部以及国税局八部委联合发布了《关于实施宽带中国 2013 专项行动的意见》（以下简称《意见》）。《意见》指出，要提高网络能力，扩大网络普及覆盖率，在加强网络建设的同时，注重提升网络应用能力，切实将宽带发展水平同安全保障同步。《意见》在"宽带中国"战略基本原则的指导下，继续深化传统互联网覆盖度，加大骨干网的网间互联宽带扩容力度。同时，注重新技术的研发和普及应用，针对下一代移动技术的推广，切实贯彻"统筹有线无线发展，推动应用普及深化"的指导思想。

2013 年 8 月 1 日，国务院发布《关于印发"宽带中国"战略及实施方案的通知》（以下简称《通知》）。《通知》中首次将宽带明确定位为"经济社会发展的战略性公共基础设施"，将发展宽带网络视为拉动有效投资、促进信息消费、推进发展方式转变和小康社会建设的重要支撑，其兼具战略性、公共性、基础性三大特性，以移动互联网的广泛渗透，带动我国下一代国家信息基础设施建设，形成较为健全的网络与信息安全保障体系。

2. 促进信息消费水平提升

2013 年 8 月 8 日，国务院印发《关于促进信息消费扩大内需的若干意见》。该意见指出：在完善"宽带中国"战略的基础上，推进移动通信的发展，确定 2013 年内发放第四代移动通信（4G）牌照。在加强信息基础设施方面建设的前提下，注重增强信息产品供给能力，培育信息消费需求，通过加强信息消费环境建设和完善相关支持政策，协调拉动我国信息消费的总体能力。全面推进"三网融合"进程，从整体上为移动互联网的进一步发展奠定基础。该意见明确提出要发展移动互联网产业，鼓励企业设立移动应用开发创新基金，鼓励智能终端产品的创新发展，并将推进北斗导航与移动通信、地理位置、卫星遥感、移动互联网等融合发展，支持位置信息服务（LBS）市场拓展。

可见，下一步我国将以系统化的思路推进移动事业的发展，并以基础设施建设为保障，大力发展移动应用创新、移动多媒体信息消费创新、移动电子商务应用及移动支付建设、移动金融安全可信建设等多方面内容，将培育移动互联网等产业发展作为"稳增长、调结构、惠民生"的重要手段。

3. 支持第四代移动通信产业化

2013 年 9 月，国家发改委办公厅发布了《关于组织实施 2013 年移动互联网及第四代移动通信（TD-LTE）产业化专项的通知》。该通知重点支持基于 TD-LTE 的第四代移动通信（4G）的产业化，注重应用系统研发、智能终端开发、公共服务平台建设及移动互联网关键技术支撑统筹结合，齐头推进移动互联网发展建设，力求把握全球移动互联网发展机遇，以移动终端为着力点，形成综合的移动互联网产业服务能力。

（二）网络个人信息保护问题在政策法规层面进一步落到实处

为深化 2012 年第十一届全国人大常委会第三十次会议通过的《关于加强网络信息保护的决定》，我国首部个人信息保护国家标准《信息安全技术公共及商用服务信息系统个人信息保护指南》（以下简称《指南》）于 2013 年 2 月 1 日起实施。

《指南》从一般信息和个人敏感信息两方面划分了个人信息范围，划分出收集、加工、转移、删除四个有关个人信息处理的环节，并正式提出了处理个人信息时应当遵循的八大基本原则，即"目的明确、最少够用、公开告知、个人同意、质量保证、安全保障、诚信履行、责任明确"，从技术上保证了个人信息的有效利用和保护。

工信部于 2013 年 7 月 16 日发布《电信和互联网用户个人信息保护规定》（以下简称《规定》），在贯彻《全国人民代表大会常务委员会关于加强网络信息保护的决定》《中华人民共和国电信条例》和《互联网信息服务管理办法》等法律、行政法规的基础上，立足电信和互联网行业管理职责，以"概括 + 列举"的方式规定了工信部负责监督管理的用户个人信息的范围；按照"谁经营、谁负责"与"谁委托、谁负责"的原则，根据民法上的委托代理制度，明确规定由电信业务经营者、互联网信息服务提供者负责对其代理商的个人信息保护工作实施管理。

同时发布的《电话用户真实身份信息登记规定》，对目前移动通信领域及移动互联网领域内利用未登记真实身份信息的电话传播淫秽电子信息、发送垃圾短信息、散布有害信息、实施诈骗等现象进行了规制，进一步深化了移动互联网行业个人用户信息保护的要旨，从源头上建立起了"实名防线"。

《关于加强网络信息保护的决定》仅是政策，关于网络个人信息保护的立法尚需时日。从问题产生到政策制定，再到相关法律法规出台，需要一个过程，这也体现了我国互联网问题解决的一般程序。现在，不仅需要压缩这个过程，而且要进行顶层设计，尽快将政策成果转化为法律形式，明确固定下来，让互联网个人信息得到法律的充分保护。

（三）持续进行网络信息内容治理，加强移动终端信息把控

为贯彻落实《全国人民代表大会常务委员会关于加强网络信息保护的决定》，巩固前期垃圾短信息治理成效，净化短信息服务环境，工信部决定在2013年4~12月开展深入治理垃圾短信息专项行动。

按照《深入治理垃圾短信息专项行动工作方案》的要求，完善法规、技术标准，制定出台"通信短信息服务管理规定"；升级基础电信企业垃圾信息网间联动处理平台，建立垃圾信息检测及治理效果评估平台，以及健全基础电信企业网络收、发端垃圾信息处置系统，力求从法律、技术、工作机制上切断垃圾信息利益链，发挥各个治理主体的作用。

从2002年开始，我国在网络文化内容方面对从事新闻信息服务的单位实施了备案审批制度。2013年10月，国家互联网信息办公室发出通报，指出：根据《互联网信息服务管理办法》《互联网新闻信息服务管理规定》等有关法规，移动新闻客户端运营单位从事互联网新闻信息服务工作的，必须经互联网信息内容主管部门审批备案，并依法取得相应资质，未取得资质不得从事互联网新闻信息服务工作，各移动应用商店也不得为违法违规移动客户端提供上架发布、推荐下载等服务。在规范移动终端信息服务商资质的同时，我国还加强了对移动终端信息内容发布的监管力度。

另外，对网络文化内容的管理机制创新也能提升治理效果。从2013年12月1日起实施的《网络文化经营单位内容自审管理办法》，要求网络文化经营

单位应当建立内容审核制度，对拟上网运营的文化产品及服务内容进行事前审核，确保文化产品及服务内容的合法性。

《办法》改变了原来主要由政府部门承担网络文化产品内容审核管理的责任，通过做实企业自我约束机制和自我管理能力，加强了对企业服务和后续工作的监管，确保了文化产品和服务内容的合法性。

（四）明确移动支付技术标准，促进电子商务发展

随着移动互联网的高速发展，电子商务应用正从传统互联网向移动互联网延伸。2013 年 11 月 20 日，国务院发展研究中心发布的《中国网络支付安全白皮书》介绍了移动电子商务高速发展的事实：2012 年，移动电话支付业务量达 5.35 亿笔，金额为 2.31 万亿元，同比分别增长 116% 和 132%。2013 年，支付宝日常交易的 1/3 来自手机，比 2012 年增长 800% 以上。2013 年"双十一"期间，日交易量最高达 4518 万笔。2013 年全年移动支付市场规模超过 8000 亿元，是 2012 年规模的 5 倍以上。从目前来看，互联网金融将成为世界经济新的增长极，而电子商务的发展正在成为带动未来中国经济增长的重要引擎，移动支付的快速介入将为中国电子商务的发展提供全新动力。

移动支付的发展与我国关于促进电子商务的政策决定紧密相关。2012 年 12 月 14 日，中国人民银行发布的《金融行业移动支付技术标准》，首次确立了以"联网联通、安全可信"为目标的技术体系框架，有效填补了该领域的空白，推动了我国移动支付集约化和规模化发展，其中包括了应用基础、安全保障、设备、支付应用、联网联通 5 大类 35 项标准，从产品形态、业务模式等方面明确了系统化的技术要求，覆盖中国金融移动支付各个环节的基础要素、安全要求和实现方案，从技术层面上为移动支付规范化使用提供了支撑依据。

国务院印发的《关于促进信息消费扩大内需的若干意见》明确要求，大力发展移动支付等跨行业业务，完善互联网支付体系。2013 年 9 月 29 日，工信部印发的《信息化发展规划》也提到，支持开展移动电子商务创新，丰富网络商品和服务，拓展网络购物渠道，以满足不同层次消费需要，分别从政策和技术上规范了移动电子支付的发展，为移动电子商务的新一轮经济增长提供保障。

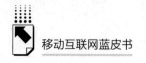

（五）移动地理信息服务发展得到国家支持

2013年9月，国务院办公厅印发的《关于印发国家卫星导航产业中长期发展规划的通知》指出，推动北斗卫星导航系统规模化应用，适应国际社会"从单一GPS应用向多系统兼容应用转变；从以导航应用为主向导航与移动通信、互联网等融合应用转变；从终端应用为主向产品与服务并重转变"三大发展趋势。

随着卫星导航与交通运输乃至人们生活出行的变化，智能终端和移动互联网的融合使得产品制作和服务精细化的划分更为明显，技术和服务能力的提升齐头并进，从高精尖端应用逐步进入寻常巷陌，移动导航系统与移动互联网的结合将为新时期国民经济关键领域、行业、公共服务及大众化市场的应用提供支撑。

2014年1月，国务院办公厅《关于促进地理信息产业发展的意见》也提出，建设以现代测绘和地理信息系统、遥感、卫星导航定位等技术为基础的地理信息化服务应用平台，将地理信息化服务视为国家信息资源的重要组成部分与下一代互联网、物联网、云计算等新技术发展结合。我国北斗卫星导航基于移动位置服务的优势，将在今后几年里与移动互联网领域深度融合，共同寻找发展突破口与经济创新点。

（六）移动智能终端及应用软件安全管理逐步规范

2013年以来，我国互联网公司开始商业化开发可穿戴设备：百度云联合第三方公司陆续发布了咕咚手环、inWatch智能手表、MUMU智能血压计和Latin体脂测量仪；360则推出了儿童卫士手环。

艾媒咨询预计，2015年中国可穿戴设备市场出货量将超过4000万部。国内移动互联网市场的竞争将日益激烈，特别是以智能手机为代表的移动终端市场，进入全面竞争时代。2013年11月1日起实施的《关于加强移动智能终端管理的通知》规定，手机厂商预装软件必须通过工信部审核，需符合通信行业标准有关移动智能终端安全的基本要求，并规定生产企业不得在移动终端中预置"五大类应用软件"。

可穿戴设备具有贴身特性，既可收集人体各类信息，又可拓展人体感官功能，一旦与移动互联网联结，必将在 PC 端主导的传统市场，以及智能手机、平板电脑主导的移动端市场之外，开辟第三大市场。未来五年，可穿戴移动技术普及所带来的一系列问题，诸如个人隐私保护、产品质量安全以及资格认证等，将成为下一步移动互联网政策制定的热点。

三 政策评析

（一）网络立法提速，出台政策密度高，重点保障移动网络使用安全

随着以移动智能终端为代表的个人信息智能平台的普及，公众对个人信息保护和信息服务环境的要求越来越高，传统法律和政策中与网络社会不相适应的东西正在发生改变，网络立法从形式到内容都回应了公众的诉求，相关政策更具操作性。

2013 年集中出台的一系列政策法规，不仅顺应了移动互联网的发展需要，而且填补了之前我国在相关领域的政策缺失，其重点在于，从各方面保障了移动网络使用安全，推动了网络满足社会生活需求。

政策与法律，既要注重治理，又要确保发展，要确保移动网络的安全可靠，为移动互联网的进一步发展提供保障。围绕移动互联网安全、不良信息治理、个人信息保护和青少年上网保护等方面的研究，不仅是现阶段的着力点，而且将成为今后一段时间出台政策和法律的重点。

（二）通过法律手段加强移动互联网治理

2013 年，政府打击网络谣言频出重拳。秦火火、"立二拆四"、傅学胜，以及有"网络反腐维权斗士"和"网络知名爆料人"之称的周禄宝等，因利用谣言获利，均受到法律的惩处。

网络传播信息内容规制和网络立法也取得了重大进展。2013 年 9 月 9 日，最高人民法院、最高人民检察院公布《关于办理利用信息网络实施诽谤等刑

事案件适用法律若干问题的解释》，其中规定，同一诽谤信息实际被点击、浏览次数在 5000 次以上，或者被转发次数在 500 次以上的，应当认定为《刑法》第二百四十六条第一款规定的"情节严重"。这为惩治利用网络实施诽谤等犯罪行为提供了明确的法律标尺，既有利于网络治理，又有助于保障公民表达权、监督权、名誉权等合法权益。

2013 年 12 月 27 日，由全国人大财经委牵头，国务院法制办、国家发改委、中国人民银行、商务部、工信部等多部门参与了电子商务立法工作，这标志着我国电子商务立法工作正式启动。

为了适应新时期互联网的发展，从法律层面加强治理势在必行。从 2013 年 10 月发布的第十二届全国人大常委会立法规划可以看出，包含一类立法规划的"电信法"、二类立法规划的"电子商务法"以及三类立法规划的"网络安全法"等备受关注。这将有利于进一步加大对网络违法不良行为的打击力度，将网络空间全面纳入公共空间管理，保障网络的健康有序发展。

（三）"因时制宜"，出台专门针对移动互联网的政策法规

移动互联网相关政策法规的制定，是从整体的互联网政策法规发展中一步步剥离出来的。起初是将其定位为互联网政策的技术性延伸，很少有专门性的移动互联网政策。移动互联网的发展，逐渐显现出了与传统互联网不同的特性，因此，针对某一问题，专门制定移动互联网管理的相关政策法规成为迫切之需。2013 年在全国各大主要城市掀起的打车软件之争，就反映了传统法规在移动互联网时代的不适应，从而导致监管缺失问题。

从上海市立案的中国首例打车软件诉讼中引发的软件使用许可权争议，到上海、广州、深圳、北京等城市出台打车软件"禁用时间段"的规定，以及北京市 2014 年 6 月 1 日起正式实施的《北京市出租汽车电召服务管理试行办法》，既是规范网络约车、手机约车等移动电召服务，又是在探索制定专门适用于移动互联网应用的规范，为下一步具体政策及立法工作打下了基础。

移动互联网所带来的变革，是技术上的延伸，更是整个社会乃至人类生活习惯、行为准则以及权利义务的全面拓展，仅用"外延"的方式规范移动互联网的做法，终将跟不上其发展的脚步。

下一步，建议立法部门针对移动互联网特性，出台专属的移动互联网政策法规，进一步推动移动互联网的规范发展。与此同时，互联网相关政策法规也需要适时调整，以适应移动互联网的发展，因为移动互联网的覆盖面远远大于传统互联网的覆盖面，移动互联网更深刻地体现了互联网的特性，对社会生产生活的变革具有更大的作用。

B.7

2013 年中国移动互联网用户行为分析

高春梅*

摘　要：

2013 年，中国移动互联网用户数量继续攀升。本文以移动互联网用户，特别是手机用户为主要对象，从用户属性、上网习惯、应用使用、群体差异等方面分析了 2013 年中国移动互联网用户的特征。

关键词：

移动互联网　用户行为　应用

2013 年，我国移动互联网用户数量持续增长。关于具体的移动用户数量，有不同数据：工信部发布的数据显示，截至 2013 年 12 月，我国移动互联网用户达到 80756.3 万户，比 2012 年底净增 4319.8 万户，同比增长 5.7%；① 易观智库调查显示，2013 年，中国移动互联网网民规模达 6.52 亿人；② 中国互联网络信息中心（CNNIC）发布的《中国互联网络发展状况统计报告（2014 年 1 月）》显示，截至 2013 年 12 月，我国手机网民规模达 5 亿人，较 2012 年底增加 8009 万人，同比增长 19%，网民中使用手机上网的网民占 81.0%。③

---

*　高春梅，博士，人民网研究院研究员。

①　工信部：《2013 年 12 月通信业主要指标完成情况（二）》，http：//www.miit.gov.cn/n11293472/n11293832/n11294132/n12858447/15858099.html。该文件中的"移动互联网用户"是指通过移动通信网络接入公众互联网或 WAP 网站的用户，包括无线上网卡用户和手机上网用户。

②　易观智库：《2013 年中国移动互联网统计报告》，http：//www.eguan.cn/download/zt.php？tid=1979&rid=1988，数据基于 eCDC（易观智库中国数字消费者行为分析系统）累计 400 万移动互联网样本。

③　CNNIC：《中国互联网络发展状况统计报告（2014 年 1 月）》，http：//www.cnnic.net.cn/hlwfzyj/hlwxzbg/hlwtjbg/201401/P020140116395418429515.pdf。

上述三个数据存在差距，原因在于统计方式与口径不甚相同。工信部的数据基于上网卡的销售及运营商数据，一人两三台移动上网终端的情况并不少见。易观智库的数据是基于样本库及抽样调查。这两个数据都是移动上网用户数，包括手机和其他移动终端的上网用户数。而 CNNIC 依据抽样调查获得的数据是指手机上网人数，不包括其他移动终端上网人数。下面的分析主要使用易观智库和 CNNIC 的数据。

一 移动互联网用户属性

（一）性别结构

2013 年，我国移动互联网用户（简称"移动用户"）中男性比例依旧高于女性。男性移动互联网网民占 63%，女性占 37%，性别比例的绝对差距为 26 个百分点。与整体网民相比，在移动终端上，男性用户占比更高（见图 1）。

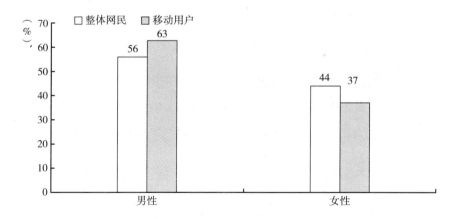

图 1　2013 年 12 月移动用户与整体网民性别结构

资料来源：易观智库、CNNIC。

（二）年龄结构

在移动用户中，年龄在 30 岁及以下的用户占总体的 60%，24 岁及以下的用户占 31%，25～30 岁的用户占 29%。随着年龄的增长，移动用户所占的比例逐渐下降，40 岁以上用户占比最低，为 10%（见图 2）。与整体网民相比，移动用户呈现年轻化的特点。

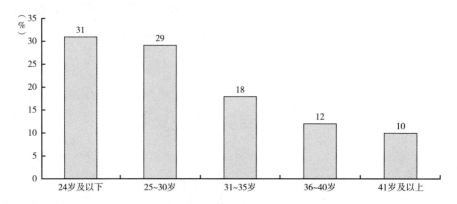

图 2　2013 年中国移动用户年龄结构

资料来源：易观智库。

（三）学历结构

在 2013 年移动用户中，高中/中专/技校学历网民所占比例最高，为 33.0%，本科及以上学历用户占 26.0%，大专学历用户占 20.0%，小学及以下用户占比最低，为 2.0%。与整体网民相比，移动用户学历水平较高，高中/中专/技校、大专、本科及以上学历用户所占比例均高于整体网民（见图 3）。

（四）收入结构

2013 年，我国移动网民中低收入群体占比较高。接近 1/4 的移动用户月收入在 1000 元以下，占 23.0%；月收入在 1000～1999 元的用户占 10.0%；月收入在 2000～2999 元的用户占比为 20.0%，半数以上移动用户月收入在 3000 元以下。然而，与整体网民相比，移动用户体现了比整体网民收入高的特征。在移动用户中，月收入在 2000 元以上的各个收入层次的用户所占比重均高于整体网民（见图 4）。

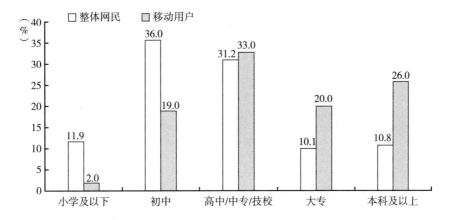

图 3　2013 年移动用户与整体网民学历结构

资料来源：易观智库、CNNIC。

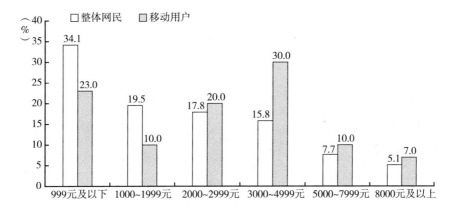

图 4　2013 年 12 月移动用户与整体网民收入结构

资料来源：易观智库、CNNIC。

（五）城乡结构

2013 年，与整体网民的城乡分布情况基本相似，移动用户的城乡分布比例依然相差悬殊，且差距大于整体网民。根据易观智库的统计数据，2013 年城镇移动用户占比超过八成，农村移动用户的占比不足两成，相差 72 个百分点（见图 5）。

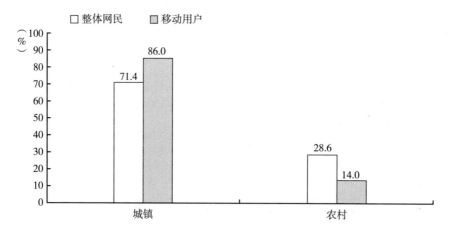

图5 2013年移动用户与整体网民城乡分布

资料来源：易观智库、CNNIC。

二 移动互联网用户行为特征

（一）移动生活成常态，用户的移动互联网使用黏性进一步增强

2013年，用户的移动互联网流量消费大幅提升，手机和平板电脑的接触频率及使用时长明显增加，并已渗透到用户生活的各种情境。根据工信部统计的数据，2013年，我国移动互联网流量达到132138.1万GB，同比增长71.3%。[①] 艾瑞咨询通过对移动端用户行为跟踪监测，发现近一年来，PC端人均单日使用时长略有下降，而移动端使用时长大幅增加，由2012年的0.96小时增加到1.65小时。[②] 移动互联网已经成为人们生活中不可或缺的重要组

---

① 工信部：《2013年通信运营业统计公报》，http://www.miit.gov.cn/n11293472/n11293832/n11294132/n12858447/15861120.html。

② 艾瑞咨询：《终端用户应用：2013年移动互联网年度数据洞察》，http://news.iresearch.cn/zt/223850.shtml。关于移动互联网用户上网时长，不同的调查提供的数据不同：2013年9月，Ader移动广告平台发布的关于中国移动互联网消费者的调查报告显示，用户每天使用移动设备上网的时间已达到183分钟；根据InMobi发布的《2014中国移动互联网用户行为洞察报告》，人们利用手机和平板电脑上网时间总计达到146分钟。所有调查数据均显示，2013年中国移动互联网使用时长大幅度增加。

成部分。90%的用户在一周内每天都使用移动设备上网，66%的用户每天使用移动设备上网 4 次以上。有近一半的用户表示宁可放弃电视或台式电脑，也不会放弃移动设备。① 移动互联网已经渗透到 24 小时中的各个时段和家庭、工作场所、交通工具、公共场所、户外、学校等各种场景。

（二）手机作为上网首选终端地位进一步稳固，多屏互动行为明显

2012 年手机成为中国网民第一大上网终端后，2013 年手机网民规模保持稳定增长态势，手机作为上网首选终端地位进一步巩固。2013 年底，我国手机网民规模达到 5 亿人，且在 2013 年新增网民中，使用手机上网的所占比重为 73.3%，远超使用台式电脑（28.7%）和笔记本电脑（16.9%）上网的用户。② 使用手机接入移动互联网的流量占移动互联网流量的 71.7%。③

移动互联网用户的多屏互动行为明显。InMobi④ 通过对中国移动互联网用户行为进行调查发现，64%的移动互联网用户在看电视的同时玩手机。⑤ Ader 移动广告平台⑥对中国移动互联网消费者的调查显示，92%的用户在使用移动设备的同时，会听音乐、看电影、看电视、看书等。⑦ 艾瑞咨询通过对平板电脑用户的研究也发现，平板电脑与电视、手机之间的跨屏使用现象显著，36.4%的用户在使用平板电脑的同时看电视，28.9%的用户则同时玩平板电脑和手机。⑧ 在看电视

① 《Ader 报告：80% 的用户将智能机作为上网主要设备》，http://www.cnii.com.cn/mobileinternet/2013－09/05/content_ 1216010. htm。
② CNNIC：《中国互联网络发展状况统计报告（2014 年 1 月）》，http://www.cnnic.net.cn/hlwfzyj/hlwxzbg/hlwtjbg/201401/P020140116395418429515. pdf。
③ 工信部：《2013 年通信运营业统计公报》，http://www.miit.gov.cn/n11293472/n11293832/n11294132/n12858447/15861120. html。
④ InMobi 于 2007 年在印度班加罗尔（Bangalore）成立，是印度最大的移动广告公司、全球第二大移动广告公司、全球最大的独立的移动广告网络。
⑤ InMobi：《2014 中国移动互联用户行为洞察报告》，http://wireless.iresearch.cn/others/20140109/224698. shtml。
⑥ Ader 移动广告平台是人人游戏推出的为广大开发者和广告主进行广告接入管理、广告精准投放、广告分析咨询等服务的移动广告平台。
⑦ Ader：《了解中国的移动互联网消费者》，http://adermob.renren.com/s/images/index/periodical/ader_ report. pdf。
⑧ 艾瑞咨询：《中国平板电脑用户行为及营销价值研究简版（2013）》，http://report.iresearch.cn/2104. html。

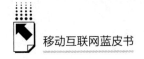

的同时用平板电脑玩游戏、看视频，用手机与好友互动，已成为一部分用户的常态。

（三）在不同终端、不同时段，用户移动互联网使用行为存在差异

由于智能终端屏幕大小及便携程度存在差异，移动互联网用户在不同终端上的使用习惯大不相同。平板电脑突破了智能手机屏幕小的局限，为用户观看视频、玩移动游戏提供了更好的体验，休闲娱乐成为平板电脑用户移动互联网使用的主要内容。根据艾瑞咨询发布的数据，67.9%的平板电脑用户使用平板电脑的用途是"休闲娱乐"，在平板电脑用户经常使用的应用类型中，影音类和游戏类占比远超其他应用类型，占比分别为58.5%和44.9%（见图6）。[①] 而智能手机用户对各类应用的使用时间相对均衡，每天使用时间最长的应用是即时通信，占上网时间的26.1%，12.4%的时间使用浏览器，在线视频（10.7%）、游戏（10.3%）、电子阅读（8.0%）紧随其后。[②]

从不同时段的移动互联网使用情况来看，根据艾瑞咨询对15万名智能终端用户的长期行为监测，2013年10月，智能手机用户在全天各个时段都处于活跃期，在21:00~23:00形成高峰；用户白天使用平板电脑的时长不及智能手机，但18:00~23:00的使用时长则超过智能手机，翘尾现象明显（见图7）。[③] 从智能手机用户行为来看，早上看资讯，晚上和朋友聊天成为移动互联网使用的显著特征。[④]

（四）浏览器和手机应用使用时长同步增长，用户行为以直接使用应用（App）为主

艾瑞咨询调查数据显示，2013年，智能手机用户花在浏览器上的时间为370分钟，比2012年提高25%，而花在应用上的时间为1992分钟，比2012

---

① 艾瑞咨询：《中国平板电脑用户行为及营销价值研究简版（2013）》，http：//report. iresearch. cn/2104. html。

② 艾瑞咨询：《中国平板电脑用户行为及营销价值研究简版（2013）》，http：//report. iresearch. cn/2104. html。

③ 艾瑞咨询：《中国平板电脑用户行为及营销价值研究简版（2013）》，http：//report. iresearch. cn/2104. html。

④ 源自艾瑞咨询对10万名智能终端用户的行为监测。

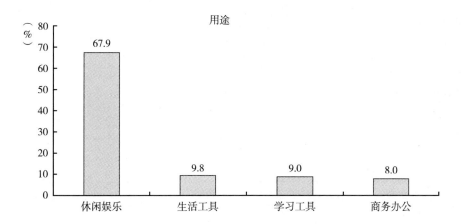

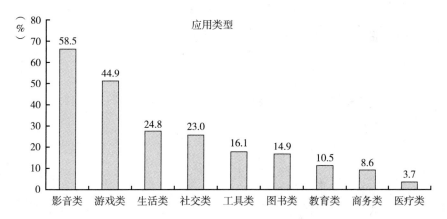

图 6 2013 年中国平板电脑用户使用平板电脑用途及经常使用的应用类型

资料来源：艾瑞咨询。

年提高 26%。智能手机用户花在手机上的时间还是以直接使用应用为主，占 78%，使用浏览器的时间占 13%，使用手机自带服务的时间只占 0.2%。[①] 从用户使用应用的情况来看，2013 年智能手机用户人均每月安装应用数量为 37 个，但经常使用的应用数量有限，约为 13 个，绝大部分应用处于闲置状态。[②]

---

① 艾瑞咨询：《2013 年移动互联网年度数据洞察》，http：//news. iresearch. cn/zt/223850. shtml。

② 艾瑞咨询：《2013 年移动互联网年度数据洞察》，http：//news. iresearch. cn/zt/223850. shtml。对于智能手机用户安装及使用应用的数量，Ader 发布的《2013 年移动互联网用户研究》的调查数据为：用户平均安装应用数量为 31 个，过去 30 天经常使用的应用数量为 12 个，该研究采用问卷调查方式，调查样本为 1040。调查结果与艾瑞咨询监测用户行为获得的数据相差不大。

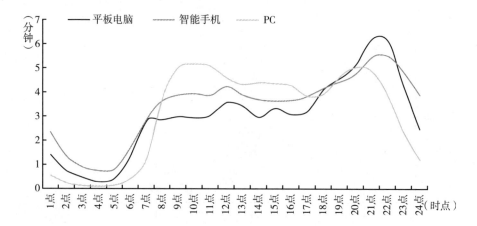

图7 2013年10月智能手机、PC、平板电脑不同时段人均浏览时长分布

资料来源：艾瑞咨询。

三 移动互联用户手机应用使用行为分析

从手机网民对各类手机应用的使用率来看，2013年，手机网民更为活跃，除手机网络文学等4类应用类型使用率下降以外，其他类别应用的使用率较2012年有所上升。满足用户沟通需求的即时通信等交流沟通类应用是手机网民使用最多的手机应用，信息获取类应用紧随其后，满足了用户对信息获取的刚性需求；2013年，用户对休闲娱乐类应用的使用率继续上涨；移动电子商务行为活跃度显著上升（见图8）。

（一）手机即时通信使用率最高，其他交流沟通类应用使用率有所下降

社会交往是手机网民在移动互联网使用中最为频繁的行为，交流沟通成为手机网民移动化生存的重要景观。一方面，移动互联网为智能终端用户随时随地交流提供了前所未有的便利；另一方面，2013年，即时通信市场风起云涌，互联网企业和电信运营商纷纷打造即时通信产品，适应用户需求的应用软件为用户移动社交提供了便捷平台。2013年，86.1%的手机网民使用手机即时通

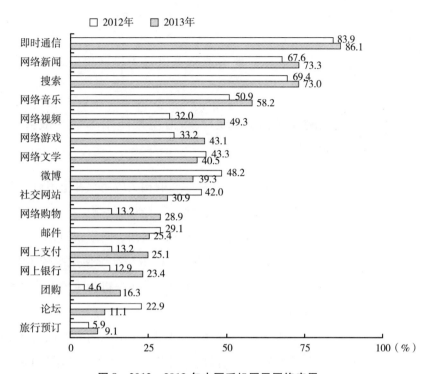

图 8　2012～2013 年中国手机网民网络应用

资料来源：CNNIC。

信，手机即时通信继续占据手机应用使用榜首。

与之形成鲜明对比，2013 年手机网民对其他交流沟通类应用的使用率均有所下降，微博使用率比上年下降 8.9 个百分点，使用率不足 40%，社交网站、手机论坛、手机邮件使用率分别比上年下降 11.1 个、11.8 个、3.7 个百分点。

（二）基于移动端的信息获取行为活跃，碎片化阅读和移动信息搜索成为移动化生存常态

除了使用即时通信工具进行社会交往之外，通过手机上网获取新闻信息和其他信息来满足信息需求，也是手机网民的主要活动。CNNIC 调查显示，2013 年，手机网络新闻和手机搜索的使用率仅次于手机即时通信，分别为 73.3% 和 73.0%，居第二、第三位，且其使用率较 2012 年均有所上升。

新闻是手机网民最常搜索的内容，占到手机搜索内容的 58.3%，接下来依次是饮食娱乐等生活类信息（47.7%）、音乐和视频（47.5%）、小说等文学作品（41.9%），位置信息如地图搜索等也是手机网民经常搜索的内容（41.7%）。[①]

（三）手机上网娱乐行为普遍，网络视频使用率增幅最大，成为移动互联网第五大应用

休闲娱乐是用户的基本需求，移动互联网的相关应用填补了用户的碎片化时间，手机的伴随性使用户的娱乐消遣摆脱了时空的限制。2013 年，网络音乐、网络视频、网络游戏、网络文学成为继即时通信、网络新闻和搜索之后的四类重要应用，在用户中具有较高的使用率。除网络文学使用率较 2012 年有所下降以外，其他三类应用的使用率均有所上升，用户行为体现出较强的娱乐性特征。

2013 年，随着智能手机的进一步普及，WiFi 使用率的提升以及 4G 业务的开展，手机视频类应用的使用率获得快速提升，较 2012 年增加了 17.3 个百分点，在所有应用类型中增长最快，已经成为移动互联网的第五大应用。

（四）用户在移动端的消费行为呈爆发式增长态势，电子商务类应用的使用率全面提升

移动互联网带来了全新的用户习惯和消费模式。2013 年，绝大多数传统互联网业务提供了移动端的服务，包括购物支付、看电影、订票、订餐、订酒店等，用户的消费习惯日益移动化。根据艾瑞咨询的统计数据，2013 年中国移动购物市场交易规模达到 1676.4 亿元，同比增长 165.4%，增速是 PC 端网购的 4 倍多。[②]

从用户使用率来看，移动电子商务类应用的使用率在 2012 年快速发展的

---

① CNNIC：《中国互联网络发展状况统计报告（2014 年 1 月）》，http：//www.cnnic.net.cn/hlwfzyj/hlwxzbg/hlwtjbg/201401/P020140116395418429515.pdf。

② 《2013 移动购物规模近 1700 亿　增速是 PC 端 4 倍》，http：//www.ebrun.com/20140113/89687.shtml。

基础上增速进一步加大。手机网络购物的使用率从 2012 年的 13.2% 提高到 2013 年的 28.9%，增幅达到 119%；手机团购类应用虽然使用率仅为 16.3%，但增幅最大，较 2012 年增长了 11.7 个百分点，增幅高达 254%。手机网上支付和手机网上银行使用率分别增长 11.9 个和 10.5 个百分点。据中国人民银行公布的《2013 年支付体系运行总体情况》，2013 年我国移动支付业务保持高位增长，移动支付业务量达 16.74 亿笔，金额为 9.64 万亿元，同比分别增长 212.86% 和 317.56%。① 移动互联技术及智能终端正在改变用户的购物及支付习惯。

四　细分群体用户行为分析

2013 年第三季度，市场研究机构益普索针对 15785 名受访者手机上网行为开展了问卷调查。调查显示，不同性别、年龄以及居住地区的移动互联网用户的手机上网行为存在差异。

（一）男性手机网民对新闻、游戏、搜索引擎、科技等信息关注度高于女性；女性用户移动互联网使用娱乐化、社交化、生活化特征明显

调查显示，在"过去 30 天使用手机访问的网站"中，女性除访问社交网站和购物网站的比例高于男性手机网民外，对其他网站的访问均不及男性网民。

不同性别的移动互联网用户的信息浏览行为体现出明显差异。女性对娱乐、天气、生活资讯、购物、社交网页、旅游类信息的关注度超过男性，体现出明显的娱乐化、生活化、社交化特征。而男性对新闻、游戏、搜索引擎、体育、地图、理财、当地信息、科技、股票等类别信息的关注度则高于女性用户（见图 9）。从软件下载情况来看，生活资讯、医疗/健康/健身、个人理财、实

---

① 《中国人民银行：2013 年中国移动支付业务增长超 300%》，http：//www.199it.com/archives/195755.html。

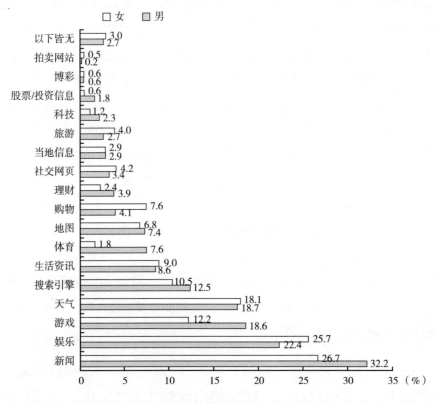

图9 不同性别用户手机上网中各类信息浏览情况比较

资料来源：益普索市场调查公司。

用工具、参考咨询、购物、旅游等生活参考类软件，女性用户的下载比例高于男性。而游戏、即时交流、多媒体、导航、新闻追踪、体育、天气等类别的手机软件，男性用户的下载量高于女性用户。

（二）20～29岁年龄段用户手机上网最为活跃，年轻用户偏爱社交娱乐，中年用户偏向工具性应用

从调查结果来看，无论是登录各类网站、手机上网的各种活动，还是使用手机下载各类软件，20～29岁用户的比例都显著高于其他年龄段用户。12～19岁和30～39岁用户活跃度紧随20～29岁年龄段用户之后，相持不下，又各有特征。40岁以上年龄段用户随年龄增长活跃度递减。

30～39 岁用户手机上网的工具性应用使用比例高于 12～19 岁用户，在电子邮件、团购、网上银行/网上支付/理财等方面的使用比例高于后者。12～19 岁用户手机上网活动的社交化、娱乐化特征明显，在玩在线游戏、在线收看视频、在线收听音乐、下载音乐、参与网上论坛、使用微博、访问社交网站等方面，比例均高于 30～39 岁用户。

（三）城市手机网民上网活跃度明显高于农村手机网民，"即时聊天"为城乡手机网民进行最多的手机上网活动，但微信在农村手机网民中的普及率明显低于城市手机网民

调查显示，一线城市居民手机上网活跃度最高，三线城市位居第二，二线城市位居第三，四线、五线城市用户活跃度不及三线城市用户，但明显高于农村用户。农村受访者除了用手机登录腾讯网、社区网站的比例分别高出城市受访者 0.8 个和 0.6 个百分点之外，使用手机登录其他类别网站的比例均明显低于城市受访者。

在使用手机从事的在线活动中，无论城市用户还是农村用户，"即时聊天"均位列第一，其次是"浏览信息/新闻"。对农村用户而言，排在第三位的是"使用搜索引擎"，"使用微信"位列第四。而在城市居民中，选择"使用微信"的比例高于"使用搜索引擎"。在所有在线活动中，农村用户除了"使用手机访问社交网站"的比例高出城市用户 3.5 个百分点外，其他在线活动占比均低于城市用户。其中，差异最大的是对微信的使用，农村用户中微信使用率比城市用户低 14.8 个百分点。这说明传统的网络社会交往方式在农村居民中使用率更高，而对新型社交软件应用的接受程度，农村较城市居民有较大差距。城乡手机用户上网浏览信息类别无显著差异。

五　2014 年移动互联网用户发展趋势

（一）农村及中小城市将成为移动互联网用户的主要增长点

鉴于我国拥有数量庞大的农村人口，农村移动互联网网民具有很大的增长

空间。InMobi 的调查也发现，移动互联网较 PC 互联网具有更强的包容性，因此覆盖了更多三线以下城市不便于使用 PC 上网的人群，移动互联网在三线以下城市的总体覆盖用户数已经超过了 PC 互联网覆盖的用户数。[①] 可以预见，2014 年，随着三线以下城市与农村移动互联网设施的改善，以及智能手机价格的持续走低，移动互联网不断向中小城市及农村渗透，三线以下城市和农村会成为移动互联网网民数量的有力增长点，手机上网的市场潜力巨大。

（二）移动互联网用户对移动视频、游戏等应用的使用率将快速增长

2013 年底，工信部发布公告，为中国移动、中国电信、中国联通三家运营商发放 4G 牌照。借助 4G 网络的承载能力，一些原先只能在有线宽带上体验的业务，比如高清视频、互动游戏等，均可在平板电脑、智能手机等移动终端上实现。2014 年初，中国移动、中国电信、中国联通相继推出 4G 服务。虽然目前 4G 服务还面临资费高、覆盖差、配套不足等问题，但可以预见，借助 4G 服务的实现和智能终端设备的进一步普及，2014 年移动视频和游戏的使用率和流量在继 2012 年和 2013 年实现连续增长之后，将迎来新一轮快速增长。

（三）移动互联网网民消费行为增长潜力巨大

2013 年风生水起的互联网金融在 2014 年依然热度不减，各种理财和支付产品纷纷推出。微信"抢红包"成为马年春节的热点，腾讯和阿里巴巴两大巨头"嘀嘀打车"和"快的打车"的补贴大战异常激烈，大量网民被卷入体验移动支付的浪潮，移动支付的渗透率将会在 2014 年得到大幅度提升。随着传统互联网业务向移动端的转移，社会化导购、购物分享类应用的发展和移动支付的日益便捷，手机端购物操作的体验将逐渐提高，2014 年移动互联网网民的移动消费行为前景看好。

---

① InMobi：《2014 中国移动互联网用户行为洞察报告》，http：//wireless. iresearch. cn/others/20140109/224698. shtml。

产 业 篇

Sector Reports

.8

中国移动互联网基础设施发展状况与趋势

王 映[*]

摘 要:

2013 年，我国 2G 网络用户加速向 3G 迁移，3G、4G 网络建设加快，无线局域网（WLAN）热点接入数量大增，智能终端、移动芯片等产业链建设，以及云计算服务都有长足发展，移动网络基础设施得到进一步夯实、强化。2014 年我国移动互联网基础设施领域将有以下发展趋势：一是移动智能终端对 PC 的替代趋势将进一步加强；二是核心技术、移动芯片会呈现多层级创新趋势；三是 4G 进行大规模建设组网阶段，产业链将逐渐完善；四是 4G 商用进一步促进消费者业务体验提升，需求差异化将得到极大满足。

关键词:

移动互联网　基础设施　业务应用　终端

* 王映，工业和信息化部电信研究院通信信息研究所市场研究部高级工程师，主要从事电信产业政策、运营市场分析、通信工程项目决策咨询、电信业务与产品等方面的研究。

一 国内外移动互联网基础设施发展现状

（一）全球移动互联网基础设施发展概况

2013 年全球移动互联网依然保持高速增长态势。截至 2013 年，全球移动互联网用户数达到 67.8 亿人，年增长 6.25%。WCDMA-HSPA 网络用户总数增至 14.7 亿人，LTE 用户规模超过 2 亿人，与 2012 年相比增长 166%。[①] 2G 用户加紧向 3G、4G 网络迁移。由于智能手机的不断普及和移动应用的不断丰富，移动数据流量同比增长接近 100%。

在基础网络方面，3G 用户普及率接近移动用户数的 30%（见图 1），LTE 商业网络部署加速。根据全球移动设备供应商协会（Global Mobile Suppliers Association）统计，截至 2013 年 10 月，全球 LTE 商用网络数量达到 222 个，其中包括 199 个 FDD 网络、12 个 TDD 网络和 11 个 FDD/TDD 双模网络，到 2014 年 1 月，全球 LTE 商用网络数量达到 263 个，增加了 41 个，分布于全球 97 个国家和地区，其中 21 个国家和地区部署了 TD-LTE 商用网络。2013 年全球新增

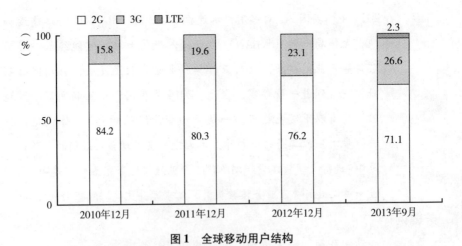

图 1　全球移动用户结构

资料来源：工业和信息化部电信研究院。

---

① 全球移动设备供应商协会：《LTE 演进（Evolution to LTE）》，2010 年 8 月。

LTE 商用网络用户 8300 多万人，TD-LTE 商用网络用户总数约为 464 万人，其中美国、日本和韩国三国 LTE 商用网络用户总数占全球 LET 商用网络用户总数的 88%。

在业务应用方面，移动操作系统依然是产业生态的主导者。2013 年前三季度，移动操作系统竞争格局稳定，Android 市场份额稳步提升，市场整体份额突破 80%（见表 1）。基于操作系统的应用商店稳步发展。截至 2013 年底，苹果、谷歌、微软和诺基亚四家移动互联网官方应用商店的应用总数超过 250 万个，新增量约为 20 万个，增速有所减缓。目前全球的移动应用商店总数为 160 家左右，其中第三方应用商店数量超过 120 家，① 但是以苹果和谷歌为首的两大生态系统的应用商店依然占据统治地位。

表 1　2013 年移动操作系统市场结构

单位：%

操作系统	第一季度	第二季度	第三季度	第四季度
Andriod	74.1	79.0	81.9	77.8
iOS	18.2	14.2	12.1	17.8
Windows	2.9	2.7	1.8	3.0
BlackBerry	3.0	3.3	3.6	0.6
Bada	0.7	0.4	0.3	0
Symbian	0.6	0.3	0.2	0
其他	0.3	0.2	0.2	0.7

资料来源：工业和信息化部电信研究院。

在终端方面，2013 年全球智能手机出货量约为 4.5 亿部，同比增长 45.8%，② 全球平板电脑出货量达到 1.84 亿台，同比上涨 42.7%。③ 三星和苹果智能手机出货量继续高居全球前两位，Gartner④ 报告中指出，三星 2013 年

① 资料来源于工业和信息化部电信研究院。
② 资料来源于工业和信息化部电信研究院。
③ 赛迪智库移动智能终端产业形势分析课题组：《移动智能终端产业：市场扩大质量堪忧》，http://www.cinic.org.cn/site951/sdbd/2014 - 02 - 21/721495.shtml。
④ Gartner，中文译名为高德纳，全球 IT 研究与顾问咨询公司，成立于 1979 年，总部设在美国康涅狄克州斯坦福。

第三季度扩大了在智能手机业务上对苹果的领先，出货总量达到 8035.7 万部，市场份额达到 32.1%。苹果智能手机出货总量达到 3030 万部，市场份额滑落至 12.1%（见表 2），低于 2012 年同期的 14.3%。中国企业在主流及入门市场表现良好，成为创新主力。华为、联想、中兴已进入全球前十，其中华为终端海外市场销量超过 3000 万部。

表 2　2013 第三季度全球智能手机出货量排名

单位：百万部，%

设备商	出货量	市场份额	同比增长
三星	80.4	32.1	46.0
苹果	30.3	12.1	23.2
联想	12.9	5.1	84.5
LG	12.1	4.8	72.6
华为	11.7	4.7	49.5
其他	102.9	41.1	46.6
总计	250.3	100.0	45.8

资料来源：Gartner.

（二）国内移动互联网基础设施发展概况

2013 年，中国移动互联网依然处于高速增长阶段，整个行业呈现蓬勃发展态势。依托 3G、智能终端、移动应用、物联网等移动互联网支撑基础的蓬勃发展，2013 年中国移动互联网市场规模为 1060 亿元，突破千亿元大关，同比增长 81%，[①] 移动购物和移动营销市场份额进一步提升，成为推动移动互联网蓬勃发展的重要原动力（见图 2）。伴随着市场参与方的积极探索，移动互联网业务及产品不断推陈出新，生态环境进一步优化。

在基础网络方面，2013 年随着 3G 网络普及率的不断提高，2G 用户加速向 3G 迁移。根据工信部的统计，2013 年，我国移动电话用户总数为 12.29 亿户，其中 2G 移动电话用户占比下降至 67.3%，减少了 5185 万户。3G 移动电话用户

[①]　资料来源于工业和信息化部电信研究院。本文未标注出处的数据均来自工业和信息化部电信研究院。

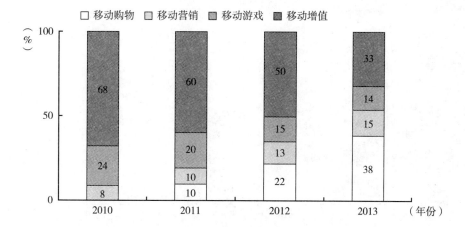

图 2　2010~2013 年中国移动互联网行业规模占比

资料来源：工业和信息化部电信研究院。

数突破 4 亿户，占比（渗透率）达到 32.7%，比 2012 年增长 11.8%。其中 TD-SCDMA 用户净增突破 1 亿户（1.03 亿户），在新增 3G 用户中占比为 61.2%，在移动电话总体用户中占比为 47.6%，分别比 2012 年提高了 26.1% 和 9.8%。①

中国移动互联网流量呈爆发式增长，从 2013 年第二季度开始，移动互联网接入流量连续 8 个月增长率超过 60%，全年接入流量达到 132138.1 万 GB，同比增长 71.3%，创 2009 年以来增速新高，比 2012 年提高 31.3%。平均每个用户每月移动互联网接入流量达到 139.4 MB（见图 3），同比增长约 42%，其中手机上网流量比重达 71.7%，第一上网移动终端的地位稳固，预计 2014 年我国移动互联网月户均流量将翻倍增长，超过 200 MB。运营商从每个用户那里得到的收入（ARPU 值）② 同比增长 47.1%，达到 20.4 元/月·户（见图 4）。

此外，我国在智能终端市场、移动芯片等移动互联网产业链相关领域也取得了长足进展。智能手机保有量在 5.8 亿部左右，并且逐步向三四线城市渗透。应用数量及下载量稳步增长，国产芯片技术不断完善，产能不断提高，在国际市场的占有率不断取得突破，2013 年突破 20%。移动互联网产业链相关方的协同发展将促进整个移动互联网生态环境的演进。

① 工信部：《2013 年通信运营业统计公报》，2014。

② ARPU：Average Revenue Per User，指运营商从每个用户那里得到的收入。

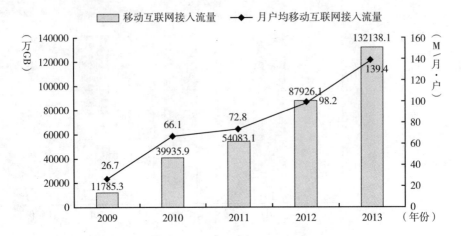

图3　2009~2013年移动互联网流量发展情况比较

资料来源：工业和信息化部电信研究院。

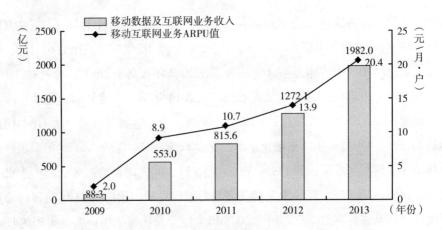

图4　2009~2013年移动互联网业务收入发展情况比较

资料来源：工业和信息化部电信研究院。

二　我国通信企业移动互联网基础设施发展状况

（一）3G网络发展状况

2013年我国3G网络建设持续推进。截至2013年底，中国移动、中国联通、中国电信累计3G用户数分别为1.92亿人、1.23亿人、1.03亿人。2013

年中国联通的网络建设依然以 3G 为主，快速扩大 3G 覆盖，完善城区深度覆盖，并加快宽带网络升级提速，网络能力不断增强。全年新增 3G 基站 7.6 万个，基站数量达到 40.7 万个，乡镇覆盖率提升至 96%。3G 网络多载波区域升级到 DC-HSPA＋，网络下行峰值速率提升至 42 Mbps，继续保持 3G 网络速率领先优势。同时，中国电信也在积极推进 3G 网络建设，网络覆盖不断完善，业务体验的连续性和稳定性进一步提高。2013 年，三大基础电信运营企业累计投入 3G 网络建设资金超过 600 亿元，占总投资的比重达到 22.9%。新建成 3G 基站 13.5 万个，总数达到 95.2 万个，占移动电话基站总数的比重由 2012 年同期的 37.6% 提升至 2013 年的 42.8%。

（二）4G 网络发展情况

2013 年 12 月 4 日，中国 4G 牌照如期发放，三大电信运营企业分别获得一张 TD-LTE 牌照，我国正式进入 4G 时代。4G 牌照的发放促进了运营商网络建设投资。根据预测，中国移动和中国电信将在 2014 年继续保持较高的投资额度，而中国联通也会有超过百亿元的投资额度，2014 年三大电信运营商累计 4G 建设投资将超过 900 亿元。2013 年，中国移动的 4G 投资额为 417 亿元，建设 LTE 基站总数超过 20 万个，覆盖了约 40% 的人口、60% 的用户。2014 年将继续保持规模相当的投资额，中国移动计划在全国 340 个城市开通 50 万个 4G 基站，相当于全球 4G 基站总数的 60% 以上。中国联通计划于 2014 年 3 月 18 日在 25 个城市推出 TD-LTE 服务，并期望 2014 年底城市数量增加至 300 个。中国电信将投入 50 亿元建设 4G 试验网，希望围绕 FDD-LTE 和 TD-LTE 两种制式混合组网，2013 年 5 月中国电信天翼 4G 试验网在南京开通，2014 年 2 月 14 日中国电信正式发布 4G 业务品牌"天翼 4G"，同时公布了首批天翼 4G 上网卡月付套餐、半年卡和年卡套餐，满足用户多种消费需求。

（三）WLAN 发展状况

由于移动互联网爆发式发展使运营商的蜂窝网络面临巨大的流量压力，因此运营商对 WLAN 建设有较为实际的需求。WLAN 具有高吞吐、低成本优势，因而可分流移动网络压力。在此需求的推动下，运营商纷纷加大 WLAN 公共热点部署力度。截至 2013 年上半年，中国移动 WLAN 接入点数量达到 410 万个，中国电信接入点数量也超过 100 万个。截至 2013 年底，我国 WLAN 接入点数量约为 600 万个。WLAN 与 3G 协同发展已经成为运营商重要的网络发展战略，网络利用率不断提高，有效地发挥了低成本流量承载的优势。

三 中国移动互联网产业链基础设施发展状况

（一）智能终端

我国智能终端市场发展态势良好，估计 2013 年全年我国智能手机出货量约为 3.6 亿部，同比增长 80% 以上，国产品牌正逐渐挤占国际品牌的市场份额。在全球智能手机市场中，2013 年国产智能手机的市场占有率达到 33.8%，而在 2010 年这一比例几乎为零，在国内市场，国产智能手机占有率已经超过了 70%。① 根据赛迪顾问的统计，在全球平板电脑市场中，2013 年国产平板电脑市场销量达到 1640 万台，同比增长 59%，其中联想平板电脑出货量占据全球市场份额的 5% 左右，在国内市场的份额为 9%，仅次于苹果和三星，居第三位。②

艾瑞咨询数据显示，2013 年中国智能机的保有量为 5.8 亿台（见图 5），同比增长 60.3%，智能机价格不断走低，"硬件免费"（指终端产品将以成本价销售）或将成为可能。智能机价格走低促使智能机不断向三四线城市渗透，功能机用户加速换机，而且伴随移动终端更新迭代加速和模式创新，这将进一步加速移动互联网生态环境的演进。

我国终端制造企业积极拓展海外市场，华为主打欧洲市场，海外年出货量超过 3000 万部；中兴在北美市场出货量超过 1000 万部，并且以独立品牌进入；联想海外市场出货量也超过 800 万部，并且在亚、非及俄罗斯等市场发展自有品牌。

---

① 赛迪智库移动智能终端产业形势分析课题组：《移动智能终端产业：市场扩大质量堪忧》，http://www.cinic.org.cn/site951/sdbd/2014 - 02 - 21/721495.shtml。
② 联想 2013 ~2014 财年第三季度财务报告显示，平板电脑出货量达到 340 万台，已经超过三星，同比增长 325%，市场份额同比增长 35%，稳居全球第二。

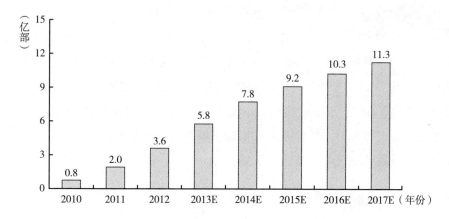

图5　2010～2017年中国智能机保有量

资料来源：艾瑞咨询。

可穿戴设备通过新型人机交互技术，极大地改善了手机操作体验，扩充了移动互联网的应用场景，通过添加传感模块，释放了医疗、社会管理等垂直领域借势移动互联网的发展诉求。可穿戴设备在2013年下半年进入产业试水期，国内外企业相继推出创新产品。传统的ICT（信息、通信和技术）巨头谷歌与三星相继研发了Google Glass与Galaxy Gear等创新产品。百度在2013年正式启动了首个可穿戴设备Baidu Eye的正式研发；小米也宣布将启动智能鞋的研发，根据产品构想穿上小米智能鞋，与小米手机连接在一起，不仅可以测算路线，而且可以测算出跑步时的心率等，这将延续小米一贯的高性价比特点。

此外，我国智能电视也通过复制Android智能机经验迅速扩张。截至2013年上半年，我国智能电视销量达到1042万台，成为仅次于日本、美国的第三大智能电视市场，预计2013年中国智能电视市场销量将达到1971万台。[①] 乐视推出了互联网电视"乐视盒子"，爱奇艺与TCL合作推出了"TV＋"。中怡康数据显示，乐视和小米智能电视在2013年的销量分别为30万台及1.8万台。

（二）移动操作系统及相关的应用商店

移动操作系统及相关的应用商店也是移动互联网产业链的基础之一。截至

---

① 另据奥维咨询的数据，中国彩电市场内销零售总量为4781万台，智能电视占比约为五成。

2013 年第三季度，在中国智能手机操作系统市场中，Android 依然占据主导地位，占比达到 76.7%；其次是 iOS，占比为 10.7%（见图 6）。国内部分智能手机厂商与互联网企业在智能手机操作系统方面也积极开展研发，但仍面临巨大挑战和压力。2014 年 1 月，据媒体报道，上海联彤与中科院软件研究所联合发布了名为 COS（China Operating System，中国操作系统）的新款移动操作系统。COS 对目前移动操作系统的市场格局不会产生实质性冲击和影响，但它是我国移动操作系统领域发生的重要事件。

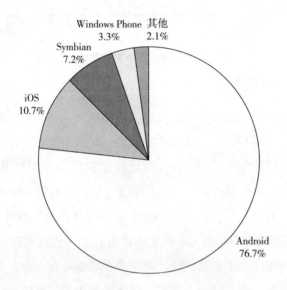

图 6　中国智能手机操作系统市场份额

资料来源：艾瑞咨询。

截至 2013 年，苹果、谷歌两大巨头应用总数超过 200 万个，原生态应用商店依然是国际移动互联网应用分发的主流。我国 Android 第三方应用商店蓬勃发展。2013 年第四季度，百度 91 应用平台的应用分发量占市场份额的 42.05%，360 手机助手以 29.06% 的市场份额位居第二，豌豆荚以 12.47% 位居第三，其他应用商店占比为 16.42%。① 这些第三方应用商店的应用数量初具规模，总应用数量超过 300 万个。百度整合了百度手机助手和 91 助手以后，

① 中国 IT 研究中心：《2014 年 1 月份应用商店市场监测报告》。

应用数量达到 72 万个，豌豆夹不重复应用数量也达到 53 万个。但是，商店间内容同质化问题已经显现，差异化成为未来竞争的关键。

（三）云计算领域获得长足发展

移动互联网成为云计算和大数据的基础网络，随着移动终端计算能力及内容和应用数据利用模式取得突破，云计算的发展空间更为广阔，当前全球云计算已经进入务实发展阶段，市场增长放缓，呈现平稳增长态势，预计未来几年以 IaaS（基础设施即服务）、PaaS（平台即服务）、SaaS（软件即服务）相结合的云计算服务市场复合年均增长率将会保持在 15% 以上。Gartner 研究数据显示，2013 年，全球广义云服务市场规模大约为 1317.7 亿美元，年增长率为 18.0%（见图 7），以 IaaS、PaaS、SaaS 为代表的典型云服务市场规模达到 333 亿美元，增长率达 29.7%，我国云服务市场规模约为 47.6 亿元，比 2012 年增长 36%，增速有所放缓。全球云计算区域市场分布将维持稳定，美国仍将占据 50% 以上的市场份额，中国等新兴经济体所占份额将呈上升趋势（见图 8）。

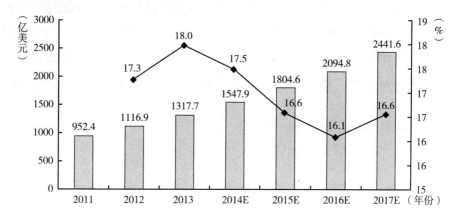

图7 全球广义云服务市场规模及其增长率

资料来源：Gartner。

我国在云计算基础设施发展和标准制定等方面取得了长足发展。2013 年 6 月，由中国电信主导，中兴通信、中国联通、工业和信息化部电信研究院等单位参与的首个云计算基础设施标准发布，这加速了中国云计算的实际落地。企业对云计算的认知和采用度逐步提高，意味着将来会有更多的业务向云计算迁

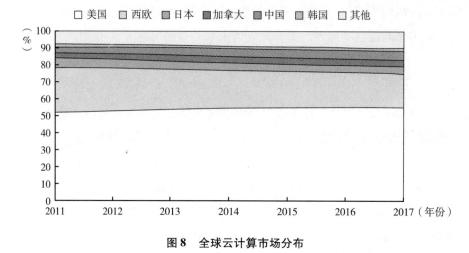

图 8　全球云计算市场分布

资料来源：Gartner。

移，云计算产业发展潜力凸显，移动云计算将成为移动互联网主流应用模式之一。中国移动积极布局云计算基础设施，中国联通正组建云计算公司，华为宣布旗下云计算业务正式投入商用，百度的南京云计算数据中心首度对外曝光，基于百度云的软硬件创新层出不穷，阿里云自主研发的云计算平台飞天和云OS 智能移动操作系统不断完善，阿里云成为中国第一大云计算公共服务平台，运行的 Web 服务器数量达到 1.8 万个，托管的域名数达 39 万个，其中活跃网站数为 15 万个。[①] 随着亚马逊公有云服务（AWS）于 2013 年 12 月在中国正式落地，阿里云也积极计划拓展海外市场。

四　中国移动互联网基础设施发展的趋势和愿景

（一）移动智能终端对 PC 的替代趋势加速

2013 年全球 PC 出货量大约为 3.15 亿台，较 2012 年减少 9.7%，而智能手机出货量超过 10 亿台，约 3 倍于 PC 的出货量。预计 2014 年平板电脑出货

---

① 《ICT：越品越浓的融合味道》，2014 年 1 月 3 日，http：//www.cctime.com/html/2014 - 1 - 3/201413109463911. htm。

量将超越 PC，成为一个新的看点。随着物联网和移动互联网的结合，泛智能终端将会拥有蓬勃的发展动力，成为终端领域新的发展方向。

我国移动终端制造业已经初具产业规模，未来产能优势将向品牌优势转移，"中国制造"的附加值将进一步提升。4G 牌照的发放将成为终端产业的发展良机，支持 TD-LTE 的新形态终端产品将逐步产业化，并带动 TD-LTE 产业链上下游发展成熟。另外，国际终端产业也会向中低端市场迈进，提高市场占有率，与国内终端企业之间的竞争将会更加激烈。

（二）核心技术、移动芯片呈现多层级创新趋势

我国在终端芯片领域不断取得突破，2014 年随着 TD 产业和移动互联网的发展，并伴随相关利好政策的出台，移动芯片产业将迎来历史性发展机遇。2011 年，我国移动芯片产业在全球的市场占有率仅为 1%，2012 年达到 10%，2013 年突破了 20%。在 4G 发展的推动下，中兴发力 LTE 终端芯片，推出了"国产芯"Wise Fone 7510，是首个国内厂家推出的 28nm 工艺的 LTE 多模商业芯片产品。华为 LTE 手机 D2 采用了华为自行研发的海思四核处理器和基带芯片，成为全球第一款支持下行 150 Mbps 的终端产品。此外，展讯、联芯科技等厂商都在积极研发自主 4G 芯片，希望改变过去中国的芯片产业长久受制于国外厂商的状况。然而，国际企业在芯片市场上的垄断地位短期内难以动摇，国内企业依然面临严峻的竞争形势。

（三）4G 进行大规模建设组网阶段，产业链逐渐完善

2013 年底，4G 牌照如期发放，2014 年 4G 将进入大规模建设及组网阶段，运营商及相关行业投资将迅速增长，产业链逐步完善。在网络和品牌建设方面，三大电信运营商纷纷发布涉及 4G 的商业品牌、终端类型和资费策略，预计 2014 年中国 TD-LTE 终端总销量将超过 1 亿部。[①] 中国移动面向 4G 推出新

---

① 《2014 年中国 TD-LTE 终端总销量将超 1 亿部》，2014 年 3 月 4 日，http：//www.cinic.org.cn/site951/schj/2014－03－04/723574.shtml。

的商业品牌"和",并加大基站建设投资,2013年中国移动4G投资规模为417亿元,[1] 预计2014年中期将有100个城市具备4G商用条件,2014年底超过340个城市的用户可享受中国移动的4G服务,4G基站数量将达到50万个。中国电信发布4G品牌"天翼4G",88个城市启动4G商用,在国家尚未发放FDD-LTE牌照之前只提供4G数据上网卡业务,以FDD-LTE制式为主的4G手机业务将适时开启,中国电信宣布2014年将投入457亿元巨资,用于建设TD-LTE网络。中国联通4G品牌也确定继续沿用"沃"品牌,启动4G建设招标,预计2014年4G建设投资将超过100亿元,推出150款4G终端。政府也在积极支持TD-LTE产业发展和推动其商用进程,将重点关注4G在终端和芯片产业化、语音业务解决方案、FDD-LTE/TD-LTE融合发展、频谱资源和国际漫游等方面。

(四)4G商用促进消费者业务体验的提升,需求差异化将得到极大满足

2014年,4G网络将进入大规模建设阶段,这将进一步促进消费者业务体验的提升,部分受限于带宽及资费瓶颈无法快速发展的应用将迎来新生。例如,LTE可缩短用户等待时间,提升用户体验,促进基于云存储及分享的业务发展。移动大数据类业务与LTE的结合更能体现出及时、随身的4G业务特点,用户的差异化需求将得到进一步满足。此外,远程医疗、远程办公、远程教育等业务也将借助智能手机以及快速的4G网络得到普及和发展。

---

[1] 《2014年三大运营商4G投资有望超900亿》,2014年2月18日,http://www.fineidc.com/1/ndetail_4260.html。

B.9
中国国产移动终端发展现状与分析

刘睿 杨希*

摘 要:

2013 年,在全球移动智能终端市场,三星、苹果出货量依然领先,但中国企业已进入 15 强,多家中国企业共同占有大约 15% 的市场份额。中国手机生产企业已经成为全球手机市场第二集团的主力。脱胎于智能终端产业的可穿戴设备产业,在 2013 年孕育成长,已构建起一条与智能终端基本类似的硬件产业链。可穿戴设备硬件成熟度的提升是智能终端元器件小型化、低功率化的体现。

关键词:

智能终端 市场格局 可穿戴设备

对中国移动终端产业来说,2013 年是稳中有变的一年,成熟稳定是产业发展的大格局:从规模角度看,经历了数年的超高速增长,终端产业逐渐触及规模的天花板,在全球移动终端用户数已经接近总人口规模的情况下,中国手机覆盖率超过 90%,高端市场的智能手机覆盖率超过 80%,[①] 人口成为终端产业规模发展的主要限制;从技术角度看,智能终端产品的硬件结构高度稳定,大部分元器件短期内无法取得革命性的技术突破,主要依靠工艺进步

---

* 刘睿,工业和信息化部电信研究院通信信息研究所副所长;杨希,工业和信息化部电信研究院通信信息研究所行业发展研究部工程师,主要从事移动终端、移动互联网、可穿戴设备、终端政策等方面的研究。

① 资料来源于工业和信息化部电信研究院。文中未注明出处的数据均来自工业和信息化部电信研究院。

提升性能，终端元器件正式进入 PC 化的性能迭代发展阶段，小型化成为未来发展的关键；从格局角度看，终端上游产业链高度整合，各元器件市场大多形成寡头垄断格局，终端操作系统竞争基本尘埃落定，可穿戴设备操作系统竞争初见端倪，终端品牌格局基本延续，新兴市场本土品牌高速崛起。

一　全球移动终端市场发展状况

（一）全球手机出货量持续提升，市场触底反弹

2013 年全球手机出货量达到 18 亿部，手机出货量 2013 年前三季度同比增长率呈现 1%、4%、6% 的阶梯式提升,[①] 市场表现较 2012 年有所好转，呈现整体稳定状态下的小幅提升（见图 1）。这一方面是由于欧美发达市场出货量水平趋稳，另一方面是由于亚太区手机需求复苏。

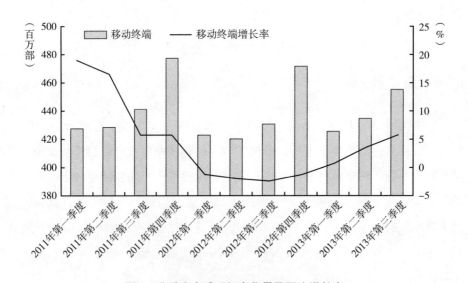

图 1　分季度全球手机出货量及同比增长率

资料来源：Gartner。

---

① 资料来源于 Gartner.

（二）全球智能手机增长率稳定，占比份额逐步提高

2013 年，全球智能手机的销量达到 9.68 亿部，较 2012 年大涨 42.3%，同时也在销量上首次超过功能手机，拿下 53.6% 的手机市场份额，[①] 在较大的基数水平上，维持着较快的增长速度，随着智能手机占比逐步提高，同比增长率将逐步降低（见图 2）。

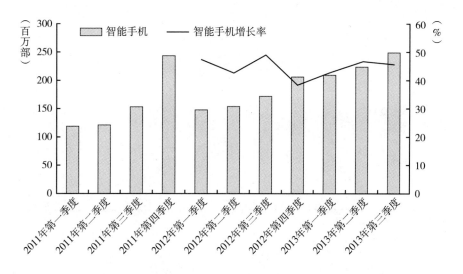

图 2　分季度全球智能手机出货量及同比增长率

资料来源：Gartner。

（三）市场格局稳中有变，中国企业进入全球 15 强

在市场格局方面，三星、诺基亚、苹果的移动终端出货量规模依然领先于全球。三星 2013 年全球市场份额小幅提升，占据全球超过 1/4 的手机市场份额；诺基亚下滑趋势有所放缓，通过其在功能机市场的固有优势，维持 14% 左右的市场份额；苹果出货量继续呈现季度性变化，这主要由于其新机型的发

---

① 资料来源于 Gartner。另据市场研究公司 IDC 发布的全球智能手机市场研究报告，2013 年全球智能手机出货量首次突破 10 亿部，达到 10.04 亿部，较 2012 年同期增长 38.4%，同时，智能手机在全球手机总出货量（18 亿部）中所占的份额达到 55.8%。

布一般为每年的第三季度，其第四季度和第一季度的出货量水平较高，整体维持在8%左右（见表1）。

表1 分季度全球手机市场份额

单位：%

品 牌	2012年第一季度	2012年第二季度	2012年第三季度	2012年第四季度	2013年第一季度	2013年第二季度	2013年第三季度
三 星	21	22	23	23	24	25	26
诺基亚	20	20	19	18	15	14	14
苹 果	8	7	6	9	9	7	7
LG	4	3	3	3	4	4	4
中 兴	4	4	4	3	3	4	3
华 为	3	3	3	3	3	3	3
联 想	1	2	2	2	2	3	3
TCL	2	2	2	2	2	2	3
索 尼	2	2	2	2	2	2	2
宇 龙	1	1	1	0	2	2	2
其 他	36	35	36	33	35	35	34

资料来源：Gartner。

全球手机市场的碎片化依然严重，除上述三大品牌外，超过一半的市场由其他品牌瓜分，其中没有一家手机品牌的市场份额超过5%。中国手机企业占据了第二集团的主流，除了韩国厂商LG凭借与谷歌的深入合作，以及在日韩市场上的领先地位，以4%的全球市场份额稳居第二集团龙头位置外，中兴、华为、联想、TCL、宇龙依托在中国本土市场的表现和出口的提升，共同占据了全球15%的市场份额。总体上看，虽然国产品牌提升速度较快，但是单个企业在全球市场的份额依然有待提高。

在智能手机市场份额方面，依然是苹果和三星双寡头垄断的局面，两者共占据了44%的市场份额。智能手机市场也呈现碎片化的特点，除苹果和三星外，其余全部企业的市场份额均低于5%。国产品牌联想、中兴、华为以及韩国品牌LG的市场份额均在4%~5%，构筑了智能手机市场的第二集团（见表2）。

表2　分季度全球智能手机市场份额

单位：%

品　牌	2012年第一季度	2012年第二季度	2012年第三季度	2013年第一季度	2013年第二季度	2013年第三季度
三星	28	30	32	31	32	32
苹果	23	19	14	18	14	12
联想	—	3	4	—	5	5
LG	3	4	4	5	5	5
华为	4	0	5	4	0	5
中兴	3	4	—	4	4	—
其他	40	41	41	38	40	41

资料来源：Gartner.

二　中国移动终端市场发展现状

（一）中国移动终端市场保持增长趋势，增速有所放缓

2013年，国内市场包括出口在内的手机出货量为5.7亿部，同比增长23.1%，低于2013年上半年44.7%的增速。而销售数据显示，国内终端销量达到3.7亿部，环比增长也出现下滑趋势。增速放缓，一方面是由于在销售环节，智能终端对功能机的替代已经接近尾声，高性价比智能终端产能尚未全面铺开；另一方面是由于2013年上半年市场对终端市场产生了过高激励，积累了一定库存，下半年在生产上进行了调整配置。

而在移动智能终端（包括智能手机和平板电脑）领域，2013年1~11月，智能终端出货量达3.47亿部，同比增长76.8%，占有率升至72.7%。无论从增速还是从占有率看，智能终端已成为增长主力与市场主体。

（二）产业链整合能力成为市场格局变化的决定性因素

相对于2011~2012年中国终端市场竞争格局的深刻变动，目前移动终端市场格局已逐步明朗，互联网企业的高速崛起并没有对终端市场的整体市场格局产生大的影响。2013年终端市场格局的变化基本是2012年市场变化趋势的

延续。同时，在智能终端全面替代功能机的大背景下，产业链整合能力成为市场格局变化的重要决定性因素，产业链整合能力强的企业进一步拉开了与其他企业在规模、收入、利润方面的差距，获取了更高的市场份额。

从终端产业链的角度分析，终端价值链的上下游——芯片和操作系统企业能力的不断提升推动着智能终端的发展，同时整机品牌的利润空间被不断压缩，这使整机制造领域的竞争更加白热化，价值链微笑曲线弧度的加深使产业链整合能力成为企业的核心能力。更好地掌握产业链、形成完善的供应链能力的企业往往拥有更强的赢利能力和更高的产品价值。

根据各方面能力的不同，当前中国移动终端市场中的企业大致可分为五类。一是三星、苹果两家技术研发能力和产业链整合能力都较强的国际领先企业；二是以华为、中兴、联想为代表的本土传统企业；三是以诺基亚、摩托罗拉、黑莓为代表的欧美传统终端企业；四是以 LG、索尼为代表的日韩企业和以 HTC 为代表的中国台湾企业；五是以魅族、小米为代表的本土新兴互联网企业。、

（三）三星和苹果依然占据国内高端市场的主流份额

2013 年的数据显示，三星和苹果在 3000 元以上的智能终端中占据了超过 95% 的市场份额。索尼、HTC、诺基亚等境外厂商紧随其后，各占据 1% ~ 5% 的市场空间，华为作为第五名仅占不到 1% 的市场份额。

三星和苹果凭借在智能终端市场的领先，牢牢居于终端产业的第一集团，两家企业市场份额在 2013 年仍在进一步提升，同时更赚取了行业中的大部分利润，根据 Strategy Analytics[①] 的统计，两家企业占据了全球终端市场 90% 以上的利润。究其原因，不仅其产品本身具有高价值特性，而且其高度发达的全球产业链管理体系为其产品成本的控制提供了基础。苹果在应用内容生态上的核心优势推高了其产品价值，三星凭借其在电子产业的广泛布局，在质量、成本、时间上保证了其终端产品的出货量，利润水平进一步提升。

诺基亚、摩托罗拉、黑莓等欧美传统终端企业在中国国内终端市场依然具有一定的出货量，形成了终端产业的第三集团，但是在技术和成本两方面都缺

---

① Strategy Analytics，全球著名信息技术、通信行业和消费科技市场研究机构。

乏核心竞争力，市场份额进一步下降。该类企业普遍存在全球终端价值链中的定位尴尬、智能终端产业链整合能力薄弱、研发能力与市场需求脱节等问题。从短期来看，其发展路径主要有两个方向：第一是加深与应用市场即产业链下游的整合，提升产品体验，并从高价值领域获得输血，使企业获得延续，如诺基亚与微软的合作等；第二是力争满足市场的差异化需求，发挥企业传统优势，在细分市场获得收入，如诺基亚 2013 年推出 Asha 品牌并在低端市场布局，摩托罗拉布局长待机智能手机市场。

日本、韩国和中国台湾终端企业近几年曾经取得过较快的增长，但随着三星和中国大陆企业的崛起，定位相似的其他日韩企业和中国台湾企业的市场规模被压缩，虽然索尼、HTC、LG 在产品设计方面都具备较强能力，但是供应链环节的劣势使其成为"三星崛起"的首要受影响厂商。其中，LG 虽然凭借其在终端屏幕和其他元器件领域的布局，依然停留在全球前 5 的行列，但在我国的市场份额有限。相对而言，HTC 终端受供应链布局不足的影响更甚，设计良好且具有较好用户体验的终端，由于元器件和整机制造能力不足而难以及时出货，其份额进一步下滑。

（四）中华酷联等本土企业牢牢占据中低端市场

中华酷联等中国本土企业凭借中国高速发展的终端市场，形成了占据国内市场大头的第二集团。2013 年的数据显示，华为占据了 700～1000 元价格段产品近 40% 的市场份额，联想、酷派、中兴、海信各自占据 5%～10% 的市场份额，三星在该价格区间仅次于华为，市场份额超过了 15%。中华酷联在国内市场占据主导地位的原因，首先是运营商定制机在我国终端市场占据了越来越重要的地位，本土企业凭借与运营企业的良好关系，对其需求进行了快速反应，相对于国际厂商更快更好地满足了运营企业的要求，通过运营商在中低端手机上的补贴倾斜，进一步压低手机售价，占据市场；其次是我国靠近硬件生产环节的中心位置，地理区位带来了时间成本、物料成本以及人力成本等多方面的竞争优势，也拉近了设计环节和实际生产环节的距离，使中国企业可以及时出货，凭借低价格、高性能的终端冲击市场，并通过低端终端规模化的出货实现收入增长，在国内终端产业中获得主动地位；与此同时，终端软硬件设计

能力门槛的下降，也使本土传统终端企业在产品价值方面获得了一定的发展。未来包括中兴、华为、联想等在内的本土终端企业将通过并购、自研等方式，进一步整合供应链优势，发挥技术研发能力，巩固国内市场集团领先地位。

（五）互联网终端企业崛起并未根本改变中国终端市场格局

采用互联网运营模式的新兴企业，如小米和魅族等，在 2012 年和 2013 年均取得了突飞猛进的发展，但是在整体市场规模上依然不够凸显。虽然小米 2013 年底在 1000～2000 元价格段的市场份额已经仅次于三星，居第二位，但在整体出货量规模上，小米和魅族加起来仍只占国内终端市场的不足 1%，而在销售数据上，也并没有排入国内 3G 手机销售前十。一方面，这是由于国内终端市场上低于 1000 元的终端产品占据了 60% 的市场份额，互联网企业的主流产品集中在 1000～2000 元的价格段，且面临上述传统终端豪强各类产品的激烈竞争；另一方面，也是由于互联网企业受制于供应链能力，出货量受限，需求并没有得到充分释放。但必须看到互联网企业在利润水平、资金链健康程度、服务整合能力方面较传统终端企业具有较大优势，基本达到国际领先水平，可以说，采用互联网运营模式的企业代表着中国终端企业在业务服务领域发展的最高水平，具有行业标杆地位，它们将在未来一段时间内引领中国终端企业与服务结合的方向。

三 中国移动终端产业发展特征分析

（一）移动终端产业发展阶段领先，提升潜力大，但核心能力弱

移动终端产业发展阶段领先主要体现在我国智能终端出货占比全球领先。2013 年第三季度，我国智能终端在整体终端出货量中的占比达到了 70%，而全球这一比例刚刚突破 50%；而且目前国内本土企业占据了 72% 以上的市场份额，出货量排前七名的企业中有 5 个是国产手机企业。提升潜力大则体现在我国智能手机渗透率依然处于较低水平，2013 年第三季度国内智能手机渗透率达到 36.6%，依然具备非常大的发展潜力。核心能力弱体现在国产移动终端的核心零部件依然高度依赖进口，国内企业在全球手机半导体产业中所占的

市场份额较低，也高度依赖国外产品。在华为的核心部件提供商中，除海思外，国产厂商仅有展讯一家，且份额低于10%。

（二）移动终端软硬件结构和元器件技术高度稳定

从终端硬件的成熟度来看，无论是智能机还是功能机，其硬件架构已经高度稳定。无论是基础架构还是元器件技术，短时间内都没有突飞猛进的革命性突破的可能性。功能机的参考方案成熟，研发难度已降至最低。而智能终端也已经形成了由应用处理器负责各类输入输出，并由调制解调器（Modem）和射频负责无线收发的基础嵌入式架构。随着联发科和高通的发力，基于成熟处理器的智能终端的参考设计也在高速普及，硬件研发门槛快速降低。

从产品迭代角度看，智能终端的硬件发展也已经进入了硬件参数迭代的阶段。应用处理器在架构和主频方面的升级速率均和PC相似。屏幕分辨率升级数据已经超越一般PC。摄像头能力也从300万像素提升到1300万像素。终端本身的PC化，也使其零部件和PC并无本质区别，两者的供应链有一定重叠。

在电池领域，前四家企业占据了73%的市场份额。在摄像头领域，前四家企业占据了49%的市场份额（见图3）。而在基带芯片市场，高通、联发科、英特尔、博通等企业占据了近90%的市场份额。应用处理器和内存市场的格局基本类似。

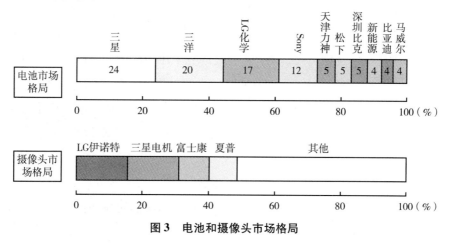

图3　电池和摄像头市场格局

资料来源：工业和信息化部电信研究院。

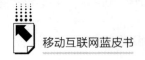

从元器件角度看，各类芯片厂商基本消化了半导体技术 10 年来提出的各类革新性基础，其各项关键指标短时间内难有质变。而受制于材料科学和生物科学的研究瓶颈，电池和交互技术短时间内也很难有所突破。因此，智能终端的各类部件均形成了成熟的上游供应链，并且有明确的产品迭代生产计划。终端硬件构成和零部件格局已经基本形成稳定结构。

在操作系统方面，2013 年操作系统竞争基本尘埃落定。2013 年第一季度 iOS 的全球市场份额有所下滑，跌至 17.3%。Android 进一步提升规模上的统治地位，横扫全球 75% 的智能手机市场和半数以上的平板电脑市场。Windows Mobile、Blackberry OS 等系统的市场占有率依然在个位数徘徊。Bada、Symbian 等系统份额进一步走低，即将退出市场，而 Firefox OS 和 Tizen 等新兴系统并未正式进入市场。因此，2012～2013 年操作系统市场集中度迎来了历史高点，达到了 59%。在国内市场，在包括出口数据的情况下，2013 年前三季度，谷歌 Android 系统手机占同期智能机出货量的 93.8%，苹果 iOS 系统手机占智能机出货量的 5.0%，其他操作系统如 Windows Phone 等，累计出货量之和仅为同期智能机出货量的 1.2%。

（三）移动终端产业呈现差异化、敏捷化、碎片化特点

在成熟稳定大背景下，我们总结了目前中国移动终端产业的一些具体发展特征，分别为差异化、敏捷化和碎片化。

1. 差异化：终端同质化驱动下的必然选择

终端硬件的高度同质化，使领先企业的竞争压力倍增，为追求更高的产品利润，企业必须谋求不同卖点来满足用户需求，引领市场。这种创新一方面是营销方面的努力，另一方面是基于成熟架构的微创新。企业在追求差异化的过程中，要平衡价格、性能和设计三要素，据此形成了各有侧重的发展路线（见表 3）。

2. 敏捷化：差异化催生的敏捷开发模式

差异化有试错的可能，为了避免损失、适应需求的快速变化，终端产品需要敏捷开发。表现为失败产品生存周期变短，成功产品以版本迭代的形式延长生命周期。敏捷化推动了零库存、短渠道企业的成功。三星、华为等传统终端

企业都具有几十款上市产品，而在 2013 年大放异彩的小米则仅有 4 款主打产品，这类基于精准定位的产品结构，一方面实现了差异化，另一方面降低了产品化的难度，提升了敏捷性。

表3　移动终端企业产业化发展路线

发展路线	内涵
形态差异化	终端企业通过推出智能手表、智能眼镜等方式，希望以改变形态来重新定义终端
器件差异化	通过宣传所采用的优质元器件型号，谋求和其他终端厂商同类产品的差异化
技术差异化	将芯片、电池等元器件中最新技术更快地进行产品化，通过时间差谋求技术差异化
设计差异化	通过在材料、界面、交互等方面的设计，与其他厂商的终端相区别，谋求差异化
服务差异化	通过内置服务和通用应用的区别，谋求服务差异化，如美颜手机
价格差异化	在同等性能的条件下，大幅度降低产品价格，谋求价格差异化

3. 碎片化：差异化扩展了终端的外延

同样，差异化扩展了移动终端的内涵和外延，在传统手机形态高度稳定的同时，催生出一批具有类似功能、不同形态的终端产品，如智能手表、智能眼镜、运动手环等，这些产品形态和技术各不相同，具有碎片化特点，开发、管理、安全、整合难度更高，需要通过统一的服务进行整合。可穿戴设备在2013 年的高速发展就是碎片化的典型表现，给开发人员、互联网企业、移动运营商、设备制造商带来了难题，也带来了机遇。为保持差异化追求更高的产品利润，终端企业一方面布局应用和服务，另一方面寄希望于人机交互领域的革新重新定义终端。可穿戴设备在这样的产业大环境中应运而生，承载着终端产业对未来发展的期望。

（四）终端产业新特点驱动供应链管理成为企业竞争关键点

当前，智能终端的产品形态基本构建完成，操作系统竞争局面也基本稳定，由于智能终端产品涉及的元器件较多，产品类型较为丰富，对产业链和供应链管理的要求也就更高，智能终端硬件发展的主要驱动力量也从产品形态和特征的改变，逐渐发展到硬件性能的直接比拼，逐渐接近于 PC 行业的竞争方式。差异化、敏捷化、碎片化都要求终端企业具有更强的供应链管理能力。首先，在高端产品上，若缺乏全产业链整合能力，终端企业很难与苹果、三星在成本和性能的

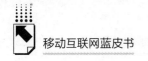

平衡上竞争。其次，上游芯片、面板厂商集中，以及高端产品的产能扩张，势必影响中低端产品的出货。供应链的竞争已经蔓延到产业的各个方面。

例如，2012年iPhone 5量产就曾经使芯片厂商出现产能不足。受到iPhone 5量产的影响，高通和联发科都出现芯片供应短缺现象，由于四核CPU供货紧张，终端企业的旗舰机型迟迟难以推出。

HTC的下滑也体现出供应链对终端企业的重要性。2013年HTC ONE推出后就面临众多供应链问题。金属一次成型机身和摄像头问题成为拖累HTC ONE上市进程的罪魁祸首。

金属一次成型机身能够给用户更好的质感，但是其成品率较低，且成本一直居高不下，为了及时向中国内地市场和日本市场发货，HTC在这两个市场采取了折中的方法，即将金属机身切割成两块，使其可以拆分后盖。但是金属一次成型机身已经进行了广泛宣传，相关妥协不仅浪费了营销资源，而且可能流失用户。

另外，HTC高度依赖供应商供货，屏幕、处理器、摄像头、供应链上哪一个环节出问题，都将影响HTC的市场销量，而随着HTC出货量的降低，以前可以采用的批量订货、优先合同等保障工具都将失效，这个问题的后果将更加严重。

HTC之前一直是三星的合作伙伴，采用其有源矩阵有机发光二极体面板（AMOLED）屏幕，但是当HTC和三星出现竞争关系时，三星突然宣布停止其AMOLED屏幕的对外出货，使HTC极为被动，只能采用当时并不成熟的拼接专用液晶屏（SLCD）。

而HTC ONE在欧洲上市时，就因为麦克风一个小小的元器件而差点被禁售。诺基亚指出，意法半导体公司（STMicroelectronics）向HTC提供的双震膜麦克风是诺基亚发明且只能为诺基亚生产，意法半导体公司违反了开发者保密条款，而HTC采用该款麦克风的终端应当被禁售。

与之相比，三星Galaxy S4的拆解结果显示，其整机63%（处理器、显示屏、内存卡）是由三星自己的零部件生产部门制造的，在236美元的总成本中占149美元，三星这样良好的供应链管理是其成为全球最大智能终端企业的基础。三星的产品并不一定是所有新款手机中最好的，却是能购买到的产品里最好的。

当终端企业缺乏供应链管理能力时，只能通过提升产品设计能力进行补足，而这又加深了产品量产的难度，更容易导致缺货，形成恶性循环。与HTC类似，索尼的 Xperia 系列手机在设计上一直在突破，每一款都堪称设计典范，但索尼手机销量不佳是事实。与之对应，华为的终端一直以设计保守被人诟病，但是广泛的产业链布局和良好的供应链管理使华为可以很好地控制终端成本，及时向市场推出产品，因此获得了较好的市场发展。

归根结底，智能终端已经不再是通过创新设计吸引人们眼球的时代了，供应链管理保证的敏捷性已经成为终端企业最为重要的核心能力之一。

四　可穿戴设备承载移动终端市场期望

（一）可穿戴设备产业链软硬件成熟度各异

可穿戴设备产业脱胎于智能终端产业，大部分元器件是终端同类产品的小型化，设计和代工模式也基本延续终端同类产品的。经过 2013 年一整年的孕育，可穿戴设备产品在形态不断突破的同时，构建出了一条与智能终端基本类似的硬件产业链，上游元器件、操作系统、开发参考平台等方面都出现了较为成熟的产品，可以说可穿戴设备硬件成熟度的提升是智能终端元器件小型化、低功率化的过程。

相对于智能终端，大部分可穿戴设备局限于医疗、健康、安全等有限的应用领域，属于专有设备，服务依存度更高。可穿戴设备使应用可以突破触屏交互的限制，更贴近人体和现实，可以将可穿戴设备视为移动应用的一系列 API 接口，将其从虚拟的互联网一直蔓延到了真实世界。这种硬件服务化的趋势，提升了应用开发者在整体产业链中的话语权，使可穿戴设备产业延续了移动互联网应用百花齐放的格局，尚未形成智能终端领域寡头垄断的局面。同时必须看到，可穿戴产业依然处于服务和应用的探索阶段，虽然现有设备已经大大拓展了终端的外延，方便了用户的工作和生活，但是依然缺乏具有规模效应的赢利模式，众多新创企业停留在试错阶段，其主要获利方式是从资本市场获得投资，而不是通过自有服务获得实际市场收入。

由此可以看出，可穿戴设备的上游硬件环节是智能终端硬件产业链的延续，成熟度提升较快，也有明晰的发展路径。而在应用和服务平台方面，可穿戴设备产业仍处在寻找杀手级应用的阶段，没有形成有效的赢利模式，尚处于孵化阶段。

（二）国内可穿戴设备发展现状

从目前可穿戴设备已有产品形态来看，健康和医疗管理类产品成为发展重点。根据 Juniper[①] 的预测，该类产品在 2017 年将占据可穿戴设备 80% 以上的市场。医疗产品的功能大多集中在心率和血糖监控领域，健康产品的功能主要集中在运动状态和地理位置监控领域，由此功能相对单一的手环、手表类产品成为主流，针对该类产品的 MCU[②] 平台适用度更高。功能上的简单化使功耗和小型化成为该类产品的首要设计要素，也是目前评估可穿戴设备硬件成熟度的关键点。

目前，国内可穿戴设备产品大多是新创企业推出的国外产品功能的复制产品，功能集中在医疗管理、位置监控、锻炼健康等领域，大多是基于 MCU 平台的一般性产品，其主要难点在于功能的实现，而不是服务的创新。包括小米等新兴企业在内的传统终端企业并没有大规模进入该市场，大多推出一些试水产品。可以预计，2014 年随着三星、苹果、谷歌等全球领先企业进一步在该领域发力，上游元器件企业在可穿戴设备专用无线访问接入点（AP）、微控制单元（MCU）参考平台等设计辅助领域将进一步完善，可穿戴设备的设计研发门槛将进一步降低。国内终端企业有可能大规模进入该领域。

五　我国移动终端产业发展建议

2013 年是我国移动终端市场获得丰收的一年，我国移动终端产业成为除三星和苹果外全球移动终端产业最重要的力量。但这种丰收建立在碎片化的

---

① Juniper，瞻博网络，全球领先的联网和安全性解决方案供应商，致力于实现网络商务模式的转型。

② MCU（micro control unit），微控制单元，又称单片微型计算机（single chip microcomputer）或者单片机。

中低端移动终端市场上，更多的是移动终端产业成熟技术扩散的结果，我国移动终端产业核心环节的关键问题依然没有解决，这可以从以下几个方面来改进。

（一）硬件创新与本土化的应用和服务创新相结合

美国移动应用占据全球用户70%的使用时间，但是在中国市场，美国开发的移动应用仅占用户使用时间的16%，而我国本土应用占用户使用时间的64%。移动应用方面的强势，使我国移动终端产业的硬件创新可以更好地和本土化的应用与服务创新相结合。随着未来软硬件结合能力的提高，我国本土移动终端企业的综合实力也将得到提升。

（二）聚焦企业能力构建

对国内传统终端企业而言，其向高端市场的努力面临三星、苹果在产业链整合能力和设计能力上的双重挤压；低端市场又面临着新兴硬件创新模式带来的互联网化的替代性革命。国内传统移动终端企业在芯片、系统、设计、服务上的劣势进一步凸显，只能依靠在价格上寻求差异来维持企业的规模效应。该类企业的发展路径应当聚焦于能力构建。应首先通过并购、自研等方式加强对上游元器件产业链的把控，形成供应链优势，依托规模效应获得发展，形成价格差异化。同时，通过引进人才、外包等方式提高产品的设计水平，提升UI的交互水平，通过满足用户需求，形成建立在粉丝经济基础上的品牌效应，形成设计差异化。最后，应通过并购、合作的方式，加强与互联网服务的结合，一方面提升产品体验水平，满足用户需求；另一方面寻求硬件销售以外的赢利模式，降低售价，建立基于服务的品牌效应，形成价格差异化、服务差异化、设计差异化的结合。

（三）重视国内新兴互联网终端企业的培育发展

国内新兴互联网终端企业是国内发展最迅速，技术能力提升最快，软硬件结合能力、开发能力、服务导入能力都较强的企业，是引领中国终端企业未来发展的核心力量之一。该类企业面临的最大挑战是如何在硬件创新的浪潮中规避风险、获得收益。其发展路径聚焦于模式建立。国内新兴互联网终端企业可以仿照谷歌发展路径，直接并购吸收领先新创企业的技术以完善自身能力，关键要素是规避并购门槛和风险；或者进行平台化尝试，建立或参与软硬件开源开发平台，通过风投模式培育潜在收购对象，带活产业，规避风险，关键要素是形成健全的新创企业培育机制。对该类企业发展最关键的是如何与传统行业企业合作，快速构建产品，通过将传统产品互联网化，快速获得收益，占据市场，关键要素是形成与传统企业的对接平台和模式。

（四）加强产业总体布局

目前，全球移动终端产业已经出现了从高度成熟阶段向下一个变革阶段发展的前兆。伴随着移动终端产业的差异化、敏捷化、碎片化，终端本身向实时性、全时性、可靠性方向发展。移动终端产业的未来发展，包含在 ICT 产业整体的硬件创新当中，关键在于与传统产业的结合，重新定义成熟市场的同质化产品。在这一次浪潮中，中国移动终端产业再次面临技术掉队和企业被淘汰的风险。

为了适应移动终端产业的整体变化，延续移动终端产业的良性发展，移动终端产业的提升首先需要从芯片到应用构建一系列具有一定开放度的开发平台，鼓励多元化的创新，从中孕育出下一代革命性的产品和技术。其次是要从边缘到核心，从低价到高端，继续夯实对基础核心技术的掌控，提升产品设计能力，推高品牌溢价。还需要完善国内产业扶持体系，引入国外领先的投融资模式，发挥市场力量，扶持关键性、基础性、平台型的新创企业和产品。移动终端产业的整体发展目标应当是拉近中外企业在融资环境、人才支撑、产权保护等 ICT 创新关键领域的距离。

2013 年中国移动互联网
应用安全分析报告

杜跃进　李　挺*

摘　要：

2013 年，我国移动应用总数持续增加，应用下载量继续保持高速增长。移动应用的安全问题直接影响我国移动互联网的安全水平。本文以安卓（Android）移动应用为主要对象，通过对国内 20 余家 Android 应用商店的应用检测数据进行分析，发现许多移动应用存在恶意行为、可疑行为等安全问题，并从应用商店管理和用户使用两方面给出建议。

关键词：

移动互联网　移动应用　安全检测　应用商店

移动应用（mobile application，简称 App）是移动互联网的主要组成部分，移动应用的安全状况直接影响我国移动互联网的安全水平。移动应用中存在一类具有恶意行为的应用，被称为恶意应用。与传统互联网的应用获取渠道不同，移动互联网用户主要通过移动应用商店下载和安装应用程序。在这种情况下，攻击者可以将恶意程序伪装成常用应用，放置到应用商店，待不知情用户下载安装后，这些恶意

* 杜跃进，博士，教授，国家网络信息安全技术研究所所长，目前主要研究方向为大规模网络安全实验测试与应急演练平台及其关键技术、国家基础网络安全风险分析与管理、移动智能终端安全检测、高级有目标安全威胁应对、网络安全事件与代码深度分析、大规模网络安全数据深度分析与态势感知、新型网络安全威胁等；李挺，博士，工程师，国家网络信息安全技术研究所研究人员，主要从事移动互联网安全研究，包括移动应用安全检测、智能终端安全测评等，负责《中国移动互联网应用安全检测与分析报告》的编撰。

应用即可执行隐私窃取、资费消耗、后台安装等恶意行为。可见，应用商店是攻击者实施入侵的一个重要平台，很有必要对我国应用商店的应用安全情况进行分析。

本文依托国家网络信息安全技术研究所（National Institute of Information and Network Security，NINIS）的技术平台、专业人员和数据资源，对活跃在我国的大多数应用商店的应用安全情况进行检测分析，通过客观数据反映 2013 年我国移动互联网应用安全情况。本文的大部分数据来自 NINIS 移动应用获取与检测平台，少量数据来自其他报告，凡是来自其他报告的数据，均在文中给出了具体引用信息。

一 移动应用基本情况

（一）应用商店应用数量情况

根据相关报道，截至 2013 年 12 月 30 日，苹果 App Store、谷歌 Google Play、微软 Market Place 和诺基亚 Ovi 这四家官方应用商店的应用总数分别为 100.0 万个①、113.0 万个②、20.0 万个③和 11.6 万个④（见图 1）。其中，苹果 App Store 和谷歌 Google Play 的应用总数遥遥领先，占据移动应用的绝大多数份额。

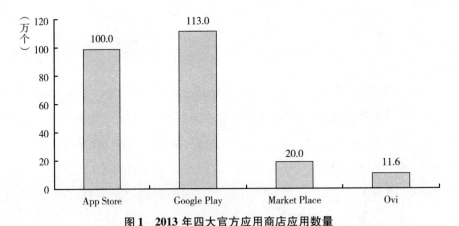

图 1　2013 年四大官方应用商店应用数量

①　*App Store（iOS）*，2014 年 2 月 24 日，http：//en. wikipedia. org/wiki/AppStore_（iOS）。

②　*Development Over Time*，2014 年 2 月 24 日，http：//www. appbrain. com/stats/number-of-android-apps。

③　*Windows Phone Store*，2014 年 2 月 24 日，http：//en. wikipedia. org/wiki/Windows_ Phone_ Store。

④　*Ovi Store*，2014 年 2 月 24 日，http：//soft. zol. com. cn/266/2664748. html。

相比之下，第三方应用商店的应用总数更多。根据 NINIS 移动应用获取平台数据，截至 2013 年 12 月 30 日，11 家第三方苹果 iOS 应用商店的应用总数为 1177552 个。各应用商店的应用数量如图 2 所示。其中，同步推的应用数量最多，占总数的 42.3%。

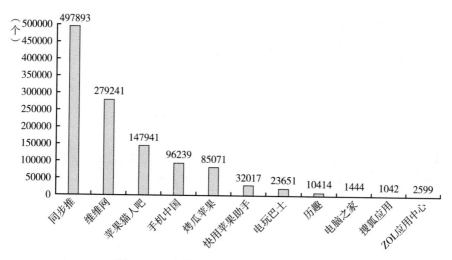

图 2   2013 年第三方 iOS 应用商店应用数量

根据 NINIS 移动应用获取平台数据，截至 2013 年 12 月 30 日，我国 27 家第三方安卓（Android）应用商店的应用数量总计超过 347 万个。Android 应用商店的应用总数分布如图 3 所示。

（二）移动应用商店应用下载情况

苹果 App Store 和谷歌 Google Play 这两家官方商店应用的总下载量分别突破了 600 亿次[①]和 750 亿次[②]。而对于第三方应用商店，本文对上述 27 家第三方 Android 应用商店的应用下载量进行统计，除了部分应用商店未公开或已停止公开应用下载量，[③] 剩余 18 家应用商店的应用总下载量超过 2300 亿次，远

[①] *App Store*（*iOS*），2014 年 2 月 24 日，http://en. wikipedia. org/wiki/AppStore_ （iOS）。

[②] *Development Over Time*，2014 年 2 月 24 日，http://www. appbrain. com/stats/number-of-android-apps。

[③] 应用的下载量由各应用商店统计，某些应用商店不对外公开应用的下载量，因此本文无法获取对应的应用下载量数据。

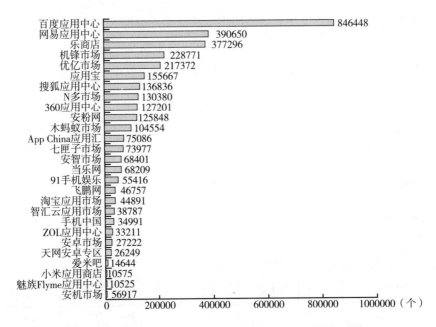

图3　2013年第三方Android应用商店应用数量分布

远超过官方应用商店的下载量（见图4）。可见，在我国，Android用户更多地访问第三方应用商店获取应用。

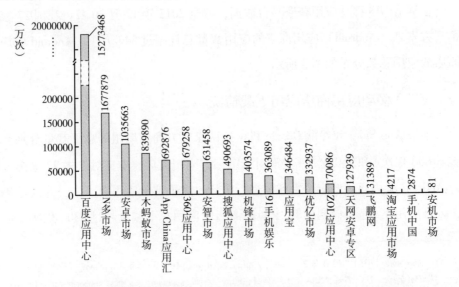

图4　2013年第三方商店应用下载量分布情况

从另一角度看，本文将上述 27 家应用商店的 347 万个应用根据下载量大小进行分类，得到如图 5 所示的分类结果。其中，无法获取下载量的应用均归到"下载量＜1000"类别。可见，Android 应用下载量两极分化现象严重，仅有 0.1% 的应用下载量超过 1000 万次，超过 91% 的应用下载量不足 1 万次。这说明虽然 Android 应用的总数很多，但是绝大多数应用的下载量很小，被用户熟知并使用的概率很小。

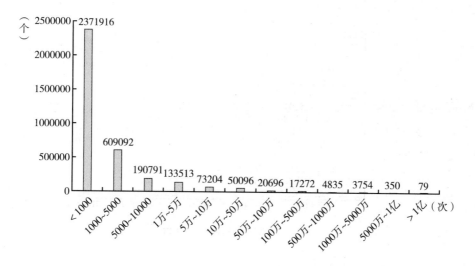

图 5　2013 年第三方应用商店应用下载情况分布

二　移动应用安全情况

（一）恶意行为检测分析

本文采取抽样检测的形式，对 NINIS 已有的 347 万个 Android 应用进行恶意行为检测，并对检测结果进行统计分析。

1. 恶意行为检测样本

本文从 347 万个 Android 应用中随机抽取 56.6 万个作为恶意行为检测样本。抽取方法是在各应用商店的应用中分别从工具、游戏、生活、资讯等主要应用类别中随机选取一定百分比的应用，作为检测样本。这种方法既具有随机

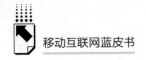

性又能保证样本中应用类别的丰富性。检测样本在各应用商店的比例如图 6 所示。各应用商店检测样本数量的对比情况如图 7 所示。

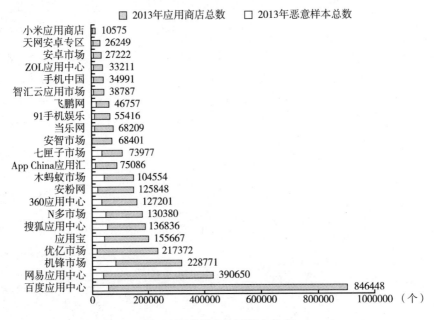

图 6　恶意行为检测样本分布

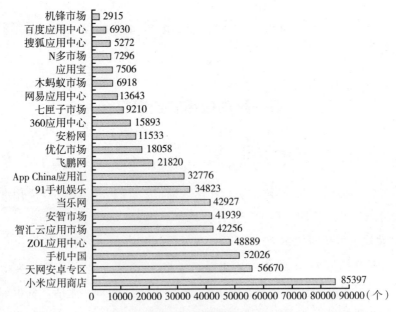

图 7　恶意行为检测样本数量对比

2. 恶意行为检测结果

经过 NINIS 移动应用安全检测平台的检测分析，从 56.6 万个恶意行为检测样本中共检测发现 10483 个恶意应用，占检测样本的 1.9%。检测出的恶意应用在各应用商店的分布情况如图 8 所示。本次检测从安卓中文网的应用样本中检测出的恶意应用数量最多，但是这不能表明该市场的恶意应用含量最多，因为本次检测从各商店抽取的应用样本数并不相同。考虑到这一因素，本报告统计出了各应用商店检测出的恶意应用占该商店检测样本的比例，结果如图 9 所示。比例越高，表明这个应用商店的应用具有恶意行为的概率越大。

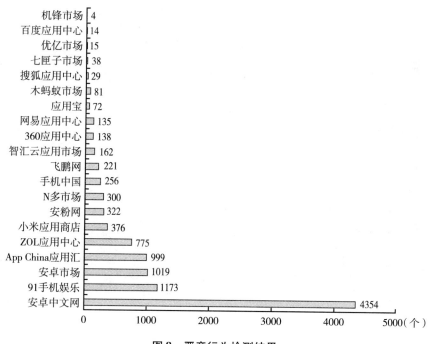

图8　恶意行为检测结果

此外，本报告引入"恶意应用平均下载量"来度量某应用商店蕴含恶意应用的传播能力。恶意应用平均下载量等于某应用商店检测发现的恶意应用总下载量除以恶意应用数量得到的比值。根据上述检测结果得到的各商店恶意应用平均下载量如图 10 所示。恶意应用平均下载量越大，表示该应用商店中发现的恶意应用平均被下载次数越多，可能传播的范围越广。

需要说明的是，本报告的恶意应用包括所有具有恶意行为的移动应用。这

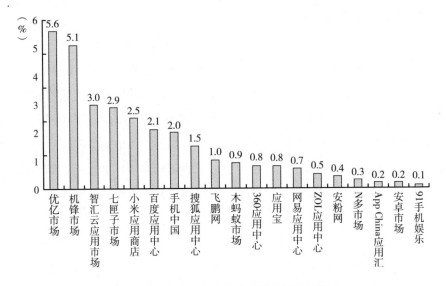

图9 恶意应用数量占检测样本数量比例

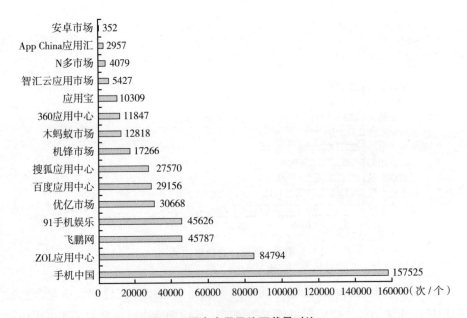

图10 恶意应用平均下载量对比

些恶意行为可能是开发者在创建应用时直接为其添加的恶意行为，也可能是本身不具有恶意行为的应用在感染病毒后具有的恶意行为。本报告对恶意行为检测结果进行分析，其感染的病毒种类分布如图11所示。其中，感染最多的两类病毒是 android. trojan 和 android. adware. waps。android. trojan 是一系列以 android. trojan 为前缀的病毒总称，其中包含自动安装捆绑程序和恶意扣费等手机病毒。android. adware. waps 病毒能够自动安装捆绑广告，感染后手机将产生大量数据流量，造成用户流量资费损失。同时，该病毒能够向控制服务器发送被感染手机的 IMEI 号、IMSI、MAC 地址、电话号码、用户地址等各种敏感信息，造成用户隐私泄露。此外，本报告发现，检测到的恶意应用可能同时感染多种病毒，即存在交叉感染现象。

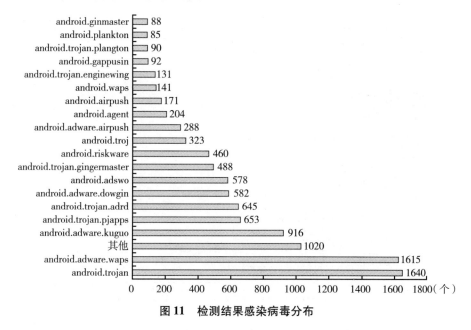

图 11　检测结果感染病毒分布

（二）可疑应用检测分析

可疑应用是指具有可疑行为的移动应用程序。可疑行为是指不具有已知恶意特征，但可能造成安全威胁的单个或一组移动应用的行为。可疑行为的隐蔽性很强，难以通过技术工具自动完成检测，检测过程需要专业人员进行深度关联分析。例如，某应用申请了"访问位置"和"连接网络"权限，这两个行为单独执行时都不具有恶意目的，但是在特定条件下这两种行为就可能共同配合，先获取用户的位置信息，然后通过连接网络将用户位置信息上传到某服务器，造成用户隐私泄露。针对这类行为，NINIS 研制了特定的可疑行为检测工

具，以辅助专业人员进行分析。

可疑应用检测同样采取抽样检测的形式，对 NINIS 已有的 347 万个 Android 应用进行可疑行为检测，并对检测结果进行统计分析。

1. 可疑应用检测样本

本报告从 347 万个 Android 应用中随机抽取 24.7 万个作为可疑行为检测样本。抽取方法与恶意应用样本随机抽取方法相同。各应用商店可疑行为检测样本数量的对比情况如图 12 所示。

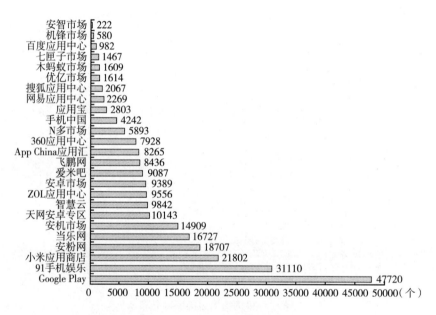

图 12　可疑行为检测样本分布

2. 可疑行为检测规则

NINIS 对移动应用的可疑行为进行研究，并归纳出 12 条可疑行为判别规则，如表 1 所示。NINIS 移动应用安全检测平台根据这些可疑行为判别标准对样本进行检测分析。

3. 可疑行为检测结果

本报告对所有检测样本的可疑行为进行检测并统计，共发现 143256 个应用具有可疑行为，占检测样本的 57.8%。这些可疑应用共具有 507709 个可疑行为，表明一个应用可能同时具有多个可疑行为。可疑行为检测结果如图 13 所示。

表 1   移动应用可疑行为判别规则

序号	可疑行为	威胁级别	说明
1	得到设备 ID	中	部分应用程序使用设备的 IMEI 号作为唯一的识别码，类似于网站的 Cookies 使用。甄别其是否为恶意行为的关键在于应用程序是否将设备 ID 泄漏
2	得到位置信息	中	大部分基于 LBS 的应用程序会主动获取应用程序的位置信息，其是否被甄别为恶意行为的关键是分析应用程序获取位置信息之后是否有泄露用户隐私的嫌疑
3	得到 SIM 卡序列号	中	此行为本身并不存在恶意性，但是恶意程序通常会通过该行为得到 SIM 卡序列号，从而得知可以在该设备上进行哪些操作，之后进一步做出其他的恶意行为。实践说明，很多恶意程序会事先得到 SIM 卡序列号，得知可以进行的操作，之后再做出真正的恶意行为
4	自动发送短信/彩信	高	在用户不知情的情况下后台发送短信，属于可疑行为中最危险的一种，因为这种自动发送短信或彩信往往就是向 SP 订制的信息，或者就是泄漏用户的隐私信息
5	自动连接网络	中	在用户不知情的情况下连接网络，会耗费用户流量。通常情况下，自动连接网络的行为是为了访问广告提供商的网站，也存在访问钓鱼网站的情况
6	得到本机地址	低	一部分应用程序会在用户不知情的情况获取本地的 IP 地址信息，用于其他非法操作，如窃取私人信息等
7	设置设备参数	低	一部分应用程序会在用户不知情的情况下设置设备的参数，如网络连接、应用程序运行、设备安全设置等手机参数
8	自动连接 WiFi	低	程序会自动将 WiFi 设置为可用，并且尝试连接可用的 WiFi。此行为不会造成直接经济损失，但是会造成用户设备电量损耗等其他负面影响
9	得到网络类型	低	对于一个正常的网络应用程序，对网络类型的判断是极为正常的行为。鉴别此行为是否为恶意行为的关键在于是否将网络类型信息通过某种手段发送到网络或者其他用户的设备上
10	自动开启蓝牙	低	此行为不会造成直接的经济损失，但是存在一定的危害。一方面，蓝牙对设备电量的损耗比较大，容易使用户设备待机时间变短；另一方面，有一部分手机木马、蠕虫会通过蓝牙进行短距离传播。判断此行为是否为恶意行为的关键是判断之后是否执行了网络命令，或者进行了蓝牙传输
11	自动搜索蓝牙设备	低	此行为主要会损耗用户设备电量。另外一部分恶意程序在做出这一行为之后，将一部分数据、信息乃至应用程序发送到已经连接的设备上，造成用户信息泄露
12	获取本地端口	低	一部分应用程序会在用户不知情的情况下获取本地的本机端口信息，用于其他非法操作，如窃取私人信息等

资料来源：国家网络信息安全技术研究所《2013 年第四季度中国移动互联网应用安全分析报告》，2014。

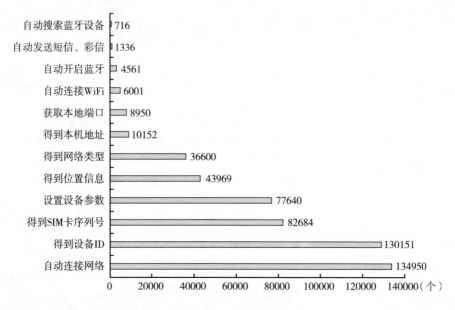

图 13　2013 按单一规则命中数量统计

由图 13 可知，检测发现最多的可疑行为是自动连接网络。本文针对这一行为进行进一步跟踪检测，发现大部分自动连接网络行为的目的是访问广告网站。其中，主要访问的广告网站信息如图 14 所示。需要说明的是，移动应用的可疑行为尚处于"灰色地带"，需要专业人员进一步分析判断才能确认其是否为恶意行为。

三　移动应用使用安全建议

为提高我国移动应用安全水平，本文分别从应用商店管理和用户使用习惯两方面给出如下建议。

（一）建议我国应用商店主动提高应用安全审核能力

目前，我国尚缺少对应用商店在应用安全等方面的统一管理，部分应用商店的安全审核门槛很低，移动恶意程序可以轻易进入应用商店，对外提供下载服务，损害用户利益。因此，本报告建议我国应用商店，特别是第三方应用商

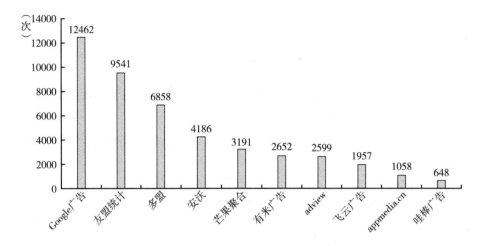

图 14　检测结果访问广告网站分布

店，主动提高自身的安全水平，重点加强应用安全的审核能力。

1. 建立完善的应用安全审核机制

各个应用商店的应用安全审核机制不尽相同，建议相互学习、取长补短，结合自身的特点建立并完善应用安全审核机制，可借鉴官方应用商店（如苹果 App Store 和谷歌 Google Play）的应用安全审核机制。

2. 加强对应用提交者的管理

恶意应用大多是由提交者上传至应用商店的，因此对应用提交者的身份审核和管理工作非常必要。建议应用商店对应用提交者实施实名制审核管理，一旦发现某款应用具有恶意行为，就能够做到"应用找人"，快速定位其上传者，为寻找恶意应用传播源头提供线索。

3. 依托可信赖的第三方评测机构

如今恶意行为检测使用的技术日新月异，检测分析难度也越来越高。在这种情况下，大多数应用商店很难投入足够的技术、工具、人员等资源在应用安全测评等工作上。此时，依托可信赖的第三方评测机构进行应用安全测评是最佳的选择。

4. 积极建立举报恶意应用机制

恶意应用的发现者不仅包括测评机构，而且包括终端用户。目前，工信部已经建立了 12321 网络不良与垃圾信息举报受理中心（简称"12321 举报中

心"），专门接收用户举报。建议应用商店与 12321 举报中心共同合作，建立快捷的举报通道。

5. 及时公布恶意应用信息并及时下架恶意应用

当应用商店发现已对外分发的移动应用为恶意应用时，应及时将恶意应用及其开发者的信息对外公布，以告知已经下载该恶意应用的用户。同时，应用商店应在第一时间将该恶意应用下架，即停止该恶意应用的下载，防止其进一步扩散。

（二）建议用户重视培养安全使用移动智能终端的习惯

为减少用户的自身利益受到恶意应用的危害，用户应注意自己使用移动智能终端的习惯，建议培养如下安全使用习惯。

1. 尽量不获取系统的最高权限

一般情况下，智能终端系统并不对用户提供最高权限，但是用户可以通过自行操作获取系统的最高权限。对于 iOS 系统，获取系统的最高权限一般被称为"越狱"；对于 Android 系统，获取系统的最高权限一般被称为"Root"。越狱或 Root 后的终端系统更容易被恶意程序破坏，且破坏的程度可能比非越狱或非 Root 系统更严重，建议用户不要轻易获取系统的最高权限，特别是对移动智能终端系统相关技术了解较少的用户群体。

2. 优先下载使用官方发布或认证的应用

用户主要通过应用商店获取移动应用。目前，我国的移动应用商店较多，建议用户从官方应用商店（如苹果 App Store 和谷歌 Google Play）或管理正规的第三方应用商店下载应用。在应用商店选择应用时，用户应优先选择带有"官方""无病毒"等标签的移动应用。这样可以降低用户下载到恶意应用的概率。在更新应用时也可参照以上方法。

3. 安装或使用应用时注意系统提示的权限信息

在安装或使用应用时，系统会提示用户该应用即将使用的系统权限信息，例如"访问通讯录""访问位置""连接网络"等。用户如发现可疑的权限使用，建议卸载该应用后选择同类其他应用代替。例如，用户在安装或使用一款新闻阅读应用时，却收到"访问通讯录"的权限提示，此时用户应该提高警惕，因为"访问通讯录"和新闻阅读应用的主要功能并不相关。因此，建议用户在选择某类应用时，尽量选择权限使用较少的应用。

4. 使用并及时更新安全防护软件

安全防护软件具有检测并清除已知恶意应用的功能，一些安全防护软件还提供系统敏感数据的使用检测功能。建议用户安装使用安全防护软件，并养成及时更新的习惯，以确保安全防护软件的最佳防护能力。

5. 关注权威信息发布

我国相关部门会定期对外发布移动应用安全等方面的权威报告。这些报告大多内容丰富，数据全面客观，建议用户关注并认真阅读这些报告，及时更新对移动应用安全问题的认识。

四 移动应用安全问题发展趋势

移动应用安全问题是移动互联网安全的核心问题，其发展呈现如下几点趋势。

（一）恶意应用数量增长快，类型更新迅速

从 NINIS 的检测数据以及其他机构的检测数据不难看出，近年来恶意应用的数量增长迅猛，每年检测出的新恶意应用数量和种类均显著增加。虽然各机构给出的增长比例各不相同，但是预计这一快速增长趋势将在未来几年继续保持。

（二）恶意应用使用的技术越来越复杂，检测难度增加

随着移动安全技术的发展，恶意应用使用的技术也越来越复杂。例如，某些恶意应用可以在 PC 系统和移动系统之间相互感染，某些恶意应用可以联合其他多个恶意应用共同完成窃取某类数据，某些恶意应用通过代码混淆、动态编译等技术躲避反病毒软件的检测，等等。这些技术的使用将增加安全检测的难度。预计未来几年恶意应用技术和安全检测技术将持续呈现"道高一尺、魔高一丈"的螺旋式发展态势。

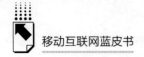
（三）恶意应用从针对普通用户逐渐转向针对政府、企业等高级用户

随着世界各国越来越重视国家间网络安全的对抗，高持续性威胁（advanced persistent threat，APT）已成为各国关注的热点问题。移动互联网将是（或已经是）APT攻击的重要环节，具有高潜伏性的恶意应用将成为（或已经成为）APT攻击的重要工具。基于这一判断，预计将出现一批从针对普通用户转变为针对政府、企业甚至国家基础设施的进行窃密或破坏的高级恶意应用。

巨头涌入的中国手机浏览器产业

何小鹏 冉嵩楠*

摘　要：

2013 年，国内手机浏览器市场规模仍在快速扩大，以 UC、腾讯、百度、奇虎 360 浏览器为主导，呈现向轻应用生态平台发展的趋势。未来，手机浏览器在横向上将向多屏互动扩展，在纵向上则可能成为移动终端底层的类操作系统，在发展空间上将进行全球化市场布局。同时，我国手机浏览器也面临着操作系统巨头厂商限制、缺少核心技术以及手机应用分流等带来的种种挑战。

关键词：

手机浏览器　移动互联网　轻应用

1999 年，诺基亚 7110 作为中国国内第一款具有 WAP 浏览器的手机，使用户手机上网成了可能。2004 年，UC 创新地实现了将服务器客户端混合计算架构用于手机浏览器，真正使这种产品步入实用阶段。从此，手机浏览器逐渐成为中国手机用户无线访问互联网的桥梁，培养了我国移动互联网产业的大量早期用户。

近年来，随着智能手机的普及，手机浏览器的功能和用户体验都进入新的发展阶段。优视科技（UC）、欧朋（Opera）等专业手机浏览器厂商不断创新，分别在国内外占据了市场的主流。同时，越来越多的传统互联网企业纷纷投入

---

* 何小鹏，毕业于华南理工大学计算机专业，UC 优视联合创始人，现任公司产品总裁；冉嵩楠，毕业于北京航空航天大学软件工程管理专业，现在 UC 优视从事公共事务工作。

大量的资金和人力，抢占手机浏览器这一重要的用户入口。这其中既有苹果（Apple）、谷歌（Google）等操作系统厂商开发的 Safari 浏览器、Chrome 浏览器，又有国内互联网行业巨头腾讯、百度等开发的产品。此外，三星（Samsung）、小米等手机厂商也不甘心将这一市场拱手让人，在终端中预装自家浏览器产品试水；三大移动运营商或自行研发，或与浏览器厂商合作定制，在大批量定制机中预装浏览器。巨头的涌入使得手机浏览器产业规模快速扩大，也使得市场竞争进入激烈的混战时代。

时至今日，手机浏览器已经不仅是简单的上网工具，而且正在向移动互联网用户服务平台方向发展。这一过程将是曲折的，既要面对应用模式的冲击，又将受到操作系统等产业链上游的限制。2014 年，手机浏览器产业发展趋势如何，面临着哪些发展机遇和挑战？本报告就此做了一些梳理和探讨，希望能够为相关从业者提供参考。

一 手机浏览器的发展现状

（一）国内手机浏览器市场格局

根据中国互联网络中心（CNNIC）的互联网络发展状况调查，截至 2013 年 12 月，中国手机网民的总规模达 5 亿人。其中，手机浏览器用户规模达 4.10 亿人，在手机网民中的渗透率为 82%，移动互联网的入口地位进一步稳定。[①]

手机浏览器市场份额一直是从业企业争夺的焦点，各家数据统计机构得出的结论也有所出入，甚至大相径庭。在桌面浏览器领域也是如此，StatCounter 与 Net Applications 两家机构对 IE 和 Chrome 的市场排名之争就一直存在。这种现象的存在与手机浏览器份额的统计方法有关，也与调查的角度有关。目前，手机浏览器市场份额的统计方法通常包括以下几种。

---

① CNNIC：《中国互联网络发展状况统计报告（2014 年 1 月）》，http://www.cnnic.net.cn/hlwfzyj/hlwxzbg/hlwtjbg/201403/t20140305_46240.htm。

一是电话调查。2013 年 10 月 CNNIC 发布的《中国手机浏览器市场用户研究报告》① 采用了这种方式，对 2000 名随机选取的、最近半年使用手机浏览器访问过网站的网民进行电话访问，获得统计结果。

在 CNNIC 的这份报告中，又存在三种不同的调查角度，分别是"品牌的第一提及率""用户渗透率"和"用户常用率"。以最接近市场份额概念的"用户常用率"为例，排名第一的是 UC 浏览器，占 46.0%；第二是百度浏览器（包括形态接近浏览器的百度搜索应用），占 16.8%；第三是 QQ 浏览器，占 15.6%。其余还包括手机自带浏览器、360 浏览器、Opera 浏览器、Chrome 浏览器等（见图 1）。

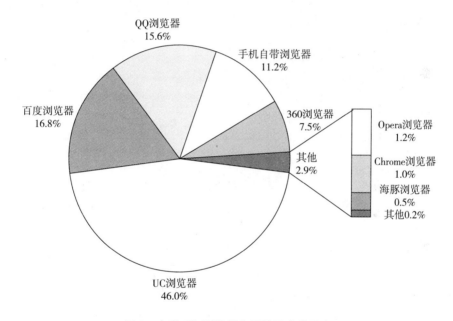

图 1　中国手机浏览器各品牌用户常用率

资料来源：CNNIC。

二是在志愿者终端设备上安装统计软件。2014 年 2 月，艾瑞咨询发布的《2013Q3 中国手机浏览器行业分析报告》② 采用了这种方式，在随机选取的 10

---

① CNNIC：《中国手机浏览器市场用户研究报告》，2013 年 10 月，http：//www. cnnic. cn/hlwfzyj/hlwxzbg/ydhlwbg/201310/t20131016_ 41653. htm。

② 艾瑞咨询：《2013 Q3 中国手机浏览器行业分析报告》，2013 年 12 月，http：//report. iresearch. cn/2095. html。

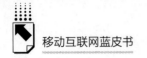

万名中国内地志愿者的手机上安装"mUserTracker"软件，统计志愿者使用手机的习惯，获得统计结果。

艾瑞咨询的上述报告，使用"月度总有效使用时间比例"代表市场份额。结果显示，排名第一的是 UC 浏览器，占比为 60.4%；排名第二的是 QQ 浏览器，占比为 25.1%；排名第三的是 Opera 浏览器，占比为 4.9%。其他还包括百度浏览器和 360 浏览器等（见图 2）。

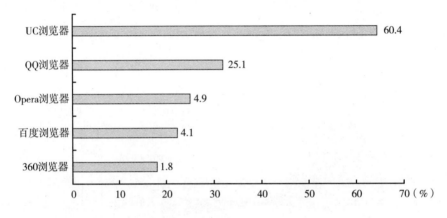

图 2　中国手机浏览器月均总有效使用时间

资料来源：艾瑞咨询。

三是在大型互联网网站页面中增加统计代码。国外数据统计机构 StatCounter 采用了这种方式。

StatCounter 网站公布的对 2013 年 1 月至 2013 年 12 月中国内地手机浏览器进行统计得到的数据[1]显示，排名第一的是 UC 浏览器，占比为 45.3%；排名第二的是 Android 自带浏览器，占比为 26.7%；排名第三的是苹果（iOS）自带浏览器，占比为 13.0%；排第四、第五、第六位的分别是 Opera 浏览器、QQ 浏览器和 Chrome 浏览器（见图 3）。需要注意的是，StatCounter 的统计中包含了操作系统自带的 Android 浏览器、Safari 浏览器等，这与国内市场研究机构只统计第三方浏览器的做法有所不同。

---

[1]　StatCounter 实时发布的市场份额数据，2014 年 4 月，http：//gs. statcounter. com/#mobile_browser-CN-monthly-201301－201312-bar。

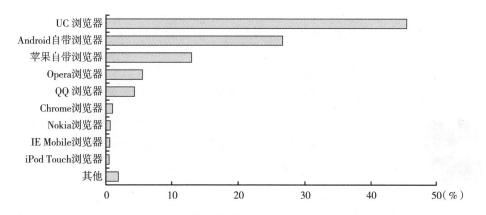

图3　StatCounter 实时发布的中国手机浏览器市场份额数据

　　总的来说，国内手机浏览器市场规模仍在快速成长，传统互联网巨头看到了其价值，纷纷积极投入和布局手机浏览器领域。腾讯利用其强大的品牌优势和移动端的用户渠道，加之 QQ 空间、QQ 邮箱等特有内容的设置，保证了 QQ 浏览器的用户规模；百度充分利用其搜索优势，用搜索来引导并培养用户的浏览器使用习惯，迅速占据了一定的用户市场份额。

　　从背后深层次的布局来看，浏览器作为一种历史悠久的互联网产品品类，其渠道价值始终处于高位，而形态上天然的开放性则使得其他变现业务能够迅速在浏览器上获得大规模流量，从而带动业务迅速成长。最典型的就是搜索，国内厂商如奇虎360、百度，国外厂商如谷歌，在投入浏览器研发并获得可观的市场份额之后，连带效应非常明显，各自的搜索业务迅速增长。例如，360 搜索在 2012 年正式上线时，凭借其桌面浏览器产品在行业内的领先地位，数日内就获得了 10% 左右的市场份额。因此，在移动搜索成为公认的产业大势前提下，布局移动浏览器就成为互联网巨头们的共同选择。

　　正如 CNNIC《中国手机浏览器市场用户研究报告》中所述："目前，我国手机浏览器市场以 UC、腾讯、百度、奇虎360 为主导，几乎占据了整个手机浏览器市场，意味着其他手机浏览器厂商进入空间较小，行业门槛进一步提高。"未来，差异化的手机浏览器策略和专注于细分领域需求满足是其发展的重点。同时，对国外手机浏览器厂商而言，进一步加强本土化内容运营和提升用户体验也将是重要的考量。

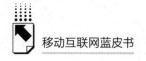
（二）手机浏览器的平台化发展

2013 年，以"App 经济"为代表的中国移动互联网已经进入应用高强度竞争阶段，同时受困于推广成本的快速攀升以及商业化前景的不明朗，应用行业整体开始遭遇瓶颈。另外，随着互联网流量逐渐向手机浏览器、即时通信等少部分高用户量、高使用频度的超级应用集中，一种区别于传统应用商店模式的新型移动互联网生态正在逐渐成形，这就是"超级应用 + 轻应用"（Super App + Light App）的模式。

移动分析和广告公司 Adeven 的追踪数据显示，截至 2013 年 7 月，苹果 App Store 中的应用数量已接近 90 万个，但其中有 2/3 是名副其实的"僵尸应用"，无人问津。此外，苹果持续改进的算法始终无法彻底阻止各种应用"刷榜推广"的乱象，国内的 Android 应用商店普遍采用的也是排行榜模式，渠道方的资源分配方式过于单一。据统计，在所有的应用类型中，99.9% 的中长尾应用只占到应用分发量的 30%，而 0.1% 的高频应用占到 70% 的分发量。这就是应用的"到达率瓶颈"。

而另一家调研公司 Flurry 的数据显示，约 68% 的智能手机（涵盖 iOS 和 Android 两大操作系统）用户每周使用的应用数在 5 个以下。很多人下载应用是因为"冲动"，然后"常常立即失去了兴趣"。这就是应用下载之后的"使用率危机"。

因此，很多人在思考和探索在现有的以应用商店为核心的移动分发生态之外，开发者还需要另一个生态系统来解决相当大一部分应用"研发难、下载难、下载后用户使用率低"的问题，两者形成互补，就能让整个移动互联网产业进入一个新的良性循环。这时，Web 灵活轻巧的优点就又像在 PC 上一样被所有人注意到。相比于原生应用（Native App），网页应用（Web App）优点显而易见。对用户来说，无须下载安装和频繁更新，随时需要随时调用；对开发者来说，自己开发的应用可以轻易通过外围链接进行索引，不再是信息孤岛了，曝光量和使用率能够大大提高。手机浏览器作为 Web 的天然承载平台，自然最先捕捉到这一需求，在平台化发展方面跑在了前面。

以 UC 浏览器为例，2013 年，"UC + 轻应用平台"正式推出，包括了 UC

网页应用中心、UC 插件平台两种形式的轻应用承载体。其中，UC 网页应用中心已经是全球最大的移动网页应用商店，月活跃用户超过 5000 万人，收录20 大类超过 3000 款网页应用。UC 插件平台能通过 Android 系统 Service 组件与 UC 浏览器建立双向的沟通，实现浏览器和插件的相互调用。类似于 PC 上Chrome 和 Firefox 的做法，开发者利用 SDK 将自己的应用插件化，迁移到有 4亿活跃用户的 UC 浏览器上解决使用率和活跃度问题。

同年，百度也推出了自己的"轻应用"战略，[1] 并将轻应用定义为一种无须下载、即搜即用的全功能应用，既可以带来原生应用的用户体验，又具备网页应用的可被检索与智能分发特性。而在国外，虽然没有正式出现"轻应用"这种概念，但谷歌 Chrome 浏览器生态中也已经开始出现离线版网页应用这种介于网页应用和原生应用的特殊应用形态。

事实上，对中国移动互联网用户来说，重要的不是应用具体形态，而是能获得什么样的服务、满足何种需求，在此基础上的使用和维护成本越小越佳。而轻应用在一定程度上已经可以替代许多长尾原生应用，并且提供几乎一致的使用体验。另外，不只是长尾原生应用能在类似于轻应用平台这样的超级应用上解决"使用少"和"分发难"这两大问题，对原本就有可观用户量的应用来说，轻应用生态也将会是一个高潜力的新型拓展渠道，借助高频使用的超级应用进一步获得用户增量。

综上所述，轻应用将会成为原生应用及其 App Store 模式的一种重要补充，仍将会与原生应用长期共存。从长远来看，移动互联网产业会回归更轻量级的形态，而手机浏览器向轻应用生态平台发展也将是大势所趋。

二 手机浏览器的未来发展方向

（一）多屏互动

当前，移动互联网的载体已经不再局限于手机和平板电脑，任何可以接入

---

① 《轻应用》，2014 年 3 月，http://baike.baidu.com/view/5982811.htm。

移动网络的硬件，如汽车、电视机和可穿戴设备，都将会成为移动互联网的接入端口。用户访问移动互联网的时间也呈现碎片化特征，通常会在多个设备间切换，保持 24 小时在线的状态。因此，用户对多屏互动的需求日趋强烈。

多屏互动是指在不同的终端设备之间可以相互兼容、跨越操作，实现数字多媒体内容的传输，可以同步显示不同屏幕的内容，可以实现通过智能终端控制设备等一系列操作。当前，在 Airplay、DLNA 等标准协议的支持下，国内外已经有多家厂商开始在这方面进行布局，其中包括谷歌、PPTV、爱奇艺的移动应用，以及苹果、小米等硬件类产品。

浏览器作为互联网产品中最开放、最基础的应用之一，承担着保持互联网开放、共享的责任，因此无疑是实现重新连接互联网、帮助用户获得多屏体验的重要一环。2012 年，谷歌发布了 Chrome 浏览器移动版，在保持 PC 浏览器原有特点的情况下，实现了多终端使用浏览器，具有共享收藏历史信息等功能，是浏览器跨屏的最早尝试。在国内，UC 也已经发布了浏览器多屏战略，进军 PC 和智能电视浏览器市场，基于云端架构，建立横跨手机、平板电脑、电视机和 PC 的浏览器多屏生态；QQ 浏览器也加入了"跨屏穿越"的功能，实现了手机、平板电脑、PC 间的屏幕多向传输。

可以预见，一旦浏览器完成多屏、多终端之间的底层覆盖布局，就有望掀起多种互联网垂直应用的又一轮发展高峰，如视频、游戏和电商等，而浏览器本身也将在这个过程中获得进一步的发展机遇。

（二）Web OS

浏览器生态发展到极致，将会是基于 Web 的操作系统，即 Web OS。Web OS 包含一个基础的操作系统，负责设备管理、进程调度等，通常基于 Linux 内核构建，也可以运行于 Windows 系统。系统界面及上层应用全部绘制和运行于一个强大的浏览器引擎之上，用户通过浏览器可以进行手机基本功能使用和上层应用程序操作。尽管 Palm 公司最早推出的 Web OS 操作系统没有获得成功，被惠普公司收购后也没有发挥出价值，但这主要是技术条件不成熟和运营不良的原因。未来，随着互联网产业链上下游的发展，Web OS 不失为手机浏览器高级进化的一个目标。

Web OS 不依赖于特定的操作系统，通常由 HTML 5 语言开发，开发标准统一，应用生态开放。优秀的平台兼容能力和应用可移植性，使得 Web OS 适用于 PC、手机、电视机、车载设备、可穿戴设备等多种终端设备。

当前最著名的 Web OS 当属谷歌的 Chrome OS。Chrome OS 初期是一个为上网本设计的轻量级开源操作系统，提供对 Intel x86 以及 ARM 处理器的支持，在 Linux 的内核上，所有网页应用都运行于 Chrome 浏览器之内。2010 年下半年，使用 Chrome OS 的上网本开始销售，但其销量不佳。随着苹果 iPad 产品引领起平板电脑风潮，上网本产品被快速边缘化。但是 Chrome OS 并没有就此沉寂，凭借其在在线视频 YouTube、在线邮箱 Gmail、在线办公 Google Docs 等互联网应用的多方位布局，始终实践着网络浏览器取代桌面操作系统的战略思想。

在手机上尝试 Web OS 路线的则是一家非营利组织——Mozilla 基金会。凭借在 Firefox 浏览器上的技术积累，Mozilla 在 2013 年推出了 Firefox OS 操作系统。作为一款开放网络技术的移动操作系统，Firefox OS 基于 Linux 内核及 Gecko 引擎技术，使用户可接触到的用户界面和应用都完全使用 Web 技术实现。正是这种更加开放的特性，使 Firefox OS 得到了一批主流运营商和手机厂商的支持，包括中兴、TCL 等厂商推出的首批搭载 Firefox OS 操作系统的手机，从 2013 年 7 月开始在巴西、哥伦比亚、委内瑞拉、西班牙等国家上市。此外，LG、索尼等手机厂商也有意向推出搭载 Firefox OS 操作系统的智能手机。

2013 年上半年，惠普将 Web OS 技术专利卖给了 LG，后者将其打造为 LG 的智慧电视平台。在 2014 年美国消费电子展上，LG 发布了搭载 Web OS 的电视新品，也成了业界热门话题。该电视 UI 界面采用了类似于"卡片"的设计，并内置了 YouTube、Twitter、Facebook 和 Skype 等常用应用。

可以看出，Web OS 的技术和产业环境正在变得日益成熟。在未来几年中，随着宽带无线网络的进一步普及，实时在线、网络流量都不再是问题，基于 Web 的服务模式将爆发出更大的产业活力，因此，这很有可能成为手机浏览器的发展目标。

（三）国际化

国内移动互联网市场圈地抢用户的竞争已平息，手机浏览器厂商在稳步拓

展用户量的基础上，正在探索和建立成熟的商业模式。在海外市场中，印度、俄罗斯、印度尼西亚、巴西等新兴市场移动互联网应用的渗透率还不高，是中国企业开拓"蓝海"市场的良机。国内移动互联网企业海外拓展已经有了成功的先例，如腾讯的微信，2013年海外月活跃用户量达到了7800万人。同样成功的还有UC浏览器，2013年成为全球第二人口大国印度的第一大手机浏览器，市场份额突破了30%，海外用户总数超过了1亿人。

腾讯和UC都是优先选择了新兴市场。印度、泰国、印度尼西亚等新兴市场，由于地形和基础设施等方面的原因，其PC渗透率很低，但手机渗透率高达80%，所以手机上网成为许多用户触网的不二选择，他们对手机浏览器和移动互联网内容有巨大需求。这些地区用户与三年前的国内用户有着同样的经历，大多数使用的是功能机，或者刚拥有第一部智能手机，中国的移动互联网企业更能理解和感受这些用户的需求。

手机浏览器的本土化是国内企业进军海外市场最重要的一步。不同的国家，移动网络基础设施的成熟度、用户的兴趣爱好及文化都需要区别对待。因此，借助本土合作伙伴，建立当地的合作渠道，是手机浏览器厂商本土战略的重要选择。UC优视在印度已经拥有了包括谷歌、诺基亚、Getjar、Ebuddy和Nimbuzz在内的超过500家合作伙伴，为本地用户提供端–端的移动互联网服务。腾讯也已开始和国内一些做海外市场的内容商如SNS游戏公司等合作，并通过与当地渠道商、CP和运营商开展广泛合作，再借助手机QQ浏览器既有的技术和平台，取得了良好的开端。

手机浏览器在国内激烈竞争趋于饱和的情况下，横向拓展更多的海外市场空间，不失为一种新的选择。

三 手机浏览器面临的挑战

（一）上游厂商的限制与竞争

IT历史上著名的"第一次浏览器大战"，以微软用Windows操作系统免费预装的方式超越独立的浏览器厂商Netscape而告终。

在移动平台，操作系统和浏览器的矛盾更显突出。目前，三大主流操作系统采用的都是以 App Store 为中心的分发模式。而第三方浏览器不约而同地选择平台化，这将会在一定程度上替换应用商店这一分发渠道，从而将底层操作系统管道化。浏览器的机会正是操作系统的潜在威胁。

目前，iOS 和 Windows Phone 等主流移动操作系统均对第三方浏览器采用了封闭的措施。第三方浏览器和其他浏览网络的程序只能调用系统定制的框架和渲染引擎，而不能进行修改和替换。特别是 iOS 封杀了一系列私有 API 和内核，将主要基于 HTML 5 的网页应用体验控制在一定水准之下，形成对自身 App Store 生态系统的保护。也正是由于这样的原因，2012 年 Mozilla 基金会宣布 Firefox 应用从苹果 App Store 上下架，并不再开发基于 iOS 平台的浏览器应用。

Android 对第三方浏览器的态度较为缓和。随着移动版 Chrome 的正式推出，在 Android 4.1 以上版本的系统中，都开始内置 Chrome 作为原生浏览器。出于规避遭到反垄断起诉风险的考虑，谷歌宣布从 Android 4.4 开始，以后的 Android 系统都将不再内置 Chrome 浏览器，这对第三方浏览器厂商来说是个好消息。

事实上，当初垄断 PC 浏览器行业的微软作为操作系统厂商，始终把内置的 IE 浏览器当成工具软件而非服务平台。时至今日，谷歌通过提供免费的网页应用反向渗透 PC 桌面，已经尝试通过 Chrome 把用户交互留在浏览器之内，而反垄断法的存在也能够在一定程度上保护其不再步 Netscape 的后尘。

（二）来自应用的跨维度竞争

跨维度竞争的理论起点是：用户对应用的使用习惯短期内仍然非常稳固；有能力平台化拓展的超级应用不仅限于手机浏览器。其他具有一定用户量的移动应用也在通过开放 API 和叠加各种基础功能，追求流量和资源聚合的最大化。因此，独立手机浏览器面临的竞争对手，已经从单一相同品类产品，延伸到与其他非浏览器超级应用的争夺。

事实上，这也是所有超级应用都要面临的一个新竞争格局。例如，微信最初引入公众平台、朋友圈等功能增强社交媒体属性时，就立刻引发了业内关于微信、微博竞合的论战；而微信试水支付业务后，支付宝也立刻做出回应，快

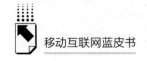

速布局更多支付场景，竞相抢占线下支付革命先机。

同样也有观点认为，微信公众账号信息推送将会使手机浏览器在平台竞争中处于被动地位，认为"与微信相比，手机浏览器没有成型的社交关系链，使得在黏度方面无法和微信相提并论；没有非常成型的账号体系，意味着个性化用户数据不足，服务延展的想象空间会缩小很多"。①

从数据上看，这并不意味着微信与手机浏览器之间就是简单的替代关系。艾瑞咨询《2013 Q3 中国手机浏览器行业分析报告》显示，浏览器是用户使用频率仅次于即时通信的第二大应用类别。② 事实上，虽然目前市面上已经涌现出多种平台化的超级应用，但考虑到各种产品解决的核心需求并不相同，因此在用户群体的覆盖方面并不存在严格意义上的"非此即彼"逻辑。例如，微信的基因是强关系通信，浏览器的基因则是信息聚合展示，更早出现的浏览器确实会因为微信的出现被分流一部分使用时长，但在激活率方面双方则是共存的。

当然，如何在与越来越多的超级应用竞争中脱颖而出，减少被分流的使用时长，是浏览器这种老牌应用需要面临的挑战。

（三）技术挑战

国内手机浏览器行业发展面临的另一个挑战是如何提升技术能力，以应对产品端日益扩展的架构变化，甚至深入参与国际权威组织的 Web 技术标准制定工作，获得更大的产业话语权。

Webkit 是苹果 Safari 和谷歌 Chrome 浏览器的渲染引擎，被广泛应用在苹果 iPhone、iPad 和 Android 设备中，是移动 Web 领域占有绝对主导地位的浏览器引擎。③ 第三方浏览器的技术创新，都需要考虑与 Webkit 引擎的兼容性问题。换句话说，苹果和谷歌对浏览器引擎的主导地位对 Web 的技术路线影响非常大。

---

① 王哲玮：《移动浏览器大战背后的"囚徒困境"：生存之战》，钛媒体，2012。
② 艾瑞咨询：《2013 Q3 中国手机浏览器行业分析报告》，2014 年 3 月，http：//www. iresearch. com. cn/Report/2107. html。
③ 《Webkit 开源项目》，2014 年 3 月，http：//zh. wikipedia. org/zh-cn/WebKit。

2013 年 2 月，挪威著名浏览器公司欧朋（Opera）宣布投入 Webkit 阵营，[①] 放弃自行研发的 Presto 引擎。这意味着十多年的技术创新付诸东流，欧朋转而成为一家"壳"浏览器公司。欧朋的选择对国内手机浏览器厂商来说也是一种提醒。从长期来看，任何有深度的技术创新都不能持封闭的态度，而需要参与开源社区的运作模式。

另外，需要积极参与相关标准的制定工作。与浏览器关系最紧密的HTML、XHTML、CSS、XML 标准，都由 W3C[②] 标准化组织制定，微软、苹果、谷歌等 IT 巨头在 W3C 中发挥着重要的作用。我国互联网企业在这方面起步较晚，虽然近两年越来越多的中国公司加入 W3C 标准化组织，但由于语言、经验等方面的制约，参与深度仍然有限。例如，UC 作为国内起步最早的手机浏览器厂商，以及近年来在手机浏览器内核开发方面投入数以百计开发人员的团队，处于国内领先地位，但与谷歌等国际互联网巨头相比，仍有明显差距。

不可否认，营销、渠道、运营对手机浏览器产品来说是现阶段的重中之重，但是技术和标准对手机浏览器厂商的长远影响也不可忽视。因为只有更深入地参与标准制定，对中国浏览器厂商来说，在未来新形态的多屏互联网中获得产业价值的机会才会越大。能否抓住机会，取决于国内手机浏览器厂商能否在底层技术上投入更多的成本与耐心。

---

① 《放弃 Presto 内核采用 Webkit》，2014 年 3 月，http：//www. operasoftware. com/press/releases/general/opera-gears-up-at-300-million-users。

② 《万维网联盟》，2014 年 3 月，http：//zh. wikipedia. org/wiki/% E4% B8% 87% E7% BB% B4% E7% BD% 91% E8% 81% 94% E7% 9B% 9F。

市 场 篇

Market Reports

B.12

2013 年：我国移动互联网
金融发展破局之年

魏丽宏*

摘 要：

随着移动通信、互联网技术与金融服务业的不断融合，移动互联网金融 2013 年在中国快速崛起，人们通过移动设备，不仅可享受快捷的金融支付服务，而且可随时随地便捷地操作基金、保险、理财、贷款等其他各类线下金融业务。2013 年，我国移动互联网金融的用户规模和交易规模大幅增长，移动互联网金融领域的标志性事件不断出现，移动互联网金融产品和业务既给传统金融服务带来巨大冲击，又为其提供了新机遇。

关键词：

移动互联网 金融

* 魏丽宏，博士，中国银联互联网部副总经理，主要从事互联网、手机等新兴媒介和新兴支付方面的研究，曾撰有《中国互联网支付市场发展趋势》《关于我国手机传媒产业发展的研究》等。

一 2013 年我国移动互联网金融加速发展

（一）移动互联网金融用户规模大幅增长

2013 年，我国互联网网民总体规模达 6.18 亿人，其中使用手机上网的网民超过 5 亿人，使用便携式电脑等其他移动终端上网的网民占 44.1%，约为 2.73 亿人，移动互联网金融已经紧跟移动即时通信、移动音乐、移动视频、移动游戏和移动搜索之后，跃升为第六大移动互联网应用。通过移动设备、软件和客户端，人们不仅可享受购物支付、转账汇款、信用卡还款、交纳水电煤气费等日常生活相关的金融支付服务，而且可随时随地便捷地操作基金、保险、理财、贷款等其他各类线下金融业务。随着移动支付、移动理财、手机信贷、移动保险、手机钱包、手机银行、手机炒股、微信基金、掌上金融超市等各类移动互联网金融产品和业务的涌现，移动互联网金融用户在移动网民中的渗透率不断提升，已累计达 4.98 亿人。[①] 调查显示，54% 的移动互联网金融用户使用客户端，34% 的用户使用网页版。[②] 在各类移动金融用户中，账户查询与管理使用占比为 76.3%，水电煤及电信费用支付占 50.1%，转账汇款占 43.8%，购物支付占 36.3%，金融信息搜索占 17.9%，理财交易占 10.7%。[③]

2013 年，我国移动互联网金融用户的构成呈现三类主导并相互间高度重叠的特点：第一类是支付宝、财付通等互联网行业巨头和第三方非金融机构的移动金融用户，数量达 2 亿人以上，其中支付宝钱包一家独大，用户已经超过 1.3 亿人；第二类是商业银行的手机银行用户，仅 2013 年上半年，国内 9 家上市银行的手机银行用户量就已超过了 3.4 亿人，截至 2013 年底，国内手机

---

① 中国银联：《2013 年产业动态研究》，中国银联战略发展部，2013 年 12 月。

② 中国金融认证中心：《2013 中国电子银行调查报告》，2013 年 12 月 12 日，http：//www. cebnet. com. cn/ExPlan/special/2013dzyhnh/。

③ 《2013 年手机银行市场调研报告》，2013 年 7 月，http：//bank. hexun. com/2013/sjbank/。

银行客户达 4.58 亿人；① 第三类是移动电信运营商与银联、银行等合作提供的移动钱包用户，数量超过 1 亿人。② 三类用户的发展形成三足鼎立的局面，相互间竞争激烈，重叠度很高。

2013 年，移动互联网金融用户快速发展的主要原因如下：一是移动互联网终端设备的广泛普及，2013 年我国手机用户达 12.23 亿人，智能手机出货量达 3.6 亿部，平板电脑出货量达 6500 万台，直接催生了移动互联网行业和移动互联网金融用户的发展。③ 二是伴随工信部等八部委联合发布的《关于实施宽带中国 2013 专项行动的意见》被付诸实施，2013 年网络升级演进加快，WiFi 广泛铺设，移动互联网终端价格及移动上网资费不断下调，使得移动上网更加便利，成本更低。三是移动互联网金融类市场需求呈明显增长和渗透趋势，一些移动金融服务以功能形式嵌入移动端的生活和娱乐类应用，提升了金融服务效率，极大地满足了人们的碎片化和长尾需求，吸引了更多用户。四是移动互联网金融服务和产品种类不断增多，很多互联网企业和金融机构将移动互联网金融作为战略发展方向，金融应用创新是激发用户增长的一大原因。五是移动互联网金融用户发展模式呈现颠覆性创新，一些机构引入了新型用户发展模式如社交金融、扫码支付等，从原有社交平台或购物平台的海量用户切入，这些平台黏性和传播能力极强，带动了移动金融用户量呈几何级增长。六是国家相关部门出台多项举措，鼓励金融创新，例如中国人民银行在 20 多个省份组织开展农村手机金融试点工作，实现了农民用手机查账、汇款、取现等移动金融应用，政府层面的推动极大地促进了移动互联网金融发展和用户扩充。

（二）移动互联网金融交易规模增长迅猛

2013 年，移动互联网金融交易笔数和交易金额分别为 16.77 亿笔和 10.27 万亿元。其中，第一季度分别为 1.98 亿笔和 1.1 万亿元，第二季度分别为

---

① 中国银行业协会：《2013 年度中国银行业服务改进情况报告》，《金融时报》2013 年 3 月 15 日。
② 中国银联：《2013 年银行卡研究资讯》，中国银联战略发展部，2013 年 12 月。
③ 工信部：《2013 年中国工业通信业运行报告》，2013 年 12 月 30 日，http://www.miit.gov.cn/n11293472/n11293832/n11294132/n12858387/15801467.html。

3.71 亿笔和 2.07 万亿元，第三季度分别为 4.98 亿笔和 2.9 万亿元，第四季度分别为 6.07 亿笔和 3.57 万亿元，环比增速十分迅猛。①

2013 年，移动互联网金融交易市场有两大特点：一是大型国有商业银行凭借其传统业务用户规模和品牌优势，在银行端移动金融市场领先，其中，中国建设银行、中国工商银行分别以 34.36% 和 27.58% 的占比领跑银行端移动金融市场；而浦东发展银行、招商银行、中国民生银行、兴业银行、中信银行等全国性股份制银行则积极创新转型，也获得了较快增长。二是第三方非金融支付机构的移动互联网金融交易额增长迅猛，平均增幅超过商业银行。第一季度交易规模为 693 亿元；第二季度为 1224 亿元，环比增长 76.6%；第三季度为 3343 亿元，环比增长 173%；第四季度则超过万亿元，呈爆发增长态势。2013 年总交易量突破 15000 亿元，是 2012 年的 1811.94 亿元的约 8 倍。② 在第三方非金融机构中，支付宝移动金融交易量以近 70% 的市场占比处于领先位置。

2013 年，移动互联网金融交易快速增长的主要原因如下：一是一些第三方非金融机构联合银行、基金公司、保险公司、证券公司等，创新推出了各种新型的手机购买基金、保险、证券以及手机社交支付、手机理财、手机小贷等移动金融模式，满足了市场需求，引爆了移动互联网金融交易。二是诸多传统商业银行在第三方移动金融新理念、新模式冲击下，加快战略调整，不断推出和完善手机银行、手机理财、手机支付等移动互联网金融服务，加紧抢夺移动金融市场。三是国家大力支持金融创新，《关于促进信息消费扩大内需的若干意见》明确提及要创新支付服务、发展移动支付。一批互联网公司 2013 年还获得了基金、保险、理财产品等传统金融销售许可证，对移动互联网金融的发展起到了积极的促进作用。四是第三方非金融支付机构的移动互联网金融用户交易活跃度快速提高，据中国电子商务研究中心监测数据，每月通过移动互联网终端进行购物支付的电子商务支付占比已经达到 41.6%。③ 以 2013 年"双

---

① 中国人民银行：《2013 年各季度支付体系运行总体情况报告》，http：//www.pbc.gov.cn/publish/zhifujiesuansi/394/index.html。

② 易观智库：《2013 年各季度中国第三方支付市场季度监测》，http：//www.enfodesk.com/SMinisite/maininfo/articledetail-id-387590.html。

③ 《2013 年互联网金融十大关键词盘点》，2014 年 1 月 6 日，http：//www.ccw.com.cn/article/view/51290。

十一"为例，支付宝钱包成交额是 2012 年的 5.6 倍，单日成交金额为 113 亿元，成交笔数为 4518 万笔，是全球移动支付最高纪录。①

（三）移动互联网金融领域标志性事件不断出现

2013 年，我国移动互联网金融领域发生了一系列标志性事件，深刻反映出我国移动互联网金融已经从过去的小规模、零散型、尝试性、传统线下金融的零星备用服务，开始进入规模化、战略性、创新型、与传统线下金融服务互为补充融合发展的新阶段，如作为中国首个移动社交金融产品的微信支付，突破了传统金融支付模式；支付宝钱包 7.6 版成为国内首个综合性移动金融理财和管理平台，具备"当面付"功能，具有声波支付、二维码支付、拍卡支付等首创功能；拥有中国多达 12.23 亿庞大手机用户的国内三大电信运营商全面向移动金融领域进军，获得支付牌照后均开始涉足手机金融业务；手机余额宝的资金规模和用户规模大幅度超过 PC 端，"双十一"网购日，全国主要第三方非金融机构移动支付交易量增幅超过 PC 互联网；"掌上联网通用"的国内移动金融服务移动支付可信平台（trusted service manager，TSM）2013 年 6 月建成上线，等等。这些事件显示出移动金融前景广阔。

（四）移动互联网金融领域投融资趋热

2013 年，我国移动互联网行业并购交易表现火爆，主要由于各行业巨头展开"争夺战"，纷纷通过并购力图达到上下游产业链的整合，全方位布局移动互联网，以快速拥有更大比例的用户和话语权。2013 年全年涉及移动互联网行业的并购金额达 27.51 亿美元，比 2012 年的 2.69 亿美元暴涨 922.7%，创历史新高。市场买家主要是正在积极进行移动互联网战略布局的阿里巴巴、腾讯、百度这三大互联网龙头企业。其中，阿里巴巴以 2.94 亿美元购买高德软件公司 28% 的股份后，② 还通过投资或并购，将优视科技、新浪微博、陌陌

---

① 《双 11 支付宝手机支付 4518 万笔 金额达 113 亿》，2013 年 11 月 12 日，http：//www.ebrun.com/20131112/85505.shtml。
② 2014 年 2 月，阿里巴巴向高德软件发出私有化要约，拟以每美国存托股 21 美元的价格收购其尚未持有的高德软件股份。

等纳入麾下；此外，2013 年 10 月，阿里巴巴还宣布出资 11.8 亿元认购余额宝理财的合作方天弘基金 51% 的股份。百度 2013 年则以 19 亿美元收购 91 无线，成为中国移动互联网领域有史以来最大的并购案。腾讯 2013 年入资搜狗，在移动端为搜狗搜索加码的同时，力推易讯、大众点评、风铃、微购物、微社区、微生活等与微信支付合作，不断增强微信支付能力的综合服务功能。金融垂直搜索平台"融 360"2013 年 8 月完成 B 轮融资 3000 万美元。随后，卡牛、挖财等也相继获得融资。资本市场持续对我国移动互联网金融领域看好，但无论是加快移动端的跑马圈地，还是在移动互联网金融领域的频频试水，在 2013 年并购投资不停歇的背后，都透露出移动互联网企业在移动端积极布局和战略卡位的决心，同时也将推动行业竞争进一步白热化。

（五）产业参与主体更趋多元，竞争日显激烈

2013 年，移动互联网金融的快速发展，昭示其具有巨大的市场空间和发展前景，各类机构和企业立足长远发展，积极参与，力求创新，使我国移动互联网金融领域出现更加多样的产业参与主体，竞争也日显激烈。

一方面，阿里巴巴、腾讯、百度、新浪等互联网巨头敏锐捕捉商机，迅速开发多款产品，大举进军移动金融市场；另一方面，面对"蛋糕"膨胀、硝烟四起的移动互联网金融市场，第三方非金融机构和商业银行纷纷厉兵秣马，多点出击，期望实现成功突围，并力图以移动互联网金融重新抢占市场制高点；此外，传统的基金公司、保险公司、证券公司等陆续加入阵营，寻求创新合作，以实现转型经营与发展；移动电信运营商、移动互联网设备厂商、移动互联网内容服务商和新兴创新企业等也纷纷基于移动互联网思维加快跨界融合步伐，转战移动端金融市场，以争夺产业话语权。正是这种多元的产业参与主体和不间断创新动力的驱动，使得我国移动互联网金融市场涌现出了一系列多向性、全方位、协同创新、相互不断渗透融合的新型金融企业、金融产品和金融服务平台，从而进一步促进了 2013 年我国移动互联网金融市场的蓬勃发展。

（六）移动互联网金融正在悄然构筑全新金融服务业态

2013 年，随着移动互联网金融不断创新，及其逐步向传统金融领域渗透，

我国移动互联网金融从产品形式和业务应用两个方面，都呈现出丰富、多样、个性、实用的特点，并在越来越多客户接受和认可过程中，悄然构筑起了全新的金融服务业态。

从产品技术形式的维度看，由于移动互联网金融的核心基础是移动支付，移动互联网金融业务的开展也是以移动支付为基本要素和前提条件的，因此，2013年众多互联网企业、第三方非金融机构、商业银行、电信运营商等进行了各种移动支付创新，正式推出的移动支付产品形式主要有13种：二维码支付、条码支付、短信支付、声波支付、图片支付、手机刷卡器支付、虚拟卡支付、手机银行预约码支付、摇摇支付、U盾支付、苹果皮支付、账户登录支付、NFC闪付。其中，应用最为广泛的是账户登录支付、短信支付、二维码支付（2014年3月暂被中国人民银行叫停）、手机刷卡器支付。很多机构融合采用多种移动支付形式，以在不同应用场景下提供不同的金融支付解决方案或者综合金融服务。上述新型移动支付产品形式都具有十分明显的操作便利、流程快捷、耗时短、成本低的特点，对商业银行的传统线下柜面支付、刷卡支付等构成了极大冲击和挑战。

从业务应用的维度来看，2013年移动互联网金融的业务种类可以大致概括为6类：移动支付、手机银行、移动理财、移动信贷、金融产品移动网销、移动金融搜索。其中，移动支付主要是商业银行和第三方非金融机构为境内外商户和消费者购物支付、缴费支付等提供的移动互联网资金划拨结算服务，全国性商业银行中除上海银行外，已有16家开展了移动支付业务，第三方非金融机构中有30余家合规开展了移动支付业务，如支付宝、拉卡拉、财付通、汇付天下、联动优势、易宝支付、钱袋宝等。手机银行则是商业银行和第三方非金融机构推出的包括账户查询、转账、汇款、充值、还款等业务的移动端金融服务。移动理财则是为用户提供理财增值功能的金融服务。例如，支付宝的手机"余额宝"、汇付天下和银联商务的"生利宝"和"天天富"，以及"挖财""卡牛"等，理财资金T+0随进随出，满足客户资金流动性需要。移动信贷主要是一些非金融机构针对个人用户和小微企业提供的中小额信贷融资类移动金融服务，例如阿里巴巴基于电商交易数据和风控分析推出的供应链融资贷款"小微贷"，以及上海前隆金融公司推出的国内首款 P2P 纯信用无担保移动借贷平台"手机贷"，等等。金融产品移动网销则是包括证券、基金、保险、黄金等各类金融产品的移动互联网渠道购销服务，例如支付宝的手机"余额宝"、百度的"百发""百赚"，以及中国建设银行的"黄金罗盘"等。移动金融搜索则是移动端的金融信息搜索和贷款理财咨询等非金融核心业务服务，例如融世纪信息技术有限公司提供融资贷款搜索和推荐业务的"融360"等。当然，也有一些机构提供综合型移动互联网金融业务，甚至将这些金融服务完全嵌入移动生活和移动娱乐，深受用户欢迎，例如微信选择将"扫码支付"进行到底，充话费、买咖啡、印照片、买零食、遥控空调和电视机，几乎要覆盖生活的方方面面。总之，移动互联网金融正从过去单纯的移动支付业务向转账汇款、跨境结算、小额信贷、现金管理、资产管理、供应链金融等多种传统金融业务领域渗透，使银行的传统业务方式、理念、赢利及竞争模式开始面临调整压力。

二　移动互联网金融优势日益显现

移动互联网颠覆了传统互联网模式，并加速主导未来互联网的发展，而移动互联网金融则正是基于移动互联网技术，与现代金融服务创新融合，从而引发金融服务变革，并展现出日趋明显的发展活力与业态优势。这些优势和特点主要体现在以下六个方面。

（一）随时随地便捷性——提供碎片式"泛金融"服务

调查数据显示，我国网民上网地点排前五的分别为：家中（77.8%）、工作单位（38.2%）、车上/路上（36.4%）、有 WiFi 的公共场所（31.9%）、学校（26.6%），充分显示了互联网用户越来越明显的碎片化上网需求和特点。而由于移动互联网具有随时随地上网的便利性，这就使得移动互联网金融服务天然具有了永远在线的特殊属性，用户可以突破时间与空间限制，随时随地办理金融业务，享受无时无处不在的金融服务，极大地满足了当前快节奏社会人们碎片化时间的金融服务需求。

（二）安全私密性——实现点对点信息传递和金融交易闭环服务

移动互联网金融从服务机构到客户终端，点点相对，除非技术问题或者客户泄密，其金融信息传输与交易流程保持闭环，具有较强个体行为隐蔽性，保证了用户敏感的金融信息安全，也使得客户的金融消费行为获得很大的个人隐私保护空间。

（三）即时交互性——实现端－端直接互动金融服务

传统金融服务流程通常需要一定的时间或周期，而移动互联网金融则往往是快速甚至即时的，可以在最短的时间内将信息传达给用户或者达成交易。同时，由于移动互联网终端具有双向互动交流的平台功能，金融服务的传受关系发生了实质性变革，移动互联网金融用户不再仅仅是一个被动接受者，而成了可自主咨询选择、传递信息、反馈意见的动态参与者、互动者。

（四）用户覆盖广泛性——实现遍及城乡的普惠金融

中国经济始终存在城乡二元结构和地区之间不平衡的突出特征，从金融服务来看，我国广大农村地区不同程度地存在金融基础设施薄弱、金融服务供给不足的问题。而移动互联网金融具有高效、低成本、简单易用的特点，可以结合各地区农村经济发展特点和农民生活习惯，重点满足农民小额转账、汇款、取现、农民各项补贴发放等基础性、必需性的金融服务需求，并可缓解农村地区和小微企业融资难问题。

（五）服务直达精准性——满足个性化金融需求

移动互联网金融终端往往不仅是金融交易信息传输平台，而且是身份识别系统和定位系统，基于手机号码和用户的相对固定，可以建立起用户数据库，准确地细分目标人群，使金融服务能够实现点对点、点对面的定向、定位提供，从而达到服务和信息的送达率最大化、服务效果个性化；另外，移动互联网金融对信息和服务的收费管理、用户金融消费行为特征的数据收集与挖掘、服务效果评估等也具有很大价值。

（六）低成本长尾效应——创造边际成本递减、边际效应递增的现代金融规模经济

按照长尾理论，如果以曲线来表示各类市场产品和服务的销量占比，销售规模较大、被市场普遍重点关注的热门畅销产品和服务往往占据曲线的头部，而看似需求较小、不被市场关注的冷门产品和服务则分布在曲线的尾部。然而，当生产成本和渠道成本不断降低后，散布在各处的众多较小的、个性化的需求一旦被聚合起来，其产品和服务的规模与销量也能像大规模生产与销售的热门畅销产品和服务一样，占据巨大的市场份额，这时就产生了长尾效应。

移动互联网金融正是充分利用了用户碎片化的时间，以其独特的服务方式，随时随地满足了中国市场多年来随着经济发展而日渐积累的不被关注、多种多样、分众化、小众化、个性化的金融服务需求，这类用户人群的不断聚集，就形成了规模效应，从而创造了一个具有更加广阔发展前景的"长尾"新市场，并悄然改变了我国金融产业的整体格局。

移动互联网金融具有的上述六大优势，对我国传统金融业务模式、经营方式、服务理念以及普通百姓的金融消费理念和生活方式，都带来了广泛而深远的影响。其重要意义主要表现在以下八个方面：一是移动互联网金融打破了传统金融必须在网点、柜台、固定营业时间才能办理业务的时空局限，同时也在一定程度上突破了互联网金融对固定电脑设备、网络的依赖，极大地增强了金融服务的便捷性。二是基于日渐普及的移动终端和移动网络，移动互联网金融使得金融服务人人可享、遍布城乡成为可能，极大地弥补了我国传统金融机构服务能力不足、效率低下的缺陷。三是移动互联网金融为各种传统金融产品和服务提供了更多更便捷的新型销售推广渠道，创造了新的金融服务方式与赢利模式，大大降低了金融服务的门槛和成本。四是移动互联网金融使金融业边界日渐模糊，呈现日益开放、平等、共享、竞合的特征，迫使传统金融服务业面对挑战，加速战略转型，积极主动拥抱移动互联网金融，大力发展手机银行、直销银行等新型业务运营模式。五是移动互联网金融带来了金融业务处理方式的变革，促使传统线下金融机构积极接受和采用大数据、云计算等新技术方式，弥补传统银行在资金处理效率、信息流整合等方面的不足，以不断拓展生

存和发展空间。六是移动互联网金融促进了金融机构服务理念发生根本性变革，开始向"渠道为王、用户为王"的泛金融服务理念转变。过去不被传统金融机构重视的广大中小企业和分众化、个性化用户需求，开始受到关注。七是移动互联网金融带动了电子商务业与传统金融业的充分融合，探索出了新的服务模式与赢利模式，也因此带动了上下游相关产业的发展。八是人们传统的金融消费习惯和理念不断发生变迁，带动了人们的生活方式和行为方式悄然改变。"指尖金融"将不断渗透到人们日常生活的各个方面。

三　我国移动互联网金融的发展趋势

（一）我国移动互联网金融的渗透将加速提升至线下传统金融业务水平，业务规模将呈几何级爆发增长，甚至井喷

首先，我国现有移动互联网智能终端数量庞大，远远超过传统金融机构的营业网点和 ATM 机、POS 机等设备数量，潜在的海量用户规模和庞大的市场需求，将在未来继续促使移动互联网金融与传统金融加速融合，甚至发生替代。

其次，国家正式发布了关于组织实施移动互联网及第四代移动通信（4G）产业化的八大专项通知，政策和政府推动以及终端普及、网络环境趋于完善，移动互联网金融将有可能成为决定整个金融业格局的重要力量。未来，随着监管部门颁发可从事移动支付业务牌照的第三方机构不断增多，移动互联网金融将蓬勃发展。4G 还将带动移动互联网金融进入更多传统领域，并进一步向三四线城市和农村渗透。我国农村地区平均每个乡镇仅有 2.13 个金融网点，1 个网点服务近 2 万居民，金融服务能力严重不足，但农村手机普及率高达 90%，这将给移动互联网金融发展带来巨大潜力，移动金融的不断普及或将改变农村落后的金融现状，并将带来聚变式的市场发展效应。

再次，大数据和云计算技术不断发展，将提高资金流、信息流、物流等各种行业的数据整合提炼能力，大数据挖掘扩大了金融服务的边界，将加快推动移动互联网金融产品创新和服务创新，推动业务规模爆发式增长。

最后，传统金融机构加速转型，移动互联网与传统行业的相互交融与碰

撞，将进一步激发金融服务模式、商业模式以及消费模式的创新发展，形成巨大的新兴市场，催生出新的产业链和产业集群，在创造新经济增长点的同时，将不断刺激新的金融消费需求产生，带动移动金融市场快速扩张。

（二）线上与线下一体化应用日益广泛，逐渐普及，将形成多渠道、跨平台的移动互联网金融产品体系，移动互联网金融服务日益综合化、平台化

首先，O2O 移动互联网金融产品日益多样化，不断普及，并逐步呈现个体化、精准化、定制化、一体化特点。其次，产业资源在横纵向不断优化整合中，将演变进化形成庞大数据库服务网络体系和巨型综合金融互动服务平台，使用户得以全面实现自助一站式的综合金融服务，实现平台经济、规模经济。最后，移动互联网金融核心支撑将走向"渠道、数据、服务、用户"的主导模式。

（三）移动互联网金融的产业链条重构，参与主体将进一步呈现多元化、融合化、寡头化

首先，更多行业和产业的兼容联动、混业经营，使移动互联网金融的产业链更加复杂，产业链上下游将整合渗透，向供应链金融全面延伸，从而出现多元叠加型和立体交叉型产业链结构。其次，传统金融机构将全面升级，进行战略转型和业务结构调整，积极向移动互联网金融融合递进，以促进自身可持续发展。再次，新型金融业态和格局逐步形成，将大量出现无网点、无 ATM 机、无 POS 机的"三无型"纯移动互联网直销银行，节省人力与物力成本，提供跨越时空、全方位、全功能的移动金融服务。最后，拥有巨大流量入口与用户群的巨头，将可能形成赢者通吃的寡头垄断。

（四）安全和风险问题将逐步升级，技术创新和风险管理任重而道远

首先，技术风险和平台脆弱性将影响移动互联网金融的安全，提升技术防范能力、保证信息和资金安全日趋重要。调查数据显示，在智能终端网民中，

遭遇木马、病毒和恶意软件侵害的比例高达33.2%。① 此外，由于移动终端的局限性，其动态数据管控系统及操作系统漏洞也会带来较大风险。目前，普遍采用的短信金融认证手段也略显单一。这些都是未来移动互联网金融发展不得不尽快解决的关键问题。

其次，机构和个人的双向信用风险将逐步加大，可能会对信贷融资类移动互联网金融发展产生掣肘，进一步加快完善信用体系建设、科学系统地治理移动互联网金融面临的信用风险日益紧迫。

最后，公众移动互联网金融常识教育缺失，有待普及和强化。调查显示，在没有使用过移动互联网金融的网民中，有高达71.7%的人是因为缺乏移动互联网金融安全常识而不敢使用移动互联网金融服务。②

（五）移动互联网金融领域的投融资和并购行为将会进一步加剧

首先，尽管过去的一年，各大巨头在各自专注领域已展开移动互联网金融入口的抢占，但其商业闭环的营造尚未完结。由于企业发展的战略布局需要，随着移动互联网金融的加速发展，行业巨头们对移动互联网金融的战略投资将持续加剧。

其次，在移动互联网金融所带来的巨大利益驱动下，移动互联网金融创新不断涌现，好的投资机会将加剧投资并购行为出现。其中，外国资本的加速流入，将成为我国移动互联网金融投资并购中的一大亮点。

最后，国家有关推进移动电子商务发展的政策，使国家财政资本金投入增多，行业资本也将加大流入。同时，移动互联网金融企业的融资渠道不断拓宽，这些都有利于促进产业扩容，加速推动我国移动互联网金融大繁荣、大发展。一些行业或企业出于直接快速实现业务拓展的目的或者提升竞争力的需要，将进一步增多或加快对移动互联网金融的资本运作和企业兼并。

---

① CNNIC：《2013年中国网民信息安全状况研究报告》，2013年9月，http://doc.mbalib.com/view/36fa7f6e8531bc3cf3487d6c42768c70.html。

② 艾媒咨询：《2013年中国移动支付用户行为研究报告》，2013年10月18日，http://www.iimedia.cn/36925.html。

（六）市场监管将不断加强，以促进移动互联网金融规范发展

一是随着移动互联网金融的市场发展，政府监管部门将从发牌照准入制下的笼统市场监控逐步迈进业务监管的新阶段。二是相关制度规范和标准将随着移动互联网金融的快速发展和日益普及陆续适时出台，逐步解决规则滞后和监管空白问题。例如，随着国家标准化管理委员会正式公布 5 项移动支付国家标准，并确定于 2014 年 5 月起实施，移动支付将更加规范。而对于引发争议的众筹模式等，是否确定其踩上非法集资的红线，也将因有标准而明确定论。三是金融业务管理和监管体系将全面升级，以应对融合了金融、通信、信息和 IT 等行业的"跨学科"移动互联网金融发展对金融业监管方式与监管手段提出的新挑战。四是随着各类风险事件的不断增多，移动互联网金融的行业自律将不断加强。五是移动互联网金融所需的各类人才严重不足，跨界专业人才培养将提上日程。

B.13

移动阅读：下一个业务突破口

姚海凤*

摘　要：

2013 年，中国移动阅读市场规模达到 62.5 亿元，比 2012 年的 34.7 亿元增长 80.1%。国内移动阅读用户数超 8 亿人，手机阅读活跃用户达到 4.9 亿人。移动阅读已经成为快速发展的中国移动互联网领域最受瞩目的应用之一。包括运营商、内容提供商、硬件平台提供商在内的诸多产业主体都将移动阅读作为下一个业务突破口。

关键词：

移动阅读　赢利模式　用户

一　中国移动阅读市场概述

受 2013 年智能手机产业革新、市场格局变化、3G 移动网络时代达到巅峰、4G 移动网络时代到来等外部条件影响，移动阅读已经成为快速发展的中国移动互联网领域最受瞩目的应用之一。从内容提供到硬件支持，再到运营维护，移动阅读产业链上的多个环节的竞争都相当激烈。以内容提供为例，随着版权保护规则逐渐趋严，以及作者自身维权意识的增强，优质免费内容已经很难获得，各大在线阅读网站花费巨资与知名作家签约、买断版权已经成为常态。不过，由于移动阅读市场本身蕴含巨大商机，各产业主体目前仍处于拼投

---

* 姚海凤，易观智库分析师，长期深入关注移动阅读、网络文学、数字音乐、电子商务等细分领域。

入、布局产业链阶段。未来，移动阅读服务将更加多样化，并向全媒体平台拓展，同时借助新的技术带给用户更好的体验，并最终实现向多个交叉行业融合发展。

（一）移动阅读定义及分类

移动阅读指以手机、平板电脑、电子阅读器等移动终端为阅读载体，通过在线、下载等方式，浏览电子小说、报纸、图书、杂志、动漫和其他文献等的阅读行为。移动阅读分类标准主要有内容来源、内容呈现形式、内容浏览方式（见表1）。

表1　移动阅读分类标准及描述

分类标准	描述
内容来源	主要包括网络原创文学和传统文学
内容呈现形式	主要包括纯文本阅读、图片阅读（如漫画）、文字＋图片、音频（如听小说、评书、相声、笑话、音乐等）等
内容浏览方式	主要包括客户端软件在线阅读；客户端软件离线阅读，如将内容下载到终端上进行阅读；直接登录 WAP/WWW 网站，在线阅读；通过 PC 登录 WWW 网站，将内容下载至电脑，通过数据线传输至手机进行阅读；通过收取短信/彩信（如新闻早晚报）获取阅读内容

（二）我国移动阅读产业链分析

目前，中国移动阅读产业链主要由以下环节构成：资源版权方（个人作者、图书版权方、电子版图书版权代理/互联网内容提供商）、电信运营商、互联网阅读服务提供商、电商平台、终端厂商、支付厂商和用户（见图1）。

1. 资源版权方——决定移动阅读的关键资源

海量优质内容是移动阅读领域的核心竞争资源，直接关乎相关产业主体的市场地位和未来发展格局。在中国移动阅读产业链中，掌握内容的主体主要包括数字版权代理方和原创文学网站。前者整合了出版社、图书公司、个人原创作品，后者（如盛大文学）则建立了成熟的奖励、推荐机制，用以吸收新鲜内容在其平台上聚合。凭借独特的内容资源优势，两者在移动阅读产业链中具

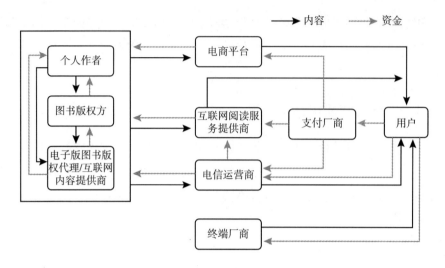

图 1　中国移动阅读产业链构成

资料来源：易观智库。

有一定的话语权。

2. 电信运营商——产业链最大的获益方

国内电信运营商拥有庞大的用户群、丰裕的资金，并通过电信网络运营垄断了内容的传播渠道，通过成熟的结算方式主宰了内容提供方与用户之间的交易模式，这些优势使得电信运营商在当前国内移动阅读产业链中发挥着举足轻重的作用。但运营商不具备现成版权内容资源，需要整合内容提供方资源。

3. 互联网阅读服务提供商——最接近用户的产业链环节

互联网阅读服务提供商在与内容提供商合作的基础上，为用户提供阅读及相关服务，并与内容提供商进行利润分成。互联网阅读服务提供商的收入主要来自用户对阅读内容的消费，大部分用户通过运营商渠道进行付费，另外还包括通过第三方支付、点卡充值等方式进行付费，但是受盗版以及免费使用习惯的影响，用户内容付费规模处于较低的水平。由于移动阅读广告影响用户体验，而且广告主对其广告价值缺乏认同，以及广告转化率较低，目前广告收入基本为空白。此产业链环节为最接近用户的环节，对市场环境的变化、用户需求把握较为准确，能快速做出反应以及进行战略调整。

随着移动互联网的快速发展，作为最接近用户的产业链环节之一，互联网阅读服务提供商积累了大量的服务运营经验，对市场趋势以及用户需求的把握相对准确，无疑占据了产业链当中最有利的位置，相信随着产业政策和行业环境的改善，互联网阅读服务提供商将获得更好的发展机遇。

4. 电商平台——话语权相对较弱

电商平台是指直接在移动端销售阅读产品的平台，该平台以销售数字阅读物为主。目前，此类平台主要有淘宝电子书、京东商城、亚马逊中国、当当网等。在移动阅读的产业链中，在线电商平台原本有较好的版权环境以及普遍的用户付费习惯作为基础，但在目前的中国移动阅读市场，情况相反，电商平台的模式并未得到如国外亚马逊那样的发展。未来较长的时间内电商平台都不会占据移动阅读产业链的主导话语权。

5. 支付厂商——新的焦点

随着用户付费意识逐渐增强，政府加大对版权的保护力度，付费用户将越来越多，移动阅读领域的支付环节也将成为厂商关注的焦点。现在以及未来可能的方式有：网银支付、第三方支付、电信运营商支付以及虚拟货币支付等。

6. 用户——逐渐走向成熟

易观智库产业数据显示，手机网络阅读在移动互联网用户中的渗透率达到53.76%，仅次于浏览网页（89.02%）、即时通信（79.19%）、音乐（55.49%），阅读是用户在手机上的核心需求之一。虽然目前用户对阅读的付费比例较低，但未来随着用户对高品质阅读服务需求的增加，以及政府、产业链各环节的推动，移动阅读会走向成熟的收费时代。

（三）移动阅读产业链的发展特点

1. 终端多元化布局趋势明显

人们阅读的载体，正在由传统的纸质图书向手机、平板电脑、电子阅读器等移动终端扩展，终端更加多元化。同时，电子图书的云同步、云存储需求也逐步明朗。

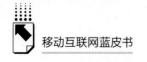

2. 电信运营商主导移动阅读产业

目前，移动阅读主要是通过运营商进行收费，在当前移动支付尚未普及、互联网用户付费习惯未形成的市场环境下，电信运营商的支付方式简单易行，对推动付费阅读、培养用户付费习惯起到了关键性作用，推动了产业链的健康发展。

3. 传统出版社对内容的开放程度有限

目前，传统出版社大部分涉足电子版权内容，但是其开放程度有限，导致其在移动阅读产业中的优质资源较少、价格偏高、用户接受程度较低。随着传统出版社的互联网化进程加速，出版社逐渐转变固有观念，未来移动阅读市场将会涌现更多的质优价廉的内容资源。部分传统出版社也在尝试自己经营电子书业务。

4. 互联网阅读服务提供商逐步向上游渗透

越来越多的互联网阅读服务提供商逐渐意识到版权资源的重要性。为了提高在产业链中的话语权，互联网阅读服务提供商各自组织自己的版权资源，签约并培养自有作者，打造独家内容，向产业链上游渗透。

（四）2013 年我国移动阅读产业的标志性事件

2013 年，我国移动阅读产业动作频繁，运营商、互联网公司都发生了具有深远影响的事件。

从运营商方面看，2013 年 5 月，由浙江在线、红旗出版社、中国移动阅读基地联合主办的"中国·浙江无线内容生产基地"在浙江落户，全国首家无线内容生产基地建成。2013 年 12 月，中国电信天翼阅读概念版 2.0 版本上线，这是目前市面上唯一可以支持离线阅读的 HTML 5 阅读类产品。

从互联网公司角度方面看，2013 年 7 月，盛大文学对云中书城进行结构调整，将其移动客户端与起点读书移动端进行全面整合；同时加大对锦书（Bambook）电子书的投入，让云中书城更加深入地与 Bambook 业务无缝连接。2013 年 5 月，腾讯文学作为腾讯旗下重要的娱乐互动业务系统正式亮相，发布了涵盖创世中文网、云起书院、"畅销图书"以及 QQ 阅读、QQ 阅读中心等子品牌和产品渠道的全新业务体系和"全文学"发展战略，并与人民文学出版社、作家出版社等众多知名出版社、发行商签约合作。腾讯文学同时还与华谊兄弟等影视公司和机构达成战略合作，成立"优质剧本影视扶持联盟"（溯源联合基金池），致力于推动文学作品泛娱乐开发。几乎同时，网易云阅读推出"作者千万"奖励计划，2013年8月，网易云阅读正式上线自媒体入口。2013年10月，人民网以2.46亿元价格收购看书网，成为其在数字出版领域的重要布局。并购后，人民网利用自身的资源整合传统图书出版机构的内容资源，进一步做大了图书数字出版业务。

二　我国移动阅读产业市场规模及赢利模式

（一）2013年我国移动阅读产业市场规模

易观智库数据显示，2013年底，中国移动阅读用户数超8亿人，使用率仅次于手机即时通信、手机搜索。用户规模的增长推动了移动阅读整体市场规模的增长，2013年，中国移动阅读市场规模达到62.5亿元，比2012年的34.7亿元增长80.1%（见图2）。

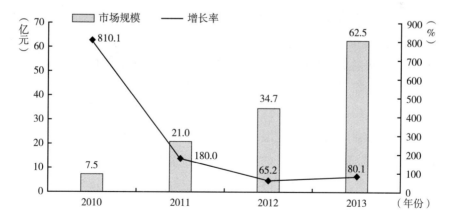

图 2　2010~2013 年我国移动阅读市场规模

资料来源：易观智库。

（二）当前我国移动阅读赢利模式分析

目前，我国移动阅读的赢利模式主要分为三类，即用户付费、广告主付费、版权增值服务。

1. 用户付费

用户付费的形式一直是移动阅读类应用的主要赢利模式。主要有以下几种形式：综合包月/年付费；综合包年付费；按千字付费；按章节付费；按本付费；按选择的领域（如小说、资费、报纸、杂志等）包月/年付费；按选择的主题（如女性、玄幻、言情等）包月/年付费；按作家、名人（如金庸、古龙等）包月/年付费。

由于移动互联网应用的快速增长，移动阅读客户端版本升级较快，内容资源质量更高，用户阅读体验也更加丰富，而传统纸质书存在价格高、占用空间大等不足，促使更多用户采用移动阅读方式替代纸质书阅读，因此，用户对手机阅读的付费意愿也较之前高。

近几年，以"道具打赏"①为代表的粉丝经济成为网络文学新的赢利点。这实际上是原创文学网有意识地引导用户通过多种方式直接向作者和网站支付费用，获取更高额的回报。17K②在2013年通过打赏获得的收入超过站内收入的30%。因此，网络文学公司几乎均将打造"大神"作者当成企业的核心战略，这也是未来移动阅读新的赢利模式。

2. 广告主付费

广告主付费主要是指通过为广告主提供文内广告、富媒体广告、阅读页广告等获得收入。除了付费阅读，移动阅读领域涉足此模式的不多，更多的是免费阅读类应用采用了加入广告的形式。一方面，由于投放广告的效果不如视频等客户端好，目前广告主投放意愿不强；另一方面，由于手机屏幕较PC、平板电脑小，用户还需要为手机广告的流量费埋单，这将会影响用户的阅读体验，甚至会造成用户流失，所以多数厂商在选择广告主付费的模式上较为慎重。

---

① 网站设置的促进读者与作者互动奖励机制，鼓励读者直接向作者赠送虚拟货币或者帮助其推荐作品。

② 17K，中文在线旗下的在线阅读网站。

以鲜果①为代表的资讯新闻类阅读应用更多的是通过品牌广告的精准投放获得利润。但受限于屏幕的大小，移动应用的广告呈现效果远没有 PC 好。在移动端品牌广告投放没有实现规模化的前提下，这一类赢利很难有大幅度的增长，个别互联网阅读服务提供商在探索新的广告模式。

3. 版权增值服务

一些较大规模的拥有原创版权内容资源的厂商进行多版权增值服务，最大限度地开发网络文学的商业价值，如与出版社合作出书；与影视公司、网络游戏公司合作推出同名、同主题影视剧和网络游戏；与动漫企业合作开发作品相关动漫周边产品，为电子图书提供版权增值服务，获得收入。

为了促进文学产品的生产，原创内容厂商不再仅仅将自己定位为一个文学作品的发表、阅读平台，还是一个包装者和运营者。以《鬼吹灯》为例，这一系列在网站发表受到读者热捧后，起点中文网随后推出了包括纸书、漫画、广播剧、影视剧、网络游戏在内的多种包装推广方案。2006 年开始在晋江文学网连载的小说《甄嬛传》，于 2011 年被改编为同名电视剧，迅速成为风靡全国的黄金剧集。版权增值服务使移动阅读产业摆脱了传统图书出版业市场不断萎缩的困境，获得了作品经济价值和社会反响的双丰收。

此外，进军数字出版业也成为移动阅读厂商未来的发展方向。2009 年，盛大文学首次作为中国出版商代表出现在法兰克福书展，首次向海外展示了中国数字出版模式，中国数字出版业已经成就的知名作家、作品和丰厚的个人收入成为外界关注的焦点。

三 中国移动阅读用户行为分析

（一）我国移动阅读用户基本情况

自 2011 年起，我国移动阅读市场进入高速发展期，截至 2013 年底，手机阅读活跃用户数达到 4.9 亿人（见图 3）。用户规模的增长推动了整体阅读市场的发展。

---

① 鲜果，国内一家创立于 2007 年的个性化阅读网站。

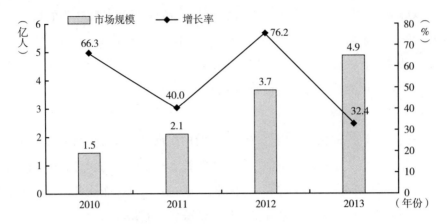

图3 2010～2013年我国移动阅读市场活跃用户规模

资料来源：易观智库。

从移动阅读的活跃用户性别调查结果可以看出，2013年活跃用户男性占51%，女性占49%（见图4），并未延续以往男性用户明显高于女性用户的特征。说明有越来越多的女性用户开始加入移动阅读的群体。

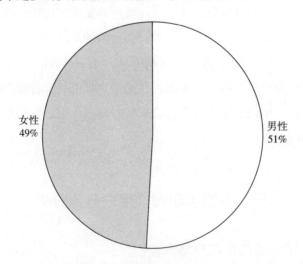

图4 2013年中国移动阅读活跃用户性别比例

资料来源：易观智库。

从移动阅读活跃用户年龄结构看，18～45岁用户已经占到90%以上，用户群体以工人、服务员、学生、企事业单位职员等为主。目前，25～34岁用户为主要用户群体，占比达 45.3%（见图 5）。随着智能手机普及率的提高，用户已向低龄用户渗透，18~24 岁用户将是下一个增长点。

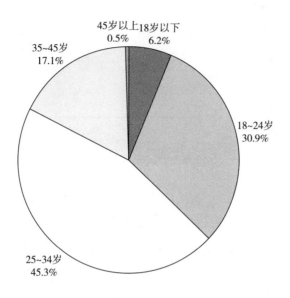

图 5　2013 年中国移动阅读用户年龄结构

资料来源：易观智库。

（二）我国移动阅读用户消费习惯及偏好分析

随着移动互联网的发展，阅读客户端在提高自身原创内容质量的同时，也在与更多的数字出版社合作提供丰富内容，所以越来越多的用户愿意付费阅读。2012 年，移动阅读用户可接受月消费额在 3~5 元的居多，如今用户可接受的月消费额为 10~50 元，较 2012 年有大幅度提升。用户付费阅读的习惯已逐渐养成，而且支付金额更大。

运营商业务收费依然是移动阅读用户付费的主要渠道，通过该渠道付费的用户占 65.8%；随着第三方支付在移动终端业务的拓展，在移动阅读付费用户中采用此种付费方式的用户比例已达到 14.2%；充值卡充值和网银支付也逐渐被用户选用（见图 6）。

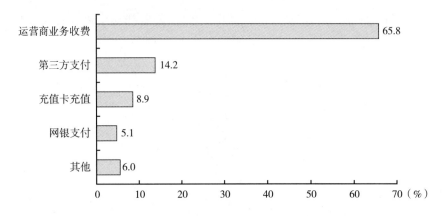

图 6　2013 年移动阅读用户付费渠道类型

资料来源：易观智库。

从移动阅读活跃用户阅读的三大类型资源物可看出，网文男频①占比最高，达 42.1%，网文女频②占比为 31.2%，居第二位，出版读物占比提升较快，达 26.7%（见图 7）。由于出版读物已经被更多的用户选择，所以各家厂

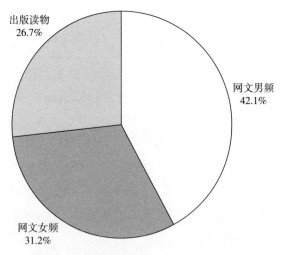

图 7　移动阅读用户三大类型资源物比例

资料来源：易观智库。

---

① 网文男频，指专门针对男性读者的网络小说频道。
② 网文女频，指专门针对女性读者的网络小说频道。

商在积极增加原创内容资源之外，也在积极与数字出版社就版权签约，比拼出版读物内容资源也是各大厂商吸引用户的关键。

从产品市场表现来看，iReader 凭借其强大的终端渠道优势，2013 年第四季度市场份额占比达 24.0%；QQ 阅读凭借 QQ、微信平台庞大的用户优势，市场份额占比达 14.5%；塔读文学除整合天音渠道分销资源外，大力发展主流厂商和线上渠道，加上精细化内容的运营，份额上升到 9.6%，居第三位；91 熊猫看书份额达 9.5%，i 悦读和书旗免费小说市场份额分别为 6.5% 和 6.1%；内容资源雄厚的云中书城占据 5.5% 的市场份额；Anyview 仍然靠绿色无广告、完全免费，以及方便和实用性来吸引用户，市场份额为 3.2%；而多看阅读凭借良好的用户体验和精品内容提升用户数量，市场份额达 1.3%（见图 8）。

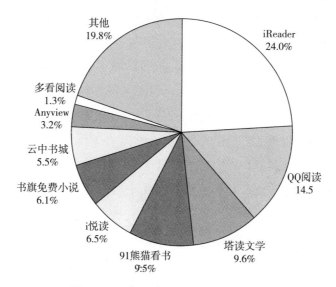

图 8　2013 年移动阅读市场客户端格局

注：中国移动阅读厂商竞争格局，以其累积注册用户规模计，即中国阅读企业在其移动阅读应用方面的注册用户积累。

资料来源：易观智库。

四　2013 年我国移动阅读领域典型厂商分析

我国移动阅读领域厂商主要分为三类，第一类是以三大电信运营商为主体

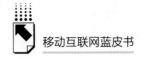
的阅读基地，其主要内容资源仍由相关互联网公司通过合作提供；第二类是以盛大文学、腾讯文学、网易云阅读为代表的，由门户网站运营和支持的网络文学供应商；第三类为独立运营的互联网文学网站（公司）。以下主要选取后两类中的代表厂商进行介绍。

（一）云中书城

云中书城（www. yuncheng. com）是盛大旗下的移动阅读产品，内容囊括盛大文学旗下多家网站内容及众多全国知名出版社、图书公司的电子书，为消费者提供包括数字图书、网络文学、数字报纸杂志等数字商品。

云中书城背靠盛大文学，使其在移动阅读领域具有巨大的资源优势。据统计，2013 年云中书城可供下载的图书数量达到了 100 万种，云中书城客户端累计用户为 5000 万人，占比达 5.5%。

云中书城的发展优势一是在于背靠盛大文学，拥有海量的内容资源；二是具备多平台支持：云中书城涵盖了现今主流平台，包括 Android 版、iPhone 版、iPad 版、触屏版、Windows 8、Bambook、PC 阅读器，软件设计屡获好评；三是拥有灵活的支付方式，使用户付费更加便利和人性化。

而其劣势则在于移动端发展稍晚，用户规模相对偏小；原创内容基本是盛大文学自身产出，传统文学和其他热门原创内容引入较少，难以满足用户的个性化需求。未来，云中书城期望取得更好的发展，首先需要继续扩充内容资源，除产出自有作品外，还要引进国内外优秀作品，丰富其图书资源。在电子书出版方面，还应争取更多的优质版权商及高质量作品。在渠道创新方面，在和三大电信运营商合作的基础上，渗透本地图书馆，形成企业通过图书馆向读者提供服务的模式。在模式创新方面，云中书城将与 YY 达成平台对接，打造实时互动的网络文学商业模式，从"看书"到"听书"再到"看说书"。其次，云中书城的全版权运营业务未来将深入覆盖互联网、影视、游戏等多个行业。

（二）iReader

iReader 由掌阅科技创建于 2008 年，在移动阅读市场深耕多年，目前其阅读客户端产品 iReader 下载量居行业之首，是移动阅读客户端市场的领先者。公司凭借雄厚的研发实力和专业的产品运营，相继推出了掌阅书城、掌阅 iReader、掌阅杂志等多个系列产品。2013 年掌阅 iReader 的发展思路主要有以下两个方面。

1. 提高版权意识

2013 年 11 月 30 日，在北京召开的第六届中国版权年会上，"北京掌中浩阅科技有限公司"荣获中国版权产业最具影响力企业奖，成为获得该奖项的唯一移动互联网公司。版权是移动阅读行业生态系统的重要一环，掌阅重视和尊重版权问题，并实践出一套行之有效的版权管理手段，成为行业内处理相关事务的范本，这一方面为移动阅读行业的版权管理提供了很好的借鉴，另一方面大幅度提升了企业的公众形象。

2. 简化下载途径

2013 年，掌阅开通了 12114 信息名址快速下载通道，简化了用户下载应用的操作难度，手机用户编辑短信"掌阅"发送至 12114，系统返回一条包含掌阅的下载链接的信息，打开链接即可下载掌阅应用。12114 信息名址凭着标注简单、指引清晰、操作方便、便捷直达和利于各种媒体传播等特点，对掌阅应用的推广效果有着明显的提升。

iReader 的优势在于：软件本身用户体验良好，版本更新快，对用户反馈反应迅速，UI 有良好的口碑；在拥有丰富图书资源的同时，建立起了成熟的商业模式，与内容提供商合理分成。此外，由于其起家较早，技术实力雄厚，现今与约 30 家终端厂商合作，是众多手机厂商预装的标配，成为 Android 平台阅读第一品牌。

不过与此相联系的是，iReader 也暴露出了一些存在的短板：在 iOS 等其他系统中处于相对弱势地位，流失了大量用户；内容依靠第三方，培养自由作家的机制尚不完善；等等。

精品化战略是掌阅下一阶段发力的方向，在继续与主流出版社合作的同时，掌阅 iReader 将会加大对网络原创文学的投入。据悉，掌阅 iReader 将会尝试培养自有原创作者，争取更多的优秀网络原创作品。

五 我国移动阅读产业未来发展趋势

处于高速发展的移动阅读产业未来可能呈现如下发展趋势。

（一）移动阅读用户将呈爆发式增长

随着智能手机、平板电脑、电子阅读器等移动终端设备的逐步普及，以及移动互联网网络环境的改善和用户数量的积累，用户的时间和注意力正在加速向移动端迁徙，移动阅读已成为手机用户高使用率的移动应用，多家厂商在发力移动阅读市场，因此2014年移动阅读用户覆盖会进入一个爆发的阶段。

（二）移动深度阅读将逐渐取代碎片化阅读

初期人们仅仅将碎片时间花在移动设备上，碎片化的内容适合浅层阅读。但移动深度阅读有更强的个性和互动需求。在书籍和微博之间广阔的"深度阅读"领域，千字阅读能同时满足人们"热度和深度"的信息获取需求，正在成为流行的内容消费方式。内容、产品和技术方面的激烈争夺，或将形成全新的商业模式。在移动设备、应用和内容日益丰富时，移动设备足以承载需要集中精力才能完成的任务。碎片化阅读正在被击破，深度阅读逐渐占据移动阅读的黄金时间。

（三）移动阅读同步性将增强

传统的阅读方式和场景都发生了颠覆性的变化，移动设备的便携性让阅读变得无处不在。因此，移动终端的发展对移动阅读的影响非常深远，而手机将是未来最为普及的设备之一。同步性能够弥补移动互联网和PC互联网的差异，同账号可以实现PC端和移动端同步共享，从而增强用户黏性。

（四）提升移动阅读的个性化服务

移动阅读将精准匹配内容和读者。无线阅读平台的首要特点是个人化的终端承载着个人的服务，所以作为移动阅读平台，一定要跟随着智能化终端的平台发展，同时结合个人阅读的特点，为用户提供更加个性化的服务，这在移动阅读的时代显得尤为重要。此外，移动阅读还将增强互动，在读者与作者之间建立连接，实现 SNS 化。书籍类内容的阅读更需要沉潜，内容消化成本和互动门槛高，并且互动需求并不那么强烈。但文章类内容不同，用户在阅读过程中有交流、解惑、分享的需求，需要互动并且很容易互动。

B.14
2013年中国移动游戏迎来市场爆发

薛永锋*

摘　要：

2013年，我国移动游戏市场规模达到120.92亿元，虽然体量不大，在全行业中所占的份额不足1/6，但是增长速度远高于行业平均水平，2014年增长幅度有望达到90%，未来三年将是全行业的主要拉动力。移动游戏在爆发式增长之后，暴露出产品生命周期短、同质化严重、抄袭侵权严重等问题，若消除这些问题，市场仍有很大的上升空间。

关键词：

移动游戏　用户行为　渠道拓展

一　2013年我国移动游戏发展概况

（一）2013年我国移动游戏市场高速增长

2013年，我国广义游戏市场高速增长，整体市场规模达到841.78亿元，其中移动游戏市场规模达到120.92亿元，占全行业的14.36%，[①]　就其体量来说，小于客户端游戏[②]与网页游戏[③]的规模，但是其100%以上的增长速度远高

---

*　薛永锋，易观智库分析师，长期关注网络游戏、移动营销、网络营销、新媒体等领域。
①　资料来源于易观智库。
②　客户端游戏指由网络游戏运营商所架设的服务器来提供游戏，而玩家则利用由网络游戏运营商所提供的客户端来连上运营商的服务器以进行游戏的一种网络游戏类型。目前的网络游戏大多属于此类型。
③　网页游戏是指基于网页浏览器的网络在线多人游戏，此类游戏无须下载客户端，打开网页用浏览器就能玩。

于行业 45% 左右的平均水平，移动游戏将成为未来三年内全行业的主要拉动力。

智能手机的高速普及所带来的"人口红利"为市场的发展提供了重要动力，据腾讯 2014 年 1 月发布的《中国移动游戏用户洞察报告》，中国移动游戏用户中有 80% 拥有智能手机，用户中拥有大学本科以上学历的占 48%，并以年轻人居多，平均年龄为 25.5 岁。易观智库数据显示，截至 2013 年第四季度，移动游戏市场玩家数量达到 3.88 亿人，玩家数量呈快速增长态势，单机、网游的玩家活跃度均有不同程度的提高。随着中国智能手机渗透率的不断提高，移动互联网的普及，以及一批标杆性产品的诞生，2013 年移动游戏迎来了一个快速发展的阶段。

（二）我国游戏产业相关法律法规日趋完善

2010 年 8 月 1 日起施行的《网络游戏管理暂行办法》，是目前国内对网络游戏行业监管的最新法规，对从事网络游戏行业的企业、人员以及经营方式等均做出了明确的政策界定。

针对中国移动互联网市场的快速发展与急剧变化，2012 年 11 月出台的《关于加强移动智能终端进网管理的通知》已经正式执行，通过对提供应用的第三方平台进行备案管理等，加强对个人信息安全及其合法权益的保护。2013 年 12 月，《网络文化经营单位内容自审管理办法》开始施行，由政府部门承担的网络文化产品内容审核和管理责任将更多地交由企业承担，移动游戏的内容自审将首先试行。相关政策的出台，在规范市场行为的同时，也对行业的发展产生了深远影响。

（三）移动游戏市场规模拓展迅速

2013 年，我国移动游戏市场规模扩张明显，前三季度的市场规模分别为 21.68 亿元、28.73 亿元、38.89 亿元，保持季度环比 30% 左右的高速增长，2013 年第四季度，市场规模达到 49.9 亿元，较上季度环比增长 28.3%。全年移动游戏市场规模超过 120 亿元，对比 2012 年 54.28 亿元的市场规模，呈现同比翻番的爆发式增长（见图 1）。

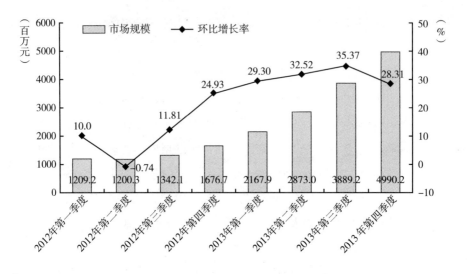

图1 2012年第一季度至2013年第四季度移动游戏市场规模

注：中国移动游戏市场规模，即中国游戏企业在移动游戏业务方面的营收总和。具体包括其运营及研发的移动游戏产品所创造的用户付费收入以及企业间的游戏研发与代理费用，游戏周边产品授权，内容外包与海外代理授权费用的总和。

资料来源：易观智库。

2013年，移动游戏市场开始为中国移动互联网产业、中国游戏产业贡献规模化收入。移动游戏也成为推动中国移动互联网繁荣、资本市场活跃的主要力量，成为中国移动互联网产业发展初期为企业贡献最多收益的领域。

2013年，我国移动游戏行业之所以能得到如此快的发展，有以下几方面原因。

一是新产品类型的推动。中国客户端游戏市场已经过5年的发展，网页游戏经过3年的发展，而移动游戏发展仅1年的时间。但仅在2013年这一年，移动游戏市场就呈现卡牌、格斗、角色扮演（RPG）、休闲等不同类型游戏新产品各领一时风气的局面。而在微信游戏平台上线之后，中国的轻游戏市场升温，必将在2014年占据更多的市场份额。与此同时，重度网游精品也将随着技术的升级占据一席之地。

二是移动智能终端普及。2013年，中国的智能终端普及率达到50%，[①]

———————

① 资料来源于易观智库。

终端硬件的升级换代为行业的发展提供了基础保障，而移动游戏也随着智能终端进入更多用户的视野。2014 年，智能终端将有更加快速的普及，尤其随着更多的千元智能手机进入三四线城市，移动游戏将会有更大的发展。

三是 3G 用户规模持续增长。2013 年，中国的 3G 用户规模超过 3 亿人，渗透率达 26%，尚有巨大的发展潜力。每一次游戏市场高潮均与"人口红利"有重要关联，易观智库预计接下来的 2～3 年，智能终端与 3G 网络将共同作用于移动游戏市场，推动移动游戏市场的高速增长。

四是行业监管日益规范，政策推动市场发展。随着移动互联网市场的快速发展，尤其是移动游戏领域取得的突破，市场规模高速扩容，行业也得到了政府机构的关注与重视。2014 年针对移动互联网与移动游戏的监管政策即将出台，这在进一步规范市场的同时，也成为市场发展的重要推动因素。

五是资本市场进一步提供支持。2013 年移动游戏市场的火热引来资本市场的关注，虽然也催生出一定的泡沫，但是依然有一定量级稳定的、理性的资本为行业的发展提供支持。2014 年，部分移动游戏企业将走向资本市场，进行首次公开募股（IPO），上市后的移动游戏企业将成为推动移动游戏市场发展的重要力量。

二　我国移动游戏市场的规模及产业链

（一）我国移动游戏产业链形成

2013 年，我国移动游戏行业在产业规模、经营企业数量、从业人员数量、用户规模等方面均迈上了新台阶。目前，支撑移动游戏市场发展的主要力量分为如下四个部分。

一是移动游戏研发商。它们的主要活动是聚集产品版权，打造产品研发的核心团队，依靠自身智力创作游戏内容。除此之外，它们或将自主研发的产品独家代理给发行企业，或将产品投到移动游戏的分发渠道，自主运营，进而将自己的产品向产业链的下游输出。

二是移动游戏发行商。它们主要经营的业务为独家代理上游研发厂商的移

动游戏产品，通过全渠道的发行能力、强大的市场推广能力，将代理的产品投到多个渠道，进行产品的推广及运营。

三是移动游戏渠道商。它们直接对接用户，是用户接触移动游戏的第一个环节，也是移动游戏内容流向的"最后一公里"。目前，移动游戏运营平台以应用商店为主，包括官方商店（App Store、Google Play）与第三方商店（360手机助手、91助手、爱游戏）。而2013年下半年微信游戏平台的上线，拓展了以轻游戏为代表的超级应用的渠道。

四是移动游戏支撑环节，包括电信网络、服务器、营销媒体、支付等环节。移动游戏作为互联网化的文化创意产品，在完成内容传达用户、实现用户交互以及用户付费的整个过程中，需要多个环节的支持，需要营销来实现产品品牌化的诉求，需要支付完成游戏运营整体的最后一环。移动游戏产业链运作模式如图2所示。

（二）我国移动游戏主要产品类型及其发展

1. 我国移动游戏产品的主要类型

当前，依据游戏产品玩家的使用深度、碎片化程度，移动游戏产品可分为单机游戏、轻游戏、网络游戏三种类型（见图3）。

在这三者当中，目前中国市场主要创造营业收入的类型为移动网络游戏，其主要的商业模式为平移PC端的产品及其商业模式，通过用户之间的交互与竞合，刺激用户购买道具。其对硬件终端、网络环境有较高要求，用户规模也主要集中在一线、二线城市。目前移动网络游戏的主要产品类型有以下三类。

①卡牌类：代表产品为乐动卓越自主研发的《我叫MT》。该类型参照海外移动游戏市场的发展程度，尤其是同属东亚文化圈的日本与韩国的移动游戏市场，卡牌类为市场中最主要的产品类型，在市场发展的初期，这一类型被证明是最有潜力的类型。到2013年下半年，玩家的需求发生了较大变化，卡牌类产品的成功率降低，新产品难以取得用户认可。易观智库分析认为，对比日韩，移动游戏市场仍有很大不同，社会基本构成（无中产阶层）、终端设备（以中低端手机为主）、产品接受程度（卡牌类适合动漫IP）等因素，使得用户的需求发生变化。

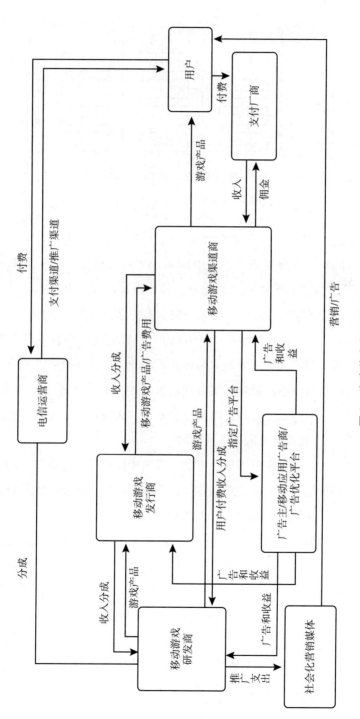

图 2 移动游戏产业链

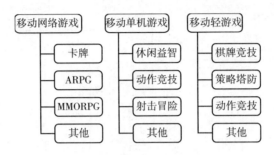

图 3　移动游戏市场产品细分情况

资料来源：易观智库。

②格斗类（ARPG）：以蓝港在线研发的《王者之剑》为代表。这一产品类型吸收了掌机时代的操控模式，将中国用户喜欢的模板——格斗模式加入其中，让用户在打击与 PK 中找到兴趣点，并刺激其付费。2013 年，这一产品类型得到了行业与玩家的一致认可，未来将会有更多的同类产品出现。

③大型多人在线角色扮演类（MMORPG）：以完美世界自主研发的《神雕侠侣》为代表。其产品的主要玩家与模式均与 PC 端盛行的端游相同，为玩家提供深度的场景与角色，刺激其在游戏的世界中与其他玩家交互并实现付费。玩家对这一类型的接受度较高，单人付费数额（ARPU）也较高，易观智库预计 2014 年这一产品类型将取得快速发展。

移动单机游戏的受众范围最为广泛，成为中国乃至全球市场中的最主要游戏类型，其碎片化、易上手的产品特性，为众多用户所接受，尤其打开了女性玩家的市场，其主要产品类型有以下两种。

①休闲益智类：以路威（Rovio）开发的《愤怒的小鸟》为代表。这一类型的产品目前在全球市场中赢得了用户的认可，成为全球风靡的游戏类型。

②动作竞技与射击冒险类：这一类的产品与移动终端的硬件特性相匹配，适合在移动终端呈现，成为市场中主要的产品类型。相对于休闲益智类产品，该类产品重度更深，但是受到目前行业环境以及用户消费环境的影响，这一类型的产品尚待大作出现，而行业的整体环境影响着这一细分领域的持续深化拓展。

移动轻游戏是介于单机游戏与网络游戏之间的游戏类型，在中国电信爱游戏、微信游戏等平台的倡导之下，开始成为一个新兴的细分领域。

2013 年，移动游戏市场中的轻游戏产品数量占全行业移动游戏数量的24%，而预计至 2014 年，中国移动轻游戏的市场份额将达到 40%。① 移动轻游戏产品将成为把移动互联网用户转化为移动游戏玩家的第二大战场。

2. 我国移动单机游戏发展状况

在 2013 年中国移动互联网网民覆盖情况中，移动单机游戏的渗透率达到23.8%（见图 4），成为中国移动互联网第五大使用类型。移动单机游戏承担着为移动游戏引流的重要作用。

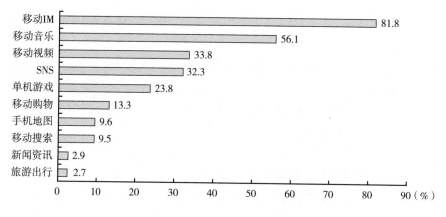

图 4 2013 年中国移动单机游戏网民覆盖率

资料来源：易观智库。

随着中国智能手机的普及与发展，移动单机游戏因其易上手、可玩性强等特点，成为打开市场的重要角色。与此同时，中国市场中的主要单机游戏产品多为海外进口产品，产品的商业化程度有限，用户的付费率偏低，国内本土移动单机游戏研发厂商数量有限。

从产品类型的分布来看，在 2013 年中国移动单机游戏市场中，以《捕鱼达人》《找你妹》为代表的休闲益智类产品依然是市场的最主要力量，市场份额达到了 69.26%（见图 5）。而在 PC 或主机游戏领域占据主导权的角色扮演类游戏只占不到 1% 的市场份额。移动智能终端能否为玩家提供具有广阔背景深度与强大可玩性的角色扮演类产品，还需要全行业来探索。

---

① 资料来源于易观智库。

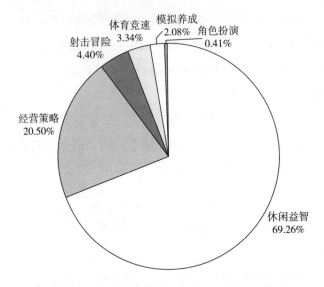

图 5　2013 年中国主要单机游戏类型市场份额

资料来源：易观智库。

3. 我国移动网络游戏发展状况

2013 年，移动游戏市场的竞争态势变化多端，许多团队借助资本之力搅动市场。这一年，也产生了大量的热门产品，相当数量的移动游戏企业依靠单款产品取得的巨大成功便占据了一定量级的市场份额。

但 2013 年移动游戏行业尚处于发展初期，行业高度分散，竞争格局多有变化，以乐动卓越、银汉科技为代表的典型移动游戏研发商的市场份额均未超过 7%（见图 6），许多新晋的游戏厂商进入，部分小团队被淘汰，行业并购事件频繁发生。

4. 我国移动轻游戏发展情况

2013 年，作为移动游戏市场爆发的元年，行业快速由"蓝海"进入"红海"阶段，市场中也出现了针对产品细分的声音。尤其在微信游戏推出之后，其成功得到了全行业的关注，部分游戏企业也开始针对这一细分领域进行布局。

根据移动游戏产品的特性，按照其产品包大小、用户使用深度及联网情况，分为移动单机游戏、移动轻游戏以及移动网络游戏三种类型，而移动轻游

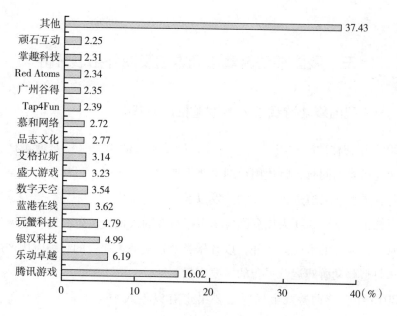

图6　2013 中国移动网络游戏研发厂商竞争格局

资料来源：易观智库。

戏在以中国电信爱游戏、微信游戏等为代表的平台倡导下，开始成为一个新兴的细分领域。

（三）我国移动游戏用户特点分析

易观智库数据显示，目前中国移动游戏用户数超过 PC 端游戏用户数，达到 3.88 亿人。其中，男性用户占比为 57%，这与 PC 端用户以男性为主的市场情况有较大不同。从购买力上看，移动游戏用户尽管总体收入水平不高，但是付费意愿较高，据腾讯发布的《中国移动游戏用户洞察报告》，移动游戏用户月收入在 3000 元以上的占 33%；移动游戏用户月均付费多于 50 元的达 48%，随着市场以及行业的发展，移动游戏用户的付费意愿有所提高，市场发展潜力巨大。

《中国移动游戏用户洞察报告》揭示，移动游戏用户与 PC 端用户的重合率在 50% 左右，移动游戏对 PC 端用户的抢占有限；目前移动游戏用户获取产品主要是通过社交网络的口口相传以及应用渠道的推广，产品的口碑在发展初期成为重要因素，而休闲类游戏占据市场的主流，用户需求度超过 60%。

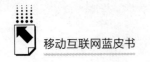
三　我国移动游戏市场渠道及海外拓展分析

（一）我国移动游戏进入多渠道推广时代

2013 年，移动游戏市场高速发展，移动游戏的用户规模接近 4 亿人，在市场快速扩容的同时，触达用户的主要渠道也开始多样化，移动游戏企业开始使用各种类型的渠道进行游戏的分发以及品牌的推广。

以腾讯、奇虎 360 为代表的应用占据行业的入口级位置，均有发展移动游戏运营平台业务的潜能。此外，以音乐类及社交类为代表的超级应用产品也将是未来打造移动游戏运营平台的重要力量。

2013 年，移动游戏市场的主要渠道有以下八个。①官方应用商店：主要指 iOS 系统的 App Store，以及 Android 系统的 Google play，主要承担分发角色。在海外市场中，官方商店使用非常广泛，中国市场中则第三方商店林立。②第三方应用商店：以 360 手机助手、91 助手为代表。这些大的第三方应用商店占据了行业内大部分的市场份额，主要服务为游戏分发。③超级应用：代表为微信。微信于 2013 年 8 月推出游戏中心，进行游戏的分发与运营，利用其强大的高黏性用户群体，实现内容的变现，市场份额快速扩大，成为目前移动游戏市场中的重要一极。④电信运营商：三大电信运营商均设有游戏基地，背靠运营商的网络渠道，以及深厚的用户基数，有着天然的移动游戏分发资源。⑤移动游戏垂直媒体：以口袋巴士、游戏多为代表。移动游戏垂直媒体的发展与移动游戏产品的品牌化诉求强相关，2013 年下半年，移动游戏纷纷开始进行产品的品牌化推广，移动游戏垂直媒体聚拢了大量玩家，其价值得以放大。⑥移动网络联盟：以力美及多盟为代表。移动网络联盟聚集大量长尾流量，使用网络联盟进行游戏推广便成为企业的重要选择。⑦线下预装渠道：以斯凯网络及终端厂商为代表。线下预装是中国市场独有的业态，一方面，中国社会结构的断层，致使大量用户依然以使用千元智能手机为主；另一方面，Android 系统的开放性为预装提供了便利性。⑧营销媒体：线下以华视传媒为代表，线上以新浪为代表。在移动游戏企业越来越重视品牌化营销的阶段，开始使用多样化的渠道进行推广营销（见图7）。

图7　2013 年中国移动游戏市场主要渠道

（二）中国移动游戏积极拓展海外市场

2013 年，移动游戏企业创造的海外市场收入超过 10 亿元，较 2012 年同比增长 149.52%（见图8）。在中国成为全球最重要的移动游戏市场的同时，移动游戏企业也开始对海外市场积极尝试，主要有如下两种模式。

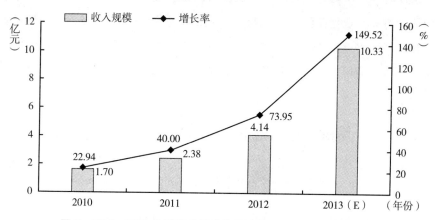

图8　2010 ~ 2013 中国移动游戏海外市场收入规模及其增长率

资料来源：易观智库。

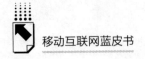

1. 自主研发， 独立运营

此模式的主要代表为成都的尼毕鲁科技有限公司（Tap4Fun）。该公司主要经营移动游戏开发与自主运营业务，旗下主要产品有《海岛帝国》《银河帝国》《王者帝国》，均以海外市场为主。公司成立于 2011 年，最初便以海外市场作为其最主要目标市场，在产品研发上，着力研究海外市场的文化特点，将产品的内容特性适配于海外市场，旗下主要产品的风格也更加符合海外玩家的需求。

2. 独家代理， 海外运营

以昆仑万维为主要代表。昆仑万维以网页游戏起家，后续布局网页游戏平台、客户端游戏、游戏语音工具、移动应用商店以及海外市场的发行业务，其海外发行初期的业务主要集中在网页游戏领域，在智能手机游戏市场爆发之后，开始利用旗下的多个海外市场渠道以及多年的海外运营经验，展开移动游戏的海外市场发行业务，先后在东南亚、日韩、欧美成功发行了《君王》《时空猎人》《啪啪三国》《指上弹兵》等产品。其主要模式为独家代理国内的优质移动游戏，并对其进行海外市场的适配，通过海外市场经验及旗下资源进行产品的发行。截至 2013 年底，昆仑万维已经成为中国最大的经营海外业务的移动游戏企业。

因智能手机带来的便利性，全球范围的移动游戏市场连为一体，而在智能手机游戏时代，中国企业在移动网络游戏研发方面处于全球领先位置，这为中国的移动游戏企业走向海外市场提供了便利。预计 2014 年，移动游戏企业的海外收入规模将超过 20 亿元，而经营海外市场的主要厂商将集中在以昆仑万维与触控科技为代表的移动游戏发行商环节。

四　中国移动游戏面临的问题与未来发展走向

（一）2014 年我国移动游戏市场规模增长将超 90%

据易观智库预计，2014 年我国移动游戏市场规模将达到 237.56 亿元，较上一年度增长 96.5%；2015 年将达到 338.43 亿元，较 2014 年增长 42.5%；2016 年市场规模将达到 427.05 亿元，较上一年度增长 26.2%（见图 9）。

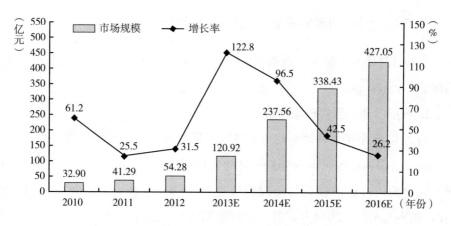

图9　2010～2016 中国移动游戏市场规模

资料来源：易观智库。

快速增长的市场对个人用户和行业参与者而言意义重大。对个人用户而言，移动游戏是移动互联网市场中商业模式最为成熟的产业之一。随着 WiFi、3G 乃至 4G 的普及和智能手机渗透率的提高，用户已经逐渐养成了在手机上玩游戏的习惯。游戏已经成为在智能手机上启动最为频繁的应用类型之一。以免费增值模式为主导的移动游戏商业模式日渐成熟，加快了游戏在玩家群体中的传播，并间接促成了用户后续付费习惯的养成。随着人口红利进一步被发掘，未来移动游戏市场规模将进一步走高，整体用户模型由较为核心的重度玩家继续向轻度玩家群体辐射。而对玩家来说，随着移动终端的硬件配置不断升级，目前几乎可与 PC 相媲美，厂商研发迭代速度不断加快，越来越多的品质优秀、富有创意的游戏产品被推向市场，将进一步满足各个群体对不同细分类型游戏的需求。

对行业参与者而言，随着 2013 年移动游戏爆发式的增长，行业同时暴露出许多问题。竞争者过度参与、产品生命周期短、研发周期压缩、厂商试错机会有限、产品同质化现象严重等，共同导致了行业门槛不断提高。这就要求研发厂商必须回到游戏产品本身的创意性和可玩性上来，通过精品化策略在激烈的竞争中存活。2014 年对移动游戏行业参与者来说必将是盘整的一年，众多中小企业将面临被淘汰的命运，但整体市场仍然拥有巨大的上升空间。

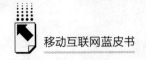
（二）我国移动游戏产业仍存在结构性缺陷

尽管发展迅速，但是当前的中国移动游戏产业仍然存在一些结构性缺陷，具体如下。

1. 产品抄袭与侵权现象严重

自 2012 年下半年移动游戏行业进入发展的快车道，大量的移动游戏企业及创业团队涌入市场，2013 年新产品的数量超过 5000 款。伴随着行业初期的爆发式增长，行业内抄袭与侵权现象也越来越严重，大量的经典知识产权（IP）被重复利用。2014 年，移动游戏市场的发展必须解决这一问题，在规范市场的同时，推动行业的进步。

2. 市场推广过度依赖于资金

自 2013 年中期开始，随着移动游戏渠道的集中，在移动游戏产品数量繁多的情况之下，移动游戏产品用户成本走高，大量的团队开始提高营销推广成本，全行业的整体宣传发布成本被拉高，至 2014 年，将有大量的企业因成本问题被行业淘汰。

3. 渠道话语权强于研发商

作为文化创意产业，就目前的移动游戏市场态势看，聚集大量用户的移动游戏渠道平台强于移动游戏研发商，这一状况有助于为移动游戏产业引流，培养用户群体，但也使得移动游戏产品的创作研发面临挑战。

（三）我国移动游戏的未来走向

在可预见的未来，中国移动游戏产业将在以下几个方面发生变化。

1. 移动游戏发行商地位更显著

2013 年，移动游戏发行商环节出现新情况，携渠道优势与资本优势的企业进入移动游戏的代理发行领域，专注于连接上游的内容提供商（CP）与下游的渠道资源，进行产品的独代发行。2014 年，这一领域的竞争将更加明显，发行商将进一步证明其价值，也将有更多的 CP 选择与发行商合作，发行商在移动游戏产业链中的重要地位将在 2014 年体现得更加明显。

2. 移动游戏产品进一步细分

中国用户属性的不同，导致用户的需求各有不同，移动单机游戏、移动网络游戏以及移动轻游戏将在 2014 年呈现多点开花的局面。与此同时，在中国城乡二元结构条件下，移动网络 2.5G、3G、4G 的普及程度各有不同，使得用户更加细分。以微信为代表的移动轻游戏产品类型将占领一部分市场，也将有更多的移动互联网网民转化为移动网络游戏玩家。

3. 大量创业型研发团队被淘汰

在 2012 年行业看到移动游戏市场的价值之后，2013 年初产生大量的创业团队在资本的驱动下进入这一市场，2013 年下半年成为初创团队新产品推向市场的一个密集期，在经过了几个月的市场检验之后，大量的低品质产品被淘汰。随着 2014 年 PC 端游戏大企业的进入，以及用户成本的走高，大量的创业团队将被市场淘汰。

4. 全行业成本走高

一方面，移动游戏产品数量繁多，而渠道数量有限，这使得大量的新产品依靠花费大量的宣传发行费用进行产品的推广；另一方面，2013 年移动游戏发行商及 PC 端大厂商携资本优势进入市场，在进行新产品推广的过程中不惜花费重金，这些状况将加剧 2014 年全行业成本走高。

5. 渠道高度集中，话语权增强

截至 2013 年底，中国的移动互联网经过了三四年跑马圈地阶段，以BAT①、奇虎 360 为代表的互联网巨头基本已经占据了移动互联网的入口。移动游戏经过了一年半的爆发式增长，至 2014 年，以奇虎 360、91 助手为代表的大型渠道将更加集中，其话语权也将得到加强。

6. 将迎来第二波上市热潮

2014 年，国内市场对企业上市的标准放开，另外，经过四五年的发展，大量网页游戏企业已具备上市的资质，伴随着移动游戏的高速发展，将有大量的企业选择进入资本市场。2014 年将造就新一轮中国游戏企业上市潮，主力

---

① BAT，百度、阿里巴巴、腾讯三家公司英文名称首字母的组合，业内用来代指行业内三家互联网公司。

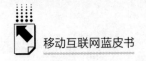
就是网页与移动游戏企业。

7. 股票市场对移动游戏的狂热追捧期将结束

2013 年，国内的游戏概念股得到市场的追捧，部分游戏企业股价增长率超过 500%，这有其自身的因素，也有市场对移动游戏概念追捧的影响。而在2014 年，随着行业的盘整，市场回归理性，投资人将更加清醒地判断移动游戏行业的发展情况，股票市场对移动游戏的狂热追捧期将结束。

8. 资本对移动游戏的投入将大大减少

2013 年，移动游戏市场有相当一部分推动力来自资本，大量的投资人加大了对移动游戏的投资。经过了一年多的尝试，资本市场更加明确移动游戏市场的风险。2014 年，随着行业成本的拉高，资本投入方面的门槛也将提高，大量的资本在经过一年多的尝试之后可能撤出市场，行业对移动游戏的投资将更趋于理性。

B.15
中国移动搜索的发展及创新

王红娟 赵 玲 刘振兴*

摘 要: 随着移动互联网用户的增加、移动终端市场的成熟,搜索行为正逐渐地从 PC 端转移至移动端,来自移动端的搜索流量大幅度提升。与 PC 端搜索相比,移动搜索的输入方式多种多样,搜索内容目前以新闻及饮食等休闲娱乐为主,搜索行为较为碎片化;移动搜索服务提供商之间的竞争更加开放、多元,用户的选择余地也较大。移动搜索不仅要重视创新,而且要追求精准、智能和良好的互动体验,使之与用户使用习惯相符。

关键词: 移动搜索 手机搜索 轻应用

一 移动搜索总体情况

本报告把移动搜索界定为以移动设备为终端,对全部互联网内容及服务进行搜索的行为。借助移动设备不同的联网方式,用户可以实现高速、准确地获取信息资源。移动搜索服务可通过手机浏览器单独打开,也可使用专有移动应用软件进行搜索。

2013 年,随着中国移动互联网的快速发展,中国手机网民数量继续快速

---

* 王红娟,百度移动云事业部高级产品运营师,长期从事电商领域运营、移动互联网数据研究与用户洞察,具备丰富的一线实践经验;赵玲,百度发展研究中心高级研究员,重点研究互联网发展及应用;刘振兴,硕士,人民网研究院研究员。

增长。据中国互联网络信息中心（CNNIC）《中国互联网络发展状况统计报告（2014 年 1 月）》，截至 2013 年 12 月，中国网民规模达 6.18 亿人，其中手机网民规模达 5 亿人，较 2012 年底增加了 8009 万人，网民中使用手机上网的人群占比提升至 81.0%。[①]

中国网民移动搜索用户数达 3.65 亿人，较 2012 年底增长了 7365 万人，增长率为 25.3%；移动搜索使用率为 73.0%，与 2012 年底相比提升了 3.6 个百分点（见图 1）。随着移动互联网的快速发展，网民部分搜索行为从 PC 端向移动端转移。这种搜索行为移动化的现象不独在中国是这样，在其他国家也有类似的"此消彼长"趋势。据市场研究机构 eMarketer 的数据，在美国市场上占主要搜索份额的谷歌搜索，2012~2014 年，桌面互联网搜索比例不断下滑，而来自移动端的搜索则不断增长。[②]

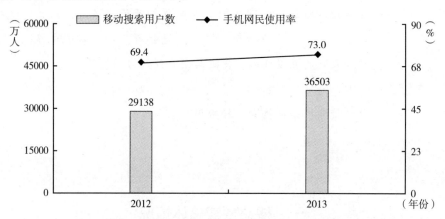

图 1　2012~2013 年中国移动搜索用户数及手机网民使用率

资料来源：CNNIC。

网民手机端搜索行为与 PC 端有所不同。在搜索方式上，移动搜索输入方式更加多样化，除了文字输入外，还有语音、二维码扫描、摄像头图像等输入方式，这些新方式避免了烦琐的键盘输入，而且使用便捷，其渗透率也快速增加。

---

① CNNIC：《中国互联网络发展状况统计报告（2014 年 1 月）》，http://www.cnnic.net.cn/hlwfzyj/hlwxzbg/hlwtjbg/201403/t20140305_46240.htm。
② 《谷歌 PC 广告营收下滑　移动搜索扛起增收大旗》，2014 年 3 月 14 日，http://www.c114.net/news/52/a825769.html。

在搜索内容上，除娱乐和阅读等内容外，用户在手机端搜索本地生活服务类信息和应用信息的需求更大，移动搜索已成为移动应用软件分发的重要渠道之一。

移动搜索网民最常进入搜索引擎的渠道依次为手机浏览器、移动搜索应用、手机内置搜索框，占比分别为 44.3%、36.9%、18.1%（见图 2）。手机浏览器和移动搜索应用是网民在手机上使用搜索引擎最常用的两个入口，而应用商店、手机管家等对这些应用的分发起着重要作用，因此，移动搜索引擎之争在前端应用分发层面也较为激烈。

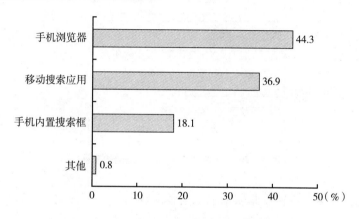

图 2　移动搜索网民使用搜索引擎的渠道

据艾瑞咨询的研究报告，2013 年中国移动搜索实现了快速发展。[①] 用户数量及流量上升，流量价值上升，广告主数量上升，广告单价上升，几方面共同推动了移动搜索收入的增长。随着移动网民数量的不断增长以及网民使用移动搜索的习惯逐步形成，未来移动搜索流量还将持续增长。

二　移动搜索发展特点及用户行为分析

（一）用户使用移动搜索的行为特点

CNNIC 在 2013 年对国内智能手机的用户使用习惯进行了调查，结果显

---

① 艾瑞咨询：《2013 年中国搜索引擎企业总营收 393.2 亿，移动搜索未来将成重要增长点》，2014 年 1 月 10 日，http：//www.iresearch.com.cn/Report/view.aspx？Newsid=224719。

示，中国网民使用移动搜索具有以下特点：①手机定位服务与移动搜索紧密结合，查找感兴趣的信息、周边信息；②利用移动搜索进行购物的比例较低；③新闻、饮食为移动搜索的主要内容；④网民使用手机上网的时间较为碎片化，且多以休闲娱乐为主。具体分类搜索的占比情况见图3。

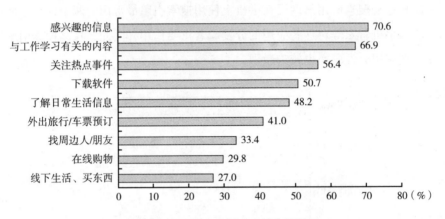

图3　2013 年网民使用移动搜索的情景

1. 网民在常用综合搜索引擎上的搜索内容

2013 年，中国网民通过手机在常用综合搜索引擎上搜索的内容，新闻占据了第一位（58.3%），其次为饮食娱乐信息（47.7%），第三位的为音乐和视频（47.5%），第四、第五位的分别为小说等文学作品和位置信息，使用比例分别为41.9%、41.7%（见图4）。网民使用手机上网的时间较为碎片化，搜索的内容大多以休闲娱乐为主，而网民在碎片化时间里较常做的事情就是阅读新闻、听音乐、看视频、阅读小说等文学作品，因此，在搜索引擎上搜索这些内容的比例也较高。

2. 网民在移动设备使用的搜索网站类型

据2013 年 CNNIC 对网民的调查，综合化的移动搜索引擎仍旧是网民移动搜索不可缺少的工具，94.6% 的手机网民使用综合搜索网站来搜索信息。此外，网民在手机上通过微博搜索信息的比例达 53.9%，微博在手机上超越购物网站和视频网站，居移动搜索第二位，微博已从当初的弱关系社交网络演变成具有自媒体功能的舆论平台，很多热点事件首先是从微博爆出，使得部分网民通过微博来搜索信息。此外，通过手机在购物网站和视频网站上

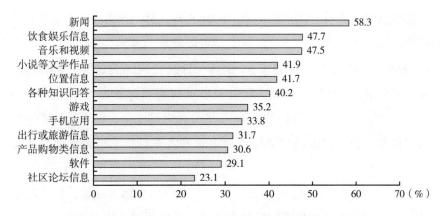

图4　2013年移动搜索网民搜索内容

搜索信息的比例分别为49.1%和42.7%，整体使用比例没有在PC端高（见图5）。

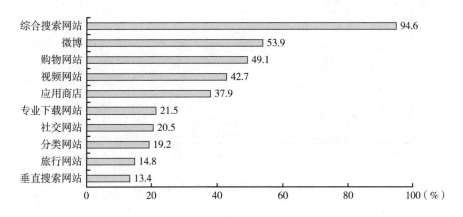

图5　2013年网民在手机上使用搜索网站类型

（二）移动搜索发展的特点

移动搜索与桌面互联网的搜索服务相比，有鲜明的"四化"特征：搜索内容本土化、输出结果精确化、行为数据碎片化和广告投放情景化。这些特征是由移动搜索行为发生时的条件所决定的，如基于LBS的服务和移动用户的身份识别，这使搜索内容本土化和输出结果精准化成为可能；在移动状态下，时间是碎片化的，精力也无法长期高度集中到一件事上，所以行为数据碎片化

223

和广告投放情景化更符合用户的需求。除此之外，移动搜索还具有如下两个重要的特点：输入方式多种多样，服务类型更加丰富、多元。

1. 移动搜索输入方式越来越丰富，语音、二维码扫描成为重要的搜索入口

根据 CNNIC《2013 年中国搜索引擎市场研究报告》[①]，相比于 2012 年，2013 年网民在手机端搜索时使用的输入方式有明显变化，网民移动搜索的方式更为多样化，通过二维码扫描输入和语音输入进行搜索的网民比例大幅度上升。

2013 年，部分输入法集成了语音以及二维码扫描输入功能，加上很多即时通信、微博等应用也聚集了这些输入功能，带动了网民使用这些新的输入方式，并在搜索信息时使用（见图 6）。

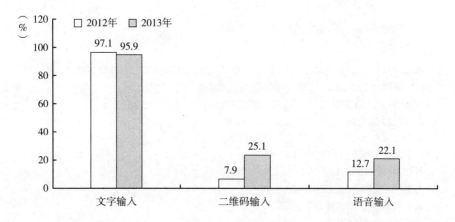

图 6 移动搜索的输入方式占比

资料来源：CNNIC。

借助 4G 提速的大好时机，移动端的语音搜索、图像搜索等多媒体搜索技术也将在使用简易性、搜索的精确性以及响应速度等方面为用户带来前所未有的体验，并逐步影响和改变用户的搜索行为、消费习惯，甚至生活方式。

2. 移动搜索竞争更加开放、多元，网民拥有多重选择

相对于电脑端搜索，移动搜索份额的决定因素更多、搜索入口与渠道更加

---

① CNNIC：《2013 年中国搜索引擎市场研究报告》，2014 年 1 月 27 日，http：//www.cnnic. net. cn/hlwfzyj/hlwxzbg/ssbg/201401/P020140127366465515288. pdf。

复杂，因而移动搜索竞争更加开放、多元。

从总体上看，决定用户首选某个搜索引擎的因素有以下五类。①习惯性因素，即用户在电脑上最常使用某种搜索引擎，在手机上也会使用相同的搜索引擎；②工具导流因素，各种工具引导用户使用某种搜索引擎，如各品牌手机预装，浏览器、导航及其他网站默认的搜索引擎等；③搜索体验类因素，网民使用搜索引擎过程中的感觉与评价，如精确度、安全性、便捷性等；④品牌及情感因素，对某个搜索引擎品牌的感知以及其他情感，如品牌知名度、美誉度、民族情感等；⑤网民知识以及其他因素，包括网民网络知识的丰富程度、网民使用搜索引擎的频度等因素。整体决定因素如图7所示。

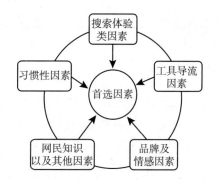

图7 被手机网民列为首选移动搜索网站的因素

为此，各搜索引擎要想在手机端赢得市场份额，需要在以下方面努力：加强用户行为习惯培养，开发搜索导流的前端工具，改善搜索引擎产品质量，提升品牌影响力，引导新用户的使用。

三 移动搜索市场格局

桌面互联网的竞争逐步转向移动互联网已成为必然的发展趋势。手机端碎片化、场景化的使用方式与PC端桌面互联网使用行为的较大差距直接导致用户使用习惯的变化。搜索与社交、生活娱乐已经成为日活跃用户排名较靠前的应用。这导致移动搜索领域的竞争进一步加剧，桌面互联网的传统搜索服务提

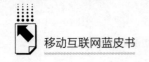
供商和新进入市场的移动搜索服务商在此相遇，并竭尽所能比拼各自为移动场景中的用户提供信息和服务的能力。

（一）主要企业

截至 2013 年 12 月，提供移动搜索服务的中国互联网公司有百度、奇虎360、搜狗、宜搜等，服务形态见表1。

表1 中国互联网公司移动服务表现形态

厂商名称	移动网站	移动客户端
百度	m. baidu. com	手机百度
360	m. so. com	暂无
新搜狗	m. sogou. com & m. soso. com	手机SOSO、搜狗搜索
宜搜	wap. easou. com	宜搜搜索

（二）移动搜索市场份额

移动搜索一致被看好，是一片"蓝海"的商战之地，在中国移动搜索领域，有百度、谷歌、宜搜、腾讯搜搜和搜狗等多家服务提供商。根据市场研究公司StatCounter 的数据，2013 年 12 月，各移动搜索服务所占市场比例如图8 所示。[①]

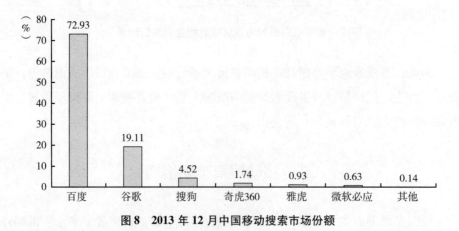

图8 2013 年 12 月中国移动搜索市场份额

---

① 《今日读图：移动搜索市场悄然生变》，2014 年 1 月 6 日，http：//biz. 21cbh. com/2014/1 - 6/3MMDA0MTVfMTAzMDM3Mg. html。

从图 8 的统计数据可以看到，在中国移动搜索市场上，既有国内的百度、搜狗和奇虎 360 等公司，又有国际搜索服务提供商，如谷歌、雅虎和微软必应等；既有桌面互联网时代的搜索巨头，又有搜索市场的闯入者。百度以高达 72.93% 的比例居第一位，随后是谷歌（19.11%）和搜狗（4.52%）。另据百度发布的数据，2013 年 9 月，通过手机百度客户端及手机浏览器进行百度移动搜索的日活跃用户突破 1.3 亿人，36% 的 Android 用户每天使用百度移动搜索（见图 9）。[1] 截至 2014 年 3 月，手机百度客户端用户总数突破 5 亿人，月活跃用户过亿。手机百度已从一个单纯的移动搜索应用加速向平台级应用迈进。

（三）按 PV 量的排名

据易观调研的数据，在 2013 年第四季度中国移动搜索按 PV 量的排行中，排名前四的移动搜索服务器分别是百度、宜搜、腾讯搜搜、谷歌，其份额分别为 72.0%、17.1%、7.3%、2.7%（见图 10）。

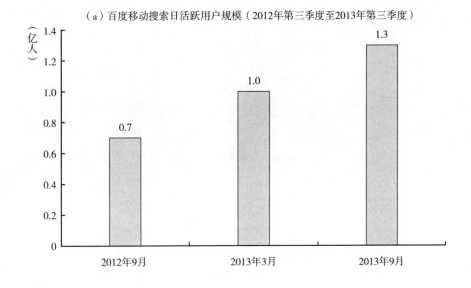

（a）百度移动搜索日活跃用户规模（2012年第三季度至2013年第三季度）

---

① 《移动互联网发展趋势报告（2013Q3）》，2013 年 11 月 27 日，http://developer.baidu.com/static/assets/reportpdf/%E7%99%BE%E5%BA%A6%E7%A7%BB%E5%8A%A8%E4%BA%92%E8%81%94%E7%BD%91%E5%8F%91%E5%B1%95%E8%B6%8B%E5%8A%BF%E6%8A%A5%E5%91%8A2013Q3.pdf。

（b）2013年第三季度Android用户使用百度移动搜索的频率

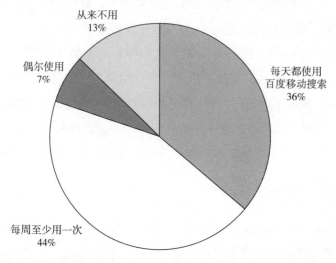

图9　百度移动搜索发展情况

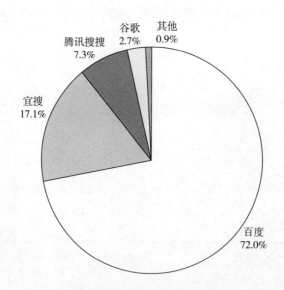

图10　2013年第四季度中国移动搜索站点 PV 量占比

　　另据 CNNIC 的调查统计，在手机端搜索引擎市场首选率的指标上，移动搜索网民中有 88.7% 的人把百度当成手机端首选搜索引擎，4.2% 的人把奇虎

360 当成手机端首选搜索引擎，谷歌则为 1.8%，腾讯搜搜和搜狗均为 1.5%。

移动搜索市场已成为未来搜索企业的主要竞争点。2013 年，移动互联网的用户规模在不断扩大，用户搜索行为大量转向移动端。在 PC 端搜索市场竞争格局平稳的情况下，移动搜索成为搜索企业主要的竞争点和机会。相较于 PC 端搜索，移动搜索正向本土化、垂直化及精准化方向发展，在产品及技术创新方面也争先恐后。

四 移动搜索的创新

移动搜索的创新将主要集中在本地、精准、智能和良好用户体验等方面。未来的移动搜索可能不再是搜索框。每一个应用都是一个小型的综合垂直搜索工具。比如打开一个地图，按旁边一个按钮"餐馆"，所有的餐馆就出现了，不再需要输入"餐馆"，地图也可以实现搜索，移动搜索变得无处不在。对它的创新与探索一直层出不穷，以下列举百度的轻应用、豌豆荚的移动内容搜索和新浪微博的移动卡片作为案例加以说明。

（一）百度：轻应用（Light App）

"轻应用"是百度推出的一种无须下载、即搜即用的全功能应用。它既有与超越原生应用或本地应用（Native App）相媲美的用户体验，又具备网页应用的可被检索与智能分发特性，能够有效解决优质应用和服务与移动用户需求对接的问题。它的特点还包括：①无须下载，即搜即用。②破壳检索，智能分发。开发者开发的应用不再是信息孤岛，应用里的内容都可以被索引，这跟原生应用形成明显差别。③功能强大，全能体验。轻应用能够帮助应用调用语音、摄像头、定位、存储等手机本地或云端的多种能力，让应用的功能更强大。④订阅推送，沉淀用户。轻应用不仅支持用户搜索时实现调用，而且支持用户主动订阅。如果用户有订阅需求并添加应用，相关开发者就能够将用户沉淀下来，增强黏性，并对用户进行持续、精准的信息和服务推送。

对移动搜索来说，外部网站越丰富，移动搜索价值越高。轻应用无须下载、即搜即用，既有类似于原生应用的用户体验，又具备网页可被检索与智能

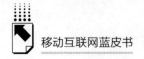

分发的特性。它较好地解决了优质应用和服务与移动用户需求的对接问题，满足了移动搜索的需求，能够显著提升移动搜索的用户体验和活跃度。

从百度发布的《移动互联网发展趋势报告（2013 Q3）》来看，在手机百度中订阅了轻应用的用户与未订阅的用户相比，在使用时长和启动频度上均有明显提升，这表明轻应用带来了更好的用户体验，更好地满足了即搜即用的用户需求。

（二）豌豆荚：移动内容搜索

与91助手类似的豌豆荚在2013年做了转型，从移动应用分发渠道转型为移动内容搜索，其搜索服务的口号是"想到，就能找到"——这是进入移动搜索领域很好的宣言。目前，豌豆荚的主界面已经和百度搜索的客户端差不多，都以搜索框为最主要的功能要素。同时，搜索的内容也不局限于手机应用和游戏，扩展到了音乐、图片、小说、电影、电视剧、手机主题等多个方面。

与百度的"未来只有网页，应用也是基于页面技术"的轻应用不同，豌豆荚的理念是"未来无网页，移动只App"。豌豆荚的优势是其数据均是已经结构化了的，虽然量级很小（没有桌面互联网的海量网页信息），但都很精准。根据豌豆荚官方数据，其移动内容搜索平台共收录了超过112万款优质Android应用和游戏，以及130多家内容提供商提供的音乐、视频、电子书、壁纸和主题。[1]

（三）新浪微博：移动卡片

社交网络的兴起，无论是大量使用JavaScript的页面应用，还是本来就是信息孤岛的客户端软件，其对传统搜索引擎来说，都是盲区。这种盲区导致社交网络内无法查询桌面互联网的资源，传统搜索引擎也无法抓取、索引到社交网络的信息。社交网络凭借强势发展，已经涉足搜索业务，如Facebook早前推出的图谱搜索。[2] 新浪微博也在移动端发力，推出移动搜索的"卡片"。调

---

[1]　豌豆荚：《想到，就能找到》，2014年3月30日，http：//www. wandoujia. com/。

[2]　《Facebook扩展社交图谱搜索功能》，2013年10月1日，http：//tech. 163. com/13/1001/10/9A3H7HCK000915BD. html。

查数据显示，微博已经成为网民在移动设备上进行搜索的主要途径之一，在使用移动搜索的渠道上排名第二，仅次于综合搜索网站（见图5）。

微博搜索数据的结构化是通过页面化（Page）和卡片式（Card）两项机制来保障的，主要功能是把那些原本不是微博的信息整理得像一条微博，把那些原本就是微博的信息按内容分类展示。在移动设备上，从新浪微博搜索可以看到搜索结果页中的前两页基本都不是即时微博内容，并不符合"微博搜索"的预期。但是如果把它作为综合内容搜索，它呈现的结果还是很有条理的，既有电影信息、小说信息、人物信息、相关热门微博、站外网页信息，基本上符合用户一个关键词搜索后所需要的内容，又有小说内容、电影内容、移动应用、游戏内容、音乐内容等，搜索体验相对较好。

五 移动搜索未来发展趋势展望

在移动互联网时代，移动搜索仍然是获得信息的第一手段。在不远的将来，移动搜索将在以下几个方面取得明显进步。

（一）搜索结果多元化

移动搜索在2013年取得了较大进步，除了展现形式上的多元化，平台整合上也将多元化，比如移动搜索结果不仅展现收录的移动页面内容，而且能呈现本地资源内容，以及在搜索端展现网页应用，移动搜索结果将变得更加多元化。

（二）搜索数据更具实时性和有效性

在传统桌面，互联网搜索引擎已经能够实现搜索结果实时呈现，但目前还有一定局限，一方面传统搜索引擎算法和抓取策略与移动搜索端有所不同，在内容展现和搜索内容的匹配上难以做到精确，这也导致了网页搜索结果和移动搜索结果不同。但随着移动搜索技术的发展，未来的移动搜索将更有效地呈现实时搜索结果。例如，在百度移动搜索中搜索列车车次，是想了解该车次的时刻表、价格，由于百度移动搜索具有较强的资源聚合能力，除了展现该车次的

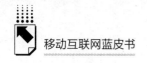

时刻表以及票价信息，还能展现实时剩余票数，不需要用户通过其他平台去了解余票情况，能最大限度地满足用户的搜索及连带信息需求。

（三）搜索结果精准化

传统搜索引擎主要是根据 IP 地址来判断搜索用户的地理位置，根据不同的地理位置返回不同的搜索结果，但由于这个定位技术有一定的局限性，无法细化到具体地理位置。而移动搜索能利用移动端的定位功能，准确地定位用户的实时具体位置，并且为用户提供周边餐饮美食、休闲娱乐、酒店购物、公交线路等信息，包括商户电话、地址地图、乘车路线、客观点评、免费下载优惠券，甚至最新团购折扣信息等。

（四）搜索更加智能化

移动搜索的智能化主要体现在搜索方式和用户的潜在搜索需求上，目前一般的搜索方式都是先打开搜索引擎，然后输入关键词进行搜索，但前提都是要通过打字或者手写来发起搜索，未来的移动搜索或将更加智能化，比如语音搜索、二维码搜索等。

虽然目前移动搜索已经能够满足大部分用户的搜索需求，但这远不是移动搜索的终极目标，未来的移动搜索或许能够实现一站式搜索服务。例如，移动搜索能展现地图、网页应用，通过移动搜索就能实现所有应用的功能，用户将不再需要另外下载应用，而能够直接在移动搜索中展现。但不管怎么展现，都必将沿着实时化、精准化、智能化的趋势发展。

B.16
亮点频现的移动视频广告

陈传洽 *

摘　要：

2013 年，随着网络视频进一步向手机、平板电脑等移动端"迁移"，视频广告成为移动广告发展的新亮点。本文结合精硕科技（AdMaster）对视频广告的研究，描述了中国移动视频广告整体发展情况，总结了移动视频广告的形式与特征，介绍了移动视频广告的监测与分析方法及案例。监测发现，移动视频广告在提升互动性、点击转化率、品牌喜爱度、产品推荐意愿以及购买意愿等方面均优于传统台式电脑视频广告。移动端与台式机跨屏投放视频广告的效果最佳。本文也指出了移动视频广告发展存在的问题，并就此进行了探讨。

关键词：

移动视频　移动视频广告　移动视频广告的价值　监测及评估

一　2013 年移动广告的整体发展情况

中国互联网络信息中心（CNNIC）发布的《中国互联网络发展状况统计报告（2014 年 1 月）》显示，中国网民规模已经达到 6.18 亿人，其中，手机网民规模达 5 亿人，继续保持稳定增长。移动通信、移动设备、移动网民成为推动中国移动互联网快速发展的三大因素。移动互联网已渗透到中国人生活、工作的各个领域。移动互联网应用主要包含移动社交、移动广告、移动终端游

＊ 陈传洽，精硕科技（AdMaster）首席运营官。

戏、移动电子阅读、移动定位服务、移动搜索、移动支付以及移动电子商务等。其中，移动广告是移动互联网的最主要赢利来源。

移动广告指的是通过手机、PSP 游戏机、平板电脑等移动设备，访问移动应用或移动网页时显示的广告，主要包括图片、文字、插播广告、HTML 5、链接、视频等。市场研究公司 eMarketer 发布的一份报告称，由于脸谱（Facebook）和谷歌移动广告发展迅猛，预计 2014 年全球移动广告支出将达到315 亿美元，较 2013 年同比增长 75%；并预计到 2014 年底，全球数字广告支出将达到 1375 亿美元，而 2013 年这一数字为 1198 亿美元，同比增长 15%。[①]市场研究机构国际数据公司（IDC）和 App Annie 发布的报告称，2013 年移动应用内广告量增长了 56%，预计到 2017 年将超过台式电脑在线广告规模。[②]

与全球移动广告发展趋势相一致，中国移动互联网广告也呈现快速发展趋势。艾瑞咨询数据显示，2013 年中国移动互联网市场规模达到 1059.8 亿元，同比增速 81.2%，预计到 2017 年，市场规模将接近 6000 亿元。其中，2013年中国移动广告市场规模占中国移动互联网市场总规模的 14.6%，金额达到150 亿元（见图 1）。预计到 2017 年，中国移动广告规模将占移动互联网广告

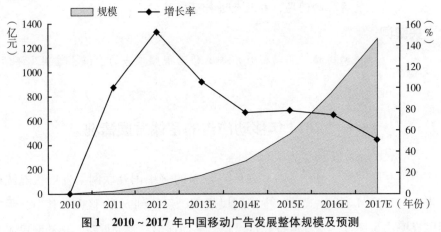

图 1　2010 ~ 2017 年中国移动广告发展整体规模及预测

资料来源：艾瑞咨询《2014 ~ 2017 年中国互联网经济趋势洞察报告》。

---

① 《今年全球移动广告支出预计将达 315 亿美元》，2014 年 3 月 19 日，http：//finance.sina. com. cn/world/20140319/230018555976. shtml。

② 《三年后移动广告规模将超 PC》，2014 年 3 月 27 日，http：//www. mobihide. com/m/news. chinabyte. com/152/12900152. shtml。

总规模的 21.8%。[①] 从数据的表现来看，移动互联网正在深刻影响人们的日常生活，移动互联网市场进入高速发展通道。

中国移动视频市场也正在进入一个高增长期，中国移动视频用户快速增长。艾瑞数据显示，2014 年 2 月中国移动视频用户覆盖量已达 1.79 亿人，相比于 1 月增长了 1043.8 万人。[②] 中国移动视频市场继续保持高速增长。随着市场竞争的深入，传统品牌广告主大幅度提升在移动广告方面的预算占比。从广告形态上看，移动互联网广告不再仅仅是复制互联网广告的条幅（banner）广告形式，还有原生广告、插屏广告、透屏广告等新形式出现。随着移动广告对 HTML 5 的全面支持，为移动应用插入（in-app）广告的爆发式增长提供了强有力的技术和产品支持。

2014 年，移动互联网广告一定会在 2013 年的基础上进一步深化，逐步成为常规化的营销渠道。易观智库数据显示，2013 年网络视频广告市场规模为 122.1 亿元，其中，移动视频广告市场规模是 8.3 亿元，占网络视频广告市场份额的 6.8%。[③] 精硕科技研究发现，2013 年移动视频付费广告曝光量占移动互联网广告曝光量的 7.7%。在多种移动广告形式中，移动视频广告正成为最受广告主青睐的形式之一。基于移动视频广告的快速发展趋势，有必要将其作为重点加以分析。

二 我国移动视频广告发展情况

（一）移动视频广告形式与特点

1. 移动视频广告的形式

移动视频广告是通过采用数码及 HTML 5 技术，融合视频、音频及动画，在

---

① 《艾瑞咨询：2014 ~ 2017 年中国互联网经济趋势洞察报告》，2014 年 3 月 7 日，http：//report. iresearch. cn/2119. html。

② 《报告称 2 月移动视频用户达 1.79 亿》，2014 年 4 月 2 日，http：//tech. sina. com. cn/i/2014 - 04 - 02/15029293169. shtml。

③ 易观智库：《2013 年中国互联网广告市场规模超 1000 亿元移动搜索、移动视频的商业化进程加速》，2014 年 2 月 18 日，http：//www. enfodesk. com/SMinisite/maininfo/articledetail - id - 400823. html。

手机、平板电脑等移动设备上操作移动应用过程中播放的视频广告，主要分为以下三种类型。①悬浮窗口式移动视频广告，指在移动应用启动或者过渡的页面中加入的视频广告。该模式广告的特点是用户可用手指移动视频播放窗口，显得比较灵活，互动性更强。②贴片式移动视频广告，指在视频片头、片尾或片中插片播放的广告或背景广告等。该种广告多用于移动设备的视频播放器，与传统互联网上的土豆、优酷等视频网站的贴片广告模式相近。贴片广告是最早的网络视频营销方式，目前也成为移动端视频起步最早的商业化模式。③控件内置移动视频广告，指在移动应用或手机游戏的资源加载等待过程中播放的视频广告。该种广告的特点是视频广告播放位置不可移动，但是配合加载进度条，看起来会比较自然。

2. 移动视频广告特点

移动视频广告的特点主要表现为精准性、即时性、碎片化、互动性、可扩散性及可测性。

（1）移动视频广告更具有精准性

移动视频广告突破了传统的报纸、电视、网络广告等单纯依靠庞大的覆盖范围来达到营销效果的局限性。广告运营商通过移动应用及内置广告，一方面可抓取到机型、操作系统等标准化信息；另一方面可获取应用安装列表、媒体使用行为等非标准信息，实现人口属性和背景信息推断，描绘更为精准的用户行为、使用时间等特征，从而实现广告的精准智能投放及管理。

（2）移动视频广告更具有即时性、碎片化特征

智能手机和平板电脑等移动设备是个人随身物品。其随身携带性比其他任何一个传统媒体都强。绝大多数用户会把移动设备带在身边，特别是智能手机，甚至24小时不关机。互联网及移动媒体技术的发展加速了消费者媒体接触碎片化、媒体大融合的趋势。在这种环境下，移动媒介对用户的影响力更是全天候的，广告信息到达也是最及时、最有效的。

（3）移动视频广告更具互动性

移动视频广告为广告商与消费者之间搭建了一个互动交流平台，让广告主能更及时地了解客户的需求，使消费者的主动性增强，自主地位提高。精硕科技研究发现，从点击转换率来看，消费者更愿意就移动视频进行互动，移动视频广告的点击转换率远高于台式电脑端广告（见图2）。

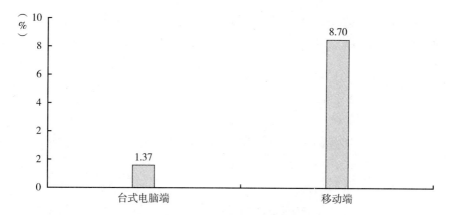

图2　移动视频广告点击转换率基准值

资料来源：精硕科技广告监测 TrackMaster。

（4）移动视频广告更具扩散性

用户可以将自认为有用的广告转给亲朋好友，向身边的人扩散信息或传播广告。移动互联网消除了时空维度对信息传播的限制，实现了传播的随时性、随地性。手机和平板电脑等移动终端可以实现信息的实时性传播，与需要在固定地点接收信息的其他媒体相比，其信息发布与信息接收之间的时间差更小，基本做到了即时发布和接收。

（5）移动视频广告更具可测性

对广告业主来讲，移动视频广告相对于其他媒体广告的突出特点还在于它的可测性或可追踪性，使受众数量可准确统计。

（二）2013年我国移动视频广告发展状况

随着移动终端的迅速普及，作为视频内容的一种独特传输媒介，智能手机、平板电脑等移动终端逐渐被网络视频企业、传统传媒企业、电信运营商等关注和追捧。

2013年第一季度，精硕科技联合胜三对中国地区数字媒体营销状况进行了调研，邀请了280多位数字营销专业人士参与。调研内容包括了2013年中国数字营销的现状和趋势，以及广告主最为关注的问题。结果发现，64%的受访广告主表示会增加视频广告的投放，其中28%会大幅度增加；44%的广告主会增加移动广告（平板电脑、手机等）的投放，其中8%会大幅度增加。从数据的表现来看，广告主越来越重视视频广告以及移动视频广告的投放（见图3）。

视频广告

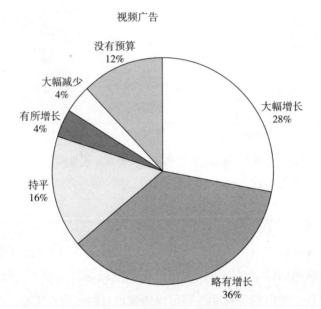

移动广告（平板电脑、手机等）

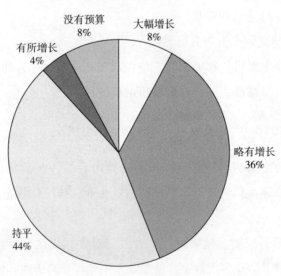

图3　2013年广告主视频广告及移动视频广告投放概况

资料来源：精硕科技、胜三《2013中国地区数字媒体营销调研报告》。

艾媒咨询《2010～2015 年中国移动广告发展规模及预测》显示，从 2012 年开始，移动视频月流量呈现激增的趋势，虽逐渐放缓，但仍保持了 50% 以上的增长率（见图 4）。

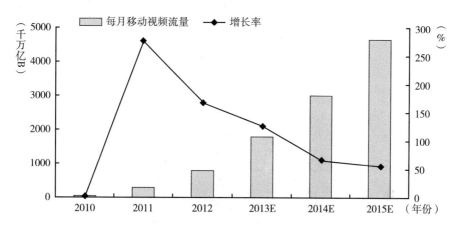

图 4　2010～2015 年中国移动视频流量及预测

资料来源：艾媒咨询《2010～2015 年中国移动广告发展规模及预测》。

　　《中国互联网络发展状况统计报告（2014 年 1 月）》显示，截至 2013 年 12 月，我国手机端在线收看或下载视频的用户数为 2.47 亿人，与 2012 年底相比增长了 1.12 亿人。手机视频跃升至移动互联网第五大应用，在手机类应用用户规模增长幅度统计中排名第一。网络视频进一步向手机、平板电脑等移动端"迁移"，移动视频从一个辅助性的观看入口，正在变成和台式电脑视频同等重要的流量通道。各视频网站都加快了在移动视频领域的布局，借此可进一步扩展用户规模和延长用户使用时长。

　　从精硕科技监测的互联网视频贴片项目来看，移动视频售卖广告曝光量所占份额逐月增加，在 2013 年底已经超过视频贴片广告总量的 5%，而 2014 年 1 月、2 月广告主在移动视频上广告投放量的占比已经超过视频广告总量的 10%，特别是 2014 年 2 月该比重已经达到 16%。这主要是因为视频广告短小精悍，一般持续 15～30 秒钟，加之移动应用独占屏幕的特性，让广告收益更高。移动视频广告或许在未来也会挑起整个移动广告的大梁。精硕科技对 30 家大广告主的媒体预算计划汇总统计后发现，2014 年有

83％的广告主会选择进行移动端视频的广告投放，投放量（PV 量）占总视频广告的 20 ％左右（见图5）。

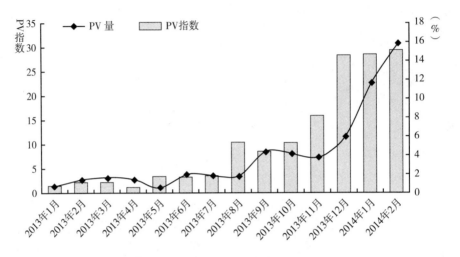

图5　移动视频广告投放量（PV 量）及 PV 指数

资料来源：精硕科技广告监测 TrackMaster。

2013 年，各主要视频网站都得益于移动互联网。2013 年上半年，当其他行业仍在艰难过冬之际，经营移动视频的聚力传媒（PPTV. com）宣布 2013 第一季度其来自移动终端的广告收入已超过 2012 年全年，其移动终端的广告品牌集中于奢侈品、汽车、高档化妆品、3C 数码等高端领域，并获得路易威登、迪奥、香奈儿等多个奢侈品牌的广告投放业务。[①] 2013 年初，优酷土豆集团正式启动移动视频商业化，其当年第四季度财务报告显示，综合净收入达 9. 01 亿元，较 2012 年同期增长了 42％，首次实现季度赢利。这也是在线视频网站首次宣布赢利。[②] 移动视频广告营业收入占比达到 10％，正成为其赢利的重要武器。搜狐 2013 年第四季度及 2013 年度的财务报告显示，2013 年度总收入为 14 亿美元，较 2012 年度增长 31％；品牌广告收入为 4. 29 亿美元，同比增

[①] 《PPTV 移动视频广告爆发一季度超去年全年》，2013 年 4 月 23 日，http：//news. xinhuanet. com/tech/2013 – 04/23/c_ 124620153. htm。

[②] 《优酷土豆高管解读 Q4 财报：已启动移动端商业化》，2013 年 3 月 1 日，http：//tech. 163. com/13/0301/16/8OT4L6AV000915BF. html。

长 48%，其中搜狐视频广告业务年度收入增长超过 100%。[①] 搜狐视频移动端广告增长势头更为强劲，投放视频移动端广告的广告主数量不断增加，搜狐视频移动端广告单价已高于台式机端广告单价。

（三）移动视频广告的用户特征

随着移动互联网市场的爆发、智能手机和平板电脑的进一步普及，以及网络视频用户日趋年轻化，越来越多的互联网用户开始热衷于通过移动终端观看视频，移动视频已然成为越来越多用户打发闲暇时光的选择。

2013 年，精硕科技《互联网跨平台不同广告形式效果差异化研究报告》发现，移动视频用户与台式电脑端视频用户存在着明显差异。与台式电脑端视频用户相比，移动视频用户收入更高，智能手机视频用户较为年轻，追逐时尚，且有一定消费水平；平板电脑视频用户较为高端，以 30 岁左右的用户为主力军，拥有高学历、高收入，消费能力较高。因此，在移动视频中投放广告可接触到台式电脑端、电视媒体接触不到的一批高端用户。

台式电脑与平板电脑端用户的主要上网目的集中在浏览信息、在线收看视频，其中通过平板电脑端在线收看网络视频的比例较高；而用户使用智能手机最主要的目的首先是沟通，用微信与朋友们进行即时通信，其次是浏览信息，在线收看网络视频位居第三。

在收看视频内容上，台式电脑与移动端用户之间差异不大，用户在线收看网络视频的内容主要集中在电影、电视剧、热点新闻及综艺节目。但用户在使用不同平台在线收看网络视频的时间段存在明显差异。整体来看，用户在线收看网络视频的时间集中在 18：00～24：00，其中，19：00～22：00 是收看最高峰。用户在白天通过智能手机在线收看网络视频的比例明显高于平板电脑；而平板电脑用户 18：00 以后在线收看网络视频的人数开始增加，在 19：00～22：00 的使用率高于智能手机和台式电脑（见图 6）。

可以看出，移动端用户互联网使用目的和网络视频收看时间段都与传统互

---

① 《搜狐公司公布 2013 年第四季度及 2013 年度未经审计财务报告》，2014 年 2 月 10 日，http：//corp. sohu. com/20140210/n394709351. shtml。

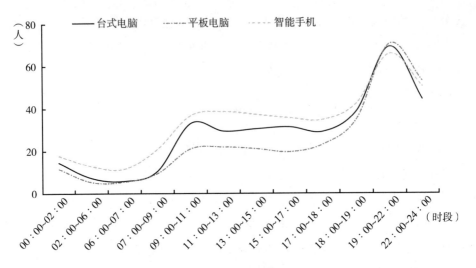

图6　不同平台用户网络视频收看时间段差异比较

资料来源：精硕科技调研系统 SurveyMaster。

联网不同。平板电脑用户在线收看网络视频的比台式电脑和手机用户都要高。在线观看的不可跳跃、观看习惯可测量等可控性更强，非常适合视频广告投放。因此，在平板电脑的移动视频广告投放效果较好。在使用时间上，手机端视频观看在工作时间（08:00～18:00）一直居高，其次是台式电脑。而平板电脑上视频观看则在晚上黄金时间段领先于手机和台式电脑。结合使用时间段，移动视频广告投放应在产品类型和视频内容类型上有所区分。

因此，基于传统互联网视频用户和移动在线视频用户的差异，广告主可以选择不同的平台进行广告投放，提升广告投放的精准性。精硕科技研究发现，在2013年移动视频广告中，快消品的占比明显低于传统互联网视频广告，而化妆品、互联网产品、汽车及烟酒等高消费产品的广告投放比例明显高于传统互联网视频广告（见图7）。

三　移动视频广告营销亮点

随着消费者生活轨迹的变迁、数字化营销平台的迅速发展，广告主正面临着错综复杂的互联网营销生态。移动端广告主要有以下几种形式：文字链广

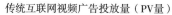

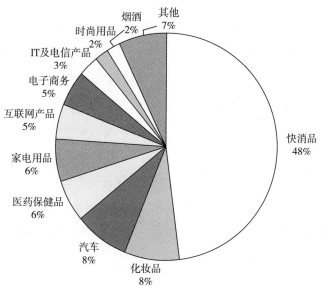

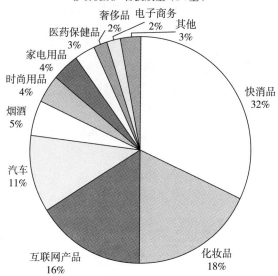

图7　不同产品在传统互联网和移动互联网上视频广告投放比例

资料来源：精硕科技广告监测 TrackMaster。

告、图片广告、视频广告、二维码广告以及其他富媒体广告，其中视频广告营销是移动营销最主要的手段。

从视频广告类型上看，无论是在台式电脑还是在移动设备中，前贴片广告都是广告主在互联网上投放最主要的广告类型。精硕科技研究发现，在移动视频广告中，前贴片广告占比达到92%；而在台式电脑中，除了前贴片广告之外，暂停广告的份额高于移动端，达到21%。从投放设备角度来看，2013年第一季度，广告主在移动端投放广告主要选择的平台是平板电脑端，占比达到93%，投放到智能手机端的广告不到7%。从2013年第二季度开始，广告主开始增加在移动端的广告投放量，选择同时通过智能手机和平板电脑进行投放的比例越来越多。

根据精硕科技对移动视频广告的研究，2013年国内移动视频广告主要呈现以下亮点。

（一）移动视频广告的点击转换率（CTR）更高

移动视频广告最常见的形式有三种：视频前贴片广告、视频暂停广告以及图片条幅广告。精硕科技分析多年积累的互联网广告的监测数据发现，移动视频广告的点击转换率明显高于台式电脑端广告的点击转换率。其中，视频前贴片广告和视频暂停广告的效果明显高于图片条幅广告，而台式电脑端三种广告形式之间的差异并不明显（见图8）。

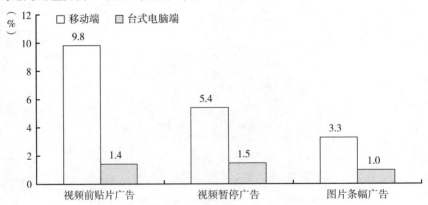

图8 移动端和台式电脑端广告点击转换率比较

资料来源：精硕科技广告监测 TrackMaster。

从不同行业内容点击广告点击转换率看，在移动视频广告中，点击转换率居前两位的分别是电子产品、医药健康产品，点击转换率在10%以上；居第二梯队的是化妆品、汽车和快消品，点击转换率在8%左右（见图9）。

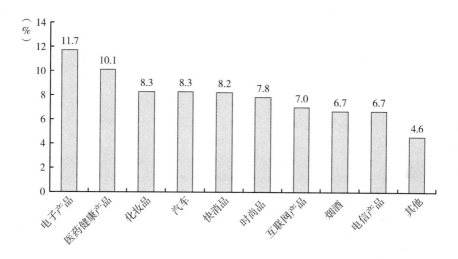

图9　不同产品移动视频广告点击转换率比较

资料来源：精硕科技广告监测 TrackMaster。

从不同平台用户的点击转换率数据不难发现，移动视频广告的互动性更强，用户在移动端访问更精准、更专注。

（二）移动视频广告频次控制更有效

在传统台式电脑端视频广告投放中，广告频次可以通过植入广告素材中的代码进行追踪控制。但用户很容易清除电脑中的网上信息块（cookie），导致媒体不能很好地进行广告投放频次控制，无形中增加了广告投放的浪费，也增加了用户对广告和相关品牌的反感。移动视频广告投放采用植入 SDK 方式进行广告监测，此监测方式更稳定，且具有唯一性。

精硕科技研究发现，某巧克力品牌在2013年12月分别选择台式电脑端和移动端进行视频广告投放，并采用了广告投放3次以内的频次控制。投放结果显示，在台式电脑端，83%的用户频次控制在了3次以内，17%的用户频次超过了3次；而在移动端投放中，100%的用户频次控制在了3次以内，广告中没有频次上的浪费（见图10）。

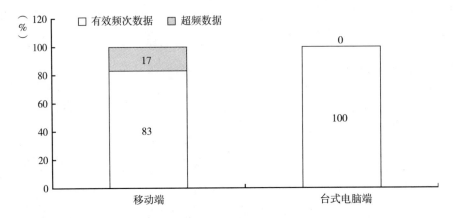

图10 某巧克力品牌台式电脑端和移动端视频广告频次控制比较

资料来源：精硕科技广告监测 TrackMaster。

（三）移动端视频用户黏性更高

精硕科技研究发现，由于移动端设备与用户更亲密、更具有专属性，所以对用户来说更具有黏性。从每天新用户比例数据来看，随着时间的推移，移动端新用户比例呈现下降趋势，而台式电脑端每天新访问用户比例持续在80%（见图11）。

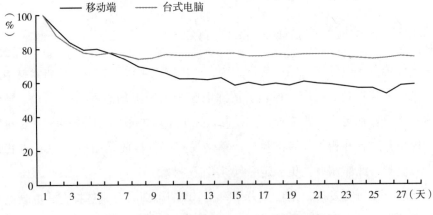

图11 台式电脑端和移动端广告用户黏性比较

资料来源：精硕科技广告监测 TrackMaster。

（四）在移动应用中，移动应用启动图的广告效果更优

2013 年，精硕科技创新研发了针对不同形式广告的效果指数 AEI（advertising effectiveness index），AEI 既包含了广告监测的硬性指标，又包含了消费者反馈的软性指标。通过几十个项目的研究发现，在移动视频广告资源中，2013 年新的广告形式——移动应用启动图广告效果优于移动端视频前贴片广告。这一广告形式对品牌信息的传递效果较为优异，属于独占广告资源，消费者对其广告信息的接收程度优于移动端视频前贴片和移动端普通焦点图广告（见图12）。

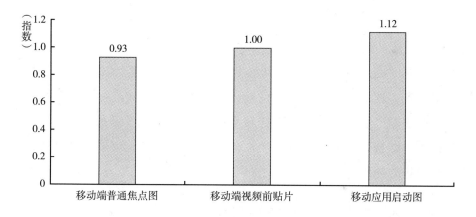

图12　移动端三大广告形式效果比较

资料来源：精硕科技调研系统 SurveyMaster。

（五）移动视频广告更精准，提升品牌 KPI 指标

广告主在以广告形式与消费者沟通的时候，除了让广告触达品牌目标消费者之外，还需要提升消费者对品牌的认知度、喜爱度以及购买意愿。精硕科技的研究发现，在通过不同平台投放视频广告时，移动视频广告对品牌认知度、购买意愿的提升幅度略好于台式电脑端和电视端，与没看过广告的消费者相比，智能手机视频广告可帮助提升品牌认知度 10 个以上百分点，帮助提升消费者购买意愿 20.0 个百分点（见图13）。

在快消品行业成熟品牌中，与其他投放平台相比，智能手机端对消费

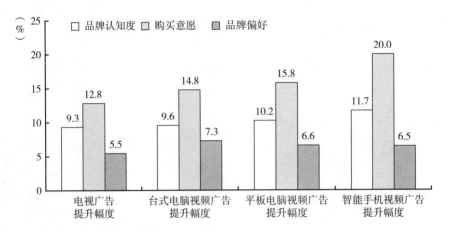

图13 不同平台对目标人群品牌认知度、购买意愿和品牌偏好的影响比较

资料来源：精硕科技广告监测 TrackMaster。

者购买意愿的提升幅度明显优于其他平台。随着2013年、2014年电子商务的快速发展，越来越多的广告主已经开始选择线上平台进行销售。智能手机快消品视频广告对提升消费者购买意愿的效果优异（见图14）。与此同时，广告主结合电商网站，将前端视频广告与后端在线购买渠道打通，更能促进销售的提升。

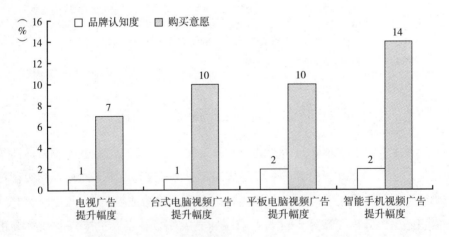

图14 不同平台对成熟品牌的品牌认知度和购买意愿影响比较

资料来源：精硕科技广告监测 TrackMaster。

在烟酒及奢侈品行业非成熟品牌中，移动端对品牌认知度的提升较为明显，特别是智能手机端（见图15）。

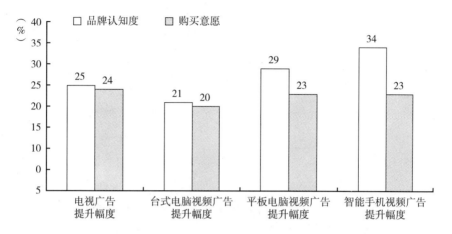

图15　不同平台对非成熟品牌的品牌认知度和购买意愿影响比较

资料来源：精硕科技广告监测 TrackMaster。

（六）在跨屏投放中，移动视频广告帮助广告主与消费者进行深度沟通

在实际投放过程中，广告主会结合多种平台以多种广告形式进行跨平台广告投放，使广告投放效果最大化。广告主关注在跨平台广告投放时，如何减少各个平台之间的重合度，使广告不重复触达目标消费者，将跨平台投放的触达率最大化。精硕科技研究发现，在进行跨屏视频广告投放中，移动端与传统互联网、电视端的重合度较低，电视广告和传统互联网广告一般触不到移动端视频的用户群（见图16）。

在跨屏广告投放中，不同平台扮演着不同角色，电视广告更能帮助广告主提升品牌认知度，触达率优于台式电脑视频广告和移动视频广告，而移动视频广告可以帮助广告主提升消费者对品牌的偏好和购买意愿（见图17）。

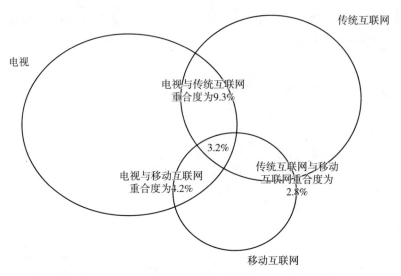

传统互联网与平板电脑重合度：1.1%
传统互联网与智能手机重合度：0.5%

图16　跨屏广告投放重合度

资料来源：精硕科技广告监测 TrackMaster。

注：广告重合度 = $\dfrac{通过某平台看过广告 TA 人群}{所有 TA 人群} \times 100\%$。

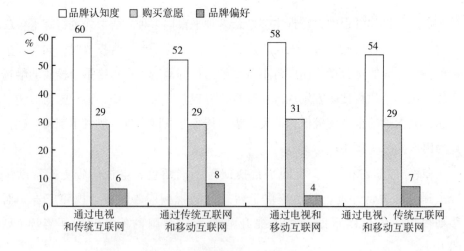

图17　跨平台广告对品牌影响研究

资料来源：精硕科技广告监测 TrackMaster。

四 移动视频广告发展存在的问题与建议

移动视频广告的发展，除了技术环境的不断成熟，还需要产业链各环节的共同参与和推动。目前，移动视频广告主要存在以下问题，本研究也尝试给出对策建议。

（一）广告主对移动设备的特性不了解

国际数据公司（IDC）《2013年中国智能终端市场跟踪报告》显示，中国消费类智能移动终端保有量达到7.8亿台，比两年前的智能移动终端保有量增长了3倍。[①] 在这个巨大的设备保有量中，仅智能手机就包括多种操作系统、多种屏幕尺寸。在小尺寸的移动终端上投放视频广告，效果和台式电脑端投放广告有多大差异？如何保证在多种类型的移动终端设备上广告展示效果的一致性？因为有这样的顾虑，部分广告主对移动视频广告缺乏足够的信心。

与台式电脑相比，移动设备除了屏幕尺寸较小，同时还具备一系列其他特征，包括精准性、互动性、位置性等。移动设备的这些特性，为移动营销提供了丰富多变的可能性，同时也对广告主提出了挑战。广告主需要基于移动设备特性，对广告投放的定向策略、互动机制等进行更充分的考量和设计。

（二）广告主对移动设备用户的使用行为不了解

广告主对台式电脑用户的行为特征已经有了一定了解，但对移动用户的行为特征，包括用户在移动端的视频浏览时间、偏好内容等了解较少，这也在一定程度上阻碍了广告主投放移动视频广告。

对移动用户的广告态度和行为特征，广告主也较为陌生。一些移动视频广告监测数据发现，移动视频广告点击率可以达到台式电脑的10倍。而对比点击之后的后续互动行为数据，移动视频广告在着陆率、迷你站停留时间、互动

---

① 《"大干快上"的智能产品是大跃进》，2014年1月22日，http://tech.qq.com/a/20140122/004342.htm。

率方面均明显低于台式电脑视频广告。这种现象的产生与移动设备上容易误点的"胖手指"效应有关，更重要的原因是广告主习惯在台式电脑端采用迷你站浏览、互动的设计对移动端来说未必适用。在移动端投放视频广告，广告主需要根据投放目的，设计更为快速、简捷的互动机制。

在了解移动设备用户人群、使用场景和浏览行为特征的基础上，广告主可以更有针对性地制定移动视频广告的内容选择、互动设计、设备定向、频次控制等策略。

（三）传统线下营销、互联网营销和移动互联网营销需要整合

随着移动上网用户规模的扩大、使用时间的增长，几乎所有的广告主认同移动互联网营销是未来的趋势，但移动互联网营销并不能替代互联网营销。在品牌的整体营销计划中，移动互联网营销应该起到什么样的作用？移动互联网营销应该如何与互联网营销以及传统线下营销进行整合，发挥最大效果？正如一位广告主提出的，"移动互联网营销发展迅速，前景广阔，但这种营销变革不是替代性的，它应该尽快明确价值所在，融合到大媒介整合当中"。

精硕科技研究发现，移动互联网与电视、传统互联网的重合度分别为8%和9%。如此低的重合度意味着只有投放移动端广告才能触达这部分受众，并且把移动视频和电视、传统互联网进行组合多屏投放，能有效提升跨屏累计触达率（cross reach）。

在电视和台式电脑双屏时代，广告主逐步接受了台网联动、跨屏投放的概念，通过电视和台式电脑的组合投放，用更少的预算更有效率地实现投放目标、最大化投放效果。在广告投放扩展到第三、第四屏后，广告主同样需要通过科学的预估模型和数据，指导移动视频广告与电视广告、网络视频广告的协同与优化。

（四）移动视频广告形式需要创新

目前，移动营销的广告形式基本与互联网广告形式一致，只是将广告展示转到了移动设备上。移动视频广告形式以15秒的前贴片为主，和台式电脑的视频前贴片广告形式是完全一样的。这种形式对广告主来说更容易接受，也可

以与电视、台式电脑保持同样的广告创意素材。但对移动设备和用户使用场景来说，这种广告形式是不是最合理、效果最佳、用户体验最好呢？移动视频广告在形式方面还需要探索与创新。

对视频贴片广告来说，这种看似成熟的广告形式也需要优化与创新。以贴片长度为例，一些视频网站在移动端尝试较短长度的贴片广告，例如 5 秒或10 秒。这种长度的广告效果与 15 秒相比有多大差异，还需要广告效果研究数据的验证。

随着移动互联网的进一步发展，特别是 4G 移动网络的普及，移动视频与移动视频广告都将迎来黄金发展期。所以，移动视频广告应充分利用大数据，提升自身的精准性、互动性、位置性。

从精准性来说，移动视频广告在发展初期，就可以向智能手机和平板电脑进行精准投放，引发了众多定位高端的广告主追捧平板电脑广告。目前针对iOS 和 Android 系统的精准投放也已经很常见。在移动视频监测标准和移动用户数据库等条件成熟之后，类似于台式电脑视频广告的基于频次、内容、地域、目标人群特征的精准投放，相信也会在移动视频广告中出现。由于移动视频广告可以监测到设备信息，相对于台式电脑的 cookie 监测机制来说，数据稳定性有大幅度提高，更有利于媒体和第三方积累用户行为数据。移动视频广告未来在精准性方面的表现值得所有广告主期待。

在互动性和位置性方面，如何提升移动视频广告的营销价值，目前移动视频媒体还在探索。在移动支付、移动 O2O 发展如火如荼的当下，移动视频广告如果能与用户位置相结合产生新的营销模式，将把整个移动营销行业推上一个新的台阶。

（五）需要建立移动视频广告行业标准

移动视频广告的价值要受到广告主的广泛认可，科学、公正的广告效果监测方法和评估数据体系也是必不可少的。在台式电脑端，针对各类主要广告形式的监测方法论已经基本建立，成为大多数广告主和广告公司在日常投放工作中的必备数据工具。而在移动端，由于产业链中各环节对广告监测内容定义及数据传输方式的不一致、第三方数据公司监测原理和流程不统一，移动广告平

台、媒体与第三方监测公司在监测同一个移动互联网广告时也经常出现较大的数据差异，致使监测缺乏公信力，直接影响到广告主投放移动视频广告的信心。

中国移动广告规范委员会（MMA）在 2013 年 7 月 11 日举办的"2013MMA 中国无线营销论坛"上发布的白书皮提出了移动广告四大标准,[①]旨在规范国内移动广告行业，推动中国移动互联网广告业健康快速发展。

行业标准初步建立后，各家主要移动视频媒体也在积极与第三方数据监测公司合作进行技术对接。在移动视频媒体和第三方数据公司的共同努力下，在监测技术、监测流程方面准备充分，数据的科学性、公正性和稳定性都有所保证时，广告主才有可能大规模地进行广告投放。

为了深入、精确地评估移动视频广告的效果，帮助广告主优化媒介策划，建立权威、客观和统一的移动互联网用户数据库也是行业的大势所趋。在移动用户数据库建立后，广告主可以评估广告触及的受众是否为目标受众，也可以评估不同移动媒体平台间的重合情况，支持下一步的移动媒介策略优化，这对移动视频广告市场的发展无疑将是重要的推动力。

---

① 《MMA 发布移动广告四大标准迎接多屏融合》，2013 年 7 月 12 日，http：//net. chinabyte. com/ 228/12661728. shtml。

利用移动互联网开启新型智慧景区服务

许洪波　刘扬*

摘　要：

旅游与移动互联网的紧密结合，不仅能让用户在移动终端上预订各类旅游产品，而且能够发展智慧景区，大大提升智慧服务水平。"深圳东部华侨城"和"微景旅游"利用微信公众账号，较好地实现了智慧景区服务。这说明移动互联网可以利用微信公众账号，推出旅游信息服务新业态、新模式、新应用，有助于满足不同游客对旅游信息移动性、及时性和交互性的需求，对提高游客在旅游过程中的满意度、促进智慧旅游产业的健康发展发挥积极作用。

关键词：

移动互联网　微信　智慧旅游　智慧景区

一　移动互联网推进智慧旅游市场发展

我国旅游市场规模逐年增长。2013 年国内旅游人数近 33 亿人次，同比增长 11.6%，旅游收入达 2.6 万亿元，同比增长 14%，提前两年实现 2009 年国务院《关于加快发展旅游业的意见》制定的目标。[①] 2013 年 10 月 1 日，我国

---

* 许洪波，华南理工大学教授，国家"核高基"科技重大专项总体组成员，并作为创始人发起了广州国际移动互联网产业基地——国际创新谷，任创新谷董事长，毕业于华南理工大学，并获新西兰奥克兰大学硕士学位（电子电器工程专业）、美国明尼苏达大学卡尔森商学院 EMBA 学位；刘扬，人民网研究院研究员，博士。

① 《中国旅游研究院：2013 年国内旅游人数达 33 亿人次》，2014 年 1 月 3 日，http://news.china.com.cn/2014 - 01/03/content_ 31081825. htm。

第一部《旅游法》正式出台，受其规则影响，团队游利润空间降低。在2013年国庆黄金周期间，参加自由行的旅游人数首次超过团队旅游人数，[①] 中国旅游的"散客时代"已经到来。

个人自助游与半自助游的兴起，在满足我国人民个性化旅游需求的同时，也让旅游的数据更加碎片化，给景区服务和相关部门管理与协调都带来了新问题。在无导游陪同情况下，个体旅游者更需要旅游地点的信息支持。随着旅游产业规模的扩大和旅游方式的变化，这些问题都需要更加智慧的解决办法。为此，2014年被国家旅游局确定为"智慧旅游年"。

智慧旅游，即利用云计算、物联网等新技术，通过互联网，特别是移动互联网，借助便携的移动终端等上网设备，主动感知旅游资源、旅游经济、旅游活动和游客等方面的信息，并及时发布，让人们能够第一时间了解这些信息，便于安排和调整工作与旅游计划，从而实现对各类旅游信息的智能感知、方便利用。

智慧旅游从宏观和微观两个层面解决了中国旅游发展中出现的问题。宏观上，政府和旅游企业通过移动科技、大数据分析来监测旅游经济活动，从而更好地实现政府行政管理和企业经营管理，完成计划、组织、领导和控制职能。微观上，智慧旅游以满足游客个性化需求为中心，以云计算为基础，以移动终端应用为核心，以感知互动等高效信息服务为特征，是旅游信息化与个性化发展的新模式。

智慧旅游与移动互联网在全球范围的普及密切相连，共同成长，其中一个表现是大量旅游移动应用的出现。美国科技博客网站 Business Insider 报告估算，2013年全球移动旅游市场总量近100亿美元，美国达80亿美元。该报告还指出，美国32%的商旅出行预订业务都是通过移动端完成的。[②] 虽然中国移动旅游市场规模尚无全面统计，但2013年艾瑞咨询发布的报告显示，23.9%的中国网民会通过手机移动应用预订旅游产品，15.1%通过平板电脑，14.7%

---

① 蔡华锋：《〈旅游法〉促产品形态出现新变化 自由行、团队游、半自助游三足鼎立》，《南方日报》2013年10月16日，http：//epaper. nfdaily. cn/html/2013 –10/16/content_ 7233809. htm.

② Business Insider, *The Mobile Tourist：How Smartphones Are Shaking Up The Travel Market*, http：// www. businessinsider. com/the-travel-industry-and-the-mobile-boom-2013 – 8 – 6.

通过手机 WAP 网页。① 从中可见移动旅游应用的增长潜力。

人们渴望通过手机就能获得旅游目的地与景区的实景导览、导航定位、行程攻略、住宿、美食、购物、交通路况等实时资讯，从而使出行更加便捷轻松，这也让旅游移动应用更多样化，主要可分为酒店服务、机票服务、度假和景区服务、点评和攻略服务、租车服务等。但是，当前五花八门的移动旅游应用存在如下问题：一是目前主流移动旅游应用还是将重点放在行程前的规划与预订，如携程提供机票、酒店的预订，途牛、驴妈妈、同程提供旅游线路、门票等的预订，蚂蜂窝、百度旅游等提供旅游攻略的分享，而鲜有旅游移动应用提供行程中的服务。"旅行"多，"游玩"少。二是缺乏以旅游景区和目的地为核心的智慧服务平台。旅游景区和目的地是旅游业的核心要素，与酒店、旅行社和交通工具等旅游要素相比，具有较强的不可替代性，在旅游产业中起到带动作用。旅游景区的数量、品质和服务直接影响到一个国家或地区旅游业的发展水平和国际或国内竞争力。但目前国内各景区旅游信息化程度普遍较低，给游客的指引基本上还是靠传统的纸质导览图，无法在移动终端上提供定位、指路等服务，服务水平落后。三是旅游移动应用的形式不便于旅游景区和目的地的推广和运营。虽然旅游产业发展迅速，但对绝大多数人来说，旅游出行在其日常生活中毕竟是低频率、低黏性的行为，这就导致旅游景区和目的地的旅游移动应用推广成本高、发展用户困难、用户活跃度低、运营困难，不便于进行产业化与规模化运营。

2011 年初，腾讯公司推出了微信（Wechat）。次年 8 月，微信推出了公众平台功能模块，从而形成了基于微信的"轻应用"。微信公众平台依托社会网络，人际传播加网络传播效果明显；形式灵活多样，既可以做单纯消息发布，又可以做互动应用开发；点对点精准推送，成本相对低廉。该平台在便于游客使用游览信息的同时，也便于旅游目的地与景区管理部门推广和运营，弥补了旅游移动应用的不足，成为未来推动移动旅游发展和智慧景区服务建设的新移动平台。

---

① 《艾瑞咨询：中国移动旅行应用用户研究报告简版 2012～2013 年》，2013 年 6 月，http：//report. iresearch. cn/1933. html。

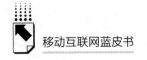

二 基于微信公众平台的智慧景区服务

2013 年底，微信用户数已经突破 6 亿人，成为全球下载量和用户量最多的移动社交通信软件。同时，强大、易用、可扩展等特性也让微信公众账号数量快速增长。根据微信团队发布的信息，截至 2013 年 10 月，微信共有 200 多万个公众账号，并仍以每天 8000 个的速度增长，预计到 2014 年 5 月，微信公众账号总数将超过 300 万个。[①] 微信公众账号几乎覆盖了所有应用领域，旅游自然也在其中。艾媒咨询（iiMedia Research）数据显示，2013 年，10.3% 的用户关注旅游/运动类的微信公众账号，在各类用户关注的账号类型中排第九位（见图 1）。[②]

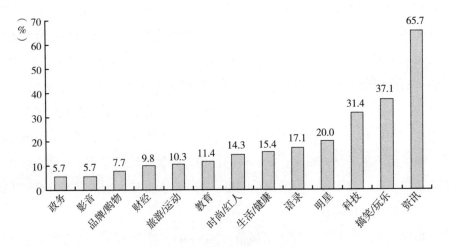

图 1　2013 微信公众账号类型分布

注：同一用户可能选择多种平台。
资料来源：艾媒咨询。

本研究以"旅游"为关键词，在微信订阅账号中进行搜索，共发现 200 个公众账号，而实际旅游类微信公众账号要远远多于这个数字。按提供者类

---

① 《微信公众平台已有超 200 万账号》，2013 年 11 月 18 日，http://tech.qq.com/a/20131118/015594.htm。

② 艾媒咨询：《2013 中国微信公众平台用户研究报告》，http://doc.mbalib.com/view/45dca1d2d39301db3b26c1eeab1a592a.html。

型，这些账号基本可以划分为五种：①由各级政府旅游主管部门开设的账号；②由各旅游公司开设的账号；③由各旅游网站开设的账号；④由各景区景点开设的账号；⑤由旅游爱好者开设的账号。数量较多的是由各级政府旅游主管部门开设的账号，但是内容和功能较为丰富的是旅游公司、旅游网站和景区景点开设的账号。我国不少景区和景点开发了用于智慧景区服务的微信公众账号，本文以比较有代表性的"深圳东部华侨城"和"微景旅游"两个公众账号为例进行说明。

（一）案例一："深圳东部华侨城"

"深圳东部华侨城"是国内首个提供三维立体（3D）园景导航服务的景区微信公众账号。游客和其他手机用户可以通过该账号实时了解推荐游玩线路和活动资讯，获取乘车线路建议以及个性化问题指南信息，还可以方便地预订优惠门票。

"深圳东部华侨城"官方微信账号在产品功能设计、用户交互体验等方面做了许多创新，在账号菜单定义上，"深圳东部华侨城"分为"智能导游""图片分享""游玩贴士"三个大栏目。

①"智能导游"为游客提供了 3D 地图导游和身边景点两个功能。3D 地图导游，每一个重要景点的地图位置上都有相应的标注，用户点击标注就能获取当前位置和距该景点的距离和对该景点的描述。同时，账号还提供了语音导航，并通过图片集让用户对该景点获得更多的了解，如果确定前往，就能通过路线获取方式找到最快到达该景点的路线。除了 3D 地图导航的直观模式，还提供了信息列表的展现形式，可以满足用户的不同需求。

②"图片分享"采用时间轴的方式，能够让用户实时发送照片，并展示在"深圳东部华侨城"的微信账号里。这种方式提高了用户参与拍照上传的积极性，并且可以和其他用户之间形成有趣的互动，让微信公众账号变成用户与用户交流的平台。

③"游玩贴士"不仅可以让游客了解深圳东部华侨城景区的概况，而且能及时提供各种活动信息，不让游客错过任何精彩。

通过以上功能、交互式体验展示，"深圳东部华侨城"微信公众账号成了游客了解和熟悉景区的重要窗口，对提升深圳东部华侨城的品牌形象、增加游客满意度以及促进市场营销等方面均起到了重要作用。该账号上线后立即引起了旅游业的高度关注，也成了景区智慧服务的标杆应用。

深圳东部华侨城正计划在微信平台整合景区的产品和信息，在用户来园游玩前和游玩中的不同阶段，提供有个性的景点介绍、最新活动、景区内设施、游览3D地图、酒店咨询等全方位游览指南服务（见图2）。

图2 "深圳东部华侨城"微信公众账号服务内容

（二）案例二："微景旅游"

"微景旅游"是中国首个基于微信公众账号的智慧景区营销服务平台。该平台不像"深圳东部华侨城"账号那样只做一个景点的垂直服务，它涵盖了中国1000多个5A级和4A级重点景区、景点，基本实现了对中国知名景区、景点的全覆盖。目前，该账号提供了八种主要的智慧旅游服务功能，包括景区三维实景地图、景区游客互动平台、景区优惠活动信息、手机转发推广媒体、景区游客定位导览、景点语音文字介绍、微信语音搜索、智能机器人及时巧应答（见图3）。

图3　"微景旅游"微信公众账号服务内容

①景区三维实景地图：基于HTML 5的移动智能终端上的三维引擎，通过云压缩、智能缓存等技术，景区三维实景地图具备速度快、省电、省流量等优势，可使景区为游客提供最佳的智能导览体验。

②景区游客互动平台："微景旅游"通过智能导览、语音搜索、智能应答等服务，实现游客与景区之间的智能互动。

③景区优惠活动信息：对景区线下拓展，保持互动合作，实现对景区优惠信息、活动情况等线上同步发布，让智能终端用户第一时间掌握最新资讯。

④手机转发推广媒体：正式利用微信平台轻应用优势，用户分享信息更快捷方便，一键即可分享给朋友。

⑤景区游客定位导览："微景旅游"景区三维实景地图可基于游客地理位置实现精准定位，并与景区数据对接，向地理位置在景区的游客准确推送最新的景区活动、优惠等信息，使得智能终端用户游玩便捷、舒心。

⑥景点语音文字介绍：平台拥有全国乃至全球景区的资料库，可为游客提供文字、语音、视频等多种方式的景区介绍、交通、攻略、最新活动等一系列智慧旅游信息服务。

⑦微信语音搜索："微景旅游"是微信的首个语音搜索旅游应用，通过语

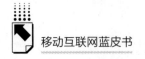

音助手,游客可以最快的速度搜索到景区,并获取景区丰富的信息介绍。

⑧智能机器人及时巧应答:通过技术研究,该账号可实现机器人智能应答功能,解决游客咨询的问题。

游客通过"微景旅游",在手机端就能获得旅游目的地与景区的实景导览、导航定位等服务,以及行程攻略、优惠信息、住宿、美食、购物、交通路况等实时资讯。该微信账号已通过微信微支付认证,开通了移动电商支付功能,还依托自主研发的三维实景地图、云计算、大数据等多种先进的信息技术,实现了景区服务和游客需求无缝融合,其智慧旅游的服务功能将进一步加强。

除了以上两个账号外,上海世博会、中国旅博会、广州国际旅展会、亚龙湾热带天堂森林公园、槟榔谷、长隆欢乐世界、浙江溪口风景区、广州越秀公园等许多景区都利用微信公共平台开设了服务账号,可见该服务方式正在快速扩散。与传统移动应用相比,微信应用在功能差异、营销价值、用户隐私、交互体验、安装流程、功能扩展、推广成本、开发成本和升级维护方面存在突出优势(见表1)。

表1 旅游类移动应用与微信应用比较

方面	移动应用	微信应用
功能差异	对智慧旅游等行业,移动应用与微信应用功能差异不大,基本可以做到互换	微信应用能够更好地满足用户需求,让游客免去了下载、安装应用的烦琐,只需在景区/目的地扫一扫二维码,就可以快速获取景点、演出、酒店、餐饮、休闲等度假信息。对智慧旅游服务提供商来说,这是一个门槛极低、容易获得数亿真实用户且确保用户黏性的服务分发平台;对用户来说,这是一种前所未有、极其简单的应用使用方式
营销价值	从需求来看,用户有可能关注上百家企业商家的微信账号,但用户绝不可能安装上百家企业的移动应用,即使用户安装了,使用率如何都是一个问题,最终必然导致其营销价值大打折扣	微信应用的社交属性使得旅游应用可以通过朋友圈更高效地传播自己的服务与口碑。微信应用更偏向于主动式营销,能精准地实现点对点的沟通,为企业与用户搭建起精准的互动桥梁
用户隐私	移动应用涉及大量窥探用户隐私的行为,如窥探用户短信内容、通话记录、通讯录名单均是常有的事情,一些知名的移动应用亦不例外	微信应用依托微信平台运行,受到微信端的限制与规管。目前来看,并不存在窥探用户隐私的问题

续表

方面	移动应用	微信应用
交互体验	移动应用由于可以调用手机本地处理能力和本地数据,所以具备更好的用户体验	微信对公众账号的用户交互体验做了严格限制,这使得微信应用很难像原生应用一样提供流畅的用户体验。尽管如此,微信公众账号仍然覆盖了几乎所有应用领域,如游戏、社交、CRM、工具、媒体、地图、电商、理财等。对用户来说,微信应用可以简单地满足大多数需求
安装流程	移动应用需要用户自行下载安装,安装过程较为烦琐,且占用用户大量的手机空间	微信应用只需要用户简单扫描一下二维码即可轻松关注,不占用户手机空间,对广大的旅游服务提供商而言,无疑更为合适,对用户来说,也更简单方便
功能扩展	移动应用是一个封闭系统,即我们通常所说的信息孤岛,无法实现信息互联互通以及服务的集成和延伸	微信应用事实上是建立在互联网上的应用,支持信息互联互通,可以容易地实现服务的集成与延伸
推广成本	移动应用开发完成之后,主要通过与360手机助手、百度应用、安全管家等应用市场进行合作推广,引导用户下载安装。当前,传统移动应用的推广成本已经达到了每次下载5~10元,推广成本颇高	微信应用更多的是借助微信朋友圈、线下经营门店、优惠促销活动等吸引用户扫描添加,综合推广成本更低
开发成本	移动应用开发成本较高,开发周期普遍为2~5个月,同时要考虑iOS、Android等多个平台的开发和维护工作	微信应用的开发成本较低。开发周期通常在1个月左右。微信应用开发维护只在网页端即可,大大减少了开发维护成本
升级维护	移动应用的维护成本很高,商家需要针对不同的操作系统做兼容性的定制和开发,开发维护成本很高。同时,软件升级也是一个重要问题。传统移动应用需要通知用户,用户自行升级。如果用户基数庞大,使用的是不同版本的移动应用,可能造成功能上的缺失	微信应用运行于微信公众平台,实质将大部分的维护事宜转嫁给腾讯公司,其维护流程简单得多。微信应用在微信公众平台后端完成升级维护工作,不论用户规模,可迅速完成整体升级工作,极大地便利了商家和用户

　　基于表1所示的这些优势,微信应用能够更好地满足用户在景区导览、周边服务等各种旅游服务类应用的需求。游客免去了下载、安装应用的烦琐,只

需用手机在景区和目的地扫一扫周围的景物，就可以快速地获取景点、演出、酒店、餐饮、休闲等各类度假游玩资讯。这对智慧旅游服务提供商来说无疑是一个门槛极低、更容易获得数亿真实用户且确保用户黏性的服务分发平台。对用户来说，微信应用是一种前所未有、极其简便的旅游应用和游玩信息获取工具。

三　利用微信公众平台做好智慧旅游

（一）微信公众平台为实现智慧景区建设目标发挥作用

通常，智慧景区的建设要实现以下三个目标，而通过案例介绍，可以看出微信公众平台在三个目标实现上都可以发挥作用。

1. 提高景区的智慧服务水平和智慧管理能力

微信公众平台可为游客提供入门必需的、清晰易带的游览地图、景区解说和线路推荐。游客只要在景区门前或其网站上用微信对着二维码扫一扫，该景区的游览信息便可以轻松收入移动端，方便游客使用。同时，景区还可以通过扫一扫或公众账号发布等形式，把自身活动信息及各种优惠券通过手机等移动端即时、准确地传递给游客，从而提升景区对游客的服务能力。

2. 游客出游省心方便

游客只需进入景区和目的地设立的微信公众账号就能了解此地的即时旅游信息，在选择旅游目的地、制定旅行线路、订票订酒店、选择交通、购买门票、体验景区内的智慧旅游、信息即时分享等各个阶段做到了智能化。

3. 提供点对点的智慧营销服务

微信公众账号可以让景区或各类旅游服务中介机构进行实时高效的精准推送与营销。旅游景点和目的地的市场营销具有非常强的季节性和时令性，通过微信可以直观生动、实时地向游客传递景点和目的地的各类旅游信息，对游客来说非常方便。这样做不仅传播及时、推广效果好，而且数字化的传播方式也可节省大量的人力和资金投入。

（二）微信公众平台完善智慧景区的具体服务功能

微信公众账号不仅能够适应智慧景区的建设需求，而且能在目前技术条件下，实现以下六种智慧景区的具体服务功能。

①景区地图，由景区、景点实景地图，以及景区、景点图文介绍等内容组成，当游客到达某一景区、景点时，就能够根据 GPS 的定位，自动识别游客到达景区、景点，并提供对该景点的详细解说。

②线路规划，由景区提供的最佳旅游线路规划及重点景点推荐组成。

③景区周边服务信息系统，包括导航、该导游、导览和导购四个基本功能。利用电子移动设备导航，该系统将位置服务（LBS）加入旅游信息，让游客随时知道自己的位置；在确定位置的同时，在实景地图上会主动显示周边的旅游信息，包括景点、酒店、餐馆、娱乐、车站、同伴位置等。

④旅游资讯，提供最新的旅游政策、景区活动、优惠促销、交通路况及天气、购物动态等各种与游客密切相关的旅游信息。

⑤服务中心，提供游客使用微信智慧旅游的帮助说明及游客旅行中遇到各种问题的实时服务，最大限度地帮助游客借助智慧工具解决切身问题。

⑥社交互动，利用日益兴起的社交网站，让游客参与景区互动，并影响游客的行程计划和消费决策。用户通过分享功能，可以将旅游计划、旅游日志、照片、视频以及站外链接分享给自己的好友，通过分享机制与好友机制相结合，促进景区的宣传与营销。

（三）微信公众平台在智慧景区建设中的局限

智慧景区的建设远不是开发一个微信公众账号那么简单。在实现以上功能时，要注意微信公众账号应用中的三方面局限，具体如下。

一是对信息推送做了严格限制。微信规定订阅账号只能一天推送一条消息，服务账号一月仅能推送一条消息，这很难满足平台类服务账号的服务推广需求，也使得订阅账号很难对客户提供媒体外的服务。

二是微信公众账号搜索导航机制非常初级、不透明，受其严格限制，客户仅能通过线下扫码或搜索账号来发现、添加账号，这在屏蔽"僵尸"账号的

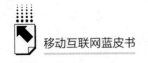

同时，大大增加了推广公众账号的难度。

三是微信对公众账号的用户交互体验做了严格限制，如其交互方式仅支持数字或语音回复的"会话"类交互方式，自定义菜单也仅仅支持菜单以及简单的表单。这使得微信公众账号很难像传统移动应用一样提供流畅、完整的用户体验。

（四）利用微信公众平台做好智慧景区的建议

在智慧景区的建设中，要想把微信公众账号用好，还需要考虑实际情况，充分利用微信公众平台的优势，注意其局限，特别建议重视以下几个方面。

第一，终端特性。对广大的用户来说，速度快、省电、省流量始终是移动互联应用的刚性需求，需要考虑通过云压缩、智能缓存等技术手段来压缩内容，优化用户体验。

第二，智能交互。微信的对话框是一种非常简单易用的交互方式，但这给微信公众账号的开发带来了很大挑战。由于用户将对话框当成客服或服务请求的入口，这就要求微信公众账号具有完善的服务数据库和智能化的交互管理，并制定自动交互与人工处理相结合的服务流程，只有这样才能满足用户的服务需求。

第三，用户体验。由于微信对公众账号的用户界面及菜单交互做了严格限制，微信公众账号的用户体验常常是被割裂的，这给微信公众账号的用户交互设计带来了很大挑战，需要考虑语音输入、菜单调出与微门户三者的有效融合（或割舍）。

第四，服务标准。需要建立景区导览地图、景区信息点、景区服务信息的数据标准与交互标准，只有这样，游客在不同的景区使用微信公众账号导览服务时才能避免混淆，让用户获得的良好体验始终如一，毫无顿挫感。

第五，大数据运营。在智慧景区的建设与运营中，要高度重视景区运行中产生的各类大数据。对游客、景点、酒店、餐馆、娱乐、车站、同伴位置、社区分享等各类数据进行处理和分析，以大数据分析结果指导进行针对游客的点对点营销，提供更好的个性化服务，真正实现旅行过程中的智慧服务。只有综合考虑，才能利用微信公众平台做好智慧旅游。

四 值得期待的智慧旅游

移动互联网正在改变人们的生产与生活方式。旅游是受到该趋势影响的产业之一，数据显示，六成中国人在用手机查询旅游信息，1.5 亿人用手机地图找路，旅游产品的移动支付也显露新曙光。这一切预示着中国旅游移动互联时代到来。

在个性化旅游的大趋势下，游客对信息服务数量和质量的要求越来越高。2014 年是"智慧旅游年"，微信公众平台凭借其社交属性、灵活多样的形式、点对点精准推送、相对低廉的开发与使用成本，起效快速，便于普及。2014 年也是中国的 4G 元年，基于微信公众平台的智慧旅游应用在技术开发和服务方面不断成熟，借助 4G 高速、高容量的网络传播，有着巨大的发展潜力与空间。

所以，研究和探索微信公众账号等新型旅游信息服务新业态、新模式、新应用，有助于满足不同游客对旅游信息移动性、及时性和交互性的需求，有助于为游客提供丰富多样、便捷贴心的旅游信息服务，这将明显提高游客在旅游过程中的满意度，促进旅游产业的健康发展。

专 题 篇

Special Reports

B.18

移动大数据技术及应用展望

郭 斌[*]

摘 要：

大数据被形象地称为 21 世纪的原油。随着移动互联网的发展，大量的用户交互数据和行为数据产生。在此背景下，移动大数据成为大数据的一个重要应用方向。移动大数据具有鲜明的"以人为中心"的特点，目前已经在移动社交、智能交通、精准营销、电子政务、移动金融等领域得到初步应用，但大数据也面临着一些技术难题与挑战，需要迎难而上，迎接挑战，推动大数据应用的创新与发展。

关键词：

移动大数据 移动感知 移动社交网络

---

* 郭斌，西北工业大学计算机学院副教授，教育部新世纪优秀人才，陕西省青年科技新星，2009年博士毕业于日本庆应义塾大学，2009~2011年于法国国立电信学院做博士后研究员。

一　步入移动大数据时代

（一）移动互联网的新发展

移动互联网的发展是移动大数据产生的基础。2013 年，中国移动互联网在终端用户、数据业务和基础网络三个方面都取得了非常快的发展。据工信部《2013 年通信运营业统计公报》，2013 年我国移动电话用户总数达 12.29 亿人，其中 3G 移动电话用户数突破 4 亿人，在移动用户中的渗透率达到 32.7%。我国移动互联网流量同比增长 71.3%，其中手机上网是主要拉动因素。2013 年底，工信部正式发放 4G 牌照，标志着我国进入 4G 时代。

另外，以谷歌眼镜、智能手表等为代表的可穿戴设备在 2013 年获得了突破性发展，业界也称 2013 年为"可穿戴设备元年"。为满足用户需求，越来越多的传感器件和传感技术被运用到智能移动设备上，催生了一系列创新应用，并掀起了移动感知的研究热潮。

（二）从移动互联网到移动大数据

像能源、原材料一样，大数据已成为提高未来竞争力的关键要素。麦肯锡的调查研究显示，大数据可以在任何一个行业内创造更多价值，它正在成为 21 世纪的原油。①

大数据因其巨大的商业价值和市场需求，正成为推动信息产业持续高速增长的新引擎。随着国务院《关于促进信息消费扩大内需的若干意见》的发布以及行业用户对大数据价值认可程度的提高，中国面向大数据市场的新技术、新产品、新服务会不断涌现，大数据将为信息产业开辟一个高增长的新市场。

大数据的来源非常多，互联网、电信、金融、贸易、环境、政府、交通运输、电力等各行各业都产生和维护着大量的数据。作为大数据的一个重要源

---

① 麦肯锡：《大数据：创新、竞争和生产力的下一个前沿》，2011 年 5 月，http://www.mckinsey.com/insights/business_technology/big_data_the_next_frontier_for_innovation。

头，我们称来自移动互联网的海量数据为"移动大数据"（mobile big data）。随着移动互联网的普及和发展，它将成为大数据应用的主战场，这主要得益于以下几个方面的支持：①智能移动设备不断普及；②新的网络基础设施特别是4G网络被引入；③海量移动互联应用出现和发展。移动大数据是大数据在移动互联网领域的一种呈现，和其他大数据来源相比，移动大数据具有如下鲜明特点：第一，数据的核心节点是"人"，即"以人为中心"，包括移动互联网大量用户生成数据（user-generated data）、用户移动性数据、用户行为数据等；第二，数据量更大（数以亿计的用户每时每刻都在产生数据），种类更多（各种传感器数据，如在线多媒体数据等），具有更大的时空覆盖范围；第三，融合物理和虚拟空间数据，全方位呈现个体、城市及社会活动信息。

这里给出两个移动大数据应用的场景，以对移动大数据有一个直观的认识，并以此展示移动大数据的发展愿景。

1. 移动社交网络

未来的移动社交网络不再是完全虚拟的社会网络，而是逐步把在线交互与位置、行为活动等线下感知信息相结合。物理世界中原本不相识的个体越来越有可能通过移动社交网络平台成为朋友，并可以通过实时分享彼此的物理状态（如位置、活动等），增强线上与线下之间的交流。下面以智慧校园（如图1所示）为例做说明。

学生 A 和 B 是某大学一年级的新生，他们两个人虽然不认识，但由于两人在移动社交网络的签到（check-in）都包括图书馆、羽毛球馆等场所，而且两人专业相近，移动社交平台通过分析两人的历史活动记录和个人信息，发现两者具有较大的相似性，可以对两人进行朋友推荐；还可以根据两人的相似性把 A 常去的兴趣地点或者 A 在网上最近购买的物品推荐给 B；还可以对群体移动轨迹进行挖掘，发现热点路径，并对新的来访者进行路径推荐，预测两人在某时刻相遇的可能性。

2. 智慧城市与社会感知

在移动互联网时代，每个人都会充当多个角色，如记者去发现和报道所经历的活动和事件、环境保护者进行周边环境情况共享等。下面以突发性社会事件的感知为例进行说明。

图1 移动社交网络在智慧校园中的应用

2013年美国波士顿马拉松爆炸案发生后，由于社会影响极大，如何能快速定位嫌疑犯成为政府最为迫切的问题。美国《华尔街日报》报道，FBI采用现场用户贡献的数据进行了嫌疑犯确认。① 当时围观比赛的群众将手机拍摄的照片和视频等上传到社交网络，通过收集这些用户贡献的数据，警察局的工作人员可以在没有目睹这场突发事件的情况下，基本还原突发事件发生前现场的情况和围观群众的状态，从而帮助警方快速锁定可疑人员。采用这种公众提供集体智慧的方式，警方不必大费周折地寻找目击证人并进行采访，大大减少了他们的工作量，并且群众的智慧更能反映出突发事件发生时的真实情况。

二 移动大数据应用

移动大数据是一个新生事物，对其研究和应用还处于初始阶段。下面介绍一下目前移动大数据在七个不同领域得到的应用和发展。

---

① 《群体数据贡献帮助还原社会事件现场》，《华尔街日报》2013年4月17日，http://online.wsj.com/news/articles/SB10001424127887324763404578429220091342796。

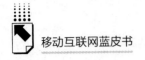

（一）移动社交

通过对人们在物理或数字世界中进行的各个方面的交互（如联系对象、访问地点、聊天内容等）进行记录，并对用户行为模式（如用户兴趣）进行挖掘，移动社交数据为开发大量社会性服务提供了基础支持，如进行内容推荐、信息过滤和管理、广告推送等。

微博拥有大量的基于社交和兴趣图谱的用户数据。此外，微博天然的"公开性"——任何用户发布的内容、粉丝关系等数据都是公开可查看的，也让微博的数据收集避开了用户隐私难以厘清的尴尬。换句话说，微博数据在采集和应用上有着天然的优势。新浪微博根据微博上对电影的大量讨论数据，实现了对电影进行排名，通过数据分析来预测未来哪部电影会受到欢迎。腾讯微博通过数据分析进行产品创新，相继推出了微信圈、微热点、微频道等功能，在海量用户数据挖掘的基础上，有效地解决"信息碎片化""信息过载"等问题，提高用户体验。作为移动社交领域目前最成功的应用，微信也于 2013 年9 月推出数据分析功能。通过此功能，微信公众账号运营者能在后台看到包括用户数、用户身份属性、图文消息阅读人数、消息分享转发等方面的各类数据统计，以此了解所运营的微信公众账号订阅者的喜好，判断用户属性，掌握相关的推送到达率、打开率及转发率，有效地协助运营者更好地提供服务。

（二）智能交通

数据是智能交通的基础和命脉。无论是交通基础设施、交通运行状态还是交通服务对象、交通运载工具，每时每刻都在产生着大量数据，可以利用收集来的大规模数据解决一些日益严重的城市问题，如城市动态信息监测、交通规划、公共设施管理等。

百度地图 LBS 开放平台是中国定位数据源最广的数据平台，该平台为数十万应用提供定位服务，覆盖数亿部手机，约占手机网民使用设备总量的八成，日处理定位请求 35 亿次（2013 年 8 月公布数据）。① 在上述资源基础上，百度于 2013 年

---

① 《百度迁徙：透过大数据看春运》，2014 年 1 月 27 日，http://tech.sina.com.cn/i/2014－01－27/13519131752.shtml。

底推出"百度迁徙"服务，人们可以输入城市名称，查询该城市在过去 8 小时的时间里人口迁入和迁出情况，查询到该城市人群迁移到什么城市。它可服务于政府部门的科学决策，赋予社会学等科学研究以新的观察视角和方法工具，为公众创造近距离接触大数据的机会。该应用在 2014 年春运期间获得了较好的社会声誉，为了解春运期间的人口迁移情况并进行相应交通调度提供了决策依据。

（三）精准营销

精准营销是随着互联网发展而出现的新事物，属于个性化推荐的范畴，是吸引用户、扩大销量、提高收入的重要手段。例如，百度和谷歌等利用用户关键词、所在地域和查询时间等对用户兴趣进行分析，进而提供相关联的广告推送。基于移动大数据的精准广告则从传统 PC 迁移到更为广阔的物理空间。主要依托移动终端，如智能手机、平板电脑及可穿戴设备等，通过传感器采集用户的历史数据，在服务器端建立用户的偏好模型和用户行为模型，根据用户的偏好、用户当前或未来一段时刻所处的实时情境，给特定用户推送广告，以达到精准推送的目的。

如某用户经常在早上 8 点左右乘坐地铁，从用户的偏好模型中发现该用户平时喜欢浏览时事新闻，通过用户移动终端上的传感器发现该用户在乘坐地铁，且当前处于空闲状态，于是推送引擎向该用户推送新闻套餐服务。如果用户为学生，根据用户行为模型发现该用户在节假日有外出游玩的爱好，而离用户家不远的一个游乐场准备在即将来临的节假日搞优惠活动，则推送引擎将该优惠活动推送给该用户。移动精准广告受到推崇，充分展示了在大数据的支持下，目前的计算系统正以前所未有的广度和深度认知用户的行为。

2012 年"双十二"，淘宝数据产品团队推出了淘宝时光机，通过对用户行为进行深度挖掘，结合情感化与可视化的产品手段，产生了轰动性的社会反响。在 2013 年"双十二"促销活动中，淘宝又提出了新的营销方法。根据不同的人群需求，划分出 200 多个购物场景，同时在购物的各个环节推出购物预测，呈现给每位消费者最合意的商品。此外，淘宝还为每位用户提供一幅"我的 2013 自画像"，呈现消费者在过去一年的消费特征，并且为每位用户进行个性化产品推荐。

除去个性化推荐，淘宝也可依赖大数据对大规模用户的消费行为进行分析和预测。淘宝指数就是一个免费的数据分享平台，可方便淘宝卖家了解淘宝搜索热点、购物趋势，定位消费人群并分析细分市场。它也为第三方研究人员甚至买家研究淘宝数据提供了很大的帮助。

（四）健康计算

来自人体生理和行为参数监护的数据日积月累，构成个人健康大数据，包括生理生化及行为传感器数据、求诊用药数据、日常生活作息数据等。这些数据可通过移动网络迅速、透明地传输至云端服务器，经分析处理可以获取健康状况和疾病风险的重要信息，进而对用户进行更有效的健康指导。通过持续的在日常生活环境中的个人生理数据采集和分析，促进健康行为，进行疾病预防，在移动互联网时代正成为现实，我们称之为"健康计算"。

2013年，美国总统奥巴马提出了《平价医疗法案》，将大幅度上涨的医疗保健费用置于聚光灯之下。这为健康计算特别是通过开发数据支持的工具使医疗保健更廉价而有效带来了巨大机会。而作为人口大国和受老龄化问题困扰的中国，健康计算具有更大的市场和现实需求。在此背景下，移动可穿戴式健康设备在2013年不断被推出。

由百度云支持的咕咚手环是一款典型的硬件、软件、服务相结合的智能可穿戴式健康产品，主打"运动状况提醒""睡眠监测""智能无声唤醒"三大功能，可以检测用户的运动情况，并进行运动计划管理和提醒。数据存储在云端，不用担心自己的记录会丢失。除了面向个体的健康应用外，还有一些应用面向医疗领域。例如，杏树林开发了"电子病历夹"，这是专门面向医生的一款移动医疗应用，该应用通过大量病历的分享、处理和推荐，可以改进医生的工作进程（见图2）。

图2 智能健康手环与杏树林健康平台

（五）电子政务

2012 年，美国奥巴马政府宣布了"大数据的研究和发展计划"，[①] 通过提高从大型复杂数据集中提取知识和观点的能力，帮助加快其在科学与工程中的应用步伐，加强国家安全并改善教学研究。目前，美国已有包括国家科学基金会、国家卫生研究院、能源部、国防部及其下属国防高级研究计划局、美国地质调查局等联邦机构，承担了美国政府的大数据实验项目研发。我国政府也非常重视大数据发展，将政府数据和大数据相结合的电子政务成为发展重点。2012 年，国务院批复了《"十二五"国家政务信息化工程建设规划》，该规划指出，到"十二五"期末，初步建成共享开放的国家基础信息资源体系，支撑面向国计民生的决策管理和公共服务，显著提高政务信息的公开程度。[②]

大数据的应用是推进电子政务规划目标实现的有力工具。国内各级政府纷纷规划大数据发展策略，探索信息惠民的大数据创新应用。北京市以大数据惠民作为一项重要探索，目前正积极推动北京市政府数据资源网的上线开通，为政府信息资源的社会化开发利用提供数据支撑。[③] 现在，北京 29 个部门公布了 400 余个数据包，涵盖旅游、教育、交通、医疗等各个门类；上海市科委也发布了推进大数据研究与发展的三年行动计划，在医疗卫生、食品安全、智慧交通等领域探索交互共享、一体化的服务模式。[④]

十八届三中全会对我国政府职能进行了新的定位，宏观调控、市场监管、社会管理、公共服务和环境保护成为电子政务建设的根本目标。因此，电子政务大数据在支撑政府履行职能、发挥决策支持和提供公共服务等方面应发挥相应的作用。研究和开发包括民生服务、城市管理和行业领域等在内的应用，将

---

① 《美国政府的大数据计划》，2013 年 5 月 24 日，http：//news. xinhuanet. com/info/2013 – 05/24/
c_ 132403801. htm。

② 《十二五国家政务信息化工程建设规划》，2012 年 5 月 5 日，http：//www. sdpc. gov. cn/zcfb/
zcfbtz/2012tz/t20120515_ 479320. htm。

③ 《北京开放政府信息资源"大数据"供社会化利用》，2013 年 7 月 22 日，http：//
bj. people. com. cn/n/2013/0722/c82837 – 19123525. html。

④ 上海市科学技术委员会：《上海推进大数据研究与发展三年行动计划（2013 ~ 2015 年）》，
2013 年 7 月 12 日，http：//www. stcsm. gov. cn/gk/ghjh/333008. htm。

成为我国电子政务大数据应用的主要方向。例如，在民生领域，推动食品安全、医疗卫生、社会保障、就业等数据的整合和共享，优化民生服务解决方案，开发个性化便民服务。在城市管理方面，综合利用城市规划、交通、治安、环境等方面的数据资源，对海量数据进行智能分类、整理和分析，使城市管理者能够更准确地预测可能出现的情况，打造智慧、平安、和谐城市。

（六）环境保护

在《"十二五"国家政务信息化工程建设规划》中，有15项重要信息系统工程，"生态环境保护信息化工程"是其中的一项。具体的建设内容可概括为充分利用物联网、移动通信、大数据等先进技术，进一步完善土壤、森林、湿地、荒漠、海洋、大气等方面的生态环境保护信息系统。运用新一代信息网络技术，动态收集工业企业污染监测信息，加强工业污染和温室气体排放的评估和监测能力建设。

一般而言，环境感知任务具有范围广、规模大、任务重等特点。目前的感知系统还主要依赖于预安装的专业传感设施，如摄像头、空气检测装置等，具有覆盖范围受限、投资及维护成本高等特点，使用范围、对象和应用效果受到了很多限制。在此背景下，一种新的感知模式——移动群智感知（mobile crowd sensing）应运而生。与传统感知技术依赖于专业人员和设备不同，移动群智感知将目光转向大量普通用户，利用其随身携带的智能移动终端，形成大规模、随时随地且与人们日常生活密切相关的感知系统。人本身具有的移动性和参与性，为在静态传感设施没有覆盖的区域进行环境感知创造了机会。图3给出了一个通用的移动群智感知系统架构，该系统分为数据源层、数据采集与传输层、数据处理与感知层及应用层。其中，数据采集与传输层负责感知任务分发和数据采集，采集的数据会传输到后台服务器，由数据处理与感知层进行数据分析。

移动群智感知系统为各种环境感知任务提供了新的方法。美国达特茅斯学院在这方面做了很多研究，其"自行车网络"项目利用安装在自行车的二氧化碳检测器来测量自行车行走路线上的空气污染情况。微软亚洲研究院在出租车上搭载了多种传感器，并结合气象局、加油站的数据进行分析，能够采集细

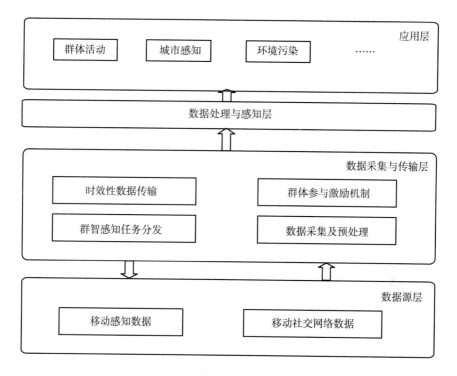

图3 移动群智感知系统

粒度范围的空气质量信息（如居住小区的 PM2.5）及城市能源消耗情况，为改善大气环境提供智能决策支持。

（七）移动金融

随着移动互联网和大数据的发展，金融行业也在发生一场变革。以阿里巴巴、腾讯、京东商城为代表的电商和互联网企业的跨界渗透，正在改变金融行业的生存和发展模式。大数据技术可帮助金融业更有效地开发和维系最终用户，而移动互联技术则让所有的金融应用和金融服务向最终用户无限贴近（形象地说，就是"从柜台走向指尖"）。

2013 年，以"阿里小贷"为代表、面向小微企业的移动大数据衍生产品纷纷被推出。小微企业的资金困境多年来一直影响着企业的发展。中国有近4200 万家小微企业，银行考虑到风险太大，很少向小微企业贷款。"阿里小贷"基于阿里巴巴、淘宝、支付宝、阿里云四大电子商务平台积累的客户信用数据及交易行为数据，进行"技术征信"和"数据担保"。[①] 所涉及的数据包括标准化交易数据，以及卖家和买家的聊天记录、评价、店铺信用等非结构化数据。通过数学模型，"阿里小贷"对上述数据进行分析处理，就能自动确定贷款申请人的贷款限额。发放贷款以后，"阿里小贷"还通过实时监测贷款商家的交易、退货、评分等经营情况，了解客户的还款能力，一旦客户交易情况下滑，系统会自动发出预警。

继阿里巴巴涉足小额贷款公司之后，京东商城和百度两家互联网巨头也涉足小贷领域，而苏宁则通过建立苏宁银行涉足小贷业务。这些企业的优势均在于其具有海量用户数据，通过数据担保可以将审贷流程尽量简化，极大地提高贷款办理效率，并实现动态的客户评估。

除信贷业务外，以海量用户数据支持的移动金融还进一步涉足其他金融业务。如2013年春支付宝推出"信用支付"业务，标志着第三方支付进一步具备了向个人用户"授信"这一原本只被商业银行专营的功能。支付宝以所有注册用户的真实交易数据为授信依据，后台系统对用户注册信息和交易数据进行收集和分析，依据注册时间长度、活跃频率、消费强度、不良记录、信用等级等核心指标构建授信机制。腾讯则宣布打通旗下财付通与移动产品微信的应用通道，这意味着超过6亿的微信用户可通过微信扫描商户二维码付款，还可以在微信用户间进行转账，而后台则根据历史数据为这些金融业务进行安全评估。

三 移动大数据面临的技术挑战

移动大数据作为一个新兴领域，还面临着很多技术问题与挑战。[②]

（一）数据采集与存储

移动大数据有两个主要来源：一是从移动设备内嵌的传感器获取的数据，

---

① 万建华：《金融e时代》，中信出版社，2013。

② 郭斌、张大庆、於志文、周兴社：《数字脚印与"社群智能"》，《中国计算机学会通讯》2011年第7期；邬贺铨：《大数据时代的机遇与挑战》，《求是》2013年第4期。

包括位置、加速度等；二是从移动互联网应用中获取的用户生成数据，如微博、微信、其他基于位置的服务等。移动大数据需要尽可能地收集异源及异构的数据，利用数据的互补性从不同侧面对事件进行感知和预测。由于数据量较大，如何优化从终端到服务器的数据传输也是值得考虑的问题。例如，对于终端传感数据，如果直接把原始数据上传到服务端，会带来很多额外网络开销。更好的方法是在终端进行一定处理后，把语义信息传输到后台。

在获取数据后，如何对大规模异构数据进行有效存储，成为另一个问题。要达到低成本、高可靠性目标，通常要用到冗余配置和云计算技术。在存储时要按照一定规则对数据进行分类，通过过滤和去重，降低存储量。要综合云计算、数据库等技术，结合异构数据管理方面的最新研究成果，对移动大数据进行存储。

（二）大数据处理

移动大数据通过收集到的数字轨迹来挖掘高级智能信息，如个人偏好、社会事件、社会关系、城市动态信息等，这里面临着很多新的挑战。首先，在移动大数据中，结构化数据只占 15% 左右，其余的约 85% 都是非结构化数据。以往的数据分析工作主要面向结构化数据，如何对非结构化数据进行分析和挖掘成为一大挑战。其次，移动大数据的复杂性不仅体现在数据样本本身，而且体现在多源异构、跨空间数据之间的交互性和关联性。分析异构数据源间的关联性和互补性，对事件进行交叉验证和全方位描述，将成为一个研究热点。

大数据的核心是预测。大数据不是要教机器像人一样思考，而是把数学算法运用到海量数据上来，预测事物发生的可能性。例如，一个人在下个小时可能访问的地点、一个微博帖子是否会热的可能性、两个人是朋友的可能性、某个地点在未来一小时内可能访问的人数等。需要结合机器学习和概率统计方法，来实现对事件和行为的合理预测，并为智能决策提供支持。

（三）数据质量和可信度

在移动互联网上收集的用户数据很多是不准确的，甚至是虚假的。从移动设备中得到的数据在质量上也有很大差别。例如，移动电话放置在口袋里还是在用户手中，所获取的数据质量会不一样，对用户活动的识别准确率也会造成

很大影响。因此，需要开发可信计算和异常数据监测等方法来保证收集数据的质量和可信度。

（四）个人隐私保护

在大数据背景下，我们时刻都暴露在"第三只眼"之下，亚马逊、淘宝监视着我们的购物习惯，谷歌、百度监视着我们的网页浏览习惯，而移动感知更是可以把握我们日常活动、社会关系和移动轨迹。更为复杂的是，大数据价值不再单纯基于它的基本用途，而更多源于其二次使用。公司在收集数据时可能并无意于其他用途，最终却产生了很多创新用途（如行为、偏好预测）。换句话说，大数据颠覆了当下《个人隐私保护法》以个人为中心的思想，即数据收集者必须告知个人收集了哪些数据、有什么用途，因为很多信息的用途无法提前预知。① 此外，传统的匿名化和模糊化等隐私保护方法在小数据时代可行，但随着数据量和数据种类增多，大数据促进了数据内容的交叉验证，即反匿名化工作。因此，在大数据时代，对原有的制度规范进行修修补补已经满足不了需要，我们需要全新的制度规范。一方面，需注意个人隐私保护，包括从个人许可到让数据使用者承担责任；另一方面，需增强用户控制功能，使其能够对数据进行授权管理。

（五）数据可视化

在利用各种技术得到数据分析结果后，如何将各种数据分析结果以形象直观的方式进行展示，是一个很重要的需求。例如，用户需要更好地理解自己的数据，政府部门需要快速发现数据中蕴含的规律特征以做出合理决策。具体实现方式包括标签图、热力图、直方图、雷达图、辐射图、趋势图等各种可视化方式，可以将数据分析结果以最佳的方式进行展现。由于移动大数据的异构性和复杂关联性，有时需要结合不同的可视化方式（包括静态和动态）来实现对数据的呈现。

---

① 〔美〕维克托·迈尔－舍恩伯格、〔美〕肯尼思·库克耶：《大数据时代》，盛杨燕、周涛译，浙江人民出版社，2013。

四　移动大数据的发展趋势与展望

目前，企业界和学术界大量概念的提出和相关技术的发展，较为清晰地刻画出了未来移动大数据的一系列趋势，具体包括以下四方面内容。

第一，2013 年，移动大数据已经在一些领域得到了初步应用，但整体来说当前还处于初级阶段。针对移动大数据这一信息富矿，还需要更深入地挖掘用户需求，探索合理的商业模式，不断发展新的业务。

第二，随着大量异构传感设备的使用，大规模、异构、多模态数据的挖掘和处理成为一类挑战性问题，其中包括低质量数据的过滤、大数据的理解和处理技术等。未来需要企业界和学术界共同努力探索新的、高效的数据处理方法。

第三，移动大数据的鲜明特点是"以人为中心"，数据来源于移动用户，并最终服务于用户。需要不断深化"以人为中心"的计算理念，对用户行为进行深入理解，推动服务的个性化和智能化。

第四，移动大数据是跨空间的数据，体现了线上与线下行为的相互映照。利用线上数据可以对物理事件进行预测，而利用物理世界交互记录可以对线上交流进一步增强。未来的挑战包括如何基于线上与线下特征对用户进行建模、如何通过线上与线下特征的融合进行行为预测等一系列问题。

移动大数据正在开辟一个新的多学科交叉研究领域。随着越来越多的"数字脚印"可以被收集到，移动大数据的研究和应用范围在未来一段时间内会进一步扩展。作为具有"以人为中心"鲜明特点的移动大数据，必须结合社会学、信息学、经济学、交通运输学、人类学等多领域知识，构建合理的运营模式，推动其创新应用的发展和推广。

B.19

北京市进城务工人员手机上网情况调查报告

李黎丹　高春梅*

摘　要：

2013 年，我国农民工总量达 2.69 亿人，其中外出农民工为 1.66 亿人。本文是基于对北京市进城务工人员手机上网行为问卷调查结果写成的报告。调查涉及农民工手机使用品牌，上网时长、频率，使用偏好，以及手机上网社交、购物、阅读、娱乐、情感满足、诉求表达等各个方面。调查发现，手机上网对北京市进城务工人员维系社会关系、丰富业余生活、转变生活方式等有积极影响，但对缩小进城务工人员与其他城市人群的"知沟"作用不大。

关键词：

进城务工人员　手机上网　使用行为

国家统计局监测数据显示，2013 年我国农民工总量达 2.69 亿人，其中外出农民工为 1.66 亿人。① 大部分外出农民工进入城市务工，进城务工人员已成为我国城市化进程中出现的庞大社会群体。② 流动性使得这一群体的媒介使

---

* 李黎丹，博士后，人民网研究院研究员；高春梅，博士，人民网研究院研究员。

① 《2013 年中国农民工总量达 2.69 亿人　月均收入 2609 元》，2014 年 2 月 20 日，http：//business. sohu. com/20140220/n395384129. shtml。

② 根据国家统计局报告，外出农民工指调查年度内，在本乡镇地域以外从业 6 个月及以上的农村劳动力；本地农民工指调查年度内，在本乡镇内从事非农活动（包括本地非农务工和非农自营活动）6 个月及以上的农村劳动力。参见 http：//www. gov. cn/gzdt/2013 – 05/27/content_2411923. htm。

用行为呈现与一般城镇居民和农村居民不同的特征：相对于其他媒介，手机更契合他们暂住性的生活情境，特别是随着新生代农民工逐渐成为进城务工人员的主体，他们对新媒介技术的热情要高于上一代，更增加了这一群体手机的普及率和上网率。

从已有文献来看，对农民工手机使用行为的研究，多集中于社会学和传播学领域，如关注农民工如何使用手机以及手机使用情况对这一群体的影响，关注在社会转型的情境中农民工的手机使用动机、社会网络构建、身份认同等方面。① 目前，专门针对进城务工人员移动互联网使用情况的问卷调查及相关研究还不多见。调查这一庞大群体的手机上网行为，研究移动互联网如何更好地服务于这一群体，具有重要的社会意义和学术价值。鉴于此，人民网研究院课题组于 2013 年底在北京市展开了一次进城务工人员手机上网行为的问卷调查。

一 调查设计

调查目的：此次调查要着重弄清下列问题。

①北京市进城务工人员手机上网的基本情况，包括接触频率、接触时段、主要接触内容及资费等。

②北京市进城务工人员在社交、信息、娱乐、消费等方面的移动互联网使用情况。

③北京市进城务工人员对移动互联网的评价以及未被满足的应用需求。

调查时间：2013 年 12 月。

调查区域：北京市城市功能拓展区，这是北京市流动人口的主要承载体，本次调查主要在北京市流动人口聚集最多的朝阳区和海淀区发放问卷，问卷发

---

① 李红艳：《手机：信息交流中社会关系的建构——新生代农民工手机行为研究》，《中国青年研究》2011 年第 5 期。周葆华、吕舒宁：《上海市新生代农民工新媒体使用与评价的实证研究》，《新闻大学》2011 年第 2 期。杨可、罗沛霖：《手机与互联网：数字时代农民工的消费》，《中国社会科学报》2009 年 8 月 6 日。杨善华、朱伟志：《手机——全球化背景下的"主动"选择》，《广东社会科学》2006 年第 2 期。罗沛霖、彭铟旎：《关于中国南部农民工的社会生活与手机的研究》，杨善华主编《城乡日常生活：一种社会学分析》，社会科学文献出版社，2008。

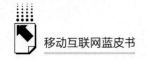

放对象分布在进城务工人员从事的主要行业，如建筑业、制造业、交通运输及仓储物流业、批发零售业、住宿餐饮业、居民服务和其他服务业等。

本次调查共发放问卷2000份，回收1785份，其中有效问卷1773份。①

二　调查结果及分析

（一）北京市进城务工人员手机上网概况及影响因素

1. 北京市进城务工人员手机上网概况

（1）上网比例：近六成受访者使用手机上网

在本次调查中，59.8%的受访者平时使用手机上网（见图1）。根据CNNIC发布的《中国互联网络发展状况统计报告（2014年1月）》，截至2013年12月，我国手机网民规模达5亿人，约占全国总人口的36.5%。与全国手

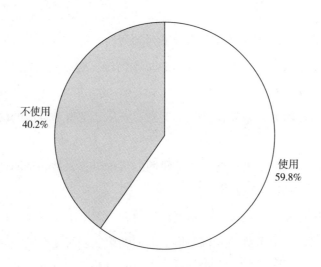

不使用
40.2%

使用
59.8%

图1　北京市进城务工人员手机上网比例

① 本次调查得到北京市总工会、北京市朝阳区工会、北京市海淀区工会、安全帽大学生志愿者流动服务队、北京市海淀区清河镇朱房村新世纪图书馆、人民日报社金台物业等机构的支持和帮助。

机网民在我国人口中所占比例相比，以青壮年为主体的北京市进城务工群体，手机上网率明显高于全国一般水平。

（2）上网年限：上网"5年以上"的受访者占比最高

在使用手机上网的受访者中，上网时间在"5年以上"的受访者所占比例最高，为18.0%；近三成（29.2%）的受访者使用手机上网在3年以上。手机上网在1年以上的受访者占比达到56.4%（见图2）。从全国手机网民上网情况来看，2012年手机网民使用手机上网年限在3年以上的比例就已达到40.5%，上网时间在1年以上的占比达83.9%。北京市进城务工人员的手机上网高年限占比要低于全国手机网民，这可能与他们的收入状况等因素有关。

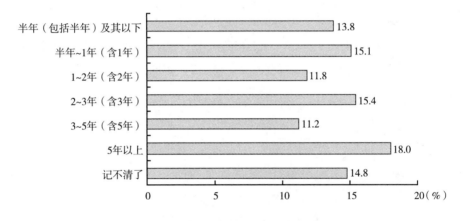

图2　北京市进城务工人员上网年限

（3）上网频率："每天多次"使用手机上网的比例达到47.1%

从受访者手机上网频率来看，"每天多次"上网的占比最高，占了近一半（47.1%），70.8%的受访者每天至少上网一次（见图3）。虽然每天多次上网的比例低于全国手机网民的上网频率（57%），但每天至少上网一次的比例远远高于全国网民的上网频率（22.9%），这说明北京进城务工人员对手机上网的依赖性更强。

（4）上网时长：41.5%的受访者每天上网1小时以上

每天上网时长在"10~30分钟（包括30分钟）"的受访者比例最高，为

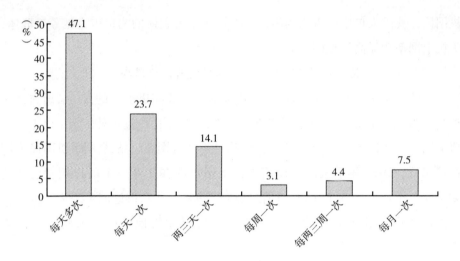

图3 北京市进城务工人员手机上网频率

27.0%，超出全国网民占比（14.4%）近一倍；其余上网时长的比例较为均衡。41.5%的受访者每天上网时长在1小时以上（见图4），低于全国手机网民的占比（63.3%）。

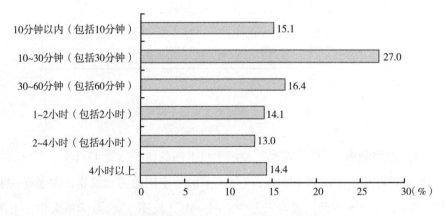

图4 北京市进城务工人员每天上网时长

（5）上网时段："下班后在住处"和"工间休息时"是主要上网情境

"下班后在住处"上网的受访者比例最高，为39.6%，其次是"工间休息时"（35.6%），在"上班的时候抽空"和"上下班路上"上网的受访者比例较低，分别为12.7%和12.1%（见图5）。这与其工作的性质与居住及交通情况密切相关。

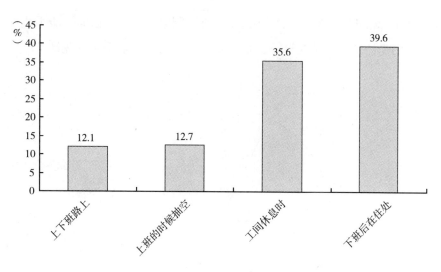

图5 北京市进城务工人员手机上网情境

（6）使用流量：近半数受访者每月手机上网流量不超过100 MB

每月上网流量为"31～100 MB"的受访者比例最高，为25.2%，其次是"不超过30 MB"的占比（22.8%）。月使用流量在300 MB以上的占到了16.5%，其中在500 MB以上的占比为8.2%（见图6）。

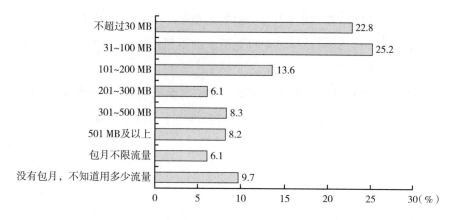

图6 北京市进城务工人员手机上网月使用流量

（7）使用手机情况：3/4的受访者使用触屏智能手机，超过半数的受访者手机价格低于1500元

从调查结果可以看出，触屏智能手机已成为绝大部分（74.5%）进城务

工人员的选择，只有18.3%的受访者使用的手机"不是"触屏智能手机，还有7.2%的受访者"不清楚"自己的手机是否为触屏智能手机（见图7）。

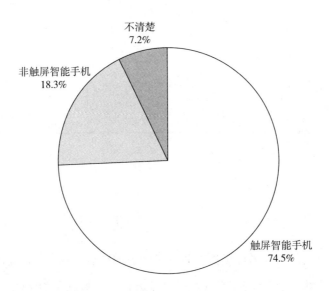

图7　北京市进城务工人员手机使用情况

从手机价位来看，超过1/10（13.2%）的受访者使用的手机价格在500元及以下，手机价格在501~1000元的受访者占比最高（21.6%），其次是1001~1500元（18.8%）。46.4%的受访者的手机价格在1500元以上，其中手机价格在3500元以上的占比为18.3%（见图8）。

2. 性别、年龄、学历、收入等因素对受访者手机上网行为的影响

（1）女性受访者上网比例、频率、时长均高于男性受访者

在本次调查中，女性受访者中使用手机上网的比例为62.7%，高于男性（57.3%）；女性"每天多次"和"每天一次"用手机上网的比例分别高出男性受访者3.8个和4.1个百分点；女性每天上网"4小时以上"和"2~4小时"的比例分别为18.7%和14.4%，分别高出男性受访者9.3个和2.9个百分点。

（2）受访者年龄段与手机上网黏性成反比

无论从手机上网比例、年限，还是从手机上网频率、时长、流量来看，受访者年龄段越低，手机上网的黏性越高。16~20岁的受访者中使用手机上网的比例最高，为90.7%。从上网年限来看，在16~20岁受访者中，手机上网

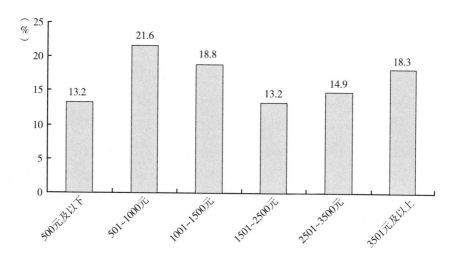

图8 北京市进城务工人员使用手机价格分布

在"5年以上"和"3~5年"的受访者所占比例分别为22.6%和14.2%，均高于其他年龄段受访者比例，"每天多次"上网的比例（61.0%）和每天上网2小时以上的比例（44.8%），也都远高于其他年龄段的受访者。从上网流量来看，在16~20岁受访者中，30.7%的人每月使用流量在300 MB以上，30岁以下受访者每月使用流量在300 MB以上的比例远高于其他年龄段的受访者。

另外，21~30岁受访者中购买3500元以上手机的占比最高，为21.11%；16~20岁受访者中购买2501~3500元价位手机的比例最高，为26.9%，可见年轻的进城务工人员对高端手机有着很高的热情。

（3）受访者文化程度与手机上网黏性成正比

在本次调研中，初中文化程度的受访者所占比例最高，为30.8%；大专及以上学历受访者比例为22.6%；小学和高中学历的受访者比例均为16.0%；文化程度为中专的受访者比例为9.3%；"没上过学"的受访者比例最低，为5.3%。文化程度为大专及以上的受访者中手机上网比例（85.4%）明显高于其他文化程度的受访者，使用手机上网在5年以上的比例（28.3%）也高于其他受访者。调查结果显示，文化程度越高，每天多次上网的比例越高，每天上网时间越长，使用流量也越多。在大专及以上学历受访者中，67.7%的人每天多次上网，占比最高；每天上网4小时以上的受访者在大专及以上、中专、

高中、初中、小学、没上过学的群体中所占比重依次递减。

（4）受访者月收入与手机上网黏性基本成正比

从手机上网情况来看，月收入为 5500 元以上的受访者中使用手机上网的比例（93.1%）明显高于月收入为 1160～2560 元的受访者比例（41.8%）和月收入为低于 1160 元的受访者比例（53.1%）；月收入在 5500 元以上的受访者中手机上网在 5 年以上的比例（35.2%）和每天多次上网的比例（74.5%）都最高。而且收入高于 4500 元的受访者每天手机上网时长和每月上网流量明显高于其他收入层次的受访者。例如，月收入在 4501～5500 元和 5500 元以上的受访者每天上网 2 小时以上的比例分别为 45.7% 和 43.0%，远高于其他更低收入层次的受访者；月收入在 4501～5500 元和 5500 元以上的受访者月使用上网流量在 300 MB 以上的比例分别为 34.5% 和 27.8%，高于其他收入层次的受访者。

（5）批发零售业较其他行业受访者手机上网行为更加活跃

在本次调研中，家居服务和其他服务业受访者占比最高（39.1%），其次是建筑业和制造业，占比分别为 18.5% 和 17.0%；住宿餐饮业受访者占比为 11.0%；批发零售业、交通运输及仓储物流业受访者占比分别为 8.6% 和 5.8%。不同行业受访者的手机上网情况存在显著差异，其中，批发零售业受访者手机上网最为活跃，所用手机的价格也最高，81.8% 的批发零售业受访者使用手机上网，这一比例高于其他行业受访者比例，家居服务和其他服务业受访者手机上网比例最低（45.5%）。另外，在批发零售业受访者中，26.3% 的受访者使用手机上网在 5 年以上，41.5% 的受访者每天使用手机上网超过 2 小时，每月上网流量超过 300 MB 的受访者占 26.5%，上述比例均高于其他行业受访者。从目前使用手机的价格来看，半数以上（55.7%）的批发零售业受访者所使用的手机价格在 3500 元以上，远高于其他行业受访者，建筑业受访者使用手机的价格最低，1/4 的建筑业受访者手机价格在 500 元以下。

（二）北京市进城务工人员手机上网行为分析

本次调查结果显示，消遣娱乐、社会交往和信息获取是北京市进城务工人员使用手机上网的主要目的：平时上网喜欢听歌的受访者占到了 46.4%，比例最高；其次是和别人联系（40.6%）；用手机上网看新闻和玩游戏的比例也比较高，分别为38.4%和36.8%（见图9）。

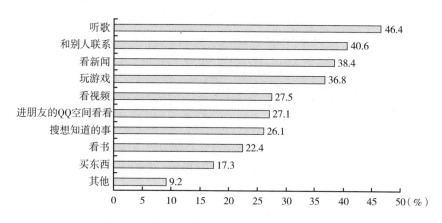

图9 北京市进城务工人员手机上网主要行为

1. 社会交往是受访者手机上网的主要活动，主要用以维持强关系社会网络，并以情感交流为主要目的

第一，腾讯的即时通信应用是受访者手机上网进行社会交往的主要工具。调查显示，有66.5%使用手机上网的受访者平时上网用QQ和别人联系，比例最高；其次是用微信（59.0%）。此外，受访者通过手机上网进行社会交往的主要情境是下班回到住处。

第二，维系强关系是受访者手机上网进行社会交往的主要需求。同事、家人、亲戚与朋友是北京市进城务工人员使用手机上网进行社会交往的主要对象，和北京当地人交往的比例（8.5%）则很低。可见，维系强关系是进城务工人员通过手机上网进行社会交往的主要目的。其次是与在工作中认识的人联系，占到29.4%。受访者较少通过手机上网来拓展自己的社会网络，与在网上认识的人交往所占的比例为20.7%（见图10）。这说明手机上网主要强化了受访者的强关系纽带，在一定程度上能够拓展社交网络，但很难打破社会区隔和不同圈子的人进行交往。

第三，受访者通过手机上网进行社会交往的主要目的是满足情感需求。从聊天内容来看，近一半（48.1%）的手机上网受访者常和别人"说说身边最

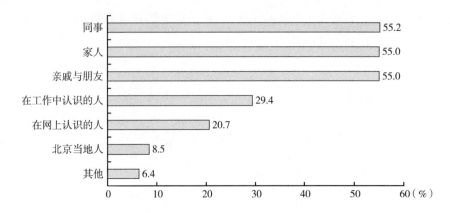

图10　北京市进城务工人员手机上网联络对象

近发生的事",其次是"随便说说开开玩笑"(38.4%)。通过手机上网"找别人帮忙"来获取现实帮助的比例最低,只占13.2%(见图11)。这说明,通过社会交往进行情感交流而非出于实用目的是受访者的主要需求,情感支撑是帮助他们适应远离家乡的城市生活的重要力量。

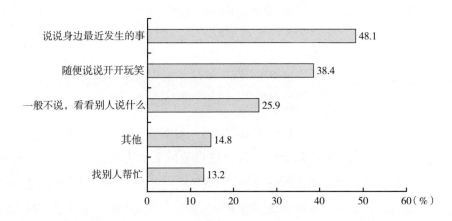

图11　北京市进城务工人员通过手机上网进行社会交往的主要目的

通过访谈我们发现,受访者离开乡土社会中社会关系的庇护,身处异地,陌生的社会环境和无所依托的社会关系使他们很重视亲情、友情和自身的关系资源,而手机上网成为进城务工人员借以维系社会关系、拓展社会交往的重要渠道。

2. 通过手机上网进行娱乐消遣成为受访者业余休闲的重要方式，轻松热闹更契合他们的娱乐需求，而能勾连真实境遇的题材最受冷落

由于大多数受访者的住处没有电视、电脑等设备，所以手机成为受访者闲暇时消遣娱乐的主要途径。通过手机上网听歌、玩游戏、看视频、读小说是受访者最主要的娱乐方式。而从小说、影视剧的题材类型来看，喜欢农村题材的受访者比例最低，约占受访者的1/10。

第一，QQ音乐是受访者使用最多的音乐类应用，超过一半的受访者喜欢听流行歌曲。46.4%的手机上网受访者喜欢用手机听歌，音乐的伴随性使得用手机听歌成为受访者最常使用的娱乐方式。QQ音乐、酷狗音乐使用占比分别为36.7%、34.4%，是受访者最常用的音乐类应用。从受访者经常收听的歌曲类型来看，52.4%的受访者平时喜欢用手机听流行歌曲，比例最高；35.6%的受访者喜欢听老歌；28.3%的受访者喜欢听网络歌曲。

第二，百度视频是使用手机上网的受访者使用最多的视频类应用，娱乐节目和电视剧最受其欢迎。由于手机上网流量受到限制，只有27.5%的受访者使用手机收看视频。从视频类型来看，娱乐节目最受欢迎，占比为41.8%；其次是电视剧（40.4%）和电影（35.7%）（见图12）。

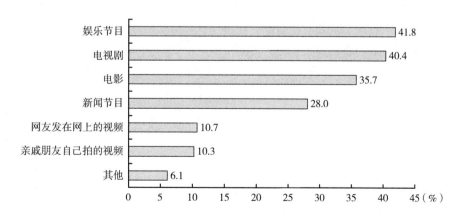

图12 北京市进城务工人员收看手机视频节目类型分布

受访者最喜欢的影视剧题材是喜剧类，占比为40.0%，明显超过其他类型；接下来依次是婚姻家庭类（26.6%）、战争类（21.4%）、言情类

（20.1%），选择农村题材类的比例最低，只有11.4%（见图13）。受访者主要通过百度视频（35.6%）收看视频节目，其次是优酷与土豆（34.6%）。

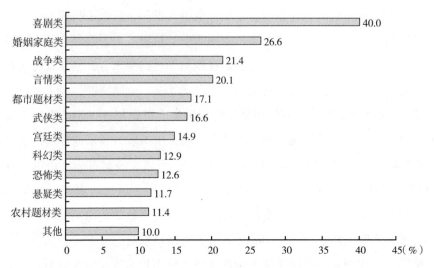

图13 北京市进城务工人员手机上网收看的影视剧题材分布

第三，在使用手机上网阅读小说的受访者中，3/4使用手机阅读软件看小说，而看书网在使用小说阅读网站的受访者中最受欢迎。阅读小说也是受访者工作之余进行娱乐消遣的主要方式之一。不同题材的小说类型，受访者没有明显的偏爱，言情类（26.2%）略高，接下来依次是历史类（25.3%）、都市类（23.2%）、武侠类（22.9%）、军事类（20.4%），喜欢阅读乡村类小说的受访者比例最低，为9.8%（见图14）。

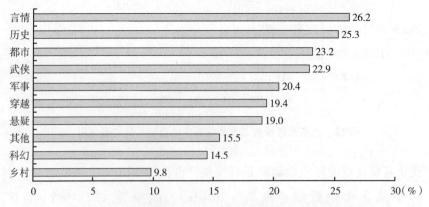

图14 北京市进城务工人员手机上网阅读小说题材分布

手机阅读软件深受欢迎，使用小说阅读软件阅读小说的比例占到74.9%，其中42.2%的受访者下载软件看，37.2%使用手机自带的软件看。23.5%的受访者通过网站读书频道阅读小说，16.0%的受访者在小说阅读网站看小说，其中看书网是受访者最欢迎的小说阅读网站，紧随其后的是小说阅读网、起点中文网。

3. 手机上网获取信息较为被动，新奇、娱乐、实用是信息选择的重要影响因素

从受访者信息获取情况来看，具有新奇性或娱乐性的新闻最受关注，其他信息获取则以实用为主，而信息获取的方式大多基于社交软件，呈现较为被动的特点。

第一，受访者在新闻信息的获取上对消遣、娱乐信息具有明显的偏向性，并且大多数受访者对新闻的接收主要基于社交应用的推送。在受访者平时收看的新闻内容中，社会上发生的新鲜事受关注度最高，43.2%的受访者平时用手机收看该类新闻信息；其次是娱乐新闻，占41.4%；仅有18.3%的受访者关注家乡新闻；法治新闻和体育新闻受关注度最低，分别为17.4%和17.5%（见图15）。可见，新奇和娱乐是受访者获取新闻信息的重要标准，满足好奇心和消遣娱乐是他们获取新闻信息的主要目的。

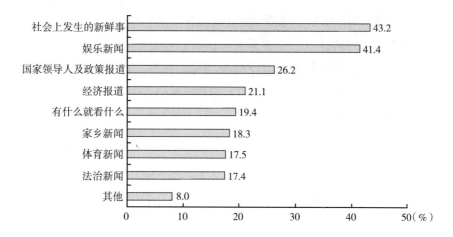

图15 北京市进城务工人员手机上网收看新闻内容分布

51.1%的受访者看腾讯 QQ、微信发过来的新闻，31%的受访者打开新闻网站直接看新闻，28.3%的受访者使用新闻应用获取新闻（其中 19.0%的受访者使用手机自带新闻应用，9.3%的受访者下载新闻应用），而使用搜索引擎搜索新闻信息的受访者仅占 21.7%。腾讯、新浪、搜狐三家商业网站是受访者获取新闻的主要网站（见图 16）。受访者对新闻信息的诉求并不强烈，半数以上受访者收看腾讯推送的新闻，由于选择 QQ 进行社交的受访者占比最高，腾讯新闻在受访者中具有高渗透率也顺理成章。

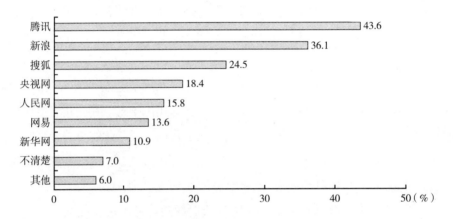

图16 北京市进城务工人员手机上网获取新闻信息的主要网站

第二，日常生活实用信息更为受访者关注，信息的获取也主要基于社交应用。受访者关注的信息内容主要为衣食住行、健康等方面的知识（39.5%）；其次是孩子教育方面的信息，占比为 34.8%；笑话、段子的受关注度也占三成多；而找工作、租房等信息，遇到不公平的事怎么解决方面的信息受关注度并不高，分别为 20.4%、22.3%（见图 17）。从调查结果来看，手机上网能够在一定程度上帮助进城务工人员获取日常生活信息，但找工作、租房子、遇到不公平的事如何解决等信息，进城务工人员很少通过手机上网获取。

即时通信、社交类网站及应用是受访者获取信息的主要途径。42.5%的受访者通过浏览 QQ 空间里的信息来获取自己关注的内容，占比最高；其次是 QQ、微信发过来的信息，占比为 33.6%；只有 23.1%的受访者使用百度等搜索引擎来获取信息（见图 18）。

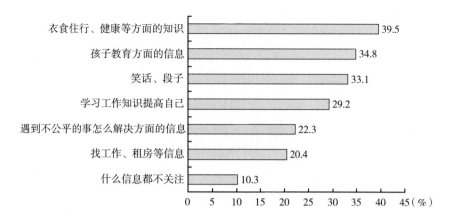

图17　北京市进城务工人员手机上网关注的日常信息类别

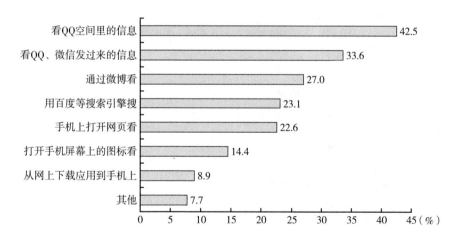

图18　北京市进城务工人员手机上网获取信息的主要途径

4. 北京市进城务工人员手机网购初具规模，具有较大发展潜力

第一，从受访者手机网购现状来看，进城务工人员市场潜力巨大。调查结果显示，最近半年，35.4%的受访者使用手机上网买过东西，有35.2%的受访者没用手机买过，但以后打算尝试（见图19）。

在使用手机上网购物的受访者中，每月消费101～300元的受访者占比最高，为37.8%；其次是100元及以下的，占比为21.7%。总体而言，近六成使用手机上网购物的受访者每月消费在300元以下，13.5%的受访者每月手机

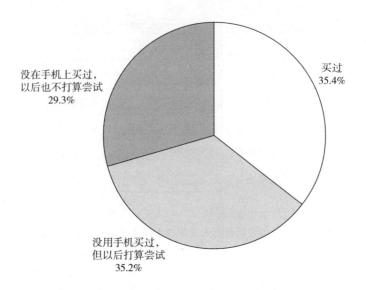

图19 北京市进城务工人员手机上网购物情况

上网消费超过 1000 元（见图 20）。可见，北京市进城务工人员手机上网购物具有较大的开拓空间。

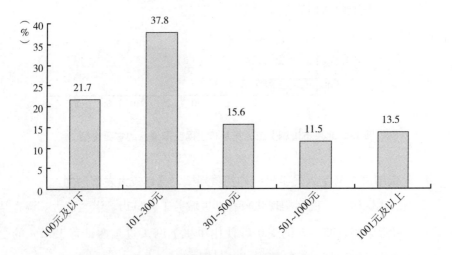

图20 北京市进城务工人员手机上网购物月消费额度

第二，日常生活必需品是受访者手机网购的主要消费类型。服装、鞋、箱包（40.1%），以及火车票等票务（32.9%）是受访者手机上网消费的主要产品，接下来依次是食品饮料（17.5%）、化妆品及护理用品（17.2%）、家用电器产品（15.0%）（见图21）。淘宝网是受访者使用最多的购物网站。

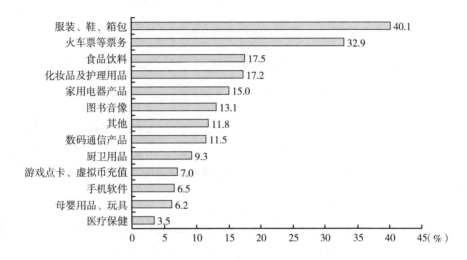

图21 北京市进城务工人员手机上网购物消费类型

（三）北京市进城务工人员手机上网使用评价及需求

1. 受访者对手机上网最满意的是丰富了业余生活，而流量资费高是他们面临的最大问题

受访者对手机上网最认可的是丰富了业余生活（52.0%），其次是联系更方便、更省钱（41.0%）。极少数受访者（9.9%）觉得手机上网使他们能有地方说理、找到帮助（见图22）。

"流量资费高"（43.4%）、"手机耗电量大"（34.5%）、"网速慢，影响浏览效果"（33.4%）是受访者认为目前手机上网存在的三大主要问题（见图23）。从本次调查来看，受访者对移动互联网中"和农民工相关的实用信息太少"并没有太在意。

2. 受访者的手机上网需求

（1）日常生活的实用信息最受关注，受访者对维权等信息的需求并不强烈

对于"想通过手机上网看，但是没有找到的内容"的信息类型，31.1%

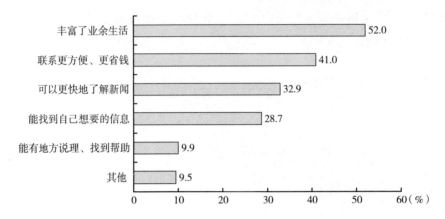

图22　北京市进城务工人员对手机上网的认可度

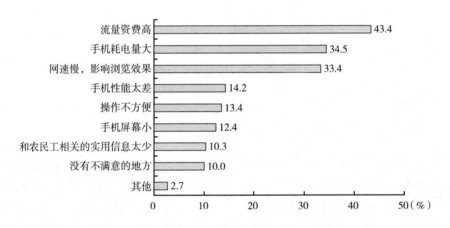

图23　北京市进城务工人员对手机上网存在问题的评价

的受访者选择"健康、生活方面的知识"，25.8%的受访者选择"学习一些技能"，接下来依次是"在哪儿可以找到合适的工作"（23.7%）、"孩子上学及教育问题"（23.5%）、"在哪儿可以租到合适的房子"（20.8%）。受访者对"在网上有农民工反映问题的地方"（10.2%）、"遇到工伤、职业病等权益受到损害的情况怎么办"（16.5%）等相关信息需求较低（见图24）。

（2）手机上网为受访者提供了发表观点的场所，微博是受访者发表评论的主要渠道，议题性质更偏向消遣娱乐

在调查中，使用手机上网的受访者中有半数以上（53.5%）的人会通过

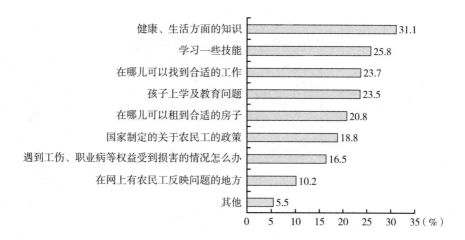

图24 北京市进城务工人员手机上网需求

手机在网上公开发表观点，13.8%的受访者经常发表，39.7%的受访者有时发表（见图25）。形式一般以发表微博评论（46.4%）和点评微信里朋友的发帖（38.7%）为主。

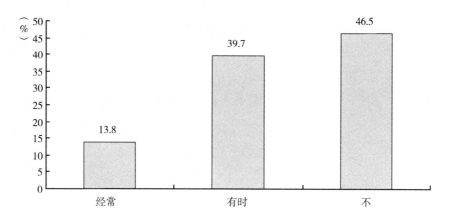

图25 北京市进城务工人员通过手机上网公开发表观点的情况

就讨论的话题而言，"一些新鲜事"（51.9%）是受访者通过手机上网讨论最多的内容，然后是"执法不当"（27.7%）和"官员贪污腐败"（26.3%），工伤、保险、赔偿、讨薪及相关的政策等，则讨论较少（见图26）。可见，在手机上网进行话题讨论时，北京市进城务工人员讨论的议题主

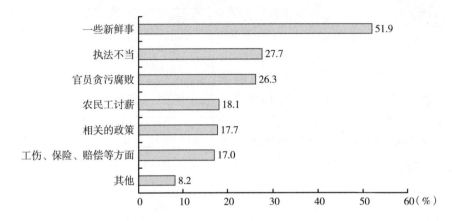

图26　北京市进城务工人员手机上网讨论话题分布

要集中于娱乐消遣性话题，而对社会现实问题关注度相对较低。

（3）大多数受访者并不认为手机上网承载"寻求帮助"的功能

半数以上（52.3%）的受访者遇到问题或困难不会通过手机上网反映或寻求帮助，即便通过手机上网反映问题，最多也是"随便说说发发牢骚"（35.0%）。在通过手机上网寻求帮助的受访者（47.7%）中，分别有31.9%和28.8%向"相关政府部门"和"名人或有影响力的人"寻求帮助。在不通过手机上网反映问题的受访者中，多数（54.3%）认为"反映也解决不了问题，没什么用"，只有16.8%的受访者表示"不知道该怎么反映"。

三　几点思考

第一，移动互联网为北京市进城务工人员社会关系的编织、闲暇生活的丰富、信息获取的满足、生活方式的转变都带来了积极影响。

在传统的农村社会中，社会关系建基于血缘和地缘。改革开放后，虽然农村人口的流动性大大增加，但我们的调查显示，在外出打工的群体中，血缘和地缘仍起着重要作用，不论是进城务工人员的聚集区，还是工棚、宿舍，都依稀能看到"熟人社会"的影子。同乡亲友往往结伴外出打工，或相互介绍提携，彼此提供社会支持。① 移动互联网应用则成为他们在陌生环境中保持联系、相互支持、拓展社会关系的工具和手段。QQ 在各种即时通信软件中最受进城务工人员的青睐，这不仅有经济上的考虑，而且因为 QQ 为他们提供了更为多样的联系平台和表达空间，可以较为立体和感性地呈现彼此生活的质感。由于繁重的劳动之余真实互动匮乏，网络能给予他们比较理想的弥补，QQ 让他们有了归属感，能够在其间进行以情感诉求为主导的互动。移动社交为该群体在异乡维系既有社会关系、拓展新的同事朋友关系发挥了重要作用，为他们提供了在他乡独立生活下去的情感支撑。手机上网丰富了该群体的业余生活，成为进城务工人员在工作之余娱乐消遣的主要媒介。总之，移动互联网能够让进城务工人员便捷地进行社会交往、娱乐消遣、获取信息，大大丰富了他们的业余生活。

第二，对进城务工人员上网行为的研究还远远不够，开发贴近进城务工人员心理特征、行为习惯的应用，有望成为移动互联网商战的"蓝海"。

对庞大的进城务工群体来说，由于工作强度、生活范围等因素的影响，具有随时随身便捷特性的手机及移动互联网，与这一群体生活情境最为契合。从受访者手机上网比例、频率、时长及使用流量来看，进城务工人员是移动互联网不可忽略的重要用户群体，但在移动互联网中，目前专门针对进城务工群体的移动互联网服务及应用还不多。虽然这一群体消费能力比较有限，但由于用户群体庞大，加之移动互联网准入门槛的不断降低和新生代进城务工人员生活环境、生活方式的改变，可以预见未来这个基数还将扩大。如果能够开发更多技术门槛低，既能满足该群体需求，又符合他们行为习惯的手机应用，有可能开拓一片商战"蓝海"。

第三，进城务工人员与其他群体的"知沟"可能在扩大，而其新媒体赋权的实践也不容乐观。

"知沟"理论认为，由于社会经济地位高者通常能比社会经济地位低者更

---

① 社会支持（social support）是个体处在危机之中可以获得的资源支持，这种支持来自他人、群体、社区等，参见 Lin, Nan, Alfred Dean and Walter M. Ensel , "Social Support Scales：A Methodological Note," *Schizophrenia Bulletin* 7 （1981）。社会支持从功能上进行划分，可分为情感支持、信息支持、陪伴支持（companionship support），参见 Wan, Choi K. Jaccard, James and Ramey, Sharon L., "The Relationship Between Social Support and Life Satisfaction as a Function of Family Structure," *Journal of Marriage and the Family* 58 （1996）。

快地获得信息，所以大众媒介传送的信息越多，这两者间的知识鸿沟也就越有扩大的趋势。[①] 移动互联网的兴起虽然使信息的获取前所未有的便捷，信息准入门槛也相对降低，但联合国发布的报告早已显示了"数字鸿沟"（digital divide）存在的严峻现实。[②] 对照"数字鸿沟 ABCD"，进城务工人员与其他城市人群在移动互联网使用上的差距显而易见：手机上网给进城务工人员带来的可能只是 A（access，路径）的缩小，硬件、流量费等对这个群体也较容易获得；而调查结果显示，在使用移动互联网获取信息的能力，即 B（basics kills，信息智能）和 C（content，内容）上，进城务工人员和其他群体的差异仍比较明显，进城务工人员的手机上网基本局限在娱乐性内容和自身的生活圈内，工具性的、提升个人素质水平的应用在他们的选择中并不多见；而 D（desire，动机、兴趣）本身又决定了他们获取信息的目的、效果与其他群体在接近和使用信息上存在着显著的知识差。从通过手机上网获取信息、发表观点及寻求帮助的情况来看，进城务工人员依然属于"沉默的大多数"，他们利用移动新媒体增强话语权以及解决实际问题的能力都还很有限。

---

① 郭庆光：《传播学教程》，中国人民大学出版社，1999。
② 最早关注国际互联网发展不平衡的是国际互联网应用和普及程度最高的美国。从 1995 年 7 月到 2000 年 10 月，美国国家远程通信和信息管理局（NTIA）先后四次发布了美国国内的"数字鸿沟"情况，把"数字鸿沟"问题列为美国首要的经济问题和人权问题。

B.20
走出国门的移动应用

陆静雨 *

摘　要：

在移动互联网领域，中国的硬件条件和整体市场环境与发达国家的差距缩小，国内外应用开发者的起跑线比较接近。国内已有一批移动产品在国际市场上获得不错的成绩，如微信、UC浏览器、GO桌面、捕鱼达人、海豚浏览器等。其国际化发展主要有两种路径，但都同样面临产品本土化问题和本土应用的竞争压力，解决之道一靠产品，二靠营销。

关键词：

移动应用　国际化　竞争

一　中国移动应用进入国际市场的发展环境

中国的智能手机普及速度远远超过了 PC 互联网时代的个人电脑普及速度，为中国的移动互联网提供了非常好的发展环境。相对于整个国际市场来说，由经济发展水平导致的硬件设备差距已经不明显，加之经过多年的发展，中国的互联网发展水平不断提高，从产业、企业到产品，与国际先进水平的差距都在不断缩小。在 PC 互联网时代，国外的一些企业和产品拥有非常明显的先发优势，这其中既包括 Wintel 联盟①这种硬件及系统级别的垄断优势，又包括微软、谷歌等企业在软件层面的先发优势。因此，在中国的互联网发展过程

---

* 陆静雨，艾瑞咨询移动互联网行业分析师。
① Wintel 联盟，指 Microsoft（微软）及 Intel（英特尔）的商业联盟。

中，我们看到非常多的产品都是舶来品，而中国本土产品在发展过程中也多以模仿国外产品为主，国内自主创新的产品较少，更遑论针对国际市场的反向输出产品。而在移动互联网时代来临之后，由于硬件条件和整体市场环境的差距缩小，这种形势有望得到一定的扭转，国内外应用开发者的起跑线比较接近了。

新兴的移动互联网为国内的开发者提供了相对平等的竞争环境。相对于PC互联网时代，微软和谷歌等国际巨头的垄断优势已经不明显。在移动终端的使用环境中，种类繁杂的工具类应用成为用户必备的产品，巨头不可能全部覆盖所有类别的应用。由于智能终端、系统在各个环节存在复杂操作，想通过系统预装、终端预装等产业链优势控制用户的使用行为已经变得越来越困难。在这样的环境之下，一些小型的、反应灵敏的，并且善于创新的团队很有可能异军突起。与此同时，移动端以应用为核心，以应用商店为主要分发渠道，使得移动端的国际市场拥有统一而标准化的平台成为可能。应用商店以及Google Play这类全球化市场的存在，大大降低了跨国产品推广的门槛。苹果和谷歌提供的移动应用广告平台以及支付渠道等，又为应用提供了商业模式的保障，这为国内移动应用走出国门提供了难得的机遇。

二　中国移动应用国际化的两种路径

中国的移动应用国际化主要有两种发展路径：一种是首先在国内市场发展，当用户积累到一定程度，产品经过较长时间的锤炼而相对成熟之后，再走出国门，向国际市场发展；另一种是在应用发展之初就主打国际市场，在国际市场发展成熟之后再带着"海归"的光环发展国内市场。

（一）先国内，后国外

采取第一种发展路径的应用较多，较为典型的应用有微信、UC浏览器等。这类应用一般在国内拥有非常强大的竞争优势，无论在产品层面还是用户层面，都有深厚的积累，并且在国内发展了一段时间，得到了用户的认可，甚至获得了经济收益。此时拓展国际市场是势在必行的，一方面其在国内市场已经获得了较为明显的优势，有余力拓展国际市场；另一方面国际市场将为这些应用提供更为广阔的发展空间及赢利空间。这些应用走出国门面临的主要挑战是产品在其他国家进行本土化，由于国内外用户习惯等方面存在差异，本土化是进入国际市场需要解决的首要问题。

（二）先国外，后国内

还有一些应用走的是第二种国际化路径：首先立足于国际市场，之后再回归国内市场，如海豚浏览器。选择这种发展路径主要基于国内外的市场环境存在差异。相比于国内市场，美国等发达国家的市场较为成熟，用户已经养成了较好的付费习惯，获得收入较为容易。因此，这类应用在产品方面会主要依据国外用户的习惯进行设计，在国外获得成功之后会逐渐回归国内市场。但是这类应用往往在回归国内市场的时候遭遇"水土不服"，需要在国内市场重新进行本土化，并且仍然要面临国内市场复杂的竞争形势。因此，总体来说，两种发展路径都机遇与挑战并存，选择哪一种模式主要根据自身情况而定，但无论哪种路径，都需要经历跨文化的重新设计，都有一个重新适应的艰难过程。

三 典型国际化移动应用的发展轨迹

目前，国内已经有不少移动产品在国际市场上获得了不错的成绩，以下选择几款典型应用进行分析，它们能够较为充分地体现中国走出国门的移动产品特色。

（一）微信

微信自2011年初上线至今已经过了3年的发展，在国内成为用户覆盖率最高的移动应用，拥有亿级的海量用户。其产品形态也由最初的只能发送图文信息，到能够发送语音信息，此后又增加了社区交友模块，2013年8月，5.0版本又增加了游戏平台等功能。2014年春节期间，微信推出的红包活动吸引了大量用户参与，一时间微信支付借助人际传播的推动迅速提高了其在用户当中的渗透率，并在一定程度上培养了用户的微信支付习惯。总之，微信的各项功能不断丰富，借助其庞大的用户数量，微信力图发展成中国移动互联网第一平台，使用户日常生活所需的各项服务都能够在微信上得以满足。伴随 5.0 版本正式启动的商业化过程也为微信带来了不少收益。微信被称为"移动互联网第一张船票"，是国内业界公认的成功产品，腾讯也希望借助这一产品正式打开国际市场，马化腾甚至公开表示"国际化成或不成，腾讯这辈子就这一个机会了"。

2012 年 4 月，腾讯将微信的国际版本改名为"WeChat"，微信开始了国际化发展的进程。根据腾讯公司 2013 年第三季度的财报，微信和 WeChat 的合并月活跃账户为 2.719 亿个。在启动国际化一年多的时间里，以 WeChat 为国际品牌的微信，在东南亚、南亚、欧洲、南美等陆续获得了超过 1 亿的海外注册用户。目前，印度已经成为微信在中国之外的最大市场。

微信在国内能够迅速获得海量用户，与腾讯的 QQ 账号优势是分不开的，而走向国际市场时，这种优势已经消失，需要从头开始推广，逐渐积累用户，因此，在国外市场的推广对微信来说非常重要。其目前的推广主要采取以下方式：首先是小范围地面推广；① 随后大范围广告上架，联合本土人气明星进行推广；再与运营商洽谈，与手机厂商合作预装；之后通过媒体进行宣传；最后落实到与商家推出官方账号，提供更多增值服务。这当中腾讯此前在国外积累的一些战略合作等资源提供了相当大的助力：在目前 WeChat 进入的大部分地区，腾讯早已经设立海外投资机构或者有战略合作伙伴，大部分是科技、媒体和游戏类公司。比如，腾讯与印度尼西亚最大媒体公司 PT Global 成立了合资公司 MNC（媒体公司）；投资了巴西游戏出版商 Levelup；收购泰国门户网站 Sanook 近半股份；早在 2008 年，腾讯就投资了印度互联网公司 MIH。这些合作伙伴能够为腾讯提供更多本土化资源，迅速地提升推广效率，实现更好的推广效果。

而微信在国外市场扩张中遇到的最大阻碍是 Whatsapp、Line 等几款类似的应用，② 在某些国家，这些竞争对手具有先发优势，要与其抢占市场，需要

---

① 地面推广，简称"地推"，是一种线下的推广模式，通过在街道、社区、网吧、营业厅及其他地点搞推广营销活动推广自己的产品。
② Whatsapp 及 Line 均为与微信类似的移动即时通信应用，可以收发文字、语音、图片等多媒体信息。

更多的时间和巨大的投入。WeChat 和微信的差异不仅仅存在于语言上，在产品层面上，两者也存在着相当明显的差异。微信 5.0 版本发布以后，两者之间的差异更显著地体现出来。比如，WeChat 不支持扫描、街景以及支付功能，但 WeChat 接入了 Twitter 和 Gmail 等分享接口，并且支持表情商店，方便海外用户使用。在即时通信工具方面，国外用户更追求简洁易用的功能，因此 WeChat 并未完全移植微信的各种功能。

（二）UC 浏览器

UC 优视于 2004 年成立，自成立后就一直致力于手机浏览器的开发。UC 优视最早于 2004 年 8 月推出了第一款手机浏览器，也是 UC 优视的核心产品，即 UC 浏览器。这是最早的一款基于云计算架构的手机浏览器，在此之前的手机浏览器都采取网页直连的方式，在本地进行网页的解析渲染，UC 浏览器则首开服务器渲染①的先河。UC 浏览器在功能手机时代就已经开始发力，具有较为明显的先发优势，在智能手机时代来临之后，仍然保持着相当明显的优势。2012 年 7 月，UC 优视发布了游戏平台，2013 年又收购了 PP 助手，成为覆盖 iOS 和 Android 系统的重要游戏分发渠道。

UC 优视在 2009 年就已经启动了国际化战略，2012 年底海外用户数已经突破 1 亿人；2013 年 4 月，UC 优视在印度发布了 UC 浏览器国际版；同年 7 月，UC 浏览器在全球第二大移动互联网市场——印度市场的份额超过了 30%，成为印度市场占有率最高的手机浏览器。UC 浏览器目前已推广至全球 150 个以上的国家和地区，并已在其中 10 个国家和地区获得了 10% 以上的市场份额。

UC 优视从 2009 年开始进军印度市场，最开始只是对浏览器做语言的更改，借助应用商店由用户自主下载。随后，UC 优视在印度建立了办公室，招聘本地员工，进行了更多的推广工作，并在产品的本土化方面进行了更多的探索。经过对国外市场的长期探索，UC 优视总结出了一系列关于国外市场特色

---

① 服务器渲染是指手机浏览器首先在服务器上对网页进行解析处理，并加速再呈现在用户面前，降低了对手机硬件的要求以及流量消耗。

的经验。如俄罗斯市场不同于其他国家市场，市场上 WP 系统智能终端占比较高，而其他国家的市场普遍由 iOS 和 Android 双寡头支配，因此，在 WP 系统中投入更多精力将会获得更多俄罗斯用户；而在美国，WiFi 较为普及，用户基本上不用担心流量问题，因此，浏览器在提供服务方面要更多地考虑到用户体验，而不必投放太多精力在节省流量方面；另外，如印度用户访问的 TOP10 网站大部分是美国网站，本土的内容相对比较弱，UC 优视就在浏览器导航页面上做了有针对性的设计。UC 优视非常注重产品层面的本土化，在不同国家都相应进行了优化。

2013 年 5 月，UC 优视在全球移动互联网大会上发布了"333 计划"，未来三年，UC 优视将在技术、生态环境和国家化三方面投入 30 亿元，展开一系列投资并购和市场拓展计划。在海外市场，UC 优视将会进行更有深度的本土化，不仅仅停留于产品推广层面，而要提升到资本运作等层面，进一步拓展海外市场，全面参与国外的移动互联网市场竞争。

（三）GO 桌面

GO 桌面是一款由 3G 门户旗下的 Go Dev Team 团队开发的 Android 平台第三方桌面产品。目前，该产品已经走上了国际化之路，其影响力甚至使谷歌在 Android 4.0 中吸取了它的灵感，其在韩国的市场占有率也超过其他手机原生桌面，成为最受欢迎的桌面产品。与微信和 UC 浏览器的不同之处在于，GO 桌面实际上更加重视国际市场的表现，该产品目前支持的国际语言数量已经达到了 33 种，并吸引了众多国际一线网络公司与其合作，其拓展产品已与 Facebook、Evernote、GetJar、EA 等全球移动应用及游戏开发商达成合作。

GO 桌面在上线之初便首先获得了海外手机玩家的喜爱，很多国外玩家会主动对 GO 桌面中的功能用词进行翻译，扩展其支持的语言版本，还有的玩家为 GO 桌面制作了视频，甚至有能力的发烧友还帮 GO 桌面进行版本功能升级优化。时至今日，GO 桌面已经发展成在 33 个国家和地区的 Google Play 市场个性化类别中长期稳居第一、同类桌面应用第一、组件及锁屏类应用第一的桌面应用产品。从 GO 桌面的用户构成百分比来看，国内用户仅占到 31.19%，剩下近 70% 的用户均为国际用户。其中，美国用户占比达到了 12.67%（位居中国国内用户占比之后），韩国用户占比为 10% 左右。国际用户已经成为 GO 桌面最大的用户群体。

GO 桌面在海外的推广主要依据了创新扩散理论。首先，将产品向技术高手及舆论领袖推广。2010 年，GO 桌面第一个版本上线时，除 Google Play 外，还选择了国外一些著名的移动开发社区网站进行推荐，并在此过程当中吸取一些技术高手的意见，不断对产品进行优化，不但获得了产品的第一批用户，产品本身的品质也实现了较大提升。之后，知名科技博客 Lifehacker 对 GO 桌面进行了报道，使 GO 桌面获得了一大批忠实用户。这些技术高手对周围的用户有极大的影响力，使得 GO 桌面获得了口碑营销效果，并且在创新扩散的进程中不断获取了新的用户。

从商业模式上来看，GO 桌面通过付费下载也获取了大量收入。在 Android 生态系统当中，应用大部分是免费的，GO 桌面反其道而行之，反而获得了不错的收入。2012 年，Go Dev Team 发布了 Next Launcher 3D 桌面，将其定位为面向国外高端用户的付费产品，并将这款应用定价 15.99 美元。这款产品由于定位清晰，在产品设计上也力求高端，采用了多种技术手段保证高品质的用户体验，因此获得了国外高端用户的认可，两周之后在 Google Play 获得了超过百万元人民币的收入。GO 桌面的成功，一方面在于对产品的磨炼，另一方面在于其勇于探索和尝试的精神。

（四）捕鱼达人

国内手机游戏市场正值蓬勃发展期，市场规模迅速扩张。许多手游企业将国际化作为下一目标。实际上，国内一些手游已经从海外市场获得了比较可观的收入。《捕鱼达人》是触控科技研发的一款以深海捕鱼为游戏任务的休闲手机游戏，2011 年上线之后就名声大震，并且至今还是触控科技的收入主力。

2011 年 4 月，《捕鱼达人》在北美和中国等地的应用商店同时上线。该款应用发布不久即获得 iPad 中国收费应用总榜冠军、免费应用总榜冠军、美国免费游戏应用第二名，以及在 20 个国家收入总榜第一名。《捕鱼达人》在国外和国内的收入比一般为 7∶3 或 6∶4。在创业之初，《捕鱼达人》团队就将海外作为游戏的重点赢利区。对自己的产品充满自信的他们认为，鉴于国内的智能终端普及程度和付费购买习惯，《捕鱼达人》必须走出去赚钱。

《捕鱼达人》是中国手游国际化发展的一个缩影。手游在海外的成功主要包含两方面因素：一是游戏本身具有可玩性并不断创新。用户在移动终端消耗更多的是碎片化时间，因此手游不宜太"重"，不需要复杂操作、短时间内可玩的轻量休闲游戏才会受到移动用户的欢迎。手游走出国门，要遵循手游的基本原则，加强游戏元素的本土化，适应当地的文化环境，只有这样才能够更好地吸引用户。二是注重游戏的营销推广。一款游戏实现国际化所需花费的最大成本并不是产品更新、人员费用，而是如何保持在海外的排名。社区广告、限时免费、移动电话广告市场（Admob）推广，是当下应用推广营销的三种最常见方式。《捕鱼达人》上线后在两个半月内总共投入了 50 万美元的推广费用，几乎动用了国内和海外市场的所有渠道，获取一个免费用户的成本高达 1.4 美元。由于手游的模仿成本不高，《捕鱼达人》的模仿者非常多，所以需要不断投入宣传推广费用以保持游戏持续的生命力。

（五）海豚浏览器

海豚浏览器是由百纳信息（Mobo Tap）于 2010 年推出的一款手机浏览器，2010 年 2 月在美国正式发布，并在 Google Market（现在的 Google Play）上架。当月用户数就突破了 25 万人，2010 年 3 月用户已经突破 100 万人。2011 年 6 月，在海外积累了良好的口碑之后，海豚浏览器正式进军国内市场，同时兼顾国内外市场的发展。2011 年 7 月，海豚浏览器的开发公司百纳信息获得红杉资本和经纬创投 1000 万美元的融资，为企业发展赢得了充足的资金支持。2012 年 6 月，海豚浏览器使用其自有内核 450 内核（Dolphin Engine）版本进行全球公测。同月，在 Google I/O 2012 开发者大会上，百纳信息发布了其开放平台 Dolphin Garage 以及一些插件。

相对于国内的其他应用，海豚浏览器选择了一个相对特别的发展路径。海豚浏览器首先在美国发布产品，在海外市场积累了众多用户和较好的口碑之后，再进军国内市场。由于海豚浏览器刚刚发布时国内市场还不成熟，而美国则相对来说有更多的智能手机用户，加上硅谷宽松的创业环境，海豚浏览器得以实现较为快速的发展。而转战国内市场后，由于国内外市场从用户习惯到竞争环境都存在着巨大差异，海豚浏览器进行了一系列的调整，来适应国内的市场和用户。

在国外，海豚浏览器针对的是高端用户，讲究的是界面简洁。而面对中国市场，海豚浏览器为了得到更大的客户群体，特意推出了针对"小白用户"的旋风版，其主推的特点是便捷性，使用简单。此外，考虑到国内用户的使用习惯以及其他本土浏览器厂商的功能特色，海豚浏览器对其整体功能也做了各种调整，以真正实现本土化。2013 年，海豚浏览器的用户数量已突破 8000 万人，但其中七成仍是海外用户。由于目前国内移动互联网市场整体竞争激烈，传统互联网巨头及大公司不断加强对市场的控制，创业企业生存越来越艰辛，从海外回归的企业在国内反而遇到了更大的生存压力，在本土化过程中出现了"水土不服"，还需要进一步探索如何进行国内市场份额的拓展。

四 中国移动应用国际化需要解决的问题

总结以上几款移动应用产品的国际化进程，可以发现其走出国门可能遇到的问题主要包括以下两个方面：本土化问题和本土应用的竞争压力问题。这两个问题的解决之道，一是产品，二是营销。

（一）面对本土化问题

不同国家的移动互联网整体发展环境存在很大差异，差异可能在以下几个方面：一是经济发展水平决定的终端硬件水平、终端普及度，以及用户对移动产品的接受程度；二是网络等基础设施建设水平，如发达国家 WiFi 普及率以及 3G/4G 普及率较高，而部分国家可能大部分用户还停留在 2G 时代，不同的网络环境对应用提出了不同的要求；三是用户使用习惯不同，某些国家的用户可能喜欢集成多种功能的综合性平台，某些国家用户可能喜欢简洁易用的应用，有些国家的用户可能喜欢自定义，有些国家的用户则可能喜欢设置好的导航，针对不同文化环境的用户进行优化也是一个复杂的问题。针对这一问题，需要国内企业在推广应用之前进行详尽的调研和了解，并在不断试错的过程中完善自身的产品。

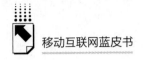

（二）应对本土应用竞争压力问题

移动应用进入任何一个国家，都会遇到本土应用或者先进入市场的其他应用的竞争。如上文提到的微信竞争者 Whatsapp 以及 Line。由于本土应用可能具有先发优势，其他应用要进入市场势必要使原有用户转移到其产品上，这会遭遇相当强大的阻力，因此，大规模的宣传推广就成为必然要求。目前，主要的推广手段包括线上和线下两个部分，线上主要是以 App Store 和 Google Play 为下载渠道，通过移动应用广告平台进行应用的推广，实现产品的知名度提升以及下载量、安装量等效果层面的突破。线下的推广主要是结合当地的实际情况，进行地面推广、品牌宣传，以及与运营商和手机厂商进行合作推广。

（三）竞争力的核心是产品

归根结底，一款移动应用要实现国际化还是要靠产品本身。产品首先要抓住用户需求，根据不同国家和地区用户需求、喜好、习惯的差异，有针对性地开发产品。其次要不断优化用户体验。一般来讲，亚洲其他地区的用户习惯跟国内用户较为相近，这也是国内应用一般首先以亚洲市场为国际化的第一步的原因。中国已经成为世界第一大移动互联网市场，庞大的用户和终端规模为移动互联网发展提供了巨大的市场潜力，也为优秀移动产品的出现提供了肥沃的土壤。移动大潮的到来为中国互联网公司走向世界提供了难得的机遇，只有在产品上不断创新和精益求精，才能有更多优秀的移动产品走出国门。

B.21

移动地图的 O2O 应用现状与前景

黄林 刘扬*

摘 要:

中国的移动地图经过短暂几年的发展,到 2013 年已成为移动互联网的重要入口和线上到线下(O2O)的主要平台。本文在介绍了地点导航、近场优惠、移动预订、安全服务、LBS 游戏等多种移动地图 O2O 应用后,具体分析了移动地图市场存在的问题,提出了解决方案,并对未来移动地图的 O2O 应用做出展望。

关键词:

移动地图 O2O 移动互联网

一 2013 年我国移动地图发展状况

(一)移动地图的发展历史

以电子地图为代表的地理信息系统(GIS)是移动互联网发展的重要依托。GIS 技术兴起于"冷战"时期,一直都被作为一种战略核心技术。1973年,美国出于军事目的,由陆海空三军联合研制了全球定位系统(GPS),除了情报收集、核爆监测和应急通信等军事用途外,还可提供实时、全天候和全球性的导航服务。1994 年 24 颗 GPS 卫星布置完成,覆盖了全球 98% 的地域。随后,苏联(俄罗斯)和欧盟也都开发了自己的卫星导航系统。1996 年,美国联邦通信委员会(FCC)颁布了行政性命令 E911,强制要求无线运营商更

---

* 黄林,硕士,高德市场战略总监;刘扬,博士,人民网研究院研究员。

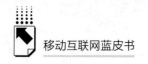

新设备，以便在任何时间和地点都能通过手机信号追踪到手机用户。以美国Verizon 公司为代表的手机运营商逐步推出适应 GPS 可追踪的新网络，并推出新服务，如利用 GPS 给手机自动授时，是手机与 GPS 等地理信息技术的最早结合。

GPS 的民用化速度异常迅速。20 世纪 90 年代，手持 GPS 在海湾战争中还是美国军方的先进设备。仅用了不到 10 年时间，车载 GPS 追踪系统就已在中国掀起了第一波 GPS 应用的快速发展。2007 年，在手机市场占有绝对优势的诺基亚公司宣布准备收购数字地图提供商 Navteq，同年苹果公司推出了第一款 iPhone 手机，开始部分提供基于地理位置的服务功能，真正开启了 GIS 技术与手机的密切结合。2011 年，基于地理位置的服务（LBS）和 SoLoMo 等概念风行一时。但两三年后，当人们问 LBS 这个概念跑哪儿去的时候，发现它已融入各种移动应用。这也使移动地图成为各类应用在移动互联网上纵横驰骋、开疆扩土的重要支撑。

正因如此，跨入 21 世纪后，我国高度重视卫星导航发展，2000 年建成北斗导航试验系统；2007 年发射了第一颗北斗导航卫星；2012 年 10 月北斗导航工程区域组网完成，真正拥有了"天网"。而在地面，结合移动互联网的发展浪潮，GPS 导航、LBS 服务和 O2O 应用等已经随着智能手机普及至千家万户，移动地图既受这些应用技术带动而异军突起，又成为移动应用得以不断深入人们生活的平台。

（二）我国移动地图的市场格局

在移动地图兴起之前，数字化地图先后经历了电子地图、导航地图和在线地图三个发展阶段。2010 年，国家测绘局为了规范网络地图市场，重新修订了《互联网地图服务专业标准》，规定了互联网地图服务的甲级和乙级测绘资质，建立起互联网地图服务的准入制度。

《互联网地图服务专业标准》规定，凡通过互联网提供包含以下四类行为的单位，均需申请取得互联网地图服务测绘资质：①地图搜索、位置服务；②地理信息标注服务；③地图下载、复制服务；④地图发送、引用服务。甲级资质单位可从事上述四类行为，乙级资质单位则只能从事前两类行为。

在相关规定指导下，基础地理数据层面形成了以高德、四维图新、灵图、瑞图万方（包括上海畅想）、凯立德、易图通、国家基础地理信息中心等为主的"图商"。在此基础上，由地图开发运营商将"图商"提供的地图变为可以在网上运行的地图软件，进而形成网络地图服务应用程序接口（API），最终由网络地图应用企业制成可以运用在实际生活中的各种网络地图应用。

移动地图基本沿袭了网络地图的格局，结合具体移动应用，形成了较为稳定的数据层、软件层、云端服务和应用层的产业链结构（见图1）。其中，高德在四个层面均有产品，从数据层贯穿至应用层。

图1　我国移动地图产业链结构

资料来源：艾瑞咨询《2013 年中国移动地图和导航市场研究报告》。

2013 年 8 月，中国移动地图应用中的两强——高德地图与百度地图先后宣布免费，按下了中国移动地图市场激烈竞争的按钮。艾媒咨询发布的《2013 年中国移动地图和导航市场研究报告》显示，经过一段时间的竞争后，在中国移动地图累计账户份额中，高德地图（29.4%）与百度地图（22.7%）以明显优势占据前两位，谷歌地图（17.4%）位居其后，三者占总账户份额近七成（见图2）。

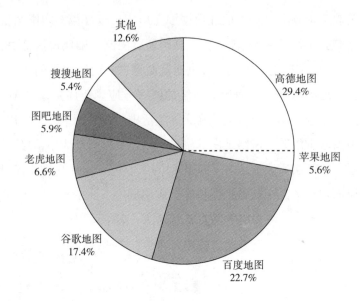

图 2　中国移动地图累计账户份额

注：高德地图为苹果中国地区地图服务供应商。

资料来源：艾媒咨询《2013 年中国移动地图和导航市场研究报告》。

（三）2013 年中国移动地图用户情况

根据艾媒咨询的报告，中国移动地图用户规模从 2012 年底的 2.76 亿人发展到 2013 年底的 4.20 亿人，同比增长 52.2%。而易观数据也显示，2013 年中国移动地图日均活跃用户达到 2679 万人，约是 2012 年底 890 万人的 3 倍。[①] 同时，每天使用（7.9%）和一周至少使用一次（42.1%）移动地图的用户占了整整一半，使用非常频繁。以上数据均说明，2013 年中国移动互联网用户对移动地图应用的广泛与活跃程度都已达到较高水平。

2013 年，在中国移动地图应用活跃用户分布方面，百度地图（36.8%）、高德地图（30.5%）和谷歌地图（24.0%）仍位列前三。在具体使用方面，

---

① 《易观智库：2013 年移动地图活跃用户达 2679 万，同比翻倍增长》，2014 年 2 月 11 日，money. 163. com/14/0211/10/9kQ25DDJ00253BOH. html。

地点查找、定位、路线导航等是移动地图用户最常使用的功能，用户在调查前一个季度的使用率分别达92.1%、79.0%和63.2%（见图3）。①

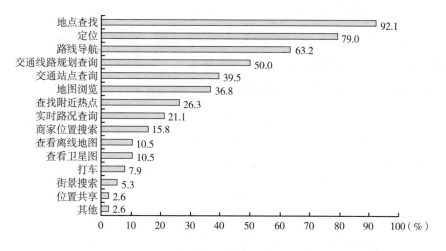

图 3　中国移动地图用户使用功能分布

注：同一用户有可能关注一个以上的手机地图应用功能。

资料来源：艾媒咨询《2013年中国移动地图和导航市场研究报告》。

在移动地图的用户中，男女用户比例为65.8∶34.2，说明不同性别用户对移动地图需求程度不同。其具体使用倾向也不一样，男性更倾向于地点、公交线路的查询等地图基本功能，而女性用户则对地图周边生活服务信息等有较大兴趣。在年龄上，移动地图用户中25~35岁用户占了85.8%，呈现明显的"年轻化"特征。

二　2013 年中国移动地图发力 O2O 应用

经过多年的开发、应用与完善，移动地图已将现实空间、商业服务与用户需求三者密切联系起来，不仅提供地理位置查询、指引等传统地图的功能，而且充分发挥其网络化、数字化、可互动、可记录等特点，将线下商户以兴趣点（POI）形式在移动网络空间进行标注，通过搜索或推送等方式将用户的需求

---

① 艾媒咨询：《2013年中国移动地图和导航市场研究报告》。因同一用户在同一时期可能使用多个客户端，因此各电子地图活跃用户占比总和高于100%。

与商户服务连接起来，同时累积形成 POI 的集合和用户移动轨迹与兴趣偏好的记录。通过移动地图，线上、线下被彻底联通，移动地图已成为移动互联网上 O2O 最重要的平台和入口。

从 2012 年起，中国移动地图领域开始日渐活跃。阿里巴巴的淘宝地图从一开始就引入高德作为战略合作伙伴，2013 年则更进一步，收购高德近三成股份，变成控股股东；2014 年初宣布全资收购高德，将淘宝的商户和物流数据与高德的位置信息数据完全结合，对团购、打车、地图、购物功能等进行有效整合。通过系列收购，阿里巴巴组建了本地生活"战略联盟"：从 SoLoMo 的战略格局看，新浪微博和陌陌成为"SO"（社交）的矩阵；"MO"（移动）是淘宝手机端及背后的云数据；而"LO"（位置）则是高德。百度则借架构调整，将百度地图升级成 LBS 事业部，打造以地图为中心的全产业链条。腾讯公司正式发布旗下搜搜（SOSO）街景地图，成为国内首家正式合规上线运营的街景地图。有文章评论，2013 年，各大互联网企业移动地图布局动作频繁，移动地图之战白热化。百度、阿里巴巴、腾讯三巨头（BAT）以地图为入口，以本地生活服务为核心，构建 O2O 生态圈，一场 O2O "核变"已经爆发（见图 4）。① 各大互联网

图 4　BAT 的移动地图 O2O 生态链

资料来源：《新京报》2014 年 2 月 27 日。

---

① 林其玲：《地图战：O2O 生态"核变"》，《新京报》2014 年 2 月 27 日，http：//www. bjnews. com. cn/finance/2014/02/27/306551. html。

企业围绕移动地图的竞争与布局，恰恰说明中国移动地图的O2O之路逐渐明朗、日渐开阔，成为2013年中国移动互联网发展的一个亮点。

O2O服务应用也为移动地图展开了更宏伟的发展蓝图。在地点查询、路线导航等基本服务以外，移动地图已衍生出了票务、团购、租车、健康、教育、家政等一系列服务。根据艾瑞咨询所做分析，实现程度最高的是电影、餐饮美食、酒店预订等服务；用户收益值（average revenue per user，ARPU）最高的则是机票预订与租车（见图5）。正因如此，2014年之初，中国移动互联网市场便迎来了阿里巴巴"快的打车"和腾讯"嘀嘀打车"的"打车大战"。随着移动互联网与移动地图O2O的发展，这一行业图谱将不断演化。下面介绍几类2013年与移动地图O2O密切相关、在未来几年较有发展前景的应用。

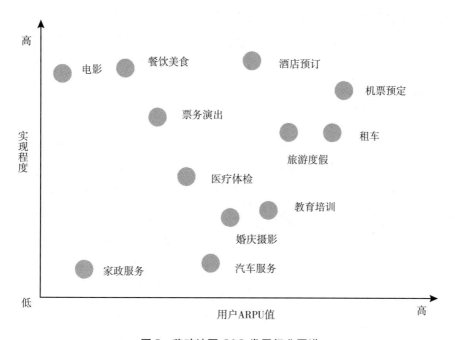

图5 移动地图O2O发展行业图谱

资料来源：艾瑞咨询《2013年中国移动地图和导航市场研究报告》。

（一）地点导航

地点导航是移动地图最流行的功能之一。在移动互联网时代，人们到一个陌生地点，往往要借助移动地图导航，有了它便能像本地人一样对当地交通驾轻就熟了。地点导航也是移动地图 O2O 的应用前沿，因为它不仅能告诉用户从一地如何到另一地，而且可以利用地图与其他移动应用打通，将特定商家的服务及产品信息与用户兴趣爱好相匹配，可较为精确地将商品信息推送给用户，既能帮助商家更为高效地创收，又可以让用户享受到更加贴近个性化需求的服务。除了基于公共交通和自驾车等地点导航外，2013 年兴起的另外三类导航也值得关注。第一类是将健康与移动导航相结合的应用，如"咕咚运动""跑步控"等移动应用，都借助移动地图合理规划和记录用户的跑步路线与运动量。随着未来可穿戴设备的兴起，此项应用将具有更广阔的发展前景。第二类是实景地图应用。虽然谷歌地图多年前便实现了街景功能，但中国实景地图借助移动端增加了自动识别功能，这无疑在用户需求与商家服务之间建立起了更直接的关联。第三类是室内导航应用，该应用利用 WiFi 热点等导航信息，精确实现无法被卫星定位的室内导航功能。该应用主要被用在中国几大城市的大型商场中，使近场移动推送和查询更加便利。

（二）近场优惠

如上所述，移动地图室内导航的发展让近场通信（NFC）的应用范围更加宽广。2013 年，曾在北京的地铁站、商厦里红极一时，以打印优惠券为主的固定终端设备逐渐消失，更多的用户转而借助移动设备从点评、团购类网站上下载电子打折优惠券。如今许多智能手机开始内置了 NFC 芯片，让人们享受优惠和支付的方式更加便捷，线上与线下不再遥远。2011 年，曾有一家美国公司设想通过手机与特殊的优惠券打印机触碰，现场打印商品优惠券。仅仅过了两年，这个想法就显得过时了。随着 NFC 技术与移动地图的结合，人们可以期待在不远的将来，在走近某个商家时，其优惠券会主动显示在他们的手机上。

（三）移动预订

2013 年移动预订纵深发展，更多地依赖于移动地图。移动预订不再仅仅是提前在饭店订个位置，上网在电影院的座位图上选座位。2013 年 6 月，高德地图融入了大众点评、订餐小秘书、"嘀嘀打车"、丁丁优惠、携程等多款第三方移动应用。百度地图也推出用户根据地理位置共享和发起聚会的功能。预订范围更加广泛、多样，在各类预订中，发展最为火爆的是打车软件。相比于美国打车软件 Uber，中国打车软件的出现仅仅相距不到一年，但随后两年多的发展一直不太明朗。直到 2013 年，北有"嘀嘀打车"、南有"快的打车"的格局才初步形成。而这一格局的明朗化主要源于两款应用与移动地图的结合，尤其是腾讯、阿里巴巴两家大型互联网企业烧钱"火拼"。

在移动互联网时代，哪里有需求，哪里就有市场。代驾、租房等更为复杂的预订活动都通过与第三方应用合作或独立开发等方式在移动地图上得以实现。这使移动地图 O2O 应用进一步延展，造成了移动团购应用的衰落。为了对抗移动地图带来的冲击，一些移动团购应用里加入附近团购搜索、摇一摇、路线导航等功能。但实践证明地理位置信息是更为重要和基础的资源，移动地图与团购功能结合较为容易，反之则非常困难。

（四）移动社交

人类的交往与空间密切相关，但又想方设法摆脱空间束缚，以无限接近"天涯若比邻"的理想状态。最初，社交应用如微信和陌陌等，还只是对一定地理范围内使用同一应用的人进行定位后，允许双方互相发信息和传图以搭建关系。如今以上两款社交应用与来往、易信，甚至新浪微博等都扩展了对地理信息的应用。如这些应用可以添加用户发布信息时的地理位置，还增加了根据用户所在位置的朋友、美食、商品推荐，以及街景识别等功能。这让移动社交不仅实现 O2O 联通，而且在一定程度上超越了现实社交的体验。

（五）安全服务

人类已进入风险社会，安全问题在国家、社会、家庭和个人层面都受到高度关注，这为移动地图 O2O 发展提供了新的发展方向。结合"电子围栏"和可穿戴设备技术，2013 年，奇虎 360 宣布推出针对儿童安全的智能手环，拥有定位、安全预警和通话连接三个功能。家长通过智能手环与移动应用的搭配

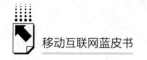

使用，可以定位孩子的位置，保证其不超出安全范围，并能适时监听孩子周围的声音，从多角度保障了儿童的安全。从当前中国社会现实看，此类应用非常具有发展潜力。

（六）LBS 游戏

游戏在互联网技术发展中起到了重要的引领作用，在移动互联网时代也不例外。LBS 游戏最早起源于日本，作为一种与地理位置密切相关的游戏类别正在逐渐彰显它的魅力。传统的网络游戏也可以让身处不同位置的玩家共同参与，但参与者之间不知彼此来自何方。LBS 游戏则是基于移动端内置的 GPS 地图来寻找其他玩伴，将社交自然地贯穿其中，让玩家亲密互动，带来非常好的游戏体验。2013 年，金山软件公司的西山居工作室推出了 LBS 手机游戏《征宠》，接入了高德地图的 LBS 开放平台，初步在游戏中引入了地理位置。国外 LBS 游戏不仅可以帮助用户通过游戏玩家的地理位置彼此结识，而且可以让玩家共同在网上根据真实空间再造身份和空间，提高游戏的意义与价值。与国外相比，我国 LBS 游戏发展仍存在很大的发展空间。

（七）城市管理

移动地图的 O2O 应用也并不完全是商业化的，还可以助力社会公共事业发展。在 3G 网络到来的时候，"无线城市""移动城市""智慧城市"等概念层出不穷。但要真正实现这些概念，离不开移动地图，因为它不仅是一张地理信息图，而且是一张用户行为轨迹图，在提供地理位置基础数据、导航数据的同时，移动地图还不断收集和更新 POI 数据、公交数据、动态数据。基于这些数据的运算与分析，移动地图为人们接入"无线城市"提供了一条便捷、安全、迅速的通道，为公众的生活、娱乐、教育等方面提供了便利，为政府政务公开、监督、城市管理等方面提供了基础。

例如，公安民警出于职业需要，对所负责辖区的地理信息要非常熟悉。但是，随着公安行业需求的丰富和社会环境的变化，海量信息越来越成为公安行业执行业务过程中的负担。结合这一情况，高德公司开发了智能化的警务管理平台，在 GIS 的基础上，将公安业务需要的支撑信息，通过简单实用的操作进行统一的展现和汇总，实现公安人员位置监管、车辆位置监管和调度、业务数据融合等功能，有效地服务于公安行业全方位的警务管理。

三 探索中的移动地图 O2O 商业模式

2013 年，移动地图越来越明显地成为移动互联网 O2O 的主要载体与平台，一方面为用户带来更为智能的全新移动生活体验，另一方面给开发者带来了更多商业机会。移动地图的开放平台提供云搜索、定位导航、地图支持、增值服务、运营支持等全方位服务，一条连接线上与线下、联系用户、商家与第三方开发者的 O2O 商业之路清晰地展示出来。因此，移动地图也被各方越来越看好，更高速的发展似乎只是一个时间问题。但是，在具体过程中，移动地图的发展也不可避免地面临一些问题。

首先，移动地图与其他形式的地图一样，需要大量的资金投入维系不间断的地理信息补充与更新，以至于有人说移动地图是个"烧钱"的行业。例如，POI 是各家移动地图比拼的一个主要方面，不仅数量要多，而且要能够及时发现 POI 变化，做到及时更新，否则就会给用户和商家带来不好的体验。尽管可以采用众包的形式，由用户、商家帮忙发现与更新，但在中国广阔领土上日新月异的城市化发展进程中，大部分 POI 收集与更新的工作还要由移动地图服务提供者投入巨资完成。此外，最新的移动地图呈现方式和功能，如街景地图等，都需要先进技术的引进和资本投入。同时，移动地图还是重要的大数据枢纽，数据的储存、处理、分析等也需要高技术以及资金与人力的投入。但在目前情况下，移动地图提供商向用户方免费已形成主流，如何能够高效地赢利、维系更长远的发展，仍在继续探索中。移动地图多与实力雄厚的互联网企业合作或被其收购，成为 2013 年一个重要趋势。

其次，移动地图基本服务功能同质化较为明显。一个移动地图应用提供根据用户位置推荐的团购、美食、酒店、看电影、银行、KTV、打车等功能后，其他移动地图会立即跟上，造成任何一个移动地图应用都很难形成自己独有的

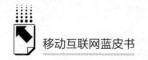

特点和优势。用户不会关心各个移动地图提供者的技术实现方式、投入力量等"黑箱"里的事情，他们只在乎功能的种类与实用性。在他们眼中，移动地图"多人一面"，加上移动应用下载与安装的便捷，使得如何提升用户忠诚度成为移动地图O2O发展道路上的一大难题。

最后，用户对移动地图的使用往往都是"临时抱佛脚"，只有在他们需要时才会使用。而其他移动应用虽然是依托在移动地图之上的，但其使用频率和用户活跃度都高于移动地图。比如一些移动社交应用全天24小时处于开启状态，用户日均使用超过50次，移动地图难以匹敌。因此，理论上移动地图是O2O天然优良的入口，但在现实中获得的关注与使用与之并不匹配。如何改变用户使用习惯，成为所有移动地图面临的最大难题。

所以，移动地图的O2O之路要想走得更加宽广，必须直面并解决以上问题。其一，要不断创新赢利模式与扩展赢利范围，如进一步发挥移动地图在数据方面的优势，利用大数据技术形成新的、更为持久的赢利点。其二，移动地图应拓宽使用场景，密切关联消费者与商家，并在与其互动中形成自身优势与特点，突破同质化较为严重的现状。其三，移动地图应在巩固技术优势的同时，加强运营与推广力度，以帮助用户形成在移动地图上消费和社交的习惯，牢牢地将他们黏在"图"上。2013年第四季度，高德地图进行了一些有益的尝试，如加大了在地铁、楼宇中的广告投放，请林志玲做品牌代言人，强化找保洁、地图点菜、订电影票、在线打车等增值服务功能等。

四　中国移动地图O2O应用的未来展望

移动地图犹如一个含着银勺子出生的孩子，会集了移动互联网与GIS等高新技术的优势，并被规划出了一条O2O的阳关大道，可以预见其在未来将会更为快速和稳健地发展。

其一，移动地图在技术与政策上都有利好条件。2014年是4G技术发展的关键之年。如同3G让图片上传与共享在移动互联网普及开来一样，4G在给移动网络加速的同时，一定会带动移动互联网应用的升级换代，这个机会也同样属于移动地图。移动地图在技术上有自身的独特优势，比较容易在新一轮技术更新浪潮中开辟连接线上与线下的新方式、新路径。同时，2014 年也是落实国务院《关于促进信息消费扩大内需的若干意见》的第一年。该意见明确提出了要拓展信息服务业态，支持 LBS 市场拓展，大力发展地理信息产业，拓宽地理信息市场。在提升公共服务信息化水平部分，该意见提出要促进公共信息资源共享和开发利用，提升民生领域信息服务水平，加快智慧城市建设，这些都涉及移动地图的开发与应用，对移动地图 O2O 发展无疑是重大利好消息，各企业要认真考虑如何用好政策红利。

其二，可以帮助移动地图进一步拓展应用的外围技术，如可穿戴设备和现实增强（AR）技术。这为移动地图 O2O 带来无限生机。2013 年移动地图的 O2O 发展已在健康、安全应用等领域初露锋芒。可穿戴设备结合移动地图应用，24 小时 ×7 天的健康监测与安全追踪的实现就在眼前。而现实增强技术将移动地图对现实空间的打造从移动互联网上带到真实空间之中，人们将轻松地看到楼外之楼、天外之天，在实景、实境之上搭建数字建筑与添加数字人物，其前景逼近了人类幻想的极限。而移动地图是与现实增强最容易结合的技术应用之一。外围技术发展与利用必将推进移动地图发生更深刻的变革。

其三，根据移动互联网发达国家在 2013 年的发展趋势对我国进行预判，汽车即将成为最大的移动终端，"车联网"正在形成，电子地图因汽车导航而崛起，如今移动地图又回归汽车。这一趋势的创新意义在于，过往移动互联网仅仅是对单个人和物品的网络化连接，而车联网则是对若干单独、运动空间的联网。空间而非个体，空间包含个体，这一变化将给移动互联网带来变革，全景汽车运行规划、交通事故防范、车载移动社交、娱乐与消费……可想象的事情太多太多，而移动地图又站在了距离这一变革最近的位置。

其四，每家移动地图都有一个"金饭碗"——大数据。大数据虽然无处不在，但是能够形成有效汇集的枢纽和平台并不多。移动地图借助其 O2O 良好的位置，既能获得用户的运动轨迹和行为数据，又承载着商家的销售数据，是大数据停泊与处理的天然良港。大数据技术终极目的是通过对自然生成数据的处理和分析形成解决方案。高德地图等已在城市管理、政府和企业应用等方

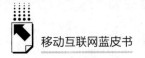

面积极应用大数据技术，为社会各行各业制订解决方案，开发着未来极具潜力的宝藏。

在电子地图与 GIS 发展 40 多年的历史中，其价值在不断凸显。在移动互联网时代，移动地图已在 O2O 找到其最佳的中枢位置。尽管在赢利模式上还在不断探索，但是随着移动互联网产业与技术的不断发展，移动地图的功能与价值终将充分释放，成为移动互联网真正的载体与宝藏。

B.22

2013 年移动应用发展情况及趋势分析

王　影*

摘　要：

2013 年，中国移动互联网应用市场更趋成熟，用户集中度更高，位居前 50 名的主流应用，月度覆盖人数都在 2000 万人以上；互联网巨头争夺优质应用的竞争更趋激烈；移动金融、移动医疗等新兴应用迅速崛起。未来，移动应用将在创新中加快商业化步伐，并在竞争格局延续情况下探寻市场秩序的规范。

关键词：

移动应用　打车应用　移动金融　移动医疗

一　2013 年移动应用基本发展情况

2013 年移动应用市场进入成熟发展阶段，越来越多长尾的移动应用很难较长时间占据用户的手机桌面，移动应用的发展更趋于集中。艾瑞咨询（mUserTracker）2013 年 12 月监测数据显示，Top 50 主流应用的月度覆盖人数均在 2000 万人以上，用户集中度较高。其中，月活跃用户在 1 亿人以上的应用有微信、QQ、支付宝、UC 手机浏览器和淘宝五款应用。主流应用用户黏性更强，活跃度更高，是用户必备的移动应用。从 Top 50 应用分布来看，移动应用的变化较小，主流应用的发展呈现比较稳定的态势，已经过了早期的用户积累阶段，目前的关键在于提升用户活跃度，挖掘用户流量价值（见表1）。

---

* 王影，东北财经大学管理学硕士，艾瑞咨询分析师，专注于移动互联网行业研究、企业研究。

表1　2013年12月中国移动应用月度覆盖人数 Top 50

单位：万人

序号	应用名称	月度覆盖人数	序号	应用名称	月度覆盖人数
1	微信	22420.0	26	来往	3323.1
2	QQ	21873.2	27	豌豆荚	3287.7
3	支付宝	13371.2	28	搜狐新闻	3187.5
4	UC手机浏览器	12529.5	29	QQ音乐	3117.2
5	淘宝	11298.7	30	快播	3103.6
6	360手机卫士	9472.7	31	有信免费电话	3093.6
7	新浪微博	9314.4	32	百度视频	3057.4
8	优酷	7617.2	33	有道词典	2874.6
9	360手机助手	6781.3	34	金山电池医生	2841.7
10	QQ手机浏览器	6494.0	35	美团网	2802.7
11	QQ空间	5769.0	36	PPTV网络电视	2797.6
12	百度地图	5310.5	37	联通手机营业厅	2784.8
13	PPS影音	4949.4	38	搜狐视频	2720.5
14	爱奇艺视频	4776.1	39	天天爱消除	2702.9
15	墨迹天气	4715.2	40	中华万年历	2635.6
16	京东商城	4402.7	41	大众点评网	2630.8
17	旺信	4284.5	42	铁路12306	2628.9
18	酷狗音乐	3854.3	43	网易新闻	2602.3
19	我查查	3822.0	44	百度浏览器	2573.4
20	天天酷狗	3813.0	45	百度搜索	2567.7
21	360优化大师	3768.0	46	360省电王	2558.6
22	易信	3746.4	47	天天动听	2440.1
23	搜狗手机输入法	3680.9	48	腾讯新闻	2392.2
24	天猫（淘宝商城）	3644.3	49	人人网	2348.1
25	腾讯手机管家	3354.3	50	百度贴吧	2344.9

资料来源：艾瑞咨询。

　　从用户的使用行为来看，移动应用几乎占据了用户全部碎片化的时间，以2013年12月数据为例，用户花在即时通信类应用的时间最多，月度有效使用时间占比为20.2%，其次是在线视频和浏览器。艾瑞咨询认为，即时通信是用户刚性需求较为强烈的服务类别，同时手机又是天然的沟通交流工具，移动端的即时通信应用展现了更多的便利性和灵活性，是用户活跃度最强的移动应用。另外，在线视频的使用时长不断增长主要在于网络环境的改善和大屏手机的进一步普及，使用户在手机端观看视频逐渐成为常态，丰富的移动应用正在不断满足用户随时随地、多元化的休闲娱乐需求。

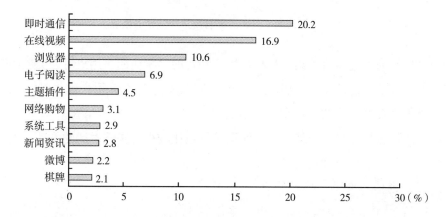

图 1　2013 年 12 月中国移动应用小类别月度总有效使用时间比例 Top 10

资料来源：艾瑞咨询。

二　竞争激烈的移动应用市场

（一）巨头争夺之地

1. 移动社交是兵家必争之地，市场格局变幻莫测

（1）微信

微信 2011 年 1 月 21 日正式推出，海量用户规模使微信成为移动端最受欢迎和关注的应用，获得移动互联网第一张船票。对于微信这样的明星产品，商业化的猜想一直层出不穷，备受行业的关注。2013 年 8 月微信 5.0 版本发布后，其在产品形态上产生了重大变革，其商业化步伐正式迈出，成为 2013 年移动互联网的明星应用（见图 2）。

微信 5.0 版本整合了腾讯多款移动游戏产品，微信上线支付、扫一扫功能更使微信成了连接线上和线下的重要接口，微信开始了稳步的商业化进程。腾讯作为老牌游戏企业，微信与移动游戏的结合创造了巨大的想象空间和发展前

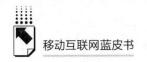

图2 微信版本更新历程与用户规模增长情况

景。微信作为即时通信工具，是移动用户必备的手机应用，用户对社交的刚性需求使得微信的活跃度和黏性更高。微信朋友圈更是连接用户熟人社交的纽带，可大大提升用户的活跃度。微信支付和扫一扫功能使微信在O2O模式上形成了闭环，虽然目前微信支付的使用场景还比较少，腾讯对此的推动力度还不大，但是海量用户规模的微信无疑已经成为O2O的重要玩家。

（2）易信、来往

微信在2013年的发展势头也带来了三大电信运营商对微信的"围剿"，运营商面对OTT（over the top）的来袭和互联网企业的威胁，开始采取了一系列的对抗措施，易信就是在这样的背景下产生的，中国电信联合网易推出了对抗微信的即时通信产品——易信。随后，阿里巴巴推出来往，反击微信在支付领域对支付宝的威胁。易信和来往虽承载了中国电信以及阿里巴巴对抗微信的重要使命，也得到了行业的广泛关注和热议，但是从用户规模来看，它们与微信仍然存在巨大差距。朋友链条关系建立在微信圈子上，用户圈子的转移存在一定的成本和风险，因此，对易信和来往来说，对抗微信之路漫漫。

即时通信应用是用户渗透率最高的移动网络服务，用户对社交强烈的刚性需求，使得即时通信领域成为移动互联网的重要入口，堪称兵家必争之地。2013年，微信无疑成为移动社交乃至移动互联网领域最大的赢家，面对微信强劲的发展势头，各大互联网公司、运营商纷纷采取措施抵御微信的威胁，从目前来看成效甚微。但是，移动社交市场风云变幻，微信是否能独占霸主地位、用户社交关系和圈子将如何发展还未可知。微信的发展方向和移动社交的发展方向都将是2014年移动互联网市场备受关注的焦点。

2. 地图应用，硝烟弥漫的入口之争

（1）高德地图

2013年5月10日，阿里巴巴宣布对高德战略投资，高德获得阿里巴巴

2.94 亿美元的投资，同时阿里巴巴将持有高德约 28% 的股份，成为高德第一大股东。阿里巴巴的入股，进一步坚定了高德在移动互联网发展的决心。至此，高德正式从一个背后的地图数据提供商向移动互联网企业转型，依托高德地图，发展本地生活服务平台，力争抢占移动互联网线下的重要入口。背靠阿里巴巴集团提供的强大资金支持，高德地图更是加大了宣传力度，用户对高德地图产品的认知度不断提升，高德地图成为 2013 年少有的用户规模过亿的移动应用产品，完成了早期的用户积累，具备了发展和探讨移动互联网商业模式的重要基础。2013 年，高德地图加快了构建本地生活服务平台的步伐，接入众多第三方生活服务应用，用户可以通过高德地图查找美食，在线预订餐厅、酒店，以及打车，通过高德地图平台不断提高用户的便利性，将高德地图打造成用户线下吃喝玩乐住用行的大平台，抢占移动互联网的重要入口。

（2）百度地图

2012 年底，百度将百度地图从一个出行工具升级为本地生活服务平台，同时成立百度 LBS 事业部，级别与百度云部门看齐，一起成为百度在移动互联网领域的核心部门。百度在移动互联网领域由于没有像微信那样的重量级产品，因此将发展移动互联网的重点落在了 LBS 领域，百度地图成了百度公司级别的核心战略产品。百度地图也不仅局限于传统的搜索定位、路线规划等功能，而是将餐饮、商场、医院、酒店等生活服务信息融合在地图平台，在地图层面提供一站式的生活服务，其野心同样是掌控巨大线下市场的重要入口。

高德地图和百度地图在移动互联网的战略布局都是将地图构建成本地生活服务的平台，成为移动互联网的重要入口，发展 O2O 市场。同一个战略目标，使得两者在地图入口引发的战争不断。2013 年 8 月，百度突然宣布旗下百度导航完全免费，并且对之前收费用户采取退费政策，这让筹备免费计划的高德措手不及，只得在百度之后宣布高德导航免费，自此，高德和百度硝烟弥漫的地图入口战争正式打响。移动地图领域因为有百度和高德（及其背后的阿里巴巴）两位高手较量，成为移动互联网的热门领域，承载了移动互联网流量变现、发展 O2O 市场的重要梦想。移动地图成为移动互联网入口之争的主要原因包括以下几个方面。

一是移动地图是刚性需求较强的工具类应用。地图为用户提供地点查询、路线规划、目的地指引等，是用户出行必备的辅助工具，用户刚性需求明显。用户需求的刺激成为地图发展的重要推动力。二是地理位置信息数据是移动互联网的基础数据。移动应用越来越多地与地理位置相结合，通过地理位置获取好友信息，根据用户地理位置推荐附近美食、商家等，地理位置已经成为移动互联网应用的标配属性和功能，成为构建移动互联网应用的底层基础数据。越来越多的互联网公司需要获取基础的 POI① 信息和用户位置信息，用户在哪里，商机就在哪里。因此，地图数据成为互联网公司大数据库的重要组成部分。三是地图是发展 O2O 流量变现的最好平台。移动互联网市场在快速发展的同时，也一直对流量变现和商业模式进行不断的探索和实践，特别是工具类应用，用户黏性和活跃度较低，人口红利优势不明显的时候流量如何变现更是困扰其发展的因素。O2O 发展的关键在于广阔的线下市场，而地图恰恰是连接线上和线下的重要平台，基于地图的 POI 数据，商家信息可呈现在地图平台上，地图建立了用户和线下商家之间的联系，发展 O2O 成为地图流量变现的最好方式。

高德和百度的移动互联网入口之争还将延续，确切地说这是阿里巴巴与百度在 O2O 市场的战争，阿里巴巴的优势在于支付，而这也恰恰是百度的短板。两者谁将是 O2O 地图平台的胜者还不可知，但是毫无疑问地图应用引发了移动互联网一场硝烟弥漫的战争。

（二）资本市场疯狂投入的打车应用

1. "嘀嘀打车"

2012 年 9 月，"嘀嘀打车"上线，相比于活跃在市场上的众多打车应用，"嘀嘀打车"的布局稍晚。从 2013 年上半年开始，打车应用开始面临行业的大洗牌，"嘀嘀打车"依靠大量的广告投放和疯狂的补贴"烧钱"政策崭露头角，开始逐渐打败其他竞争对手，几乎占领了北京打车市场。"嘀嘀打车"在北京取得胜利，站稳市场之后，开始进攻上海，继续实施北京的广告投放和大

---

① POI 是 point of interest 的缩写，中文可以翻译为"兴趣点"。在地理信息系统中，一个 POI 可以是一栋房子、一个商铺、一个邮筒、一个公交站等。

力补贴政策，手握腾讯战略投资的 1500 万美元，在短短两个月的时间就取得了单日订单破万的成绩。此后，"嘀嘀打车"在保持北京市场优势的同时，开始进一步"入侵"广州、深圳等南方城市，并在全国范围内铺开。2014 年 1 月 2 日，"嘀嘀打车"宣布获得 C 轮融资，中信产业领投，腾讯继续跟投 3000 万美元，融资金额为 1 亿美元。1 月 6 日，"嘀嘀打车"独家接入微信，支持通过微信实现叫车和支付，腾讯借助微信用户的高频使用，进入线下打车市场。

2. "快的打车"

2012 年 8 月，"快的打车"正式在杭州上线，2013 年 4 月获得阿里巴巴和经纬创投 1000 万美元的 A 轮融资。在 2013 年上半年打车市场大洗牌时期，"快的打车"同"嘀嘀打车"在这次浪潮冲击中幸存，全面占领杭州市场。打车市场逐渐形成了"南快的、北嘀嘀"的寡头垄断格局。2013 年 11 月，获得阿里巴巴继续注资支持的"快的打车"收购了"大黄蜂打车"，"快的打车"完成了长三角市场的布局，并且开始大肆"入侵"北京市场，与"嘀嘀打车"展开了北京市场份额的争夺。11 月，支付宝与"快的打车"联合推广线下出租车市场，鼓励用户通过支付宝支付车费，乘客和司机均能够获得 10 元补贴，如此大力度的补贴政策使"快的打车"不断蚕食"嘀嘀打车"在北京的市场份额。

打车市场形成"嘀嘀打车"和"快的打车"双寡头垄断的市场格局，背后是腾讯和阿里巴巴的对决，是微信支付和支付宝在支付领域里的对决。双方在支付领域的战争已经上升到线下打车应用层面，通过绑定打车应用来推广打车场景的支付方式，进一步培养用户的消费习惯。特别是对微信来说，在不断尝试和实践微信支付的使用场景，虽然目前微信支付的使用场景较少，频度还不高，但是微信的用户量级和高频使用率让支付宝感受到了威胁，微信支付的前景不容小觑。

打车应用应该是 2013 年移动互联网最热门的创业领域，受到了投资者的关注和大力度投资，正是不断的"烧钱"和"砸钱"才形成了"嘀嘀打车"和"快的打车"目前的市场份额格局。但是这个格局还远没有完全形成，2014 年打车应用的战争将进一步升级，同时也是资本层面的较量。在早期用户积累和市场规模形成的阶段，资本的力量成为决定其市场地位的关键因素。

（三）新兴移动应用市场的崛起

1. 互联网金融

"互联网金融"一词在2013年忽然热起来，越来越多的创业者涌向互联网金融领域，行业内也非常关注和探讨互联网金融和传统金融的关系与发展走向，一时之间，互联网金融产品不断涌现，包括其在移动端的衍生产品，不断将触角伸到广阔的线下金融市场。

2013年6月13日，支付宝的余额增值服务产品余额宝上线，这是与天弘基金合作为用户提供的一款货币基金理财产品，用户不仅能够通过余额宝获得远远高于活期利息的收益（7天年化收益率为6.696%），而且能随时消费和支出而无须支付手续费。截至2013年12月31日，余额宝的用户规模已经达到4303万人，资金规模为1853亿元，余额宝自成立以来已经累计给用户带来了17.9亿元的收益。余额宝刚上线时，用户只能通过电脑在支付宝网站上进行相关操作，这对一部分"手机控"来说就成了很头疼的事情，所以一些用户到支付宝官方微博下留言，要求赶快推出手机版余额宝。因而上线不到一个月时间，支付宝于2013年7月1日宣布，最新上线的支付宝钱包应用已经内置余额宝功能，用户在下载安装后，可以在"我的资产"中看到余额宝服务，首次使用即开通流程，已开通的用户则会显示当前金额。手机版支付宝钱包的功能与网页版支付宝基本一致，账户中的余额宝资金会显示在资金列表中，同样可直接用于手机支付，用户无须再将资金转出。余额宝的兴起，带动了更多的货币基金理财产品涌现。2014年1月15日，苏宁云商旗下的易付宝也联合了广东发展银行、汇添富基金公司推出类余额宝理财产品"零钱宝"。2014年1月15日，微信上线了腾讯与华夏基金合作推出的货币基金"理财通"——一款本质与余额宝完全类似的理财产品，微信与支付宝又一次在互联网金融领域交火。而由于手机支付的便捷性，在这些互联网金融产品中，用户开始越来越习惯使用移动端产品，手机端的用户也成了争夺的重点。手机支付的安全性也越来越多地被提及，但手机支付的便捷性与安全性就像一对矛盾共同体，并未很好地得到解决，目前来看，80%的手机支付是小额支付。

互联网金融发展的机会在于传统银行不能做和不屑于做的市场，而这部分市场正是广大中小企业和个人用户集中的市场。互联网金融的创新模式在不断改善和提升用户的便利性，弥补了传统银行和金融机构的缺陷和不足。新兴的互联网金融正在一点点蚕食原本属于银行的领地，市场更多闲散资金将不断涌向更具创新的互联网金融机构，这势必对银行的业务造成冲击。

2. 移动医疗

智能手机的便捷性和智能性给移动医疗的发展创造了机会，移动医疗成为移动互联网的热门创业领域，大量的医疗健康类应用涌现，同时众多应用脱颖而出，成为资本市场的新宠。移动医疗类应用比较分散，大致可包括以下几种：一是具有专业医疗服务能力的互联网企业开发的应用，如好大夫在线、快速医生等，通过面向用户提供在线咨询等医疗服务，帮助用户建立与医生之间的联系，搭建了医院门诊信息及用户与医生咨询交流的平台；二是创业公司针对女性用户开发的女性生理周期管理及备孕助孕应用，像大姨吗、爱丁医生，针对女性用户月经生理周期特点，为用户提供孕前指导；三是与企业级应用相结合的产品，比如面向医院收费的病例管理系统应用等。

移动医疗类应用虽能在一定程度上为用户提供便捷专业的健康指导，帮助用户建立和实施对身体健康的管理，但是作为一个工具类应用，始终面临用户规模和赢利模式的问题，目前这类应用还没有探索出较好的赢利模式，仍然面临较大的成本压力。同时，工具类应用的用户黏性和活跃度较差，是制约用户规模增长和商业模式实施的关键因素。不过目前移动医疗还处在刚刚起步的早期阶段，无论是国内还是国外，整体市场环境都还不完善，移动医疗应用在产品功能、用户体验等方面都需要完善，之后才是商业模式的探讨，而这些其实都有待移动互联网创业环境的进一步完善。

此外，移动医疗应用涉足一个比较特殊和专业的领域，将面临很多其他行业不会面临的政策壁垒、专业限制以及资质门槛等制约，因此，移动医疗应用的发展需要更完善的社会环境和专业的人员团队。产品定位也应该更明确，相比于游戏、社交等休闲娱乐类应用，医疗应用应是基于问题解决需求的功能型应用，提供专业性、科学性强的健康指导是医疗类应用的核心功能。

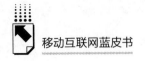

三 移动应用发展趋势分析

（一）移动应用市场竞争格局将延续

从以上列举的移动应用中都可看到互联网巨头 BAT 的身影，BAT 在移动互联网领域不像在传统互联网领域那样进行正面对抗，而更多地体现在资本市场层面的竞争，通过投资、并购等方式快速进入移动互联网，在社交、支付、本地生活服务等多个领域展开全面竞争，比传统互联网更加激烈和残酷。巨头们向移动互联网的渗透更加全面和深入，开始全业务线向移动互联网布局；同时，移动互联网的发展模式也在不断撼动和挑战传统互联网业务，互联网巨头必须通过对新领域、新业务的探索来不断稳固其市场地位。

同时，我们应该看到应用发展的一个重要趋势，就是原生应用的 Web 化。伴随 HTML 5 技术的逐渐成熟，基于 HTML 5 的网页应用也在悄然兴起，引起了业界对原生应用和网页应用发展趋势的广泛探讨。

网页应用与原生应用的关键区别在于用户体验和开发适配两个方面。网页应用开发成本低，可以适配多种设备和终端，跨平台体验一致，但用户体验和用户交互等方面不及原生应用。两者可以说各有优劣，因此目前还无法定论网页应用能够取代原生应用。对于游戏类、工具类等需要占据大量本地存储空间、对用户交互有更高需求的应用，仍然是以原生应用为主，在网页技术还没有达到原生应用的效率和体验之前，网页应用短期内是无法颠覆和取代原生应用的。在两者不断发展和过渡的过程中，可能会逐渐衍生两者混合使用的模式，针对不同类别应用做具体的操作和实践，这也未尝不是一种进步。

（二）在创新发展中加快商业化步伐

2014 年移动互联网市场将继续保持高速增长，更多新兴应用将不断涌现，市场的丰富性将进一步提升。无论是传统的移动社交还是新兴的移动金融、移动医疗等领域，创新是推动其发展的根本原动力。2014 年，移动互联网应用在丰富性大大提升的同时，将在创新中寻求差异，与本地生活服务的结合将更加密切。提升用户活跃度、挖掘产品流量价值将是 2014 年移动互联网行业的主体基调。

除了游戏类应用有比较清晰的商业模式之外，很多应用特别是工具类应用尚未找到合适的赢利方式，中小开发者面临着巨大的变现压力。移动应用商业模式的探索是一个长期的过程。2014 年，移动互联网将进一步探索商业变现的模式，会有众多移动应用开始稳步推进商业化进程，例如微信，微信游戏、微信支付等的发展潜力在 2014 年将会进一步显现，不断促进移动互联网市场加快商业化步伐。

（三）探索建立成熟和规范的市场秩序

2013 年移动应用市场继续保持了丰富多样性，为移动用户提供更为丰富的选择和便利体验。但是，移动应用数量众多，同质化现象日益严重，如何在海量应用中寻找到合适的移动应用，成为困扰用户的难题。同时，众多长尾应用如何能被用户发现，也成为开发者关注的核心问题，归根结底在于开发者如何通过移动应用赚钱。另外，目前市场上还存在着严重的移动应用"刷榜"问题，成熟和规范的市场秩序亟须建立，移动应用的审核机制也需要不断完善。这是推动移动互联网市场健康发展的重要保障。

B.23

2013 中国报刊移动传播状况分析

李黎丹 王海燕 王培志*

摘 要：

近年来，传统媒体特别是报刊重视并切实开展了移动传播探索。2014 年 2 月发布的中国报刊移动传播指数对报刊移动传播现状进行了评测。本文对中国报刊移动传播指数及报纸、杂志移动传播百强进行了介绍分析，并对加强与改进移动传播提出了建议。

关键词：

移动传播 报刊 指数

2013 年，传统媒体尤其是纸媒正在经历转型的阵痛，以社会化媒体和移动媒体为代表的新媒体改变了由传统媒体掌控的信息生产和传播格局，网民获取新闻信息的渠道正在从报纸杂志、广播电视甚至网站转向以智能手机、平板电脑、电子阅读器等为代表的移动终端。面对这一状况，中国许多报纸、杂志迎难而上，开启了移动传播的历程。

一 中国报刊移动传播现状

报纸、杂志是最古老的媒体。报纸的历史，从邸报算起，已有 2000 多年的历史，从最早的印刷报纸《威尼斯新闻》算起，也有 400 多年的历史。在

---

* 李黎丹，博士后，人民网研究院研究员；王海燕，博士，武汉大学互联网科学研究中心；王培志，硕士，人民网研究院研究员。

电视出现时，曾有人预测报纸将消失，但报纸不仅没有消失，反而在与广播电台、电视台的竞争中曾一度占据上风，成为最主要的媒体。互联网兴起后，报刊开始探索数字化转型、数字化传播。近两年移动互联网大热，报刊又开启了移动传播之途。中国报刊的数字化传播、移动传播虽然远未谈得上赢利，但它们的努力值得肯定，它们为网络传播特别是移动传播贡献了很有价值的内容，而且也表现出了较大的发展潜力。

我国报刊的移动传播并不平衡，为此，人民网研究院推出中国报刊移动传播指数，试图对报刊的移动传播状况进行量化测评。

1. 中国报刊的移动传播状况

综观目前中国报刊的移动传播渠道、方式，主要有四种：微博——社交媒体来自移动端的流量逐季增加，微博尤为明显，有的占比已为 60% ~ 80%；微信公众账号；入驻客户端；独立应用。除此之外，通过移动端浏览网页（包括报刊的 PDF 版和网站转载的报刊内容）的数量并不大。因此，评价报刊的移动传播主要从以上四个类型的传播状况来进行。

微博已经成为中国报刊移动转型过程中入驻最多和运营最成熟的平台，主要报刊微博开通率近 100%。传统的老牌报刊依托其固有的品牌知名度、庞大的采编队伍和内容优势，迅速吸引了百万级、千万级的"粉丝团"，在微博平台产生了较大关注度和影响力。目前，新浪、腾讯两个微博平台中媒体机构微博账号已达 3.7 万个，其中，在新浪微博平台中，报纸账号数量占比为 14.72%，杂志账号数量占比为 14.21%。[1]

微信用户已经突破 6 亿人，成为报刊公平角逐的试验场，公众账号的出现，建立起了完整的移动互联网生态系统。由于"强社交关系"及"100% 精准到达（非阅读率）"的特性，微信强调的是"内容为王"和互动用户体验，尤其是语音、功能自定义，弱化了微博"粉丝经济"的影响力，给了传统媒体后来赶超的公平机会。当前，逾百家媒体及栏目开通微信公众平台，以媒体机构和自媒体为主体的公众账号已经达到 200 多万个。传统媒体纷纷加入微信

---

[1] 新浪、人民网舆情监测室：《2013 新浪媒体微博报告》，http://data.weibo.com/report/detail/report? copy_ ref = zuYT1rJriAdB4&_ key = 2Wn3ByP&&m = m。

平台，开设账号，组织内容，开展互动，一些有特色的小媒体和垂直媒体的微信账号反而做得更好。

新闻客户端是进入门槛相对较高的移动传播入口，多是拥有内容、技术、推广优势的传统媒体的选择。搜狐、网易、腾讯三家新闻客户端用户已经破亿，发展潜力很大，纸媒独立开发的应用，如《人民日报》《南方周末》《环球时报》《中国日报》也取得了不错的成绩。纸媒涉足新闻客户端，目前有两种途径：一是携内容入驻商业门户或聚合新闻客户端，即时新闻、社交互动和免费订阅是聚合新闻客户端的三个主要功能，庞大的用户量和零成本入驻，吸引传统媒体纷纷加盟客户端平台，目前，《参考消息》《人民日报》在搜狐新闻客户端的订阅量都已超过千万次。二是独立开发纸媒应用，2009 年 10 月 28 日《南方周末》发布了适用于 iPhone 手机的应用，随后，《中国日报》《人民日报》等纷纷试水独立应用，目前推出独立应用的报纸已经超过 170 家，占全国报纸总数的 11.4%。①

2. 中国报刊移动传播百强

2014 年 2 月 19 日，人民网研究院发布《2013 中国报刊移动传播指数报告》综合评分版，对我国报刊在微博、微信、新闻客户端、独立应用四个移动传播平台上的传播水平及其发展变化情况进行了评估，推出百强榜单，这种位次和水平的定位，不一定百分之百精确，但是可以直观地看出不同媒体如何在各移动传播平台中进行布局和实践探索，如《人民日报》《新京报》《南方都市报》《三联生活周刊》《商业价值》《华夏地理》等分别排报纸移动传播百强和杂志移动传播百强的前列，它们的经验值得借鉴。

百强榜单公布了 100 家报纸和 100 家杂志移动传播的综合得分，没有公布它们分别的微博、微信、新闻客户端、独立应用的具体得分，表 1、表 2 两个榜单包括了各报刊四个分项的具体得分及综合得分，是首次公布。

---

① 人民网研究院：《中国报刊移动传播指数报告》，2014 年 2 月，http://vdisk.weibo.com/s/auoGUWuYmPCm0/1392864079。

表1　报纸移动传播百强榜及各项得分

序号	报纸名称	微博指数	微信指数	新闻客户端指数	独立应用指数	综合指数
1	人民日报	19.77	23.81	6.73	21.38	71.68
2	新京报	11.44	22.55	9.05	19.88	62.91
3	南方都市报	15.00	24.08	5.52	17.88	62.48
4	经济观察报	12.40	19.37	5.50	20.00	57.27
5	南方周末	12.54	16.48	7.29	20.75	57.06
6	广州日报	12.38	23.21	4.95	15.21	55.76
7	每日经济新闻	13.89	18.95	4.47	17.53	54.84
8	扬子晚报	11.30	23.93	3.69	15.70	54.62
9	潇湘晨报	12.17	26.43	2.09	13.57	54.27
10	华西都市报	11.37	22.51	4.36	13.84	52.09
11	环球时报	8.26	19.69	3.55	20.38	51.86
12	新快报	12.12	20.90	5.08	11.84	49.94
13	钱江晚报	9.97	25.03	1.75	12.89	49.62
14	大河报	10.01	24.28	3.17	12.00	49.46
15	京华时报	9.75	21.16	6.03	12.12	49.06
16	参考消息	4.74	17.54	11.07	15.20	48.54
17	东方早报	8.75	22.95	4.12	12.66	48.48
18	羊城晚报	11.28	18.70	4.52	13.93	48.44
19	现代快报	9.55	22.82	4.65	11.06	48.08
20	21世纪英文报	5.39	20.57	1.25	19.53	46.74
21	南方日报	10.97	21.56	3.07	10.31	45.91
22	新闻晨报	14.31	22.84	3.94	4.63	45.71
23	精品购物指南	8.12	15.90	5.31	16.09	45.43
24	都市快报	7.47	22.83	1.53	13.36	45.19
25	中国日报	7.32	17.46	0.07	19.75	44.59
26	春城晚报	10.05	22.14	2.55	9.53	44.26
27	成都商报	10.77	22.58	3.04	7.25	43.64
28	楚天都市报	10.91	21.44	4.09	7.15	43.59
29	东南商报	6.44	21.94	1.25	13.90	43.53
30	深圳特区报	9.43	20.52	2.57	10.88	43.40
31	中国经营报	9.54	20.09	2.56	10.73	42.92
32	江南都市报	7.25	21.75	2.52	11.31	42.83
33	中山日报	6.51	20.00	0.00	16.05	42.56

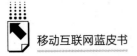
续表

序号	报纸名称	微博指数	微信指数	新闻客户端指数	独立应用指数	综合指数
34	华商报	8.00	19.13	4.30	10.96	42.39
35	重庆晨报	7.87	19.81	2.85	11.25	41.78
36	大连晚报	10.02	21.64	2.53	7.57	41.77
37	21世纪经济报道	9.08	16.19	1.25	15.17	41.70
38	深圳晚报	7.38	20.83	1.25	12.05	41.51
39	第一财经日报	7.12	16.88	5.77	11.65	41.41
40	重庆时报	6.13	20.21	1.25	13.75	41.35
41	三湘都市报	9.66	22.71	1.36	7.40	41.14
42	温州都市报	5.41	22.13	0.00	13.36	40.90
43	中国医学论坛报	6.45	16.71	0.00	17.74	40.90
44	燕赵都市报	6.32	22.05	1.25	11.03	40.65
45	辽沈晚报	10.91	20.49	1.37	7.83	40.60
46	新安晚报	8.30	20.24	0.00	11.76	40.30
47	东方卫报	8.83	15.94	1.25	14.05	40.07
48	山东商报	8.16	19.24	0.02	12.49	39.91
49	宁波晚报	8.76	19.99	1.30	9.64	39.68
50	苏州日报	4.74	21.53	1.25	12.08	39.60
51	城市晚报	8.16	16.56	0.00	14.66	39.38
52	半岛晨报	9.57	21.94	1.30	6.51	39.32
53	生命时报	5.83	16.67	1.25	15.47	39.21
54	河南商报	8.25	20.67	1.68	8.56	39.16
55	晶报	8.14	18.41	2.53	9.92	39.00
56	金陵晚报	6.79	19.15	1.25	11.37	38.57
57	长沙晚报	6.94	21.91	2.73	6.47	38.05
58	海峡都市报	7.03	18.60	2.58	9.81	38.03
59	北京青年报	7.60	17.49	2.03	10.50	37.62
60	深圳商报	8.69	17.93	1.25	9.19	37.06
61	南国早报	8.09	22.35	0.00	6.45	36.88
62	齐鲁晚报	7.86	21.33	0.16	7.47	36.82
63	三晋都市报	5.41	20.36	0.00	10.78	36.56
64	北京晨报	8.82	17.47	4.81	5.15	36.25
65	西安晚报	5.98	21.45	1.30	7.43	36.16
66	东莞时报	7.85	18.47	0.00	9.66	35.97

续表

序号	报纸名称	微博指数	微信指数	新闻客户端指数	独立应用指数	综合指数
67	半岛都市报	7.81	20.17	0.00	7.28	35.26
68	宁波日报	9.09	19.74	1.25	4.95	35.03
69	北京商报	4.45	18.19	1.25	10.99	34.88
70	山西晚报	8.15	19.53	1.30	5.85	34.83
71	金华晚报	4.74	16.46	1.26	12.29	34.75
72	经济日报	3.76	20.48	0.00	10.24	34.48
73	申江服务导报	6.15	18.13	0.00	10.17	34.45
74	华商晨报	6.38	21.27	1.43	4.99	34.07
75	光明日报	3.59	19.42	2.55	8.37	33.93
76	重庆晚报	6.79	19.59	1.46	6.08	33.91
77	法制晚报	10.98	20.88	2.04	0.00	33.90
78	成都晚报	7.86	12.90	1.39	11.69	33.84
79	北京晚报	9.32	16.94	1.57	5.63	33.46
80	天府早报	9.48	20.15	1.50	2.29	33.41
81	武汉晚报	7.26	20.00	3.07	2.64	32.98
82	郑州晚报	9.22	16.78	1.50	5.40	32.91
83	证券时报	4.29	14.30	4.03	10.21	32.83
84	电脑报	8.06	12.13	1.25	11.38	32.81
85	辽宁日报	4.56	17.14	1.25	9.85	32.80
86	信息时报	8.93	19.28	2.63	1.70	32.53
87	长江商报	9.12	20.54	2.56	0.00	32.22
88	重庆商报	8.17	22.66	1.36	0.00	32.20
89	都市时报	8.93	21.75	1.27	0.00	31.95
90	温州晚报	6.80	21.01	0.00	3.95	31.76
91	珠海特区报	5.72	19.82	0.00	6.08	31.62
92	佛山日报	6.96	17.04	1.25	5.94	31.19
93	每日新报	4.59	20.92	2.53	2.87	30.91
94	东南快报	7.63	19.91	0.11	3.23	30.89
95	中国青年报	6.91	18.48	5.21	0.00	30.60
96	北京日报	5.34	17.13	1.25	6.80	30.52
97	洛阳晚报	5.30	19.38	0.00	5.74	30.42
98	江西日报	5.00	18.12	1.25	5.45	29.82
99	中国证券报	5.72	14.75	2.72	6.20	29.39
100	楚天金报	6.47	13.18	2.54	7.15	29.33

表2 杂志移动传播百强榜及各项得分

序号	杂志名称	微博指数	微信指数	新闻客户端指数	独立应用指数	综合指数
1	三联生活周刊	14.59	17.58	14.67	19.28	66.11
2	商业价值	7.43	20.68	16.00	20.25	64.36
3	华夏地理	7.08	21.27	14.67	17.87	60.89
4	南方人物周刊	9.74	16.79	13.33	20.60	60.47
5	青年文摘	6.06	20.04	14.67	17.83	58.60
6	中国新闻周刊	17.77	21.03	5.87	13.47	58.14
7	中国国家地理	10.49	15.83	11.34	20.45	58.11
8	米娜	11.94	16.01	12.00	17.25	57.19
9	意林	6.68	19.61	13.33	17.48	57.11
10	名车志	8.29	18.97	14.67	15.12	57.05
11	创业家	13.06	17.92	12.00	13.09	56.06
12	财经	7.49	15.37	12.00	21.00	55.85
13	第一财经周刊	7.66	17.05	12.00	19.07	55.78
14	读者	8.69	18.28	10.67	17.88	55.51
15	看天下(Vista)	10.43	17.41	7.07	20.25	55.17
16	世界时装之苑	8.46	13.23	14.66	17.42	53.78
17	南都周刊	11.42	14.06	13.33	14.90	53.70
18	创业邦杂志	8.76	17.89	16.00	11.03	53.68
19	故事会	5.99	16.20	12.00	18.94	53.13
20	男人装	7.83	18.34	4.82	20.38	51.36
21	环球人物	6.58	18.50	10.67	15.45	51.20
22	南都娱乐周刊	9.28	17.19	14.67	10.00	51.13
23	IT时代周刊	4.91	21.30	13.33	11.09	50.63
24	英才	7.68	18.78	9.33	14.27	50.07
25	嘉人(MarieClaire)	9.13	21.72	7.49	11.25	49.59
26	摄影之友	8.05	14.96	14.67	11.78	49.46
27	瞭望东方周刊	6.40	17.49	9.33	15.49	48.71
28	贝太厨房	8.49	19.29	9.10	9.46	46.34
29	国家人文历史	7.07	21.09	12.00	5.79	45.95
30	风尚志	7.80	19.81	3.25	14.81	45.67
31	中国企业家	11.56	22.82	2.04	9.23	45.65
32	时尚芭莎	7.48	15.83	1.94	20.25	45.49
33	凤凰周刊	7.71	16.78	6.62	14.06	45.17
34	知音	6.23	17.29	10.67	10.33	44.51
35	环球企业家	8.71	18.86	13.33	3.35	44.25

续表

序号	杂志名称	微博指数	微信指数	新闻客户端指数	独立应用指数	综合指数
36	心理月刊	5.97	18.53	6.46	13.23	44.18
37	新周刊	15.30	18.07	3.28	7.50	44.15
38	健康之友	6.27	20.11	6.80	10.53	43.71
39	汽车族	6.26	20.84	0.00	16.42	43.52
40	外滩画报	5.54	17.27	3.42	17.13	43.36
41	城市画报	6.04	18.22	4.64	14.45	43.35
42	财经国家周刊	6.45	17.72	6.45	11.67	42.30
43	时尚先生（Esquire）	6.95	16.23	3.56	15.51	42.25
44	博客天下	7.08	21.30	1.33	12.38	42.10
45	Vogue 服饰与美容	8.61	9.22	9.33	14.54	41.70
46	北京青年周刊	7.78	18.86	1.33	13.59	41.56
47	环球杂志	8.10	14.09	9.33	9.73	41.25
48	销售与市场	6.28	20.35	0.00	14.14	40.77
49	瑞丽服饰美容	4.85	16.33	1.33	18.15	40.66
50	时尚（Cosmopolitan）	8.85	15.43	0.00	16.37	40.65
51	新商务周刊	3.15	15.31	10.67	11.44	40.57
52	看历史	7.52	15.78	2.68	14.50	40.48
53	1626 潮流双周刊	5.64	20.72	0.00	13.97	40.33
54	宠物世界	4.51	20.29	0.00	15.38	40.18
55	商业周刊（中文版）	4.01	15.92	1.33	18.75	40.01
56	经理人	7.31	22.31	4.66	5.35	39.63
57	新民周刊	7.29	22.28	1.33	8.50	39.41
58	电脑爱好者	6.11	17.46	1.33	14.09	38.99
59	悦己 SELF	5.43	17.65	0.00	15.84	38.92
60	电子竞技	5.83	20.89	0.00	11.73	38.45
61	商界	7.53	16.78	2.67	11.40	38.38
62	都市丽人	4.73	20.20	0.00	13.34	38.27
63	中国周刊	7.24	16.24	1.33	13.08	37.88
64	新财富	7.27	17.67	2.21	10.31	37.47
65	VISION 青年视觉	3.99	18.82	0.00	14.26	37.08
66	二十一世纪商业评论	5.76	20.47	0.00	10.62	36.85
67	南风窗	9.52	17.06	4.52	5.72	36.82
68	Time Out 北京	5.66	20.20	3.18	7.74	36.77
69	证券市场周刊	8.33	17.90	4.26	5.89	36.38
70	Lens	7.66	15.65	4.20	8.09	35.61
71	红秀 GRAZIA	6.87	16.11	0.00	11.53	34.51

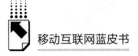

序号	杂志名称	微博指数	微信指数	新闻客户端指数	独立应用指数	综合指数
72	文史天地	4.14	14.30	9.88	6.14	34.47
73	西藏旅游	6.13	21.56	0.00	6.28	33.98
74	瞭望	6.83	20.71	0.00	6.22	33.76
75	IT经理世界	7.58	21.00	3.81	1.34	33.73
76	家人	8.43	15.35	1.33	8.52	33.63
77	优家画报	5.50	8.27	0.00	19.56	33.33
78	壹读	3.53	23.44	6.08	0.00	33.05
79	昕薇	7.79	14.71	9.75	0.00	32.26
80	半月谈	3.04	19.57	9.33	0.00	31.94
81	计算机世界	5.76	17.57	1.33	6.67	31.34
82	新锐	5.29	20.73	0.00	5.26	31.28
83	新世纪周刊	6.22	8.70	0.00	16.14	31.05
84	瑞丽家居设计	4.16	8.30	3.18	14.32	29.97
85	完美孕妇	7.43	15.71	0.00	6.31	29.46
86	动漫贩	5.19	17.64	0.00	5.25	28.09
87	中国城市旅游	3.25	6.55	9.33	8.63	27.76
88	财经天下周刊	3.50	16.33	2.69	4.63	27.14
89	最小说	5.27	15.11	4.84	1.57	26.79
90	中国名牌	3.45	5.95	9.33	7.92	26.66
91	财富品质	2.59	17.57	0.00	6.40	26.56
92	上海服饰	3.95	12.81	0.00	9.48	26.25
93	世界建筑	4.44	16.47	0.00	4.52	25.43
94	看电影	5.76	19.46	0.00	0.00	25.23
95	今古传奇	1.20	18.26	0.00	5.46	24.92
96	沈一点	5.34	19.31	0.00	0.00	24.66
97	家庭医生	2.53	19.55	0.00	0.00	22.08
98	精致生活	4.16	17.52	0.00	0.00	21.68
99	小说月报	5.20	16.33	0.00	0.00	21.52
100	灌篮	4.86	15.53	0.00	0.00	20.39

整个评估指标体系由人民网研究院和武汉大学互联网科学研究中心研究小组共同研究提出，并征求专家意见后确定。评估体系包含4个一级指标和17个二级指标，二级指标中包括12个客观指标和5个主观指标，分别赋予不同

权重。评测时将所有主客观指标量化，转化为标准分，17 项二级指标之和的满分为 100 分（见表 3）。

表 3　报刊移动传播指标体系

单位：%

一级指标		指标权重	二级指标	指标权重
报刊移动化指标体系	微博	29	新浪微博开博时长	4
			新浪微博粉丝数量	4.5
			新浪微博粉丝活跃率	4
			新浪微博博文数量	4.5
			新浪微博转评数量	4
			腾讯微博综合传播力	8
	微信	30	内容及栏目设置	14
			互动情况	6
			信息推送频率	4
			账号推广量	6
	新闻客户端	16	入驻新闻客户端数量	5
			用户订阅数量	6
			新闻被头条引用数量*	5
	应用	25	安卓版下载量	5
			安卓版内容及栏目设置	7.5
			苹果版评论量及评分	5
			苹果版内容及栏目设置	7.5

注：*由于杂志媒体被新闻客户端头条引用数量较少，没有数据可比性，因此杂志媒体的新闻客户端二级指标只有"入驻新闻客户端数量"和"用户订阅量"两个，各占 8% 的权重。

其中，"账号推广量"是指该媒体官方微信在搜索引擎和微博中的被搜索量；"新闻被头条引用数量"是指该媒体在一定时间段内被各大客户端头条引用的新闻数量；"内容及栏目设置"是指内容原创率、关联度、栏目设置及导航等综合评价；"互动情况"是指对咨询、留言、爆料的自动和人工回复情况；应用各种版本的"内容及栏目设置"评价是指对应用功能、内容、版面、更新速度等的综合评价。

此外，由于部分报刊没有进行微信公众账号的认证，在计算分数时对其进行了折算。有部分报刊应用是以报业集团、网站或者阅读器等方式上线的，比

如《大连日报》《大连晚报》共用"大连新闻网",《湖北日报》《楚天金报》等共用"楚天神码",《工人日报》官方网站用"中工云信",等等,这种非独立应用按照50%的权重计分。

二　中国报刊移动传播评析

移动互联网的发展,已是势不可当的洪流,将"沿岸"所经过的一切都卷入其中,颠覆重构。对传统媒体来说,亦如是。

(一)移动传播类似于"液化"力量,将旧有的纸媒结构与格局投进熔炉,重新铸造和型塑

"液化"力量是英国社会学家齐格蒙特·鲍曼在提到"现代性"时所做出的比喻。① 今天,移动互联网对传统媒体来说,也具有近似的功能,它不但对传统媒体的生存造成了巨大冲击,更重要的是,推动甚至逼迫传统媒体在移动端转型,呈现流动中的新格局。

从中央到地方各级党委存在的机关报是我国报业的一大特色,机关报作为主流媒体也是党委和政府的宣传工具,在宣传引导舆论、政策发布解读方面发挥着重要作用。但从此次移动化百强榜单来看,中央、省(市、区)、市(地、州)三级党委机关报只有15家上榜。从榜单可以看出,部分央媒在移动传播方面相对滞后,《工人日报》《农民日报》等堪称国字号的报纸并没有入围百强。

从全球范围来看,一个地区媒体的发达程度和经济发展水平呈正相关,尤其是经济发达、人口集中的大城市也通常是大众传媒最活跃的地区。京浙沪和改革开放前沿阵地广东等地的报纸,在媒体移动传播方面走在全国前列。江苏、山东、天津作为沿海开放省份,报纸移动传播程度并不高,特别是我国经济最发达地区之一的苏南,只有一家报刊上榜。传统的重工业基地辽宁,由于主管部门对移动传播的重视,此次有5家报刊进入榜单。可见,

---

① 〔英〕齐格蒙特·鲍曼:《流动的现代性》,欧阳景根译,上海三联书店,2002,第10页。

移动转型对传统媒体来说，的确"危"与"机"并存，或将造成媒体格局新一轮的洗牌。

（二）回归传播本源，参与、分享、凝聚新的"社群"，成为报刊移动传播的重要生产力

很多传播学者认为"社群"（community）与"传播"（communication）是互为关联、彼此无法分离开来研究的概念。[①] 在"共同"（common）、"社群"（community）和"传播"（communication）这三个词之间存有一种比字面更重要的关联。人们因为拥有共同的事物（共同理解）而生活在同一社群内，传播是他们借此拥有共同事物的方法。[②] 现代传播技术的不断发展也在不断以新的方式连接群体，移动互联网的兴起，使参与、分享成为推动内容的生成与传播的重要生产力。

从指数选取的几个传播平台来看，微博是天生互动、开放、共享的媒体平台。互动优势今后会更加彰显，互动的频次会逐渐增强，范围会逐步扩大，方式也会更加新颖。微博自诞生之时就有其浓重的媒体属性，微博如果没有媒体账号、自媒体账号和意见领袖账号，活跃度将大幅度下降。

而微信从一开始就是把即时通信作为首要功能，开通公众平台的初衷也不是为媒体的信息发布提供平台，而是为用户提供服务。微信公众平台开通以后，吸引了大量的企业、政府和媒体账号入驻。

微博、微信属于媒体入驻最多和运营比较成熟的平台，在统计的150家报纸中，149家开通新浪认证微博，137家开通腾讯认证微博，121家拥有微信认证公众账号。在132家杂志中，有129家开通新浪认证微博，占比最高，腾讯微博、微信以及应用开通上线率差别不大。

新闻客户端的出现改变了媒体的信息传播模式和网民的新闻阅读方式，尤其是门户网站、新闻网站涉足新闻客户端以后，部分新闻客户端快速成为继微博、微信之后的又一个下载量过亿的新媒体平台。搜狐新闻等新闻客户端为用

---

① 〔英〕戴维·莫利：《电视、受众与文化研究》，史安斌译，新华出版社，2005，第316页。

② Dewey J., *Democracy and Education: An Introduction to the Philosophy of Education* (1966 edn.) (New York: Free Press), pp. 5 – 6.

户提供订阅传统媒体的频道和栏目,媒体入驻此类新闻客户端,可以提高其内容的到达率和阅读率。本次报告选取的150家报纸样本中,共有109家入驻至少一个新闻客户端,占总量的72.67%;选取的132家杂志中,共有81家入驻至少一个新闻客户端,占总量的61.36%。

调动用户参与互动、分享的程度,直接决定着媒体的影响力。目前,媒体在几个移动传播平台的表现还很不均衡。在报纸百强榜中列第二名的《新京报》,鼓励网友参与《新京报》微信互动,给《新京报》微信建言献策。《新京报》微信以坚持原创为主要原则,使其微信内容区别于网站、报纸电子版和微博平台,另外,微博的精彩内容和网友评论会直接进入传统媒体,比如其报纸评论栏目"微言大义"择优刊登网友评论,并付稿酬。

(三)数字阅读时代传统媒体要具备新的基因,内容产业的生成逻辑正在发生深层变化

我国最近五次的全民阅读调查显示,在数字化阅读形式方面,我国18~70周岁国民数字化阅读方式的接触率从2008年的24.5%变为2012年的40.3%,共增长了15.8个百分点,上升迅速。根据这一发展趋势,数字化阅读在不远的将来会成为主流阅读方式。① 相对于更关注精神价值层面的传统媒体而言,数字化阅读的对象可以说是一个产品,不仅包含核心价值或利益,而且包含渠道、内容、平台、终端等要素,是一套注重用户体验的完整系统。②

以百强报纸综合得分最高的《人民日报》为例,《人民日报》新浪官方微博于2012年7月22日北京暴雨之夜开通,算是中央主要媒体中入驻新浪平台比较晚的媒体微博,但是《人民日报》微博选择恰当的时间点开通,加上配备较强力量,精心经营,充分发挥了后发优势,上线后影响力不断飙升,得到业界和用户的一致好评,被誉为党委机关报微博的标兵、打通两个舆论场的典范。

---

① 卢宏:《近五次我国全国国民阅读调查综述》,《图书情报知识》2014年第1期。
② 彭兰:《传统媒体缺少哪些新媒体基因》,《新闻知识》2013年第11期。

《人民日报》微信公众账号开通于 2013 年初，经过将近一年的探索，加大了原创力度，固定了栏目和发布时间，工具栏共有三个选项："每日精粹""人民日报"和"特色栏目"，点击选项自动弹出相关内容，每天早晚各推送一次，在 9 点半左右，精选当天热点新闻、评论 3～5 条，在 21 点左右，推送一篇休闲娱乐生活类的软新闻。《人民日报》微信一直在不断创新，锁定忠诚受众群，稳步发展。

凭借《人民日报》较高的品牌知名度，《人民日报》应用已经有较高的下载使用量，以 6 个影响力较大的 Android 市场（豌豆荚、搜狗市场、360 手机助手、应用宝、百度移动应用、应用汇）为例，《人民日报》的 Android 版下载量就达到 74 万次，再加上其他 Android 市场、人民网官方网站及苹果的应用商店（App Store）等下载渠道，《人民日报》独立应用的下载量更为庞大。《人民日报》应用比较重视用户体验，平均两三个月要进行一次版本更新，以 Android 版为例，页面左侧隐藏导航栏包括首页、视频、微博、专题、收藏、设置等栏目，右侧隐藏栏目提供报纸往期下载。移动化平台为《人民日报》带来了品牌价值、良好口碑等无形资产，尤其是通过新媒体平台拉近了与民众的距离，赢得了民心。

位列杂志百强榜首的《三联生活周刊》紧扣"读书、生活、新知"的三联传统，打造独具特色的微信内容，比如读书、美食、音乐、周末读诗等，都已形成鲜明特色，艺文课堂的剧本写作课程、烘焙课程等通过微信平台推广线下活动，不但增加了用户黏性，而且为杂志社带来了收益。

独立应用一直是《三联生活周刊》的重头戏，根据移动互联网的发展趋势和广大用户的阅读体验，其应用版本基本上 3 个月更新一次，一年大改版一次。版面设计精良、更新及时，用户体验较好，以 Android 版为例，导航栏隐藏在页面左边，有首页、我的频道、专栏、视觉、微博和阅读排行榜六个栏目，工具栏隐藏在页面右侧，包括天气、收藏、书签、用户反馈和设置等栏目。

从两家得分最高的报刊的移动传播实践来看，它们在用户基础较庞大的移动平台均有入驻，研究不同平台的传播特征和用户心理，推出重视用户体验和内容原创性的产品，是这两家媒体出众的主要原因。

三　报刊移动传播的困境、问题与对策分析

（一）报刊移动传播的困境和问题

1. 赢利模式不清晰已成为制约报刊移动传播转型的瓶颈

目前报刊移动传播最大的困难是在赢利模式，虽然移动传播蓬勃发展，但报刊的工作和经营重心依然倚重于传统方式，如果全面向移动传播转型，报刊会失去经济来源，生存将难以为继。既要积极探索移动传播的转型路径，以免在未来被摒弃于传播格局之外，又不能罔顾生存，必须向传统方式投入大量财力、物力、人力。这是报刊移动传播的两难处境，也是其面临的最大困境。

无论是借助于第三方超级平台还是自己搭建平台，传统媒体在移动化转型过程中都要有成本投入，而中国网民习惯于数字内容的免费阅读，因此赢利问题也是困扰媒体移动转型的重要瓶颈。虽然移动传播指数较高的媒体得到了新媒体受众的认可和好评，在品牌知名度和美誉度上有大幅度提升，但经济收益还不明显。据内部人士透露，某些媒体的微博、微信账号通过转发软广告也开始有部分收入，但目前这种方式还未形成规范、成熟的市场。

2. 报刊移动传播总体得分不高，在各平台呈现不均衡的发展态势

从综合评分结果来看，位列榜首的《人民日报》也只有71.68分，而且百强报纸只有前三名、百强期刊只有前两名综合得分高于60分，200家报刊有195家综合得分不足60分，其中97家综合得分低于40分。由此可见，总体上中国报刊移动传播指数不高，均有较大的改进和成长空间。部分发行量较大的国家级报刊排名尚且在都市报之后，这也体现了互联网时代信息传播"去地域化"的特点。还有大部分的省级及地市级党报党刊，尤其是中西部欠发达地区的党报党刊，新媒体意识不强，移动转型进展缓慢，几乎未涉足移动传播平台。此外，大部分报刊在各平台的发展也不均衡，有些媒体专注于某一个平台，从而影响了总体排名，如《新闻晨报》的微信得分排第九名，新闻客户端和独立应用得分却很低，而《壹读》的微信得分位列第一，独立应用得分却为 0 分。

3. 移动平台私密化的传播存在诸多问题

"标题效应"是网络新闻中的一种普遍现象，移动阅读占用的大多是碎片化时间，再加上受移动终端屏幕面积所限，新闻标题的编辑更需要追求"眼球效应"。为了追求点击率和转发量，移动终端多数新闻标题都经过编辑的反复斟酌凝练，寻找亮点，提取精华，产生了良好的传播效果。"标题效应"无可厚非，但是要防止成为三俗倾向的"标题党"。在新闻客户端中，同一主题的新闻采用不同的标题，跟帖量上有明显差别（见表 4）。

表 4　内容相近标题不同的新闻跟帖量对比

单位：条

媒体	新闻标题	新闻来源	发布时间	跟帖数量
搜狐新闻	温州一干部"两规"期间意外死亡	都市快报	2013 年 4 月 9 日 10：26	657
	温州官员双规猝死 伤痕累累	京华时报	2013 年 4 月 10 日 2：09	6616
掌中新浪	山东原副省长受贿逾千万受审	新华网	2013 年 4 月 8 日 18：11	1659
	山东副省长黄胜:常洗鸳鸯浴	兰州晨报	2013 年 4 月 9 日 6：35	5995

移动传播的发展趋势就是分众化和私密化，对用户而言，可以在圈子内自由表达观点和建议，其隐私权可以得到保护，但是也会造成违规、不良信息的增多，比如某些微信群和朋友圈、新闻客户端相关栏目的跟帖留言等，而不良兴趣爱好者聚集在某一圈子中，可能会传播一些色情和违法信息。另外，在针对相关话题的跟帖中，由于观点的不同，部分网友恶意谩骂、人身攻击等也会随跟帖发出，增加了网络戾气。

版权问题在门户新闻时代就没有很好解决，在移动互联网中更加棘手。移动社交平台的内容分享相当方便，用户可以把感兴趣的内容一键分享到微博、微信、短信、QQ 空间、人人网、豆瓣等多个平台，分享的过程可能会添加自己的评论，或者重新编辑而去掉信息来源，从而造成数字内容的盗版和侵权。

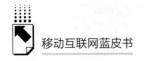

（二）报刊移动传播的对策探讨

1. 改变观念意识，构建队伍稳步推进移动化进程

报刊决策层和员工都要逐步培养新媒体意识和互联网思维，大力推进媒体的移动传播。在媒体移动化进程中，既不能盲目冒进，又不能故步自封，必须根据媒体自身的实力和特色稳步推进。对中小型报刊而言，在媒体移动传播中，不要苛求出彩，只要顺利推进，可以先在微博、微信、搜狐新闻客户端等成熟产品上试水，既推广了内容，又不用过多地投入资金。① 对于资金实力比较雄厚的报刊集团，要借鉴国外媒体移动传播的经验，开发适合 iOS 和 Android 操作系统的独立应用，并且要重视用户体验，不断进行版本更新。

报刊在新媒体转型中必须配备适当的技术人才，因为互联网产品非常注重上线后的用户体验，需要技术人员的跟踪维护，以及根据用户意见进行产品的迭代更新。从发展趋势来看，今后报刊的新媒体运营中心需要有内容编辑、技术人才和设计人员等文理兼备的人才队伍，从组织结构、人力配备到产品设计的全流程，都需要加快与 IT 机构的融合。②

2. 分众化、特色化传播，探寻适用赢利模式

微博、微信、新闻客户端和独立应用，甚至包括早期的手机报和媒体网站，都有各自忠诚度较高的用户，为了提高信息的到达率，报刊应尽可能实施移动传播的全媒体到达。新媒体运营人员必须了解每个平台上大致的用户规模、数量、兴趣、喜好等，通过组织线上、线下活动，增强用户黏性，吸引更多用户参与其中。在进行新闻信息传播时，运营人员必须按照每个平台的传播特点和用户属性，对传播内容进行重新筛选和编辑，进行分众化和特色化传播。

报刊在移动平台的赢利模式大概有以下几个：一是最直接、最简单的付费阅读，报刊对特定内容加密收费，比如《华尔街日报》《纽约时报》等。二是

---

① 《关于传统媒体的转型，我有这四点拙见》，2013 年 3 月 28 日，http://www.huxiu.com/article/12153/1.html。
② 庞瑞：《未来的媒体将发生哪些变化》，2013 年 10 月 10 日，http://it.sohu.com/20131010/n387909088.shtml。

与电子商务结合，以数字内容宣传促销实体产品，尝试线上讨论和线下产品销售相结合，探索移动终端和电商平台的互通互联。三是通过软硬广告来赢利，通过对用户属性、行为进行挖掘后投放的广告，要比只在某个时尚杂志投放的时尚品牌广告要更加精准，其有效率也远高于其他在线广告。

3. 不断吸纳前沿技术，提升用户体验，加强双向互动

新媒体传播技术发展可谓日新月异，产品迭代更新速度极快。新媒体技术彻底改变了报刊的采编发布流程，可能也给纸媒带来了 PC 时代以来前所未有的翻身机会，因此，传统媒体一定要密切关注移动传播发展趋势，对新产品、新技术及早了解，勇于尝试，及时发现可以与报刊对接的机会，实现报刊的升级改造。大型传媒集团必须进行移动传播技术创新，研发国内外领先的移动传播集成平台。中小传媒集团要充分利用好第三方超级平台，做这些平台上优质内容的供应者和服务提供者。

社交媒体激发了网友发言和互动的积极性，也使大数据挖掘成为可能，以网络社交媒体的大数据为基础深入分析用户行为，不但能充分了解用户在移动平台的行为及需求，而且可为媒体纸质版的编辑发行提供决策支持。社交平台最重要的特色是互动性强，愿意与媒体互动的人群大多数是忠诚度较高的受众，因此，媒体要重视用户的留言、评论等反馈信息，因为这种获取数据的手段要比传统媒体环境下的成本低得多。微信作为私密性较强的通信工具，是最好的与用户沟通的平台，从对报刊的实际调查来看，媒体对微信用户的留言回复率不到 50%，长此以往会挫伤用户反馈的积极性。

4. 健全法律法规，加强版权保护

移动新媒体不是法外之地，对于移动平台出现的违法违规信息，要靠法律制度、平台管理规定和用户道德自律共同解决。我国网民的数字化版权意识较弱，认为互联网是天然的免费阅读平台，大多数网民还没有意识到版权保护的重要性。在今后的媒体移动传播进程中，内容提供方、平台方和运营方要逐步达成相关的版权保护协议，除了免费提供的内容之外，收费内容必须签订相关的版权转让协议，所有责任方都要遵守规则，对于个别媒体为了吸引用户而违背版权保护协议，要给予惩罚。此外，要逐步培养用户的版权意识，让其习惯高质量内容的付费阅读。

　　只有在投入上有所保证，移动传播进程才能加快，才能吸引广告主和投资商前来洽谈合作，投入和产出是相辅相成的正相关关系。传统媒体尤其是报刊在这一轮的移动传播转型中普遍表现较好，主要原因是目前的移动平台还是以传播文字和图片为主，与纸媒内容的呈现方式和受众定位基本一致。今后，随着 4G 网络的普及，以及免费 WiFi 的增多，以音频、视频为主要接受习惯的90 后、00 后人群逐渐成为受众主体，移动传播内容会逐渐转向以音频、视频为主。根据不同的受众群体和信息内容，逐步尝试移动传播音视频化，是媒体移动传播转型的发展重点。

B.24

2013 年：中国可穿戴设备起步之年

万丹妮*

摘　要:

2013 年，我国可穿戴设备从生产、销售到应用都迈出了实质性的步伐，生产企业初步形成了较为稳定的"三级梯度"结构，消费群体以青年为主并开始向白领延伸。医疗健康类可穿戴设备市场活跃度较高。不过，受到消费者购买意愿、研发能力、制造水平等限制，可穿戴设备市场依然是危机与潜力并存。

关键词:

可穿戴设备　人机交互　物联网

一　可穿戴设备：让移动互联网向人体延伸

（一）什么是"可穿戴设备"

可穿戴设备作为 2013 年移动互联网领域发展速度最快、创新程度最高、与人们日常生活联系最紧密的分支，日益受到来自各方的关注。当前，可穿戴设备的定义没有统一认识，如有人将可穿戴设备定义为采用独立操作系统，并具备系统应用、升级和可扩展的、由人体佩戴的、实现持续交互的智能设备。[①] 被誉为可穿戴设备之父的多伦多大学教授斯蒂夫·曼恩（Steve Mann）在《可穿戴计算机的定义》（*Definition of Wearable Computer*）一文中指出:

---

*　万丹妮，人民网研究院研究员。

① 李扬:《新一代智能终端——可穿戴设备》,《高科技与产业化》2013 年 10 月号，总第 209 期。

"可穿戴计算机指的是一种成为使用者本身的一部分的设备，它受使用者控制，具备持续的可操作性和交互性，并且通常是以穿戴或者佩戴的形式存在。"

20世纪60年代，美国麻省理工学院媒体实验室首先提出可穿戴技术概念，认为利用该技术可以把多媒体、传感器和无线通信等技术嵌入人们的衣着，可支持手势和眼动操作等多种交互方式。1994年，多伦多大学发明了第一台腕式电脑，它由一台惠普掌上电脑改装而成，只有标准电脑一半的键盘，可以戴在手腕上。

进入21世纪，可穿戴设备发展真正得到了长足进步：2001年，Xybernaut公司推出了可以装载Windows 98、Windows 2000以及linux系统的可穿戴式计算机Xybernaut MA V；2006年，耐克公司与苹果公司合作推出了此后可穿戴设备领域的经典品牌"Nike+"，将"Nike+"配件组合放入耐克鞋，通过无线方式连接到ipod，用户就可以存储和观测自己的运动日期、时间、距离、热量消耗值以及总运动次数、运动时间、总距离和总卡路里等数据。2012年，谷歌公司发布"拓展现实眼镜"，即谷歌眼镜，开启了新一轮世界范围的可穿戴设备热潮。谷歌眼镜在功能上云集了投影仪、摄像头、传感器、存储传输设备、操控设备等多种设备的功能，使人们可以在大屏幕智能手机、平板电脑之外遨游移动互联网世界，并促使人体自身的感知能力极大提升。目前，国际上较为成功的可穿戴设备产品还包括Nike+Fuelband（手环）、Jawbone up（手环）、Fitbit（手环）等。

（二）当前可穿戴设备的类型及功能

可穿戴设备作为人体功能在移动互联网环境的延伸，从设备外形上针对不同的人体接收功能进行了产品设计，如着重于拓展视觉的智能眼镜，着重于体感数据收集的智能手环、智能腕带、兼容体感数据收集和数据可视化的智能手表，以及着重收集脑电波的智能头盔和智能头箍。

从功能创新角度看，当前可穿戴设备主要分为两种：一种对现有计算机和智能手机的外形和功能加以调整和整合，使其符合可穿戴特性，成为人体的一部分，如可穿戴计算机，或者将计算机芯片植入背包、戒指、发卡等日常生活用品，帮助人们实现数据的接受与存储。另一种则更接近当前市场中备受推崇的可穿戴设备的定义：在基本的数据收集和存储之外，这类设备还能够凭借其紧跟人体的特性，有针对性地收集人体数据，运算并进行数据输出，具备拍照、上网、导航等多种功能，可与其他智能设备及互联网连接。

从数据接收类型来看，可穿戴设备可以分为内部数据采集型和外部数据处理型。[①] 内部数据采集型指的是主要采集其"宿主"——人体的数据并进行分析、运算乃至发出指令的可穿戴设备，如智能手环、智能腕带等，在用户运动、睡眠等过程中自动收集人体信息，通过内置程序进行比对后，提供人体保健建议；游戏头箍等娱乐化智能设备，在人们进行游戏时收集眼球运动轨迹、肌肉收缩情况、脑电波，通过蓝牙设备达到意念操控电子设备的目的。外部数据处理型指的是所处理的数据主要来自人体以外的世界的可穿戴设备，如蓝牙、无线网卡等装置连接互联网，能够使人体更轻松地获取外部信息，进而实现人机交互。

此外，根据艾媒咨询发布的《2012～2013 中国可穿戴设备市场研究报告》的解释，广义的可穿戴技术还包括嵌入技术、识别技术（语音、手势、眼球等）、传感技术、连接技术、柔性显示技术等。

（三）可穿戴设备对移动互联网的融合与拓展

可穿戴设备的再次兴起与移动互联网在全球范围内的普及密不可分。可穿戴设备在享受移动互联网带来的便捷、高速信息传输通道的同时，也对移动互联网本身产生了巨大影响。

第一，可穿戴设备扩大了移动互联网的信息采集范围。可穿戴设备由于其随身属性，便于采集人体数据，如体温、血压、脑电波等，这类数据对以智能手机和平板电脑为主要终端的移动互联网而言尚待开发。可穿戴设备在收集了大量一手人体数据的同时，也对整个网络处理和分析这些数据的能力提出了要求。例如，早期的医疗型可穿戴设备对收集到的人体数据只能保存，尚需要辅助程序或者连接 PC 终端对数据进行分析并提出个性化建议，而移动互联网条

---

① 李扬：《新一代智能终端——可穿戴设备》，《高科技与产业化》2013 年 10 月号，总第 209 期。

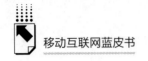

件下各种设备对这些数据的分析几乎要求是实时的。

同时，可穿戴设备拓展了移动互联网信息采集的时间与空间。当前可穿戴设备从外观上主要被设计为眼镜、手表、手环、腕带等形式，这些设备从出现时间上看，远远早于移动互联网甚至互联网，并已经成为人们日常生活中的通用配饰，从便携性上看，远远高于目前的智能手机，甚至某些可穿戴设备本身就是被设计用来鼓励用户 24 小时佩戴的。通过与可穿戴设备的连接，移动互联网和人体之间的信息交互突破了时间和空间的限制。

第二，可穿戴设备使移动互联网的多媒体功能最大程度集中化。以谷歌眼镜为例，它集中了上网、拍摄、投影、导航、通话等多种功能，并且以上所有功能都集成在尺寸有限的眼镜镜架上，让用户可以最真切地体会到移动互联网带来的视听、浏览体验，并且借助各种技术手段使得这种体验更为自然地融入人类感官，真正使上网成为人们的一项自然活动。

第三，实现人机交互，促进物联网的发展。当前，可穿戴设备在实现人机交互方面最主要的实践活动是通过传感器收集和监测人体数据，未来，可穿戴设备将成为更广泛意义上的个体数据管理中心和交互中心。人体将可以通过可穿戴设备与其他智能设备、云端、大型数据库实现实时数据交换，并借助语音操作系统完成以上行为。

第四，可穿戴设备对移动互联网终端生产能力提出了更高的要求。由于直接作用于人体且需保证足够的轻便性，可穿戴设备对硬件生产商的制造能力要求远远高于智能手机和平板电脑，如何在更小、更薄的屏幕上实现图像的高清呈现，如何保证小型设备的续航能力，如何确保长期佩戴这类电子产品的安全性，成为可穿戴设备对移动互联网领域提出的新挑战。

移动互联网的发展对可穿戴设备的升级推动则更为明显：智能手机和平板电脑的普及首先培养了人们在移动环境中使用计算机和互联网的需求与习惯，这种对更加轻便、快捷接入互联网的渴望又反过来激励可穿戴设备的开发者为不断优化产品提供多种解决方案。对可穿戴设备的需求第一次超越了特殊人士（如残疾人）和特殊环境（如搜救、海底作业），成为全体用户的共同期望。

同时，移动互联网普及带来的芯片生产能力提升、操作系统专业化、网络环境通畅也为可穿戴设备的日常化铺平了道路。对可穿戴设备的开发者而言，移动互联网的普及使开发思路跨越了"是否能够正常使用"以及"用户是否接受",从而进入了更高级和核心的问题,即"如何使产品能达到更好的体验","如何通过开发新的功能刺激新的需求"。

二 2013 年中国可穿戴设备发展状况

当前,中国可穿戴设备市场尚处于起步阶段,在创新程度、市场认可度、产业链闭合等方面都存在较大提升空间。可穿戴设备目前仍是少数电子产品爱好者和先锋研发企业追捧的对象。2013 年是"可穿戴"概念正式登陆中国的一年,市场主体的主要策略仍在于用"概念"打动消费者和投资者,抢占市场"蓝海"。

(一)我国可穿戴设备发展沿革

我国可穿戴设备行业发展较晚,研发能力较弱,2011 年以前整个行业处于分散性发展,缺乏拥有自主知识产权和持续稳定使用功能的产品,主要为一些电子工厂生产的多功能设备,从外形上看与当前的可穿戴设备具有相似之处,但是从拓展功能和芯片技术上来看十分粗糙,基本没有配备完善的操作系统。

据媒体报道,2011 年,浙江嘉兴的一家科技企业开发出了一款专门针对中老年人的手机手表式健康检测远程跟踪监护器,据称,这款名为"腕宝"的监控器是中国第一款传感物联网的应用产品,被认为是智能手表的雏形。[①]2012 年,咕咚网对外发布了其智能手环图纸,后来这款产品通过和百度合作,最终于 2013 年面世;而在咕咚网发布产品图纸前几个月,滕海视阳网络科技(北京)有限公司也通过大客户渠道发布了其智能手环产品。进入 2013 年,受谷歌、三星等国外厂商对这一市场的推动,国内可穿戴设备进入全面起步阶段,包括百度、盛大、奇虎 360 在内的多家知名互联网公司开始涉猎这一领

---

① 张倩:《苹果将推可穿戴设备 2016 年市场成规模》,2013 年 8 月 23 日,http://nb.zol.com.cn/393/3938539.html。

域。表 1 是对 2013 年我国知名 IT 公司可穿戴设备研究和发展情况的不完全统计。

表 1　国内知名 IT 公司可穿戴设备研究和发展情况

时间	公司	事件
2013 年 3 月	小米科技	宣布研发智能鞋
2013 年 4 月	百度	智能眼镜 Baidu Eye 内测成功
2013 年 5 月	腾讯控股	宣布关注可穿戴设备与配套服务
2013 年 6 月	果壳电子（盛大）	发布智能手表、智能戒指
2013 年 6 月	富智康	在股东大会上发布智能手表
2013 年 10 月	百度	可穿戴设备网站上线
2013 年 10 月	奇虎 360	发布 360 儿童卫士手环
2013 年 11 月	百度	发布国内首份可穿戴设备用户需求研究报告

注：2014 年 1 月，TCL 联合百度推出智能伙伴（TCL BOOM Band）智能手环；2014 年 2 月，华为发布可穿戴设备 TalkBand B1。

此外，目前涉猎这一行业的科技企业还包括橡果信息、东软集团、映趣科技、奥雷德光电等科技企业，产品种类包括智能手环、智能手表、智能戒指、智能腕带、智能头箍、微型电脑等。

由于目前我国可穿戴设备还处于起步阶段，除了少数实力雄厚的大公司有能力掌控这类产品从研发到生产、市场拓展的各个环节外，大多数可穿戴设备生产商和研发团队依靠风险投资和天使投资进行运作，产品进行众筹和预售是常态，到 2014 年 3 月，国内知名众筹网站“点名时间”上还有 20 个以“可穿戴”为主题的项目发起众筹。

（二）2013 年我国可穿戴设备市场发展状况

艾媒咨询发布的《2012～2013 中国可穿戴设备市场研究报告》数据显示，2012 年，我国可穿戴设备出货量达 230 万台，2013 年预计出货量为 675 万台，市场规模达到 20.3 亿元；艾媒咨询在报告中预计，到 2015 年，我国可穿戴设备的出货量将超过 4000 万台，市场规模超过 100 亿元（见图 1）。

从功能和类型上看，医疗类可穿戴设备作为我国市场上可穿戴设备的重要分支，占据了相当重要的地位。由智能手环、智能腕带、智能血压计引发的

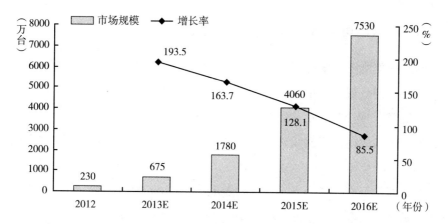

图1 2012～2015我国可穿戴设备出货量及市场规模

资料来源：艾媒咨询《2012～2013中国可穿戴设备市场研究报告》。

"泛健康"概念仍将是未来我国可穿戴设备发展的重要动力。当前市场上的主要参与厂商与主流产品包括咕咚手环、木木智能血压计、缤刻普锐（Picooc）健康减肥秤、TCL BOOM Band智能手环、滕海视阳的体记忆手环等。

艾媒咨询发布的《2012～2013中国可穿戴设备市场研究报告》显示，2012年，我国医疗保健类可穿戴设备市场销售规模达到4.2亿元，预计2013年可达到5.6亿元（见图2）。随着生活水平和健康理念的深入人心，未来我国医疗保健类可穿戴设备还将迎来长足发展。

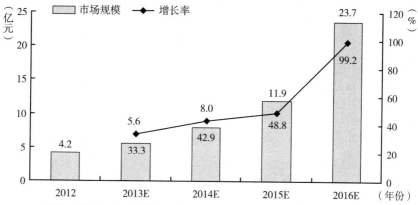

图2 2012～2015我国医疗保健类可穿戴设备出货量及市场规模

资料来源：《2012～2013中国可穿戴设备市场研究报告》。

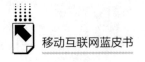

（三）我国可穿戴设备使用情况及用户研究

作为一类刚刚在国内开始流行的高科技电子产品，可穿戴设备的认知和使用情况在我国呈现了一定的特性。

百度2013年11月发布的《可穿戴设备用户需求研究报告》显示，在受访的居住在国内一线到四线城市、年龄在20~40岁、有一定购买力的用户中，"听说过"可穿戴设备的占到四成，其中男性对可穿戴设备的关注占到64.3%。而在用户年龄分布中，20~24岁人群占了近一半。对可穿戴设备关注程度最高的人群，受教育程度集中在中专、技校、职校、高中及大专，其次是大学本科。此外，月可支配收入在3000元以下的人群对可穿戴设备关注度最高，关注的学生群体占比也要高于白领。人们对可穿戴设备的认知基本涵盖以下三点：①有时尚的外观，可穿戴在身上；②新奇的电子设备；③科技含量较高。艾媒咨询的《2012~2013中国可穿戴设备市场研究报告》则指出，有32.1%的受访消费者听说过可穿戴设备，52.5%的用户通过网络浏览和了解可穿戴设备。

由此可见，目前我国用户整体对可穿戴设备的认识程度不高，对其关注度主要停留在猎奇、观望状态。较低收入者和学生群体对可穿戴设备的关注度高于白领阶层，则反映出我国可穿戴设备市场定位和品质保障还有待进一步细化和提高。

在购买意愿和功能期待方面，综合比较百度《可穿戴设备用户需求研究报告》和艾媒咨询《2012~2013中国可穿戴设备市场研究报告》可以发现，我国用户对可穿戴设备的期待主要集中在以下几点。

一是外观时尚，即用户期待可穿戴设备不但具备多元化的功能，而且在外形设计上具有独特、高雅的品位，可以作为他们的日常配饰出现，并为个人形象加分，使佩戴者表现出聪明、时尚、享受生活的社会形象。

二是兼具高效的信息分享和隐私功能。用户们希望可穿戴设备不仅能成为一部微型个人上网设备，而且能具备更多的娱乐和社交功能，以便于他们将可穿戴设备作为智能手机的替代品使用。同时，由于可穿戴设置直接作用于人体，收集了大量个人隐私数据，这引发了用户对可穿戴设备私密性的高度关注。

三是兼顾便携性和高性能。用户期望未来可穿戴设备在占用尽可能小的物理空间和具有尽可能小的重量的同时，保持较大的存储空间和较为完善的视听、传输体验。

四是具备稳定性和可更新性。该项需求主要来源于人们对目前智能手机待机时间不长的抱怨，以及部分已经使用过可穿戴设备的用户希望机器待机时间更长的期待。此外，作为具备独立操作系统的可穿戴设备，还被寄希望于有能够经常更新、升级的操作系统，以及宽容、友好的界面，以便于和其他机器联网以及搭载更多的程序。

此外，在用户可接受的可穿戴设备售价方面，根据艾媒咨询的调查，35.6%的受访用户表示可接受的产品单价在300元以内，28.6%的用户表示可接受的范围是300~500元，仅有19.1%的受访者表示可接受1000元以上的产品。目前，这一心理价位与多款国际知名可穿戴设备报价有较大差距，这或许可以间接解释国际可穿戴设备生产商的产品在中国市场遇冷的原因。

（四）当前可穿戴设备市场潜力与危机分析

作为一项有待开拓的新兴市场，我国可穿戴设备在发展过程中的潜力与危机共存，总体而言，面临着行业整合前进、长期发展看涨的形势。

从发展潜力来看，我国可穿戴设备领域具备以下几大优势。

第一，潜在用户数量庞大。根据工信部2014年1月发布的通信行业经济运营情况，目前我国移动互联网用户已达8.38亿户。[①] 庞大的市场为可穿戴设备的大量投放提供了可能。未来，随着社会生活水平的提高以及人口老龄化的进一步加剧，人们对医疗保健类可穿戴设备的需求还将进一步升温。

第二，从企业动力来看，我国可穿戴设备在标志性产品的推出速度上与国际基本保持同步。百度、奇虎360等知名互联网公司对可穿戴设备的发展进程表示关注，在谷歌眼镜和三星Gear智能手表等明星产品推出的同时，国内类似产品也开始面世或者内测，这表明国内可穿戴设备厂商仍然没有放弃与国外巨头争利的机会。而且作为全世界电子产品代工基地，我国在可穿戴设备的下

---

① 由于统计方法不同，此数据与CNNIC发布相关数据略有不同。

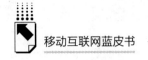

游生产环节具备先天的优势，能够对产品价格进行更强的管控，以符合国内消费者的消费水平和习惯。

第三，从研发创新角度看，我国可穿戴设备生产商初步形成了较为稳定的"三级梯度"结构。第一级为以百度、盛大、奇虎360为代表的知名互联网公司，它们依靠自身较强的技术力量和市场拓展能力，或自主研发或与创新科技公司合作推出产品；第二级为独立创新科技公司，这类公司以汉王科技、滕海视阳为代表，在可穿戴设备的某一细分领域已经积累了一定经验；第三类为尚处于创业、探索阶段的可穿戴概念产品研发、生产者，它们通过众筹、预售等模式先在一定圈子内树立形象，并小范围发售，采取边定制、边研发的模式生产，代表产品为土曼手表等。

第四，从资本运作角度看，国内外投资机构对我国可穿戴设备较为看好，2013年以来有多项可穿戴设备领域投资落地。对尚处于发展初创期的国内可穿戴设备行业而言，私募股权基金和风险投资基金乃至天使投资对行业的发展尤为重要。资本的介入一方面保持了市场对这一行业的持续关注；另一方面为尚未赢利的行业注入血液，维持研发和推广成本。

第五，从行业发展的总体趋势上看，可穿戴设备连接着大数据、物联网两大业内热点，承担着将移动互联网新型概念实体化、大众化的任务，已经成为公认的移动互联网未来在终端发展上的重大变量。从以往经验来看，我国移动互联网发展状况在整体上基本与国际保持一致，从国外运动健康类可穿戴产品Jawbone up手环在国内奇货可居的情况看，国内可穿戴设备的市场环境仍然存在较大挖掘空间，正在等待明星产品的开启。

第六，部分用户已经率先开始使用可穿戴设备，为可穿戴设备在未来的普及奠定了基础。2014年全国"两会"期间，人民网记者佩戴谷歌眼镜上会报道，使人们对可穿戴设备的关注度和话题讨论再次爆发。

当然，机遇也总是与风险并存，尽管业界普遍对可穿戴设备的前景持乐观态度，但是国内可穿戴设备依然不能忽视当前存在的危机。

第一，研发力量不足、原创功能少是我国可穿戴设备的硬伤。早在21世纪初，在我国一些电子产品市场上就可以买到形似可穿戴设备的手表、手环等产品。但是这些产品从本质上说并不是真正意义上的可穿戴设备，很多产品不具备独立的操作系统,更像是手机、血压计的"变形衍生物",这些产品被用户形象地称为"山寨产品",并在一定程度上影响了用户对可穿戴设备的印象。目前国内主流可穿戴设备从功能和外观上与国际明星产品相似度极大,但是内在体验上又有一定差距,也造成了消费者对国产可穿戴设备持保留态度。未来,我国可穿戴设备期望取得长足进步,在技术创新、数据处理与数据库建立、提升产品待机时间上仍需投入较大精力。

第二,用户消费习惯短时间内难以改变。从根本上说,我国消费者对电子产品的消费理念仍然较为保守,目前的可穿戴设备并没有完全成为智能手机的替代品,在便携性和稳定性上仍与智能手机存在很大差距,再加上受到产品体积、网络环境的限制,可穿戴设备目前在国内仍属于少数人的"玩具",没有成为大众性的电子消费品。

第三,市场鱼龙混杂,缺乏统一的管理与标准。由于可穿戴设备刚刚兴起,这一市场的参与者身份较为复杂,在给市场带来活力的同时,也埋藏着隐患,某些产品以概念化的广告宣传骗取消费者信任,但是在产品质量管控、售后服务乃至物流配送方面都很难实现承诺,造成了伪劣商品时有出现的情况。而由于对可穿戴设备的定义和理解存在分歧,目前尚无统一标准和监管办法,也造成了可穿戴产品在监管层面的空白。

三 可穿戴设备的未来趋势

可穿戴设备的小、巧、精、奇特征来源于其"以人为本"的设计理念。在移动互联网时代,用户的体验和需求满足成为产品更新换代的最大动力。可穿戴设备之所以被人们持续关注并寄予厚望,就在于其"以人为本",兼容海量数据,为开发者提供更多创新可能,并最终追求人机一体的科技理念。未来,可穿戴设备有可能在以下四个方面得到发展。

(一)操作系统更加细腻和贴近设备自身特性

当前的可穿戴设备已经能够支持主流的 Android 操作系统,并实现对多款应用的接入和运行,随着移动操作平台趋于成熟和专注于可穿戴设备的应用开

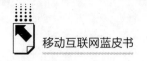
发群体的扩大，未来的可穿戴设备将具备更加细腻、简便的操作系统，以方便人们在运动和睡眠状态中运行设备，乃至完全通过人体动作甚至意念操作设备。

（二）可穿戴概念将融入更多产品

未来的可穿戴设备可能将不再拘泥于手表、手环、眼镜这类具体的外在形式，而是将具备可穿戴技术的芯片植入各种日常物品甚至人体本身，达到真正的人机一体。

（三）可穿戴设备将更加智能化和联网化

未来，可穿戴设备对人体的感知和反馈将更加智能化，并在某种程度上成为人体的延伸，利用电子元件的特性，拓展人体的感官，帮助人们实现想象中的"千里眼""顺风耳"。可穿戴设备也将成为物联网的重要一员，在多种终端之间发挥接收、传输、运算功能。

（四）便携性和稳定性将大大提升

目前，人们关于可穿戴设备的待机时间和对人体健康是否有影响的顾虑仍没有完全消除，如斯蒂夫·曼恩教授曾经指出，谷歌眼镜长期佩戴后有可能影响用户视力。未来，随着芯片技术、操作系统、新能源技术、柔性显示技术的发展，可穿戴设备有望逐一消除人们对其稳定性、安全性的担忧，真正成为人们日常生活的一部分，成为人体在互联网的延伸。

搜狐新闻客户端：以媒体为中心
布局移动互联网入口

张 璞 郭佳音 许 雯*

摘 要：

搜狐新闻客户端是目前人气最旺的新闻客户端，其"移动报刊亭"与精选自媒体会聚一体，让用户选择订阅的模式独树一帜，音视频互动直播也具特色。其4.0版本试图实现新闻个性化、图文视频化、阅读社交化、资讯本土化，更值得期待。

关键词：

搜狐 新闻客户端 移动互联网 移动新媒体

新闻客户端已经成为用户获得新闻资讯的主要渠道。艾媒咨询2014年2月24日发布的《2013年中国手机新闻客户端市场研究报告》显示，2013年底中国手机新闻客户端用户规模达到3.44亿人，同比增长48.3%。手机新闻客户端在中国手机网民中的渗透率达到60.4%。[①] 难怪有媒体人感慨：现在感觉新闻网站也是"传统媒体"了！

新闻客户端发展时间尚短却已自成体系，按照内容来源可大致分为：UGC（用户生产内容，如鲜果联播）、PGC（专业人士产生内容，如ZAKER、Flipboard、新浪新闻、人民新闻）和AAC（算法产生内容，如今日头条）。[②]

---

* 张璞，搜狐公司移动新媒体事业部市场总监；郭佳音，搜狐公司移动新媒体事业部市场经理；许雯，中国传媒大学新闻学院硕士，人民网总编室网络媒介研究员。

① 《艾媒报告：2013年搜狐新闻活跃用户数稳居首位》，2014年3月4日，http://www.pcpop.com/doc/sx/15/150973.shtml。
② 《新闻客户端的三种模式和四种活法》，2013年5月9日，http://www.tmtpost.com/35842.html。

综观国内新闻客户端产品市场，四大门户网站新浪、腾讯、搜狐、网易都已先后推出了自己的新闻客户端，争抢移动互联网时代的新闻门户地位，新一轮移动互联网的"圈地运动"方兴未艾。除了门户网站、新闻网站，不少传统媒体也加入了对移动终端市场的角逐，报纸、杂志、电视、通讯社纷纷俯身拥抱移动互联网。

群雄混战胜负输赢此时下定论尚早，一片硝烟中搜狐新闻客户端的身影稍显清晰。不少人对它的平台模式表现出了浓厚的兴趣，人们或看好或唱衰，它的每一步都走得引人注目。本文以搜狐新闻客户端为案例，探寻其独特之处，探讨其发展模式及未来前景。

一 搜狐新闻客户端的成绩单

2014年1月13日，搜狐新闻客户端正式发布4.0版本。向来不缺乏话题的搜狐新闻客户端，再次吸引了业界的眼球。在发布会上，搜狐集团首席执行官张朝阳介绍，"这是专为4G而生的新闻客户端"，次日，这句话登上了一些媒体的IT版。

搜狐新闻客户端的发展之路一直走得"坦荡荡"，早在2012年，张朝阳就向外界大方地分享了自己的"战略部署"：搜狐新闻客户端要成为一个媒体开放平台，吸引优质的内容和媒体入驻。这些优秀的媒体入驻之后，搜狐会提供技术、用户、数据、流量等资源的支持。等时机成熟，搜狐还将开放广告位或者付费阅读模式，和入驻的媒体进行广告收益、订阅收益分成。与此同时，媒体也可以自行去摇旗呐喊，吸引广告主或者采取付费订阅模式。

如今，张朝阳的设想已经部分变成现实。2013年，经历了一年快速发展的搜狐新闻客户端，交出了一张漂亮的成绩单。在新版本发布会上，搜狐这样介绍自己的拳头产品：截至2013年12月，搜狐新闻客户端装机量达1.85亿次，入驻媒体和自媒体总数超过6000家，其中自媒体已超过3000家，日活跃用户超过7000万人，均位居业界第一，搜狐新闻客户端是中国最大的移动媒体平台，拥有音频、视频、组图、语音互动等丰富的媒体形式。搜狐新闻客户端内的刊物总订阅数超过8亿次，订阅量超过500万次的刊物数量有数十家。

入驻自媒体的活跃度也持续增大，发布文章超过 5 万篇。搜狐新闻客户端直播间峰值在线人数突破 430 万人。

公布这些庞大的数字透露着搜狐掩饰不住的骄傲。来自第三方机构的统计数据似乎也在支持这一结论，根据艾瑞咨询的数据，2013 年中期以来，搜狐等主流新闻客户端"月度覆盖人数"均呈增长态势。其中，搜狐新闻客户端月度覆盖人数占比为 38.03%，高于同类产品占比。艾媒咨询《2013 年中国手机新闻客户端市场研究报告》显示，在 2013 年中国手机新闻客户端活跃用户分布方面，搜狐新闻客户端、腾讯新闻客户端、网易新闻客户端分列前三位，活跃用户占比分别为 31.2%、29.4% 和 27.6%。搜狐新闻客户端的全媒体开放平台移动战略有了良好的开局。

二　不走寻常路的新闻客户端

在同质化现象严重的移动资讯产品领域，一款产品想要脱颖而出，必须有其过人之处。搜狐新闻客户端正是想走一条不寻常的路。

（一）试图打造移动端的门户网站

2012 年，在其他新闻客户端还在专心从 PC 端向移动端搬运内容的时候，搜狐转而做起了第三方，与传统媒体结合，把自己打造成媒体开放平台。搜狐想做的是移动端的门户网站，比 PC 端的门户网站更宽、更快、更多元。

2012 年，搜狐的移动媒体平台战略受到了诸多业内人士的关注，不仅吸引了包括《人民日报》《光明日报》《参考消息》等老牌纸媒的关注，而且吸引了《读者》《意林》《故事会》《时尚健康》等脍炙人口的读物加入。经过一番努力，搜狐新闻客户端把自己打造成了"移动报刊亭"。在这个开放的新媒体平台上，越来越多的传统媒体获得了新的移动传播渠道。

2013 年，搜狐再向前迈出一步，新闻客户端开放全媒体平台，向自媒体、网络、电台、电视台等各种媒体形式全面开放，为各类优质的媒体内容合作方提供移动 CMS 内容发行、终端用户行为数据、流量经营三大移动媒体运营体系，成为首家移动全媒体平台。

传统媒体拥有庞大的原创内容和深度的解读能力，新媒体具有火爆的人气和较高的用户参与度。用人所长，补己之短，搜狐新闻客户端正是因为更早一步完成了传统媒体与新媒体的结合，才获得了行业发展的优势。通过开放式新媒体平台的发展模式，搜狐新闻客户端吸引了大量传统媒体、自媒体入驻，迅速聚拢了人气。当移动阅读日益成为人们日常生活的新方式，传统媒体与移动新媒体的联手也被赋予了更多的现实意义。

（二）移动阅读时代，让用户选择新闻

通过与传统媒体的强强联合，搜狐新闻客户端走上了专业生产内容（PGC）之路。依托平台中丰富、海量的内容资源，搜狐新闻客户端为用户提供了个性化的订阅模式，并借此解决了门户一直无法解决的长尾问题，"千人千面"的个性化产品也将破解目前主流新闻客户端从内容到形式的严重同质化问题。

在这个信息爆炸、可以借助搜索引擎获取精准信息的年代，人们关注的焦点不再是阅读那些严重"同质化"的新闻，而是新闻背后那些满足自我需求、满足个性化需求的东西。"每个人会获得真正自己感兴趣的内容。"搜狐集团产品副总裁方刚说，"今后会有很多内容在搜狐新闻平台上发行，用户总能找到他的兴趣"。

2014年1月，搜狐新闻客户端发布4.0版本。在既有的订阅新闻之外，4.0版本加入了根据用户阅读喜好而设定的个性化新闻推荐，并加入了社交关系，依托搜狐媒体平台以及垂直领域资源，推出一系列本土化生活资讯服务。个性化新闻定制进入了一个新的时代。对入驻搜狐新闻客户端的传统媒体来说，如何发挥自己的内容优势、抢占行业阅读先机，需要各显身手。

（三）移动端音视频直播互动获得突破

2013年，搜狐新闻客户端通过自身的技术升级，运用音频、视频、语音互动等在线直播新媒体模式，赢得了用户认可。有分析人士认为，搜狐新闻客户端具有鲜明的个性，在商业化的路径上易于形成模式。如果拿微信与搜狐新闻客户端比，差别是明显的，微信目前只支持图文新闻，搜狐新闻客户端则主打音视频新闻，用户不仅可以看视频新闻、电视节目直播，而且可以参与语音

评论互动，更加方便、快捷。

搜狐新闻客户端积极寻求与电视媒体的合作机会，通过手机直播功能，进一步扩大用户覆盖群体。在马年春节期间，搜狐新闻客户端首次联手央视春晚，在线直播了马年春晚的全部节目，据说有355万名网友通过搜狐新闻客户端直播间在线互动，好不热闹。除央视新闻春晚直播间之外，还有由赵薇、柳岩等12位女明星做客的"女神伴你回家路"，以及由"屌丝男士"大鹏领衔的搜狐春晚直播间，共同组成了三大互动平台，全面覆盖春晚。

2013年，搜狐新闻客户端还先后联手第二季《中国好声音》，以及"2013CCTV中国经济年度人物评选""广州车展"等电视节目，落地移动端。据介绍，第二季《中国好声音》开播之后，每期至少有50万名网友通过搜狐新闻客户端直播间收看该赛事。决赛巅峰之夜，有235万名网友同时在线畅聊赛事，创下了直播高峰纪录。

随着4G网络的延伸，文字、图片、音频已经不能完全满足用户对资讯的需求，视频将成为移动内容的"硬通货"。搜狐新闻客户端顺势而为，搭上4G的顺风车，新的版本在视频资讯方面进行了较大调整，个性化的视频资讯流将伴随着搜狐新闻进入用户的生活。4G将给移动媒体客户端带来新的机遇。张朝阳对此很有信心，"随着4G的推出，媒体展现形式将不再受带宽的约束，上述形式将获得更多消费者与媒体的青睐"。

三 新闻客户端的背后

（一）比的不只是新闻

搜狐集团产品副总裁方刚介绍，凭借强大的全媒体平台、多元的用户体验，"搜狐新闻移动端的总PV量在2013年增长200%，用户活跃度大幅增长"，保持着良好的发展势头。

但是如果认为搜狐只是在勤勤恳恳地耕耘新闻内容，那就错了，它只是以媒体为入口，想要坐上餐桌，共享移动互联网的一杯羹。

2012年底，张朝阳就曾直言："在移动互联网真正井喷式爆发的当下，搜狐要义无反顾地拥抱……我们在移动互联网的切入点是媒体。我们经过十几年的打磨，形成了技术、产品、渠道及媒体内容的综合能力和文化基因，我们的编辑部知道如何准确全面地组织形成信息，我们的技术产品渠道能力使这个信息快速广泛好用地到达用户手中。现在，搜狐新闻客户端和手机搜狐已经拥有了很大的用户规模，这是我们的发力点。"

目前，已公认成为"移动互联网入口"的少而又少。对于搜狐新闻客户端是否已经成为"移动互联网入口"之一，看法并不一致，至少搜狐在努力把它当成入口来经营，正如分析者所说："搜狐是让新闻客户端成为拳头产品，打移动互联网的硬仗。"

（二）生产链的变革：B2B2C

搜狐新闻客户端独辟蹊径的媒体开放平台模式，打造了一种不同的新形态。"相对于新闻上游（第一新闻源）与中游（垂直类新闻媒体与传统媒体）来说，搜狐新闻客户端把自己摆在了新闻源的下游和总入口的位置上。"[①] 面对移动互联网对传统阅读的冲击，有人做过形象的比喻：门户网站其实就是B2C，将内容打包放到网上供大家阅读，大家读的是新闻客户端，而不是某个具体的杂志和期刊，类似于京东商城；而微博、微信是C2C，互联网公司提供一个平台，每个人在上面都是自媒体，面向自己的粉丝，类似于淘宝；而搜狐新闻客户端则是B2B2C，先提供平台和技术，吸引优质内容和媒体，然后这些媒体再面向各自不同的用户，可以去拉广告，可以采取付费阅读模式，更像天猫。

2013 年，搜狐新闻客户端开放全媒体平台，全面实现视频、广播、直播间等功能，与当前用户对移动新媒体的预期相符，对整个行业来说，需要重新定义移动新媒体的形态。

（三）抱团掘金尚待检验

搜狐新闻客户端的另一个可喜之处是，它让人看到了新的经营生态的光

---

① 《搜狐：用新闻客户端 PK 微博微信的机会?》，2013 年 3 月 29 日，http://www.leiphone.com/sohu-news-app.html。

亮点。

根据张朝阳的设想，打造一个优质的移动媒体平台并且提供相应的商业回报，能够吸引很多优质内容和媒体入驻；而随着优质内容和媒体的丰富多样，又会进一步吸引更多的用户；随着用户的增加，又能够吸引更多的优质内容和媒体入驻，形成一个正向的循环。

依托搜狐新闻客户端数量庞大的订阅用户，传统媒体在新媒体广告发布、移动阅读分成等层面的收益已经成为传统媒体新的利润增长点，这个增长点目前才刚刚起步，但其未来已经可以提前预见。作为最早一批入驻搜狐新闻客户端的传统媒体，《参考消息》已经从新媒体订阅模式中找到了属于自己的收益"蓝海"。

据《参考消息》新媒体负责人证实：2013年，入驻搜狐新闻客户端的《参考消息》凭借新媒体刊物的日活跃用户、累积订阅用户等数量优势，成功与某汽车品牌签约，拿到了300万元的广告收益。数据显示，《参考消息》在搜狐新闻客户端中已有1200多万订阅量，刊物日浏览量达到百万级别，因此获得了广告主的认可。

实际上，《参考消息》并非首家入驻搜狐新闻客户端获得广告收入的媒体，早前入驻的《新华国际》和《羊城晚报》就已进行了类似尝试，其中，《羊城晚报》获得的广告收入堪称传统媒体获取新媒体广告收入首单。

问题当然也存在，《参考消息》在新闻客户端获得广告收入，是否可以持续？其他媒体仅仅是尝试了一下，还是有持续不断的收入来源？在新闻客户端都苦于没有赢利模式的当下，搜狐新闻客户端的这几笔不同寻常的收入，还是让人看到了隧道尽头的一丝亮光。

四 未来值得期待

一切都在变化之中，互联网行业的发展速度用瞬息万变来形容也不为过，从盛到衰的过程已经精确到秒。腾讯微信推出的红包一夜之间就绑定了1亿用户的银行账户，完成了淘宝8年才达到的数量。这些鲜活的例证促使搜狐必须正视未来的发展问题。

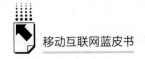

　　搜狐新闻客户端有 6000 家媒体和自媒体，很像一个庞杂的大超市，不少人觉得乱，重点不突出，主体不显。如何做到既丰富又清晰有序，而且个性与特色都鲜明，为更多的用户所喜爱？这可能是搜狐新闻客户端下一步需要面对的问题之一。

　　搜狐新闻客户端虽然坐拥过亿用户，但新闻客户端可替代性强，搜狐能否持续领先，目前的排行和份额能否维持，不少分析者对此持怀疑态度。有业内人士建议，搜狐新闻客户端想要实现突围，还需要在其工具属性的基础上搞定"关系"，得社交者得天下。

　　就连搜狐最引以为傲的媒体平台战略，也有人担心过度依靠聚合外界庞大的新闻源，自身新闻内容处于短板，长久下来，会偏离其新闻的本质。说到底，新闻客户端始终依靠内容制胜。搜狐新闻巨大的投入，是不是该在内容方面同时进行特色打造？

　　虽然说搭建"开放式媒体平台"、构建"移动阅读订阅模式"等已经取得了阶段性的胜利，但一份 300 万元的广告订单是不能满足广大传统媒体的需求，怎样才能更多更好地实现广告收益与媒体订阅之间的利益关系，是目前搜狐新闻客户端迫切需要解决的另一个难题。在新媒体时代，让内容变现金基本上是分分钟的事。但通过什么样的战略，运用什么样的手段才能让广告主或者广大网民"慷慨解囊"，并不是件简单的事。2014 年，搜狐新闻客户端除了与传统媒体更加紧密地结合之外，在行业竞争日益激烈的大背景之下，目前最应该更深层次思考自身与入驻媒体的赢利问题，未来或可借助新媒体营销与技术手段捆绑，助推新闻客户端快速发展。

　　据分析，未来一两年仍然是新闻客户端用户的增长爆发期，抓用户仍是最核心的事。据搜狐新闻客户端负责人介绍，2014 年，搜狐新闻客户端将与中国移动、中国电信、三星、诺基亚等电信运营商和手机硬件厂商达成一系列合作，成为它们的深度合作伙伴。这一合作或许意味着搜狐新闻客户端能从运营商庞大的用户群中"分"来一大批新增用户。搜狐新闻客户端 4.0 版本加入了个性化新闻推荐，强调视频内容，并融入社交关系，依托搜狐媒体平台以及垂直领域资源推出一系列本土化生活资讯服务。这能如虎添翼，还是作用不大？让我们拭目以待。

附 录

Appendix

B.26

2013年中国移动互联网发展大事记

1. 微信成为全球最大移动互联网 "超级入口"

1月15日，腾讯微信宣布用户达到3亿人。自2011年1月21日发布第一个微信版本以来，不到两年时间，微信成为全球下载量和用户量最多的移动通信软件，影响力遍及中国内地、中国香港、中国台湾、东南亚以及其他海外华人聚集地和部分西方国家。截至2013年12月，微信海内外用户总数约6亿人，其中海外用户突破1亿人，微信公众账号数量已达200多万个。从工具到入口，微信成为移动互联网上的 "超级入口"。

2. 联想智能手机首次赢利，成为市场占有率第一的国产手机

1月31日，联想集团发布了2012～2013财年第三财季财报。这是一份颇为亮眼的财报——包括智能手机在内的各个业务全面赢利。该财报显示，作为国产品牌的联想智能手机，在中国的市场份额达12.3%，仅次于三星，位列中国市场第二位。至2013年底，联想智能手机所占市场份额为13%，依然是市场占有率第一的国产手机。

3. "2013移动互联网白皮书"发布

3月1日，工业和信息化部电信研究院发布 "2013移动互联网白皮书"。

该白皮书概括了 2012 年全球移动互联网的发展状况与发展趋势,重点讨论了我国移动互联网的发展方向和机遇,分析了其面临的问题与挑战。

4. 中国互联网协会成立移动互联网工作委员会

3 月 18 日,中国互联网协会移动互联网工作委员会成立大会在北京召开。委员会将通过搭建政府、企业和公众之间的桥梁,有效聚合产业界力量,推动移动互联网应用与服务普及,促进移动互联网领域交流与合作,加强移动互联网产业发展研究,共建鼓励创新、开放协作、公平竞争、和谐共赢的产业生态环境,积极推动我国移动互联网产业健康、快速、可持续发展。

5. 中国移动在三沙市开通首个 4G (TD-LTE)基站

4 月 1 日,中国移动在三沙市开通首个 4G(TD-LTE)基站,将第四代移动通信网络正式架通在南海的海面上,使三沙市的通信基础设施水平跃居全国前列。早在 1 月 24 日,中国移动赴西沙圆满完成三沙市首批企业工商注册仪式的通信保障工作,海南移动成为第一批在三沙市注册的企业。

6. 阿里巴巴 5 亿美元入股新浪微博

4 月 29 日,新浪宣布,阿里巴巴通过其全资子公司,以 5.86 亿美元购入新浪微博公司发行的优先股和普通股,约占新浪微博公司全稀释摊薄后总股份的 18%。新浪微博用户数超过 6 亿人,75% 的活跃用户通过移动终端登录。

7. 2013 年全球移动互联网大会在京召开

5 月 7 日,全球移动互联网行业盛会"2013 年全球移动互联网大会"在北京开幕。大会以"重新定义移动互联网"为主题,海内外嘉宾会聚一堂,分享全球移动互联网的真正价值。本次大会有 12000 人参加,其中超过 1/5 的与会者来自中国内地以外的 32 个国家和地区,共有 120 多位演讲嘉宾、200 多个创业团队、2500 多名行业高管、3500 多个开发群体参加,是北京召开的最大规模的国际会议之一。

8. 高德获阿里巴巴 2.94 亿美元投资

5 月 10 日,高德宣布获得阿里巴巴 2.94 亿美元投资,产品商业化和共建大数据服务体系是双方合作的关键词。高德表示将和阿里巴巴在地理数据、地图引擎、产品开发与推广、技术和商业化等多个层面展开合作(2014 年 2 月,阿里巴巴又拟以 11 亿美元全资收购高德，旨在获得 O2O 布局中最重要的中间层——地图，在与腾讯、百度的 LBS 入口大战中抢占先机）。

9. 《中国移动互联网发展报告 （2013）》发布

5 月 29 日，由人民网主办，中国通信学会、中国移动通信联合会、中国互联网协会合办的"2013 移动互联网发展论坛"在北京举行，会上发布了 2013 年移动互联网蓝皮书——《中国移动互联网发展报告 （2013）》。该书由人民网研究院主编，由社会科学文献出版社出版，是继 2012 年版蓝皮书后的中国第二本移动互联网蓝皮书。

10. 电信运营商与银行系统共同推出手机钱包

6 月 9 日，中国移动与中国银联共同推出了移动支付联合产品——手机钱包，客户通过手机钱包客户端下载电子卡应用到 NFC-SIM 卡后，拿着近场通信（NFC）手机便可实现商户消费、刷公交、刷门禁等，为工作生活带来极大的便利。8 月 22 日，中信银行与中国联通签署了手机钱包业务全面合作协议，通过手机钱包把金融功能植入手机，把手机打造成金融服务的平台。

11. 2013 年增值电信业务合作发展大会暨移动互联网 （北京）峰会召开

6 月 27 日，2013 年增值电信业务合作发展大会暨移动互联网（北京）峰会在北京召开，主题是"变局 2013——选择、重构与路径"。三大电信运营商的北京分公司创新业务部门负责人齐聚一堂是本次大会最大的亮点之一，北京市通信行业协会副理事长兼秘书长王晓娟宣读了行业自律的《移动生活　绿色有我——发展绿色手机应用软件倡议仪式》倡议书。

12. 《人民日报》 推 "二维码"，进行传播形态创新

7 月 1 日，《人民日报》在头版发表《致读者》，称从 7 月 1 日起利用二维码、图像识别等技术分步推进传播形态创新，这是《人民日报》在创办 65 周年之际，与新媒体融合、向全媒体业态发展的一个新举措，《新民晚报》评论称，《人民日报》在传播形态上的创新，进一步刷新了"读者"的概念，其创新实践也给执政者以新启示。网友在评论中纷纷表示，"二维码扩展阅读的时代正在到来"，"传统媒体拥抱二维码已成趋势"。

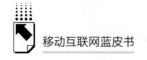
13. 红米手机正式发布

7月31日，由小米、腾讯与中国移动三方合作的红米手机正式发布。这款手机搭载基于 Android 4.2 的 MIUI V5 操作系统，主打低端智能手机市场，售价仅799元。有评论认为，红米手机将对国内大部分手机厂商带来挑战，如果后续量产销售都能够跟上，将会撼动国内智能手机市场的现有格局，国内山寨品牌手机将首先受到挤压。

14. 国务院发布《关于促进信息消费扩大内需的若干意见》

8月8日，国务院发布《关于促进信息消费扩大内需的若干意见》，将培育移动互联网等产业发展作为"稳增长、调结构、惠民生"的重要手段，支持智能终端产品的创新发展和4G的商用。该意见明确提出：扩大第三代移动通信（3G）网络覆盖，优化网络结构，提升网络质量。根据企业申请情况和具备条件，推动于2013年内发放第四代移动通信（4G）牌照。加快推进新一代移动通信技术时分双工模式移动通信长期演进技术（TD-LTE）网络建设和产业化发展。

15. 百度以18.5亿美元收购91无线

8月14日，百度宣布以18.5亿美元收购91无线，91无线将成为百度的全资附属公司，并作为独立公司运营。交易完成后，该案标的额将超过2005年雅虎对阿里巴巴的10亿美元投资，成为中国互联网有史以来最大的收购案。百度收购91无线后，增添了"重量级"的移动互联网入口，从而成为与奇虎360、腾讯并列的掌控移动渠道的三巨头之一。

16. 中国电信、网易成立合资公司，发布"易信"

8月19日，中国电信和网易联合在北京共同宣布合资成立浙江翼信科技有限公司，并发布新一代移动即时通信社交产品"易信"。业内认为，这是我国第一个电信运营商与互联网公司合作打造的移动即时通信社交产品，标志着电信运营商和互联网公司在移动即时通信领域实现真正"破冰"。

17. 业内首本《移动应用分析白皮书》发布

9月11日，百度发布业内首本《移动应用分析白皮书》，它是百度移动统计团队历时8个月，在5000余个样本中分析提炼得出的。白皮书介绍了移动应用分析的原理、指标、流程、思路、方法等，对百度移动统计、百度开放云体系进行了说明，能帮助移动应用开发者完成相关的统计和分析工作，帮助改善用户体验。

18. 阿里巴巴推出即时通信产品 "来往"

9 月 23 日，阿里巴巴在杭州发布移动互联网的即时通信工具"来往"，特别推出了阅后即焚功能，可以在对方查看消息后自动删除且永久不可恢复。与微信相比，来往在私密和安全性上都设定了更多限制。来往成为继微信、米聊、易信之后，主攻移动互联网即时通信工具的又一有力竞争者。

19. 手机打车应用日均订单达 34 万份

10 月 8 日，艾瑞咨询发布《2013 年中国手机打车应用市场研究报告》，截至 2013 年 8 月，全国手机打车应用每日订单量达 34 万份，订单主要来自北京、上海、杭州、广州等市场。经过一年多的发展，市场上先后涌现出近百款打车应用。"嘀嘀打车"和"快的打车"的用户注册量均超过 500 万人，处于打车应用第一梯队。北京的"摇摇招车"和"打车小秘"，以及上海的"大黄蜂打车"三家构成打车应用第二梯队。

20. 360 儿童卫士手环发售

10 月 29 日，奇虎 360 召开发布会，发布儿童卫士手环，该手环可随时定位孩子的位置，并具备安全区域预警、通话连接等功能。360 儿童卫士手环针对儿童与家长设计，通过佩戴在孩子手腕，以及与配套手机应用连接，轻松关联，准确定位小孩所在位置。这表明可穿戴终端产品已逐步涉足健身、医疗、儿童安全等民生领域。不过，该手环产品是否涉及隐私问题尚有争议。

21.《关于加强移动智能终端进网管理的通知》正式实施

11 月 1 日，工信部《关于加强移动智能终端进网管理的通知》正式实施。该通知旨在加强对智能终端安全及预置软件的管理，明确规定不得预置未经用户同意擅自调动终端通信功能，造成流量耗费、费用损失和信息泄露的软件，对个人信息安全和合法权益的保护具有重要意义。

22. 首份可穿戴设备用户需求研究报告发布

11 月 3 日，继可穿戴设备官网上线不久，百度发布了首份《可穿戴设备用户需求研究报告》。该报告主要针对两个问题进行调研：一是可穿戴设备在用户群体中的概念及产品认知；二是用户购买可穿戴设备的意愿及需求。报告指出，90%的用户认知可穿戴设备，有七成以上用户有意愿在未来购买智能手环、智能手表，而运动、健康监测成为用户对产品的核心需求。

23. 中国移动率先发售 4G 手机

11 月 6 日，中国移动率先推出了 4G 手机发售活动，共推出四款支持 TD-LTE 网络的智能手机，分别是三星 N7108D、索尼 M35t、酷派 8736、海信 X6T，可以实现 2G、3G、4G 多模式切换。

24. "双十一" 手机淘宝单日成交额是 2012 年的 5.6 倍

11 月 12 日，阿里巴巴公布的数据显示，手机淘宝 2013 年 11 月 11 日整体支付宝成交额为 53.5 亿元，是 2012 年的 5.6 倍（9.6 亿元）；单日活跃用户达 1.27 亿人；手机淘宝单日成交量达 3590 万笔，交易笔数占整体的 21%，而 2012 年这一数字为 5% 左右。移动电商正在快速崛起。

25. 我国首次实现跨国 4G 高清视频通话

11 月 13 日，在成都 4G 高清音视频互通体验现场，中国移动代表与韩国运营商接通 4G 视频电话，通话语音清晰、画质稳定，这标志着我国主导研发的 4G 技术可与国外技术互通。据悉，此技术已推向商用，未来人们可用 4G 手机在 4G 环境下进行高清视频通话。

26. 移动游戏的内容试行自审

12 月 1 日，《网络文化经营单位内容自审管理办法》正式施行，由政府部门承担的网络文化产品内容审核和管理责任更多地交由企业承担，移动游戏的内容自审首先试行。这表明国家对移动游戏行业发展非常重视，此外，文化部正细化游戏内容自审标准，编写操作手册，供企业自审遵照执行，政府将督促企业建立健全内容审议。

27. "2013 移动互联网国际研讨会"举办

12 月 3 日，"2013 移动互联网国际研讨会"（IMIC）在北京开幕，会议以"4G 时代的产业创新、融合与共赢"为主题，围绕 LTE 产业发展、TD-LTE 网络部署、移动互联网及技术演进等多项内容进行探讨。IMIC 是涵盖电信业、互联网产业的跨领域大型研讨会，迄今已连续举办过六届，作为中国乃至亚太地区移动互联领域的一项品牌活动，IMIC 对移动互联网概念的普及、落地、商业推进起到了巨大作用。

28. 工信部正式向三大电信运营商发布 4G 牌照

12 月 4 日，工信部正式向三大电信运营商发放 4G 牌照，中国移动、中国电信和中国联通均获得 TD-LTE 牌照，这标志着 4G 从网络、终端到业务都已正式进入商用阶段。

29. 12306 官方手机客户端正式上线

12 月 8 日，铁路部门的官方手机购票客户端"铁路 12306"上线试运行，与 12306 网站购票功能保持同步，支持网银和支付宝支付，可在手机和网站间交叉办理购票、退票、改签业务。截至当天下午 5 点，已有 20 余万名客户下载体验，支付购票用户近 2 万人。手机购票不仅仅是增加一个火车票销售渠道，其意义在于政府部门主动拥抱移动互联网的到来，将公共服务延伸至移动终端，这是建设服务型政府的实践。

30. 中国移动与苹果公司达成销售 iPhone 5S、iPhone 5C 协议

12 月 23 日，中国移动与苹果两大巨头联合宣布，双方达成长期协议，将于 2014 年 1 月 17 日分别在中国内地的移动营业厅和苹果零售店正式发售 iPhone 5S 和 iPhone 5C。六年谈判终结，协议的达成有望帮助中国移动挽回 3G 时代的不利局面，带来大量高端用户，也有望实现业务向流量经营的方向快速转变。

31. 中国移动互联网网民达 6.52 亿人，手机网民达 5 亿人

12 月 23 日，易观国际旗下易观智库发布《2013 年中国移动互联网统计报告》，截至 2013 年 12 月，中国移动互联网网民达到 6.52 亿人。另据中国互联网络信息中心（CNNIC）《中国互联网络发展状况统计报告（2014 年 1 月）》，截至 2013 年 12 月，中国手机网民规模达 5 亿人，年增长率为 19.1%。

32. 首批虚拟运营商牌照发放

12 月 26 日，工信部正式发放中国首批虚拟运营商牌照，即移动通信转售业务运营试点资格。首批获得虚拟运营商牌照的企业共有 11 家，虚拟运营商的注册资金只需要 1000 万元，比基础运营商的门槛低得多。这表明国内电信市场大门已向民营企业打开。业内人士指出，随着民营企业进入，我国电信市

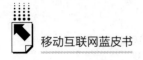

场有望重新焕发活力。

33. 中国互联网协会发布首批移动互联网应用白名单

12 月 27 日，中国互联网协会反网络病毒联盟（ANVA）发布首批移动互联网应用自律白名单，对数字证书所签发的安全应用程序进行明显标识，优先上架并提醒用户下载。这为净化移动互联网应用环境、提高手机用户防范意识具有积极作用。

中国皮书网
www.pishu.cn

发布皮书研创资讯，传播皮书精彩内容
引领皮书出版潮流，打造皮书服务平台

栏目设置：

☐ 资讯：皮书动态、皮书观点、皮书数据、 皮书报道、皮书新书发布会、电子期刊

☐ 标准：皮书评价、皮书研究、皮书规范、皮书专家、编撰团队

☐ 服务：最新皮书、皮书书目、重点推荐、在线购书

☐ 链接：皮书数据库、皮书博客、皮书微博、出版社首页、在线书城

☐ 搜索：资讯、图书、研究动态

☐ 互动：皮书论坛

中国皮书网依托皮书系列"权威、前沿、原创"的优质内容资源，通过文字、图片、音频、视频等多种元素，在皮书研创者、使用者之间搭建了一个成果展示、资源共享的互动平台。

自2005年12月正式上线以来，中国皮书网的IP访问量、PV浏览量与日俱增，受到海内外研究者、公务人员、商务人士以及专业读者的广泛关注。

2008年、2011年中国皮书网均在全国新闻出版业网站荣誉评选中获得"最具商业价值网站"称号。

2012年，中国皮书网在全国新闻出版业网站系列荣誉评选中获得"出版业网站百强"称号。

权威报告　热点资讯　海量资源

当代中国与世界发展的高端智库平台

皮书数据库　www.pishu.com.cn

　　皮书数据库是专业的人文社会科学综合学术资源总库，以大型连续性图书——皮书系列为基础，整合国内外相关资讯构建而成。该数据库包含七大子库，涵盖两百多个主题，囊括了近十几年间中国与世界经济社会发展报告，覆盖经济、社会、政治、文化、教育、国际问题等多个领域。

　　皮书数据库以篇章为基本单位，方便用户对皮书内容的阅读需求。用户可进行全文检索，也可对文献题目、内容提要、作者名称、作者单位、关键字等基本信息进行检索，还可对检索到的篇章再作二次筛选，进行在线阅读或下载阅读。智能多维度导航，可使用户根据自己熟知的分类标准进行分类导航筛选，使查找和检索更高效、便捷。

　　权威的研究报告、独特的调研数据、前沿的热点资讯，皮书数据库已发展成为国内最具影响力的关于中国与世界现实问题研究的成果库和资讯库。

皮书俱乐部会员服务指南

1. 谁能成为皮书俱乐部成员？

- 皮书作者自动成为俱乐部会员
- 购买了皮书产品（纸质皮书、电子书）的个人用户

2. 会员可以享受的增值服务

- 加入皮书俱乐部，免费获赠该纸质图书的电子书
- 免费获赠皮书数据库100元充值卡
- 免费定期获赠皮书电子期刊
- 优先参与各类皮书学术活动
- 优先享受皮书产品的最新优惠

社会科学文献出版社
SOCIAL SCIENCES ACADEMIC PRESS (CHINA)　皮书系列

卡号：8629790423011740
密码：

3. 如何享受增值服务？

（1）加入皮书俱乐部，获赠该书的电子书

　　第1步　登录我社官网（www.ssap.com.cn），注册账号；

　　第2步　登录并进入"会员中心"—"皮书俱乐部"，提交加入皮书俱乐部申请；

　　第3步　审核通过后，自动进入俱乐部服务环节，填写相关购书信息即可自动兑换相应电子书。

（2）免费获赠皮书数据库100元充值卡

　　100元充值卡只能在皮书数据库中充值和使用

　　第1步　刮开附赠充值的涂层（左下）；

　　第2步　登录皮书数据库网站（www.pishu.com.cn），注册账号；

　　第3步　登录并进入"会员中心"—"在线充值"—"充值卡充值"，充值成功后即可使用。

4. 声明

　　解释权归社会科学文献出版社所有

皮书俱乐部会员可享受社会科学文献出版社其他相关免费增值服务，有任何疑问，均可与我们联系

联系电话：010-59367227　企业QQ：800045692　邮箱：pishuclub@ssap.cn

欢迎登录社会科学文献出版社官网（www.ssap.com.cn）和中国皮书网（www.pishu.cn）了解更多信息

　　"皮书"起源于十七、十八世纪的英国，主要指官方或社会组织正式发表的重要文件或报告，多以"白皮书"命名。在中国，"皮书"这一概念被社会广泛接受，并被成功运作、发展成为一种全新的出版形态，则源于中国社会科学院社会科学文献出版社。

　　皮书是对中国与世界发展状况和热点问题进行年度监测，以专业的角度、专家的视野和实证研究方法，针对某一领域或区域现状与发展态势展开分析和预测，具备权威性、前沿性、原创性、实证性、时效性等特点的连续性公开出版物，由一系列权威研究报告组成。皮书系列是社会科学文献出版社编辑出版的蓝皮书、绿皮书、黄皮书等的统称。

　　皮书系列的作者以中国社会科学院、著名高校、地方社会科学院的研究人员为主，多为国内一流研究机构的权威专家学者，他们的看法和观点代表了学界对中国与世界的现实和未来最高水平的解读与分析。

　　自20世纪90年代末推出以《经济蓝皮书》为开端的皮书系列以来，社会科学文献出版社至今已累计出版皮书千余部，内容涵盖经济、社会、政法、文化传媒、行业、地方发展、国际形势等领域。皮书系列已成为社会科学文献出版社的著名图书品牌和中国社会科学院的知名学术品牌。

　　皮书系列在数字出版和国际出版方面成就斐然。皮书数据库被评为"2008~2009年度数字出版知名品牌"；《经济蓝皮书》《社会蓝皮书》等十几种皮书每年还由国外知名学术出版机构出版英文版、俄文版、韩文版和日文版，面向全球发行。

　　2011年，皮书系列正式列入"十二五"国家重点出版规划项目；2012年，部分重点皮书列入中国社会科学院承担的国家哲学社会科学创新工程项目；2014年，35种院外皮书使用"中国社会科学院创新工程学术出版项目"标识。

法 律 声 明

　　"皮书系列"（含蓝皮书、绿皮书、黄皮书）由社会科学文献出版社最早使用并对外推广，现已成为中国图书市场上流行的品牌，是社会科学文献出版社的品牌图书。社会科学文献出版社拥有该系列图书的专有出版权和网络传播权，其 LOGO（▧）与"经济蓝皮书"、"社会蓝皮书"等皮书名称已在中华人民共和国工商行政管理总局商标局登记注册，社会科学文献出版社合法拥有其商标专用权。

　　未经社会科学文献出版社的授权和许可，任何复制、模仿或以其他方式侵害"皮书系列"和 LOGO（▧）、"经济蓝皮书"、"社会蓝皮书"等皮书名称商标专用权的行为均属于侵权行为，社会科学文献出版社将采取法律手段追究其法律责任，维护合法权益。

　　欢迎社会各界人士对侵犯社会科学文献出版社上述权利的违法行为进行举报。电话：010－59367121，电子邮箱：fawubu@ssap.cn。

社会科学文献出版社

权威·前沿·原创

社会科学文献出版社

皮书系列

2014年

盘点年度资讯　预测时代前程

社会科学文献出版社 学术传播中心 编制

社会科学文献出版社
SOCIAL SCIENCES ACADEMIC PRESS (CHINA)

社会科学文献出版社成立于1985年，是直属于中国社会科学院的人文社会科学专业学术出版机构。

成立以来，特别是1998年实施第二次创业以来，依托于中国社会科学院丰厚的学术出版和专家学者两大资源，坚持"创社科经典，出传世文献"的出版理念和"权威、前沿、原创"的产品定位，社科文献立足内涵式发展道路，从战略层面推动学术出版的五大能力建设，逐步走上了学术产品的系列化、规模化、数字化、国际化、市场化经营道路。

先后策划出版了著名的图书品牌和学术品牌"皮书"系列、"列国志"、"社科文献精品译库"、"中国史话"、"全球化译丛"、"气候变化与人类发展译丛""近世中国"等一大批既有学术影响又有市场价值的系列图书。形成了较强的学术出版能力和资源整合能力，年发稿3.5亿字，年出版新书1200余种，承印发行中国社科院院属期刊近70种。

2012年，《社会科学文献出版社学术著作出版规范》修订完成。同年10月，社会科学文献出版社参加了由新闻出版总署召开加强学术著作出版规范座谈会，并代表50多家出版社发起实施学术著作出版规范的倡议。2013年，社会科学文献出版社参与新闻出版总署学术著作规范国家标准的起草工作。

依托于雄厚的出版资源整合能力，社会科学文献出版社长期以来一直致力于从内容资源和数字平台两个方面实现传统出版的再造，并先后推出了皮书数据库、列国志数据库、中国田野调查数据库等一系列数字产品。

在国内原创著作、国外名家经典著作大量出版，数字出版突飞猛进的同时，社会科学文献出版社在学术出版国际化方面也取得了不俗的成绩。先后与荷兰博睿等十余家国际出版机构合作面向海外推出了《经济蓝皮书》《社会蓝皮书》等十余种皮书的英文版、俄文版、日文版等。

此外，社会科学文献出版社积极与中央和地方各类媒体合作，联合大型书店、学术书店、机场书店、网络书店、图书馆，逐步构建起了强大的学术图书的内容传播力和社会影响力，学术图书的媒体曝光率居全国之首，图书馆藏率居于全国出版机构前十位。

作为已经开启第三次创业梦想的人文社会科学学术出版机构，社会科学文献出版社结合社会需求、自身的条件以及行业发展，提出了新的创业目标：精心打造人文社会科学成果推广平台，发展成为一家集图书、期刊、声像电子和数字出版物为一体，面向海内外高端读者和客户，具备独特竞争力的人文社会科学内容资源供应商和海内外知名的专业学术出版机构。

社长
致辞

我们是图书出版者，更是人文社会科学内容资源供应商；

我们背靠中国社会科学院，面向中国与世界人文社会科学界，坚持为人文社会科学的繁荣与发展服务；

我们精心打造权威信息资源整合平台，坚持为中国经济与社会的繁荣与发展提供决策咨询服务；

我们以读者定位自身，立志让爱书人读到好书，让求知者获得知识；

我们精心编辑、设计每一本好书以形成品牌张力，以优秀的品牌形象服务读者，开拓市场；

我们始终坚持"创社科经典，出传世文献"的经营理念，坚持"权威、前沿、原创"的产品特色；

我们"以人为本"，提倡阳光下创业，员工与企业共享发展之成果；

我们立足于现实，认真对待我们的优势、劣势，我们更着眼于未来，以不断的学习与创新适应不断变化的世界，以不断的努力提升自己的实力；

我们愿与社会各界友好合作，共享人文社会科学发展之成果，共同推动中国学术出版乃至内容产业的繁荣与发展。

社会科学文献出版社社长
中国社会学会秘书长

2014 年 1 月

　　"皮书"起源于十七、十八世纪的英国，主要指官方或社会组织正式发表的重要文件或报告，多以"白皮书"命名。在中国，"皮书"这一概念被社会广泛接受，并被成功运作、发展成为一种全新的出版形态，则源于中国社会科学院社会科学文献出版社。

　　皮书是对中国与世界发展状况和热点问题进行年度监测，以专家和学术的视角，针对某一领域或区域现状与发展态势展开分析和预测，具备权威性、前沿性、原创性、实证性、时效性等特点的连续性公开出版物，由一系列权威研究报告组成。皮书系列是社会科学文献出版社编辑出版的蓝皮书、绿皮书、黄皮书等的统称。

　　皮书系列的作者以中国社会科学院、著名高校、地方社会科学院的研究人员为主，多为国内一流研究机构的权威专家学者，他们的看法和观点代表了学界对中国与世界的现实和未来最高水平的解读与分析。

　　自20世纪90年代末推出以经济蓝皮书为开端的皮书系列以来，至今已出版皮书近1000余部，内容涵盖经济、社会、政法、文化传媒、行业、地方发展、国际形势等领域。皮书系列已成为社会科学文献出版社的著名图书品牌和中国社会科学院的知名学术品牌。

　　皮书系列在数字出版和国际出版方面成就斐然。皮书数据库被评为"2008~2009年度数字出版知名品牌"；经济蓝皮书、社会蓝皮书等十几种皮书每年还由国外知名学术出版机构出版英文版、俄文版、韩文版和日文版，面向全球发行。

　　2011年，皮书系列正式列入"十二五"国家重点出版规划项目，一年一度的皮书年会升格由中国社会科学院主办；2012年，部分重点皮书列入中国社会科学院承担的国家哲学社会科学创新工程项目。

经 济 类

经济类皮书涵盖宏观经济、城市经济、大区域经济，
提供权威、前沿的分析与预测

经济蓝皮书

2014 年中国经济形势分析与预测（赠阅读卡）

李　扬 / 主编　　2013 年 12 月出版　　估价 :69.00 元

◆　本书课题为"总理基金项目"，由著名经济学家李扬领衔，
联合数十家科研机构、国家部委和高等院校的专家共同撰写，
对 2013 年中国宏观及微观经济形势，特别是全球金融危机及
其对中国经济的影响进行了深入分析，并且提出了 2014 年经
济走势的预测。

世界经济黄皮书

2014 年世界经济形势分析与预测（赠阅读卡）

王洛林　张宇燕 / 主编　　2014 年 1 月出版　　估价 :69.00 元

◆　2013 年的世界经济仍旧行进在坎坷复苏的道路上。发达
经济体经济复苏继续巩固，美国和日本经济进入低速增长通
道,欧元区结束衰退并呈复苏迹象。本书展望 2014 年世界经济,
预计全球经济增长仍将维持在中低速的水平上。

工业化蓝皮书

中国工业化进程报告（2014）（赠阅读卡）

黄群慧 吕　铁 李晓华 等 / 著　　2014 年 11 月出版　　估价 :89.00 元

◆　中国的工业化是事关中华民族复兴的伟大事业,分析跟踪
研究中国的工业化进程, 无疑具有重大意义。科学评价与客
观认识我国的工业化水平, 对于我国明确自身发展中的优势
和不足,对于经济结构的升级与转型,对于制定经济发展政策,
从而提升我国的现代化水平具有重要作用。

金融蓝皮书

中国金融发展报告（2014）（赠阅读卡）

李 扬 王国刚 / 主编   2013 年 12 月出版   定价 :69.00 元

◆ 由中国社会科学院金融研究所组织编写的《中国金融发展报告（2014）》，概括和分析了 2013 年中国金融发展和运行中的各方面情况,研讨和评论了 2013 年发生的主要金融事件。本书由业内专家和青年精英联合编著,有利于读者了解掌握2013 年中国的金融状况,把握 2014 年中国金融的走势。

城市竞争力蓝皮书

中国城市竞争力报告 No.12（赠阅读卡）

倪鹏飞 / 主编   2014 年 5 月出版   估价 :89.00 元

◆ 本书由中国社会科学院城市与竞争力研究中心主任倪鹏飞主持编写,汇集了众多研究城市经济问题的专家学者关于城市竞争力研究的最新成果。本报告构建了一套科学的城市竞争力评价指标体系,采用第一手数据材料,对国内重点城市年度竞争力格局变化进行客观分析和综合比较、排名,对研究城市经济及城市竞争力极具参考价值。

中国省域竞争力蓝皮书

中国省域经济综合竞争力发展报告（2012~2013）（赠阅读卡）

李建平 李闽榕 高燕京 / 主编   2014 年 3 月出版   估价 :188.00 元

◆ 本书充分运用数理分析、空间分析、规范分析与实证分析相结合、定性分析与定量分析相结合的方法,建立起比较科学完善、符合中国国情的省域经济综合竞争力指标评价体系及数学模型,对 2011~2012 年中国内地 31 个省、市、区的经济综合竞争力进行全面、深入、科学的总体评价与比较分析。

农村经济绿皮书

中国农村经济形势分析与预测 (2013~2014)（赠阅读卡）

中国社会科学院农村发展研究所 国家统计局农村社会经济调查司 / 著

2014 年 4 月出版   估价 :59.00 元

◆ 本书对 2013 年中国农业和农村经济运行情况进行了系统的分析和评价,对 2014 年中国农业和农村经济发展趋势进行了预测,并提出相应的政策建议,专题部分将围绕某个重大的理论和现实问题进行多维、深入、细致的分析和探讨。

西部蓝皮书

中国西部经济发展报告（2014）（赠阅读卡）

姚慧琴　徐璋勇／主编　　2014 年 7 月出版　　估价：69.00 元

◆　本书由西北大学中国西部经济发展研究中心主编，汇集了源自西部本土以及国内研究西部问题的权威专家的第一手资料，对国家实施西部大开发战略进行年度动态跟踪，并对2014 年西部经济、社会发展态势进行预测和展望。

气候变化绿皮书

应对气候变化报告（2014）（赠阅读卡）

王伟光　郑国光／主编　　2014 年 11 月出版　　估价：79.00 元

◆　本书由社科院城环所和国家气候中心共同组织编写，各篇报告的作者长期从事气候变化科学问题、社会经济影响，以及国际气候制度等领域的研究工作，密切跟踪国际谈判的进程，参与国家应对气候变化相关政策的咨询，有丰富的理论与实践经验。

就业蓝皮书

2014 年中国大学生就业报告（赠阅读卡）

麦可思研究院／编著　　王伯庆　郭　娇／主审
2014 年 6 月出版　估价：98.00 元

◆　本书是迄今为止关于中国应届大学毕业生就业、大学毕业生中期职业发展及高等教育人口流动情况的视野最为宽广、资料最为翔实、分类最为精细的实证调查和定量研究；为我国教育主管部门的教育决策提供了极有价值的参考。

企业社会责任蓝皮书

中国企业社会责任研究报告（2014）（赠阅读卡）

黄群慧　彭华岗　钟宏武　张　蒽／编著
2014 年 11 月出版　估价：69.00 元

◆　本书系中国社会科学院经济学部企业社会责任研究中心组织编写的《企业社会责任蓝皮书》2014 年分册。该书在对企业社会责任进行宏观总体研究的基础上，根据 2013 年企业社会责任及相关背景进行了创新研究，在全国企业中观层面对企业健全社会责任管理体系提供了弥足珍贵的丰富信息。

社会政法类

社会政法类皮书聚焦社会发展领域的热点、难点问题，
提供权威、原创的资讯与视点

社会蓝皮书

2014年中国社会形势分析与预测（赠阅读卡）

李培林　陈光金　张　翼／主编　2013年12月出版　估价：69.00元

◆　本报告是中国社会科学院"社会形势分析与预测"课题
组2014年度分析报告，由中国社会科学院社会学研究所组
织研究机构专家、高校学者和政府研究人员撰写。对2013
年中国社会发展的各个方面内容进行了权威解读，同时对
2014年社会形势发展趋势进行了预测。

法治蓝皮书

中国法治发展报告No.12（2014）（赠阅读卡）

李　林　田　禾／主编　　2014年2月出版　　估价：98.00元

◆　本年度法治蓝皮书一如既往秉承关注中国法治发展进程
中的焦点问题的特点，回顾总结了2013年度中国法治发展
取得的成就和存在的不足，并对2014年中国法治发展形势
进行了预测和展望。

民间组织蓝皮书

中国民间组织报告（2014）（赠阅读卡）

黄晓勇／主编　　2014年8月出版　　估价：69.00元

◆　本报告是中国社会科学院"民间组织与公共治理研究"
课题组推出的第五本民间组织蓝皮书。基于国家权威统计数
据、实地调研和广泛搜集的资料，本报告对2012年以来我
国民间组织的发展现状、热点专题、改革趋势等问题进行了
深入研究，并提出了相应的政策建议。

社会保障绿皮书

中国社会保障发展报告（2014）No.6（赠阅读卡）

王延中 / 主编　2014 年 9 月出版　估价 :69.00 元

◆　社会保障是调节收入分配的重要工具，随着社会保障制度的不断建立健全、社会保障覆盖面的不断扩大和社会保障资金的不断增加，社会保障在调节收入分配中的重要性不断提高。本书全面评述了 2013 年以来社会保障制度各个主要领域的发展情况。

环境绿皮书

中国环境发展报告（2014）（赠阅读卡）

刘鉴强 / 主编　　2014 年 4 月出版　　估价 :69.00 元

◆　本书由民间环保组织"自然之友"组织编写，由特别关注、生态保护、宜居城市、可持续消费以及政策与治理等版块构成，以公共利益的视角记录、审视和思考中国环境状况，呈现 2013 年中国环境与可持续发展领域的全局态势，用深刻的思考、科学的数据分析 2013 年的环境热点事件。

教育蓝皮书

中国教育发展报告（2014）（赠阅读卡）

杨东平 / 主编　2014 年 3 月出版　估价 :69.00 元

◆　本书站在教育前沿，突出教育中的问题，特别是对当前教育改革中出现的教育公平、高校教育结构调整、义务教育均衡发展等问题进行了深入分析，从教育的内在发展谈教育，又从外部条件来谈教育，具有重要的现实意义，对我国的教育体制的改革与发展具有一定的学术价值和参考意义。

反腐倡廉蓝皮书

中国反腐倡廉建设报告 No.3（赠阅读卡）

中国社会科学院中国廉政研究中心 / 主编
2013 年 12 月出版　　估价 :79.00 元

◆　本书抓住了若干社会热点和焦点问题，全面反映了新时期新阶段中国反腐倡廉面对的严峻局面，以及中国共产党反腐倡廉建设的新实践新成果。根据实地调研、问卷调查和舆情分析，梳理了当下社会普遍关注的与反腐败密切相关的热点问题。

行 业 报 告 类

行业报告类皮书立足重点行业、新兴行业领域,
提供及时、前瞻的数据与信息

房地产蓝皮书

中国房地产发展报告 No.11(赠阅读卡)

魏后凯 李景国 / 主编 　2014 年 4 月出版 　估价 :79.00 元

◆　本书由中国社会科学院城市发展与环境研究所组织编写,
秉承客观公正、科学中立的原则,深度解析 2013 年中国房地产
发展的形势和存在的主要矛盾,并预测 2014 年及未来 10 年或
更长时间的房地产发展大势。观点精辟,数据翔实,对关注房
地产市场的各阶层人士极具参考价值。

旅游绿皮书

2013~2014 年中国旅游发展分析与预测(赠阅读卡)

宋 瑞 / 主编 　2013 年 12 月出版 　定价 :69.00 元

◆　如何从全球的视野理性审视中国旅游,如何在世界旅游版
图上客观定位中国,如何积极有效地推进中国旅游的世界化,
如何制定中国实现世界旅游强国梦想的线路图? 本年度开始,
《旅游绿皮书》将围绕"世界与中国"这一主题进行系列研究,
以期为推进中国旅游的长远发展提供科学参考和智力支持。

信息化蓝皮书

中国信息化形势分析与预测(2014)(赠阅读卡)

周宏仁 / 主编 　2014 年 7 月出版 　估价 :98.00 元

◆　本书在以中国信息化发展的分析和预测为重点的同时,反
映了过去一年间中国信息化关注的重点和热点,视野宽阔,观
点新颖,内容丰富,数据翔实,对中国信息化的发展有很强的
指导性,可读性很强。

企业蓝皮书

中国企业竞争力报告（2014）（赠阅读卡）

金 碚／主编　2014年11月出版　估价：89.00元

◆ 中国经济正处于新一轮的经济波动中，如何保持稳健的经营心态和经营方式并进一步求发展，对于企业保持并提升核心竞争力至关重要。本书利用上市公司的财务数据，研究上市公司竞争力变化的最新趋势，探索进一步提升中国企业国际竞争力的有效途径，这无论对实践工作者还是理论研究者都具有重大意义。

食品药品蓝皮书

食品药品安全与监管政策研究报告（2014）（赠阅读卡）

唐民皓／主编　2014年7月出版　估价：69.00元

◆ 食品药品安全是当下社会关注的焦点问题之一，如何破解食品药品安全监管重点难点问题是需要以社会合力才能解决的系统工程。本书围绕安全热点问题、监管重点问题和政策焦点问题，注重于对食品药品公共政策和行政监管体制的探索和研究。

流通蓝皮书

中国商业发展报告（2013~2014）（赠阅读卡）

荆林波／主编　2014年5月出版　估价：89.00元

◆ 《中国商业发展报告》是中国社会科学院财经战略研究院与香港利丰研究中心合作的成果，并且在2010年开始以中英文版同步在全球发行。蓝皮书从关注中国宏观经济出发，突出中国流通业的宏观背景反映了本年度中国流通业发展的状况。

住房绿皮书

中国住房发展报告（2013~2014）（赠阅读卡）

倪鹏飞／主编　2013年12月出版　估价：79.00元

◆ 本报告从宏观背景、市场主体、市场体系、公共政策和年度主题五个方面，对中国住宅市场体系做了全面系统的分析、预测与评价，并给出了相关政策建议，并在评述2012~2013年住房及相关市场走势的基础上，预测了2013~2014年住房及相关市场的发展变化。

国别与地区类

国别与地区类皮书关注全球重点国家与地区，
提供全面、独特的解读与研究

亚太蓝皮书

亚太地区发展报告（2014）（赠阅读卡）

李向阳/主编　　2013年12月出版　　定价：69.00元

◆　本书是由中国社会科学院亚太与全球战略研究院精心打造的又一品牌皮书，关注时下亚太地区局势发展动向里隐藏的中长趋势，剖析亚太地区政治与安全格局下的区域形势最新动向以及地区关系发展的热点问题，并对2014年亚太地区重大动态作出前瞻性的分析与预测。

日本蓝皮书

日本研究报告（2014）（赠阅读卡）

李　薇/主编　　2014年2月出版　　估价：69.00元

◆　本书由中华日本学会、中国社会科学院日本研究所合作推出，是以中国社会科学院日本研究所的研究人员为主完成的研究成果。对2013年日本的政治、外交、经济、社会文化作了回顾、分析与展望，并收录了该年度日本大事记。

欧洲蓝皮书

欧洲发展报告（2013~2014）（赠阅读卡）

周　弘/主编　　2014年3月出版　　估价：89.00元

◆　本年度的欧洲发展报告，对欧洲经济、政治、社会、外交等面的形式进行了跟踪介绍与分析。力求反映作为一个整体的欧盟及30多个欧洲国家在2013年出现的各种变化。

拉美黄皮书

拉丁美洲和加勒比发展报告（2013~2014）（赠阅读卡）

吴白乙 / 主编　2014 年 4 月出版　估价 :89.00 元

◆　本书是中国社会科学院拉丁美洲研究所的第 13 份关于拉丁美洲和加勒比地区发展形势状况的年度报告。 本书对2013 年拉丁美洲和加勒比地区诸国的政治、经济、社会、外交等方面的发展情况做了系统介绍，对该地区相关国家的热点及焦点问题进行了总结和分析，并在此基础上对该地区各国 2014 年的发展前景做出预测。

澳门蓝皮书

澳门经济社会发展报告（2013~2014）（赠阅读卡）

吴志良　郝雨凡 / 主编　2014 年 3 月出版　估价 :79.00 元

◆　本书集中反映 2013 年本澳各个领域的发展动态，总结评价近年澳门政治、经济、社会的总体变化，同时对 2014年社会经济情况作初步预测。

日本经济蓝皮书

日本经济与中日经贸关系研究报告（2014）（赠阅读卡）

王洛林　张季风 / 主编　2014 年 5 月出版　估价 :79.00 元

◆　本书对当前日本经济以及中日经济合作的发展动态进行了多角度、全景式的深度分析。本报告回顾并展望了2013~2014 年度日本宏观经济的运行状况。此外，本报告还收录了大量来自于日本政府权威机构的数据图表，具有极高的参考价值。

美国蓝皮书

美国问题研究报告（2014）（赠阅读卡）

黄 平　倪 峰 / 主编　2014 年 6 月出版　估价 :89.00 元

◆　本书是由中国社会科学院美国所主持完成的研究成果，它回顾了美国 2013 年的经济、政治形势与外交战略，对2013 年以来美国内政外交发生的重大事件以及重要政策进行了较为全面的回顾和梳理。

地方发展类

地方发展类皮书关注大陆各省份、经济区域，
提供科学、多元的预判与咨政信息

社会建设蓝皮书

2014 年北京社会建设分析报告（赠阅读卡）

宋贵伦/主编　2014 年 4 月出版　估价：69.00 元

◆ 本书依据社会学理论框架和分析方法，对北京市的人口、就业、分配、社会阶层以及城乡关系等社会学基本问题进行了广泛调研与分析，对广受社会关注的住房、教育、医疗、养老、交通等社会热点问题做了深刻了解与剖析，对日益显现的征地搬迁、外籍人口管理、群体性心理障碍等进行了有益探讨。

温州蓝皮书

2014 年温州经济社会形势分析与预测（赠阅读卡）

潘忠强　王春光　金浩/主编　2014 年 4 月出版　估价：69.00 元

◆ 本书是由中共温州市委党校与中国社会科学院社会学研究所合作推出的第七本"温州经济社会形势分析与预测"年度报告，深入全面分析了 2013 年温州经济、社会、政治、文化发展的主要特点、经验、成效与不足，提出了相应的政策建议。

上海蓝皮书

上海资源环境发展报告（2014）（赠阅读卡）

周冯琦　汤庆合　王利民/著　2014 年 1 月出版　估价：59.00 元

◆ 本书在上海所面临资源环境风险的来源、程度、成因、对策等方面作了些有益的探索，希望能对有关部门完善上海的资源环境风险防控工作提供一些有价值的参考，也让普通民众更全面地了解上海资源环境风险及其防控的图景。

广州蓝皮书

2014 年中国广州社会形势分析与预测（赠阅读卡）

易佐永　杨　秦　顾涧清 / 主编　　2014 年 5 月出版　　估价 :65.00 元

◆　本书由广州大学与广州市委宣传部、广州市人力资源和社会保障局联合主编，汇集了广州科研团体、高等院校和政府部门诸多社会问题研究专家、学者和实际部门工作者的最新研究成果，是关于广州社会运行情况和相关专题分析与预测的重要参考资料。

河南经济蓝皮书

2014 年河南经济形势分析与预测（赠阅读卡）

胡五岳 / 主编　　2014 年 4 月出版　　估价 :59.00 元

◆　本书由河南省统计局主持编纂。该分析与展望以 2013 年最新年度统计数据为基础，科学研判河南经济发展的脉络轨迹、分析年度运行态势；以客观翔实、权威资料为特征，突出科学性、前瞻性和可操作性，服务于科学决策和科学发展。

陕西蓝皮书

陕西社会发展报告（2014）（赠阅读卡）

任宗哲　石　英　江　波 / 主编　　2014 年 1 月出版　　估价 :65.00 元

◆　本书系统而全面地描述了陕西省 2013 年社会发展各个领域所取得的成就、存在的问题、面临的挑战及其应对思路，为更好地思考 2014 年陕西发展前景、政策指向和工作策略等方面提供了一个较为简洁清晰的参考蓝本。

上海蓝皮书

上海经济发展报告（2014）（赠阅读卡）

沈开艳 / 主编　　2014 年 1 月出版　　估价 :69.00 元

◆　本书系上海社会科学院系列之一，报告对 2014 年上海经济增长与发展趋势的进行了预测，把握了上海经济发展的脉搏和学术研究的前沿。

广州蓝皮书

广州经济发展报告（2014）（赠阅读卡）

李江涛 刘江华 / 主编　　2014 年 6 月出版　　估价 :65.00 元

◆　本书是由广州市社会科学院主持编写的"广州蓝皮书"系列之一，本报告对广州 2013 年宏观经济运行情况作了深入分析，对 2014 年宏观经济走势进行了合理预测，并在此基础上提出了相应的政策建议。

文 化 传 媒 类

文化传媒类皮书透视文化领域、文化产业，探索文化大繁荣、大发展的路径

新媒体蓝皮书

中国新媒体发展报告 No.4(2013)（赠阅读卡）

唐绪军 / 主编　　2014 年 6 月出版　　估价 :69.00 元

◆　本书由中国社会科学院新闻与传播研究所和上海大学合作编写，在构建新媒体发展研究基本框架的基础上，全面梳理 2013 年中国新媒体发展现状，发表最前沿的网络媒体深度调查数据和研究成果，并对新媒体发展的未来趋势做出预测。

舆情蓝皮书

中国社会舆情与危机管理报告（2014）（赠阅读卡）

谢耘耕 / 主编　　2014 年 8 月出版　　估价 :85.00 元

◆　本书由上海交通大学舆情研究实验室和危机管理研究中心主编，已被列入教育部人文社会科学研究报告培育项目。本书以新媒体环境下的中国社会为立足点，对 2013 年中国社会舆情、分类舆情等进行了深入系统的研究，并预测了 2014 年社会舆情走势。

经济类

产业蓝皮书
中国产业竞争力报告（2014）No.4
著(编)者:张其仔　2014年5月出版 / 估价:79.00元

长三角蓝皮书
2014年率先基本实现现代化的长三角
著(编)者:刘志彪　2014年6月出版 / 估价:120.00元

城市竞争力蓝皮书
中国城市竞争力报告No.12
著(编)者:倪鹏飞　2014年5月出版 / 估价:89.00元

城市蓝皮书
中国城市发展报告No.7
著(编)者:潘家华 魏后凯　2014年7月出版 / 估价:69.00元

城市群蓝皮书
中国城市群发展指数报告(2014)
著(编)者:刘士林 刘新静　2014年10月出版 / 估价:59.00元

城乡统筹蓝皮书
中国城乡统筹发展报告（2014）
著(编)者:程志强、潘晨光　2014年3月出版 / 估价:59.00元

城乡一体化蓝皮书
中国城乡一体化发展报告（2014）
著(编)者:汝信 付崇兰　2014年8月出版 / 估价:59.00元

城镇化蓝皮书
中国城镇化健康发展报告（2014）
著(编)者:张占斌　2014年10月出版 / 估价:69.00元

低碳发展蓝皮书
中国低碳发展报告（2014）
著(编)者:齐晔　2014年7月出版 / 估价:69.00元

低碳经济蓝皮书
中国低碳经济发展报告（2014）
著(编)者:薛进军 赵忠秀　2014年5月出版 / 估价:79.00元

东北蓝皮书
中国东北地区发展报告（2014）
著(编)者:鲍振东 曹晓峰　2014年8月出版 / 估价:79.00元

发展和改革蓝皮书
中国经济发展和体制改革报告No.7
著(编)者:邹东涛　2014年7月出版 / 估价:79.00元

工业化蓝皮书
中国工业化进程报告（2014）
著(编)者: 黄群慧 吕铁 李晓华 等
2014年11月出版 / 估价:89.00元

国际城市蓝皮书
国际城市发展报告（2014）
著(编)者:屠启宇　2014年1月出版 / 估价:69.00元

国家创新蓝皮书
国家创新发展报告（2013~2014）
著(编)者:陈劲　2014年3月出版 / 估价:69.00元

国家竞争力蓝皮书
中国国家竞争力报告No.2
著(编)者:倪鹏飞　2014年10月出版 / 估价:98.00元

宏观经济蓝皮书
中国经济增长报告（2014）
著(编)者:张平 刘霞辉　2014年10月出版 / 估价:69.00元

减贫蓝皮书
中国减贫与社会发展报告
著(编)者:黄承伟　2014年7月出版 / 估价:69.00元

金融蓝皮书
中国金融发展报告（2014）
著(编)者:李扬 王国刚　2013年12月出版 / 定价:69.00元

经济蓝皮书
2014年中国经济形势分析与预测
著(编)者:李扬　2013年12月出版 / 估价:69.00元

经济蓝皮书春季号
中国经济前景分析——2014年春季报告
著(编)者:李扬　2014年4月出版 / 估价:59.00元

经济信息绿皮书
中国与世界经济发展报告（2014）
著(编)者:王长胜　2013年12月出版 / 定价:69.00元

就业蓝皮书
2014年中国大学生就业报告
著(编)者:麦可思研究院　2014年6月出版 / 估价:98.00元

民营经济蓝皮书
中国民营经济发展报告No.10（2013～2014）
著(编)者:黄孟复　2014年9月出版 / 估价:69.00元

民营企业蓝皮书
中国民营企业竞争力报告No.7（2014）
著(编)者:刘迎秋　2014年1月出版 / 估价:79.00元

农村绿皮书
中国农村经济形势分析与预测（2014）
著(编)者:中国社会科学院农村发展研究所
　　　国家统计局农村社会经济调查司 著
2014年4月出版 / 估价:59.00元

企业公民蓝皮书
中国企业公民报告No.4
著(编)者:邹东涛　2014年7月出版 / 估价:69.00元

企业社会责任蓝皮书
中国企业社会责任研究报告（2014）
著(编)者:黄群慧 彭华岗 钟宏武 等
2014年11月出版 / 估价:59.00元

气候变化绿皮书
应对气候变化报告（2014）
著(编)者:王伟光 郑国光　2014年11月出版 / 估价:79.00元

区域蓝皮书
中国区域经济发展报告（2014）
著(编)者:梁昊光　2014年4月出版 / 估价:69.00元

人口与劳动绿皮书
中国人口与劳动问题报告No.15
著(编)者:蔡昉　2014年6月出版 / 估价:69.00元

生态经济（建设）绿皮书
中国经济（建设）发展报告（2013~2014）
著(编)者:黄浩涛 李周　2014年10月出版 / 估价:69.00元

世界经济黄皮书
2014年世界经济形势分析与预测
著(编)者:王洛林 张宇燕　2014年1月出版 / 估价:69.00元

西北蓝皮书
中国西北发展报告（2014）
著(编)者:张进海 陈冬红 段庆林　2014年1月出版 / 定价:65.00元

西部蓝皮书
中国西部发展报告（2014）
著(编)者:姚慧琴 徐璋勇　2014年7月出版 / 估价:69.00元

新型城镇化蓝皮书
新型城镇化发展报告（2014）
著(编)者:沈体雁 李伟 宋敏　2014年3月出版 / 估价:69.00元

新兴经济体蓝皮书
金砖国家发展报告（2014）
著(编)者:林跃勤 周文　2014年3月出版 / 估价:79.00元

循环经济绿皮书
中国循环经济发展报告（2013~2014）
著(编)者:齐建国　2014年12月出版 / 估价:69.00元

中部竞争力蓝皮书
中国中部经济社会竞争力报告（2014）
著(编)者:教育部人文社会科学重点研究基地
　　　　南昌大学中国中部经济社会发展研究中心
2014年7月出版 / 估价:59.00元

中部蓝皮书
中国中部地区发展报告（2014）
著(编)者:朱有志　2014年10月出版 / 估价:59.00元

中国科技蓝皮书
中国科技发展报告（2014）
著(编)者:陈劲　2014年4月出版 / 估价:69.00元

中国省域竞争力蓝皮书
中国省域经济综合竞争力发展报告（2012~2013）
著(编)者:李建平 李闽榕 高燕京　2014年3月出版 / 估价:188.00元

中三角蓝皮书
长江中游城市群发展报告（2013~2014）
著(编)者:秦尊文　2014年6月出版 / 估价:69.00元

中小城市绿皮书
中国中小城市发展报告（2014）
著(编)者:中国城市经济学会中小城市经济发展委员会
　　　　《中国中小城市发展报告》编纂委员会
2014年10月出版 / 估价:98.00元

中原蓝皮书
中原经济区发展报告（2014）
著(编)者:刘怀廉　2014年6月出版 / 估价:68.00元

社会政法类

殡葬绿皮书
中国殡葬事业发展报告（2014）
著(编)者:朱勇 副主编 李伯森　2014年3月出版 / 估价:59.00元

城市创新蓝皮书
中国城市创新报告（2014）
著(编)者:周天勇 旷建伟　2014年7月出版 / 估价:69.00元

城市管理蓝皮书
中国城市管理报告2014
著(编)者:谭维克 刘林　2014年7月出版 / 估价:98.00元

城市生活质量蓝皮书
中国城市生活质量指数报告（2014）
著(编)者:张平　2014年7月出版 / 估价:59.00元

城市政府能力蓝皮书
中国城市政府公共服务能力评估报告（2014）
著(编)者:何艳玲　2014年7月出版 / 估价:59.00元

创新蓝皮书
创新型国家建设报告（2014）
著(编)者:詹正茂　2014年7月出版 / 估价:69.00元

慈善蓝皮书
中国慈善发展报告（2014）
著(编)者:杨团　2014年6月出版 / 估价:69.00元

法治蓝皮书
中国法治发展报告No.12（2014）
著(编)者:李林 田禾　2014年2月出版 / 估价:98.00元

反腐倡廉蓝皮书
中国反腐倡廉建设报告No.3
著(编)者:李秋芳　2013年12月出版 / 估价:79.00元

非传统安全蓝皮书
中国非传统安全研究报告（2014）
著(编)者:余潇枫　2014年5月出版 / 估价:69.00元

妇女发展蓝皮书
福建省妇女发展报告（2014）
著(编)者：刘群英　2014年10月出版 / 估价：58.00元

妇女发展蓝皮书
中国妇女发展报告No.5
著(编)者：王金玲　高小贤　2014年5月出版 / 估价：65.00元

妇女教育蓝皮书
中国妇女教育发展报告No.3
著(编)者：张李玺　2014年10月出版 / 估价：69.00元

公共服务满意度蓝皮书
中国城市公共服务评价报告（2014）
著(编)者：胡伟　2014年11月出版 / 估价：69.00元

公共服务蓝皮书
中国城市基本公共服务力评价（2014）
著(编)者：侯惠勤　辛向阳　易定宏
2014年10月出版 / 估价：55.00元

公民科学素质蓝皮书
中国公民科学素质调查报告（2013~2014）
著(编)者：李群　许佳军　2014年2月出版 / 估价：69.00元

公益蓝皮书
中国公益发展报告（2014）
著(编)者：朱健刚　2014年5月出版 / 估价：78.00元

国际人才蓝皮书
中国海归创业发展报告（2014）No.2
著(编)者：王辉耀　路江涌　2014年10月出版 / 估价：69.00元

国际人才蓝皮书
中国留学发展报告（2014）No.3
著(编)者：王辉耀　2014年9月出版 / 估价：59.00元

行政改革蓝皮书
中国行政体制改革报告（2014）No.3
著(编)者：魏礼群　2014年3月出版 / 估价：69.00元

华侨华人蓝皮书
华侨华人研究报告（2014）
著(编)者：丘进　2014年5月出版 / 估价：128.00元

环境竞争力绿皮书
中国省域环境竞争力发展报告（2014）
著(编)者：李建平　李闽榕　王金南
2014年12月出版 / 估价：148.00元

环境绿皮书
中国环境发展报告（2014）
著(编)者：刘鉴强　2014年4月出版 / 估价：69.00元

基本公共服务蓝皮书
中国省级政府基本公共服务发展报告（2014）
著(编)者：孙德超　2014年1月出版 / 估价：69.00元

基金会透明度蓝皮书
中国基金会透明度发展研究报告（2014）
著(编)者：基金会中心网　2014年7月出版 / 估价：79.00元

教师蓝皮书
中国中小学教师发展报告（2014）
著(编)者：曾晓东　2014年4月出版 / 估价：59.00元

教育蓝皮书
中国教育发展报告（2014）
著(编)者：杨东平　2014年3月出版 / 估价：69.00元

科普蓝皮书
中国科普基础设施发展报告（2014）
著(编)者：任福君　2014年6月出版 / 估价：79.00元

口腔健康蓝皮书
中国口腔健康发展报告（2014）
著(编)者：胡德渝　2014年12月出版 / 估价：59.00元

老龄蓝皮书
中国老龄事业发展报告（2014）
著(编)者：吴玉韶　2014年2月出版 / 估价：59.00元

连片特困区蓝皮书
中国连片特困区发展报告（2014）
著(编)者：丁建军　冷志明　游俊　2014年3月出版 / 估价：79.00元

民间组织蓝皮书
中国民间组织报告（2014）
著(编)者：黄晓勇　2014年8月出版 / 估价：69.00元

民族发展蓝皮书
中国民族区域自治发展报告（2014）
著(编)者：郝时远　2014年6月出版 / 估价：98.00元

女性生活蓝皮书
中国女性生活状况报告No.8（2014）
著(编)者：韩湘景　2014年3月出版 / 估价：78.00元

汽车社会蓝皮书
中国汽车社会发展报告（2014）
著(编)者：王俊秀　2014年1月出版 / 估价：59.00元

青年蓝皮书
中国青年发展报告（2014）No.2
著(编)者：廉思　2014年6月出版 / 估价：59.00元

全球环境竞争力绿皮书
全球环境竞争力发展报告（2014）
著(编)者：李建平　李闽榕　王金南　2014年11月出版 / 估价：69.00元

青少年蓝皮书
中国未成年人新媒体运用报告（2014）
著(编)者：李文革　沈杰　季为民　2014年6月出版 / 估价：69.00元

17

区域人才蓝皮书
中国区域人才竞争力报告No.2
著(编)者:桂昭明 王辉耀　2014年6月出版 / 估价:69.00元

人才蓝皮书
中国人才发展报告（2014）
著(编)者:潘晨光　2014年10月出版 / 估价:79.00元

人权蓝皮书
中国人权事业发展报告No.4（2014）
著(编)者:李君如　2014年7月出版 / 估价:98.00元

世界人才蓝皮书
全球人才发展报告No.1
著(编)者:孙学玉 张冠梓　2013年12月出版 / 估价:69.00元

社会保障绿皮书
中国社会保障发展报告（2014）No.6
著(编)者:王延中　2014年4月出版 / 估价:69.00元

社会工作蓝皮书
中国社会工作发展报告（2013~2014）
著(编)者:王杰秀 邹文开　2014年8月出版 / 估价:59.00元

社会管理蓝皮书
中国社会管理创新报告No.3
著(编)者:连玉明　2014年9月出版 / 估价:79.00元

社会蓝皮书
2014年中国社会形势分析与预测
著(编)者:李培林 陈光金 张翼　2013年12月出版 / 估价:69.00元

社会体制蓝皮书
中国社会体制改革报告（2014）No.2
著(编)者:龚维斌　2014年5月出版 / 估价:59.00元

社会心态蓝皮书
2014年中国社会心态研究报告
著(编)者:王俊秀 杨宜音　2014年1月出版 / 估价:59.00元

生态城市绿皮书
中国生态城市建设发展报告（2014）
著(编)者:李景源 孙伟平 刘举科　2014年6月出版 / 估价:128.00元

生态文明绿皮书
中国省域生态文明建设评价报告（ECI 2014）
著(编)者:严耕　2014年9月出版 / 估价:98.00元

世界创新竞争力黄皮书
世界创新竞争力发展报告（2014）
著(编)者:李建平 李闽榕 赵新力　2014年11月出版 / 估价:128.00元

水与发展蓝皮书
中国水风险评估报告（2014）
著(编)者:苏杨　2014年9月出版 / 估价:69.00元

危机管理蓝皮书
中国危机管理报告（2014）
著(编)者:文学国 范正青　2014年8月出版 / 估价:79.00元

小康蓝皮书
中国全面建设小康社会监测报告（2014）
著(编)者:潘璠　2014年11月出版 / 估价:59.00元

形象危机应对蓝皮书
形象危机应对研究报告（2014）
著(编)者:唐钧　2014年9月出版 / 估价:118.00元

政治参与蓝皮书
中国政治参与报告（2014）
著(编)者:房宁　2014年7月出版 / 估价:58.00元

政治发展蓝皮书
中国政治发展报告（2014）
著(编)者:房宁 杨海蛟　2014年6月出版 / 估价:98.00元

宗教蓝皮书
中国宗教报告（2014）
著(编)者:金泽 邱永辉　2014年8月出版 / 估价:59.00元

社会组织蓝皮书
中国社会组织评估报告（2014）
著(编)者:徐家良　2014年3月出版 / 估价:69.00元

政府绩效评估蓝皮书
中国地方政府绩效评估报告（2014）
著(编)者:贠杰　2014年9月出版 / 估价:69.00元

行业报告类

保健蓝皮书
中国保健服务产业发展报告No.2
著(编)者:中国保健协会 中共中央党校
2014年7月出版 / 估价:198.00元

保健蓝皮书
中国保健食品产业发展报告No.2
著(编)者:中国保健协会
　　　　中国社会科学院食品药品产业发展与监管研究中心
2014年7月出版 / 估价:198.00元

保健蓝皮书
中国保健用品产业发展报告No.2
著(编)者:中国保健协会　2014年3月出版 / 估价:198.00元

保险蓝皮书
中国保险业竞争力报告（2014）
著(编)者:罗忠敏　2014年1月出版 / 估价:98.00元

餐饮产业蓝皮书
中国餐饮产业发展报告（2014）
著(编)者:中国烹饪协会 中国社会科学院财经战略研究院
2014年5月出版 / 估价:59.00元

测绘地理信息蓝皮书
中国地理信息产业发展报告（2014）
著(编)者:徐德明　2014年12月出版 / 估价:98.00元

茶业蓝皮书
中国茶产业发展报告（2014）
著(编)者:李闽榕 杨江帆　2014年4月出版 / 估价:79.00元

产权市场蓝皮书
中国产权市场发展报告（2014）
著(编)者:曹和平　2014年1月出版 / 估价:69.00元

产业安全蓝皮书
中国出版与传媒安全报告（2014）
著(编)者:北京交通大学中国产业安全研究中心
2014年1月出版 / 估价:59.00元

产业安全蓝皮书
中国医疗产业安全报告（2014）
著(编)者:北京交通大学中国产业安全研究中心
2014年1月出版 / 估价:59.00元

产业安全蓝皮书
中国医疗产业安全报告（2014）
著(编)者:李孟刚　2014年7月出版 / 估价:69.00元

产业安全蓝皮书
中国文化产业安全蓝皮书(2013~2014)
著(编)者:高海涛 刘益　2014年3月出版 / 估价:69.00元

产业安全蓝皮书
中国出版传媒产业安全报告（2014）
著(编)者:孙万军 王玉海　2014年12月出版 / 估价:69.00元

典当业蓝皮书
中国典当行业发展报告（2013~2014）
著(编)者:黄育华 王力 张红地
2014年10月出版 / 估价:69.00元

电子商务蓝皮书
中国城市电子商务影响力报告（2014）
著(编)者:荆林波　2014年5月出版 / 估价:69.00元

电子政务蓝皮书
中国电子政务发展报告（2014）
著(编)者:洪毅 王长胜　2014年2月出版 / 估价:59.00元

杜仲产业绿皮书
中国杜仲橡胶资源与产业发展报告（2014）
著(编)者:杜红岩 胡文臻 俞瑞
2014年9月出版 / 估价:99.00元

房地产蓝皮书
中国房地产发展报告No.11
著(编)者:魏后凯 李景国　2014年4月出版 / 估价:79.00元

服务外包蓝皮书
中国服务外包产业发展报告（2014）
著(编)者:王晓红 李皓　2014年4月出版 / 估价:89.00元

高端消费蓝皮书
中国高端消费市场研究报告
著(编)者:依绍华 王雪峰　2013年12月出版 / 估价:69.00元

会展经济蓝皮书
中国会展经济发展报告（2014）
著(编)者:过聚荣　2014年9月出版 / 估价:65.00元

会展蓝皮书
中外会展业动态评估年度报告（2014）
著(编)者:张敏　2014年8月出版 / 估价:68.00元

基金会绿皮书
中国基金会发展独立研究报告（2014）
著(编)者:基金会中心网　2014年8月出版 / 估价:58.00元

交通运输蓝皮书
中国交通运输服务发展报告（2014）
著(编)者:林晓言 卜伟 武剑红
2014年10月出版 / 估价:69.00元

金融监管蓝皮书
中国金融监管报告（2014）
著(编)者:胡滨　2014年9月出版 / 估价:65.00元

金融蓝皮书
中国金融中心发展报告（2014）
著(编)者:中国社会科学院金融研究所
中国博士后特华科研工作站 王力 黄育华
2014年10月出版 / 估价:59.00元

金融蓝皮书
中国商业银行竞争力报告（2014）
著(编)者:王松奇　2014年5月出版 / 估价:79.00元

金融蓝皮书
中国金融发展报告（2014）
著(编)者:李扬 王国刚　2013年12月出版 / 估价:69.00元

金融蓝皮书
中国金融法治报告（2014）
著(编)者:胡滨 全先银　2014年3月出版 / 估价:65.00元

金融蓝皮书
中国金融产品与服务报告（2014）
著(编)者:殷剑峰　2014年6月出版 / 估价:59.00元

金融信息服务蓝皮书
金融信息服务业发展报告（2014）
著(编)者:鲁广锦　2014年11月出版 / 估价:69.00元

抗衰老医学蓝皮书
抗衰老医学发展报告（2014）
著(编)者：罗伯特·高德曼 罗纳德·科莱兹
尼尔·布什 朱敏 金大鹏 郭弋
2014年3月出版 / 估价:69.00元

客车蓝皮书
中国客车产业发展报告（2014）
著(编)者：姚蔚 2014年12月出版 / 估价:69.00元

科学传播蓝皮书
中国科学传播报告（2014）
著(编)者：詹正茂 2014年4月出版 / 估价:69.00元

流通蓝皮书
中国商业发展报告（2014）
著(编)者：荆林波 2014年5月出版 / 估价:89.00元

旅游安全蓝皮书
中国旅游安全报告（2014）
著(编)者：郑向敏 谢朝武 2014年6月出版 / 估价:79.00元

旅游绿皮书
2013~2014年中国旅游发展分析与预测
著(编)者：宋瑞 2013年12月出版 / 估价:69.00元

旅游城市绿皮书
世界旅游城市发展报告（2013~2014）
著(编)者：张辉 2014年1月出版 / 估价:69.00元

贸易蓝皮书
中国贸易发展报告（2014）
著(编)者：荆林波 2014年5月出版 / 估价:49.00元

民营医院蓝皮书
中国民营医院发展报告（2014）
著(编)者：朱幼棣 2014年10月出版 / 估价:69.00元

闽商蓝皮书
闽商发展报告（2014）
著(编)者：李闽榕 王日根 2014年12月出版 / 估价:69.00元

能源蓝皮书
中国能源发展报告（2014）
著(编)者：崔民选 王军生 陈义和
2014年10月出版 / 估价:59.00元

农产品流通蓝皮书
中国农产品流通产业发展报告（2014）
著(编)者：贾敬敦 王炳南 张玉玺 张鹏毅 陈丽华
2014年9月出版 / 估价:89.00元

期货蓝皮书
中国期货市场发展报告（2014）
著(编)者：荆林波 2014年6月出版 / 估价:98.00元

企业蓝皮书
中国企业竞争力报告（2014）
著(编)者：金碚 2014年11月出版 / 估价:89.00元

汽车安全蓝皮书
中国汽车安全发展报告（2014）
著(编)者：赵福全 孙小端 等 2014年1月出版 / 估价:69.00元

汽车蓝皮书
中国汽车产业发展报告（2014）
著(编)者：国务院发展研究中心产业经济研究部
中国汽车工程学会 大众汽车集团（中国）
2014年7月出版 / 估价:79.00元

清洁能源蓝皮书
国际清洁能源发展报告（2014）
著(编)者：国际清洁能源论坛（澳门）
2014年9月出版 / 估价:89.00元

人力资源蓝皮书
中国人力资源发展报告（2014）
著(编)者：吴江 2014年9月出版 / 估价:69.00元

软件和信息服务业蓝皮书
中国软件和信息服务业发展报告（2014）
著(编)者：洪京一 工业和信息化部电子科学技术情报研究所
2014年6月出版 / 估价:98.00元

商会蓝皮书
中国商会发展报告 No.4（2014）
著(编)者：黄孟复 2014年4月出版 / 估价:59.00元

商品市场蓝皮书
中国商品市场发展报告（2014）
著(编)者：荆林波 2014年7月出版 / 估价:59.00元

上市公司蓝皮书
中国上市公司非财务信息披露报告（2014）
著(编)者：钟宏武 张旺 张蒽 等
2014年12月出版 / 估价:59.00元

食品药品蓝皮书
食品药品安全与监管政策研究报告（2014）
著(编)者：唐民皓 2014年7月出版 / 估价:69.00元

世界能源蓝皮书
世界能源发展报告（2014）
著(编)者：黄晓勇 2014年9月出版 / 估价:99.00元

私募市场蓝皮书
中国私募股权市场发展报告（2014）
著(编)者：曹和平 2014年4月出版 / 估价:69.00元

体育蓝皮书
中国体育产业发展报告（2014）
著(编)者：阮伟 钟秉枢 2013年2月出版 / 估价:69.00元

体育蓝皮书·公共体育服务
中国公共体育服务发展报告（2014）
著(编)者：戴健　2014年12月出版 / 估价:69.00元

投资蓝皮书
中国投资发展报告（2014）
著(编)者：杨庆蔚　2014年4月出版 / 估价:79.00元

投资蓝皮书
中国企业海外投资发展报告（2013~2014）
著(编)者：陈文晖　薛誉华　2013年12月出版 / 估价:69.00元

物联网蓝皮书
中国物联网发展报告（2014）
著(编)者：龚六堂　2014年1月出版 / 估价:59.00元

西部工业蓝皮书
中国西部工业发展报告（2014）
著(编)者：方行明 刘方健 姜凌等
2014年9月出版 / 估价:69.00元

西部金融蓝皮书
中国西部金融发展报告（2014）
著(编)者：李忠民　2014年10月出版 / 估价:69.00元

新能源汽车蓝皮书
中国新能源汽车产业发展报告（2014）
著(编)者：中国汽车技术研究中心
　　　　　日产（中国）投资有限公司
　　　　　东风汽车有限公司
2014年9月出版 / 估价:69.00元

信托蓝皮书
中国信托业研究报告（2014）
著(编)者：中建投信托研究中心　中国建设建投研究院
2014年9月出版 / 估价:59.00元

信托蓝皮书
中国信托投资报告（2014）
著(编)者：杨金龙　刘屹　2014年7月出版 / 估价:69.00元

信息化蓝皮书
中国信息化形势分析与预测（2014）
著(编)者：周宏仁　2014年7月出版 / 估价:98.00元

信用蓝皮书
中国信用发展报告（2014）
著(编)者：章政 田侃　2014年4月出版 / 估价:69.00元

休闲绿皮书
2014年中国休闲发展报告
著(编)者：刘德谦　唐兵　宋瑞
2014年6月出版 / 估价:59.00元

养老产业蓝皮书
中国养老产业发展报告（2013~2014年）
著(编)者：张车伟　2014年1月出版 / 估价:69.00元

移动互联网蓝皮书
中国移动互联网发展报告（2014）
著(编)者：官建文　2014年5月出版 / 估价:79.00元

医药蓝皮书
中国药品市场报告（2014）
著(编)者：程锦锥 朱恒鹏　2014年12月出版 / 估价:79.00元

中国林业竞争力蓝皮书
中国省域林业竞争力发展报告No.2（2014）
（上下册）
著(编)者：郑传芳 李闽榕 张春霞 张会儒
2014年8月出版 / 估价:139.00元

中国农业竞争力蓝皮书
中国省域农业竞争力发展报告No.2（2014）
著(编)者：郑传芳 宋洪远 李闽榕 张春霞
2014年7月出版 / 估价:128.00元

中国信托市场蓝皮书
中国信托业市场报告（2013~2014）
著(编)者：李旸　2014年10月出版 / 估价:69.00元

中国总部经济蓝皮书
中国总部经济发展报告（2014）
著(编)者：赵弘　2014年9月出版 / 估价:69.00元

珠三角流通蓝皮书
珠三角商圈发展研究报告（2014）
著(编)者：王先庆 林至颖　2014年8月出版 / 估价:69.00元

住房绿皮书
中国住房发展报告（2013~2014）
著(编)者：倪鹏飞　2013年12月出版 / 估价:79.00元

资本市场蓝皮书
中国场外交易市场发展报告（2014）
著(编)者：高峦　2014年3月出版 / 估价:79.00元

资产管理蓝皮书
中国信托业发展报告（2014）
著(编)者：智信资产管理研究院　2014年7月出版 / 估价:69.00元

支付清算蓝皮书
中国支付清算发展报告（2014）
著(编)者：杨涛　2014年4月出版 / 估价:45.00元

文化传媒类

传媒蓝皮书
中国传媒产业发展报告（2014）
著(编)者:崔保国　2014年4月出版 / 估价:79.00元

传媒竞争力蓝皮书
中国传媒国际竞争力研究报告（2014）
著(编)者:李本乾　2014年9月出版 / 估价:69.00元

创意城市蓝皮书
武汉市文化创意产业发展报告（2014）
著(编)者:张京成　黄永林　2014年10月出版 / 估价:69.00元

电视蓝皮书
中国电视产业发展报告（2014）
著(编)者:卢斌　2014年4月出版 / 估价:79.00元

电影蓝皮书
中国电影出版发展报告（2014）
著(编)者:卢斌　2014年4月出版 / 估价:79.00元

动漫蓝皮书
中国动漫产业发展报告（2014）
著(编)者:卢斌　郑玉明　牛兴侦　2014年4月出版 / 估价:79.00元

广电蓝皮书
中国广播电影电视发展报告（2014）
著(编)者:庞井君　杨明品　李岚
2014年6月出版 / 估价:88.00元

广告主蓝皮书
中国广告主营销传播趋势报告N0.8
著(编)者:中国传媒大学广告主研究所
　　　　中国广告主营销传播创新研究课题组
　　　　黄升民　杜国清　邵华冬等
2014年5月出版 / 估价:98.00元

国际传播蓝皮书
中国国际传播发展报告（2014）
著(编)者:胡正荣　李继东　姬德强
2014年1月出版 / 估价:69.00元

纪录片蓝皮书
中国纪录片发展报告（2014）
著(编)者:何苏六　2014年10月出版 / 估价:89.00元

两岸文化蓝皮书
两岸文化产业合作发展报告（2014）
著(编)者:胡惠林　肖夏勇　2014年6月出版 / 估价:59.00元

媒介与女性蓝皮书
中国媒介与女性发展报告（2014）
著(编)者:刘利群　2014年8月出版 / 估价:69.00元

全球传媒蓝皮书
全球传媒产业发展报告（2014）
著(编)者:胡正荣　2014年12月出版 / 估价:79.00元

视听新媒体蓝皮书
中国视听新媒体发展报告（2014）
著(编)者:庞井君　2014年6月出版 / 估价:148.00元

文化创新蓝皮书
中国文化创新报告（2014）No.5
著(编)者:于平　傅才武　2014年7月出版 / 估价:79.00元

文化科技蓝皮书
文化科技融合与创意城市发展报告（2014）
著(编)者:李凤亮　于平　2014年7月出版 / 估价:79.00元

文化蓝皮书
2014年中国文化产业发展报告
著(编)者:张晓明　胡惠林　章建刚
2014年3月出版 / 估价:69.00元

文化蓝皮书
中国文化产业供需协调增长测评报（2013）
著(编)者:高书生　王亚楠　2014年5月出版 / 估价:79.00元

文化蓝皮书
中国城镇文化消费需求景气评价报告（2014）
著(编)者:王亚南　张晓明　祁述裕
2014年5月出版 / 估价:79.00元

文化蓝皮书
中国公共文化服务发展报告（2014）
著(编)者:于群　李国新　2014年10月出版 / 估价:98.00元

文化蓝皮书
中国文化消费需求景气评价报告（2014）
著(编)者:王亚南　2014年5月出版 / 估价:79.00元

文化蓝皮书
中国乡村文化消费需求景气评价报告（2014）
著(编)者:王亚南　2014年5月出版 / 估价:79.00元

文化蓝皮书
中国中心城市文化消费需求景气评价报告（2014）
著(编)者:王亚南　2014年5月出版 / 估价:79.00元

文化蓝皮书
中国少数民族文化发展报告（2014）
著(编)者:武翠英　张晓明　张学进
2014年3月出版 / 估价:69.00元

文化建设蓝皮书
中国文化建设发展报告（2014）
著(编)者:江畅 孙伟平 2014年3月出版 / 估价:69.00元

文化品牌蓝皮书
中国文化品牌发展报告（2014）
著(编)者:欧阳友权 2014年5月出版 / 估价:75.00元

文化软实力蓝皮书
中国文化软实力研究报告（2014）
著(编)者:张国祚 2014年7月出版 / 估价:79.00元

文化遗产蓝皮书
中国文化遗产事业发展报告（2014）
著(编)者:刘世锦 2014年3月出版 / 估价:79.00元

文学蓝皮书
中国文情报告（2014）
著(编)者:白烨 2014年5月出版 / 估价:59.00元

新媒体蓝皮书
中国新媒体发展报告No.5（2014）
著(编)者:唐绪军 2014年6月出版 / 估价:69.00元

移动互联网蓝皮书
中国移动互联网发展报告（2014）
著(编)者:官建文 2014年4月出版 / 估价:79.00元

游戏蓝皮书
中国游戏产业发展报告（2014）
著(编)者:卢斌 2014年4月出版 / 估价:79.00元

舆情蓝皮书
中国社会舆情与危机管理报告（2014）
著(编)者:谢耘耕 2014年8月出版 / 估价:85.00元

粤港澳台文化蓝皮书
粤港澳台文化创意产业发展报告（2014）
著(编)者:丁未 2014年4月出版 / 估价:69.00元

地方发展类

安徽蓝皮书
安徽社会发展报告（2014）
著(编)者:程桦 2014年4月出版 / 估价:79.00元

安徽社会建设蓝皮书
安徽社会建设分析报告（2014）
著(编)者:黄家海 王开玉 蔡宪 2014年4月出版 / 估价:69.00元

北京蓝皮书
北京城乡发展报告（2014）
著(编)者:黄序 2014年4月出版 / 估价:59.00元

北京蓝皮书
北京公共服务发展报告（2014）
著(编)者:张耘 2014年3月出版 / 估价:65.00元

北京蓝皮书
北京经济发展报告（2014）
著(编)者:赵弘 2014年4月出版 / 估价:59.00元

北京蓝皮书
北京社会发展报告（2014）
著(编)者:缪青 2014年10月出版 / 估价:59.00元

北京蓝皮书
北京文化发展报告（2014）
著(编)者:李建盛 2014年5月出版 / 估价:69.00元

北京蓝皮书
中国社区发展报告（2014）
著(编)者:于燕燕 2014年8月出版 / 估价:59.00元

北京蓝皮书
北京公共服务发展报告（2014）
著(编)者:施昌奎 2014年8月出版 / 估价:59.00元

北京旅游绿皮书
北京旅游发展报告（2014）
著(编)者:鲁勇 2014年7月出版 / 估价:98.00元

北京律师蓝皮书
北京律师发展报告No.2（2014）
著(编)者:王隽 周塞军 2014年9月出版 / 估价:79.00元

北京人才蓝皮书
北京人才发展报告（2014）
著(编)者:于淼 2014年10月出版 / 估价:89.00元

城乡一体化蓝皮书
中国城乡一体化发展报告·北京卷（2014）
著(编)者:张宝秀 黄序 2014年6月出版 / 估价:59.00元

创意城市蓝皮书
北京文化创意产业发展报告（2014）
著(编)者:张京成 王国华 2014年10月出版 / 估价:69.00元

创意城市蓝皮书
青岛文化创意产业发展报告（2014）
著(编)者:马达 2014年5月出版 / 估价:69.00元

创意城市蓝皮书
无锡文化创意产业发展报告（2014）
著(编)者:庄若江 张鸣年 2014年8月出版 / 估价:75.00元

服务业蓝皮书
广东现代服务业发展报告（2014）
著(编)者：祁明 程晓　2014年1月出版 / 估价:69.00元

甘肃蓝皮书
甘肃舆情分析与预测（2014）
著(编)者：陈双梅 郝树声　2014年1月出版 / 估价:69.00元

甘肃蓝皮书
甘肃县域社会发展评价报告（2014）
著(编)者：魏胜文　2014年1月出版 / 估价:69.00元

甘肃蓝皮书
甘肃经济发展分析与预测（2014）
著(编)者：魏胜文　2014年1月出版 / 估价:69.00元

甘肃蓝皮书
甘肃社会发展分析与预测（2014）
著(编)者：安文华　2014年1月出版 / 估价:69.00元

甘肃蓝皮书
甘肃文化发展分析与预测（2014）
著(编)者：周小华　2014年1月出版 / 估价:69.00元

广东蓝皮书
广东省电子商务发展报告（2014）
著(编)者：黄建明 祁明　2014年11月出版 / 估价:69.00元

广东蓝皮书
广东社会工作发展报告（2014）
著(编)者：罗观翠　2013年12月出版 / 估价:69.00元

广东外经贸蓝皮书
广东对外经济贸易发展研究报告（2014）
著(编)者：陈万灵　2014年3月出版 / 估价:65.00元

广西北部湾经济区蓝皮书
广西北部湾经济区开放开发报告（2014）
著(编)者：广西北部湾经济区规划建设管理委员会办公室
广西社会科学院 广西北部湾发展研究院
2014年7月出版 / 估价:69.00元

广州蓝皮书
2014年中国广州经济形势分析与预测
著(编)者：庾建设 郭志勇 沈奎　2014年6月出版 / 估价:69.00元

广州蓝皮书
2014年中国广州社会形势分析与预测
著(编)者：易佐永 杨秦 顾涧清　2014年5月出版 / 估价:65.00元

广州蓝皮书
广州城市国际化发展报告（2014）
著(编)者：朱名宏　2014年9月出版 / 估价:59.00元

广州蓝皮书
广州创新型城市发展报告（2014）
著(编)者：李江涛　2014年8月出版 / 估价:59.00元

广州蓝皮书
广州经济发展报告（2014）
著(编)者：李江涛 刘江华　2014年6月出版 / 估价:65.00元

广州蓝皮书
广州农村发展报告（2014）
著(编)者：李江涛 汤锦华　2014年8月出版 / 估价:59.00元

广州蓝皮书
广州青年发展报告（2014）
著(编)者：魏国华 张强　2014年9月出版 / 估价:65.00元

广州蓝皮书
广州汽车产业发展报告（2014）
著(编)者：李江涛 杨再高　2014年10月出版 / 估价:69.00元

广州蓝皮书
广州商贸业发展报告（2014）
著(编)者：陈家成 王旭东 荀振英
2014年7月出版 / 估价:69.00元

广州蓝皮书
广州文化创意产业发展报告（2014）
著(编)者：甘新　2014年10月出版 / 估价:59.00元

广州蓝皮书
中国广州城市建设发展报告（2014）
著(编)者：董皞 冼伟雄 李俊夫
2014年8月出版 / 估价:69.00元

广州蓝皮书
中国广州科技与信息化发展报告（2014）
著(编)者：庾建设 谢学宁　2014年8月出版 / 估价:59.00元

广州蓝皮书
中国广州文化创意产业发展报告（2014）
著(编)者：甘新　2014年10月出版 / 估价:59.00元

广州蓝皮书
中国广州文化发展报告（2014）
著(编)者：徐俊忠 汤应武 陆志强
2014年8月出版 / 估价:69.00元

贵州蓝皮书
贵州法治发展报告（2014）
著(编)者：吴大华　2014年3月出版 / 估价:69.00元

贵州蓝皮书
贵州社会发展报告（2014）
著(编)者：王兴骥　2014年3月出版 / 估价:59.00元

贵州蓝皮书
贵州农村扶贫开发报告（2014）
著(编)者：王朝新 宋明　2014年3月出版 / 估价:69.00元

贵州蓝皮书
贵州文化产业发展报告（2014）
著(编)者：李建国　2014年3月出版 / 估价:69.00元

海淀蓝皮书
海淀区文化和科技融合发展报告（2014）
著(编)者:陈名杰 孟景伟　2014年5月出版 / 估价:75.00元

海峡经济区蓝皮书
海峡经济区发展报告（2014）
著(编)者:李闽榕 王秉安 谢明辉（台湾）
2014年10月出版 / 估价:78.00元

海峡西岸蓝皮书
海峡西岸经济区发展报告（2014）
著(编)者:福建省人民政府发展研究中心
2014年9月出版 / 估价:85.00元

杭州蓝皮书
杭州市妇女发展报告（2014）
著(编)者:魏颖 揭爱花　2014年2月出版 / 估价:69.00元

河北蓝皮书
河北省经济发展报告（2014）
著(编)者:马树强 张贵　2013年12月出版 / 估价:69.00元

河北蓝皮书
河北经济社会发展报告（2014）
著(编)者:周文夫　2013年12月出版 / 估价:69.00元

河南经济蓝皮书
2014年河南经济形势分析与预测
著(编)者:胡五岳　2014年3月出版 / 估价:65.00元

河南蓝皮书
2014年河南社会形势分析与预测
著(编)者:刘道兴 牛苏林　2014年1月出版 / 估价:59.00元

河南蓝皮书
河南城市发展报告（2014）
著(编)者:林宪斋 王建国　2014年1月出版 / 估价:69.00元

河南蓝皮书
河南经济发展报告（2014）
著(编)者:喻新安　2014年1月出版 / 估价:59.00元

河南蓝皮书
河南文化发展报告（2014）
著(编)者:谷建全 卫绍生　2014年1月出版 / 估价:69.00元

河南蓝皮书
河南工业发展报告（2014）
著(编)者:龚绍东　2014年1月出版 / 估价:59.00元

黑龙江产业蓝皮书
黑龙江产业发展报告（2014）
著(编)者:于渤　2014年10月出版 / 估价:79.00元

黑龙江蓝皮书
黑龙江经济发展报告（2014）
著(编)者:曲伟　2014年1月出版 / 估价:59.00元

黑龙江蓝皮书
黑龙江社会发展报告（2014）
著(编)者:艾书琴　2014年1月出版 / 估价:69.00元

湖南城市蓝皮书
城市社会管理
著(编)者:罗海藩　2014年10月出版 / 估价:59.00元

湖南蓝皮书
2014年湖南产业发展报告
著(编)者:梁志峰　2014年5月出版 / 估价:89.00元

湖南蓝皮书
2014年湖南法治发展报告
著(编)者:梁志峰　2014年5月出版 / 估价:79.00元

湖南蓝皮书
2014年湖南经济展望
著(编)者:梁志峰　2014年5月出版 / 估价:79.00元

湖南蓝皮书
2014年湖南两型社会发展报告
著(编)者:梁志峰　2014年5月出版 / 估价:79.00元

湖南县域绿皮书
湖南县域发展报告No.2
著(编)者:朱有志 袁准 周小毛　2014年7月出版 / 估价:69.00元

沪港蓝皮书
沪港发展报告（2014）
著(编)者:尤安山　2014年9月出版 / 估价:89.00元

吉林蓝皮书
2014年吉林经济社会形势分析与预测
著(编)者:马克　2014年1月出版 / 估价:69.00元

江苏法治蓝皮书
江苏法治发展报告No.3（2014）
著(编)者:李力 龚廷泰 严海良　2014年8月出版 / 估价:88.00元

京津冀蓝皮书
京津冀区域一体化发展报告（2014）
著(编)者:文魁 祝尔娟　2014年3月出版 / 估价:89.00元

经济特区蓝皮书
中国经济特区发展报告（2014）
著(编)者:陶一桃　2014年3月出版 / 估价:89.00元

辽宁蓝皮书
2014年辽宁经济社会形势分析与预测
著(编)者:曹晓峰 张晶 张卓民　2014年1月出版 / 估价:69.00元

流通蓝皮书
湖南省商贸流通产业发展报告No.2
著(编)者:柳思维　2014年10月出版 / 估价:75.00元

内蒙古蓝皮书
内蒙古经济发展蓝皮书(2013~2014)
著(编)者:黄育华　2014年7月出版 / 估价:69.00元

内蒙古蓝皮书
内蒙古反腐倡廉建设报告No.1
著(编)者:张志华 无极　2013年12月出版 / 估价:69.00元

浦东新区蓝皮书
上海浦东经济发展报告（2014）
著(编)者:左学金 陆沪根　2014年1月出版 / 估价:59.00元

侨乡蓝皮书
中国侨乡发展报告（2014）
著(编)者:郑一省　2013年12月出版 / 估价:69.00元

青海蓝皮书
2014年青海经济社会形势分析与预测
著(编)者:赵宗福　2014年2月出版 / 估价:69.00元

人口与健康蓝皮书
深圳人口与健康发展报告（2014）
著(编)者:陆杰华 江捍平　2014年10月出版 / 估价:98.00元

山西蓝皮书
山西资源型经济转型发展报告（2014）
著(编)者:李志强 容和平　2014年3月出版 / 估价:79.00元

陕西蓝皮书
陕西经济发展报告（2014）
著(编)者:任宗哲 石英 裴成荣　2014年3月出版 / 估价:65.00元

陕西蓝皮书
陕西社会发展报告（2014）
著(编)者:任宗哲 石英 江波　2014年1月出版 / 估价:65.00元

陕西蓝皮书
陕西文化发展报告（2014）
著(编)者:任宗哲 石英 王长寿　2014年3月出版 / 估价:59.00元

上海蓝皮书
上海传媒发展报告（2014）
著(编)者:强荧 焦雨虹　2014年1月出版 / 估价:59.00元

上海蓝皮书
上海法治发展报告（2014）
著(编)者:潘世伟 叶青　2014年1月出版 / 估价:59.00元

上海蓝皮书
上海经济发展报告（2014）
著(编)者:沈开艳　2014年1月出版 / 估价:69.00元

上海蓝皮书
上海社会发展报告（2014）
著(编)者:卢汉龙 周海旺　2014年1月出版 / 估价:59.00元

上海蓝皮书
上海文化发展报告（2014）
著(编)者:蒯大申　2014年1月出版 / 估价:59.00元

上海蓝皮书
上海文学发展报告（2014）
著(编)者:陈圣来　2014年1月出版 / 估价:59.00元

上海蓝皮书
上海资源环境发展报告（2014）
著(编)者:周冯琦 汤庆合 王利民　2014年1月出版 / 估价:59.00元

上海社会保障绿皮书
上海社会保障改革与发展报告（2013~2014）
著(编)者:汪泓　2014年1月出版 / 估价:65.00元

社会建设蓝皮书
2014年北京社会建设分析报告
著(编)者:宋贵伦　2014年4月出版 / 估价:69.00元

深圳蓝皮书
深圳经济发展报告（2014）
著(编)者:吴忠　2014年6月出版 / 估价:69.00元

深圳蓝皮书
深圳劳动关系发展报告（2014）
著(编)者:汤庭芬　2014年6月出版 / 估价:69.00元

深圳蓝皮书
深圳社会发展报告（2014）
著(编)者:吴忠 余智晟　2014年7月出版 / 估价:69.00元

四川蓝皮书
四川文化产业发展报告（2014）
著(编)者:向宝云　2014年1月出版 / 估价:69.00元

温州蓝皮书
2014年温州经济社会形势分析与预测
著(编)者:潘忠强 王春光 金浩　2014年4月出版 / 估价:69.00元

温州蓝皮书
浙江温州金融综合改革试验区发展报告（2013~2014）
著(编)者:钱水土 王去非 李义超
2014年4月出版 / 估价:69.00元

扬州蓝皮书
扬州经济社会发展报告（2014）
著(编)者:张爱军　2014年1月出版 / 估价:78.00元

义乌蓝皮书
浙江义乌市国际贸易综合改革试验区发展报告
（2013~2014）
著(编)者:马淑琴 刘文革 周松强
2014年4月出版 / 估价:69.00元

云南蓝皮书
中国面向西南开放重要桥头堡建设发展报告（2014）
著(编)者:刘绍怀　2014年12月出版 / 估价:69.00元

长株潭城市群蓝皮书
长株潭城市群发展报告（2014）
著(编)者:张萍　2014年10月出版 / 估价:69.00元

郑州蓝皮书
2014年郑州文化发展报告
著(编)者:王哲　2014年7月出版 / 估价:69.00元

中国省会经济圈蓝皮书
合肥经济圈经济社会发展报告No.4(2013~2014)
著(编)者:董昭礼　2014年4月出版 / 估价:79.00元

国别与地区类

G20国家创新竞争力黄皮书
二十国集团(G20)国家创新竞争力发展报告(2014)
著(编)者:李建平　李闽榕　赵新力
2014年9月出版 / 估价:118.00元

澳门蓝皮书
澳门经济社会发展报告(2013~2014)
著(编)者:吴志良　郝雨凡　2014年3月出版 / 估价:79.00元

北部湾蓝皮书
泛北部湾合作发展报告(2014)
著(编)者:吕余生　2014年7月出版 / 估价:79.00元

大湄公河次区域蓝皮书
大湄公河次区域合作发展报告(2014)
著(编)者:刘稚　2014年8月出版 / 估价:79.00元

大洋洲蓝皮书
大洋洲发展报告(2014)
著(编)者:魏明海　喻常森　2014年7月出版 / 估价:69.00元

德国蓝皮书
德国发展报告(2014)
著(编)者:李乐曾　郑春荣等　2014年5月出版 / 估价:69.00元

东北亚黄皮书
东北亚地区政治与安全报告(2014)
著(编)者:黄凤志　刘雪莲　2014年6月出版 / 估价:69.00元

东盟黄皮书
东盟发展报告(2014)
著(编)者:黄兴球　庄国土　2014年12月出版 / 估价:68.00元

东南亚蓝皮书
东南亚地区发展报告(2014)
著(编)者:王勤　2014年11月出版 / 估价:59.00元

俄罗斯黄皮书
俄罗斯发展报告(2014)
著(编)者:李永全　2014年7月出版 / 估价:79.00元

非洲黄皮书
非洲发展报告No.15(2014)
著(编)者:张宏明　2014年7月出版 / 估价:79.00元

港澳珠三角蓝皮书
粤港澳区域合作与发展报告(2014)
著(编)者:梁庆寅　陈广汉　2014年6月出版 / 估价:59.00元

国际形势黄皮书
全球政治与安全报告(2014)
著(编)者:李慎明　张宇燕　2014年1月出版 / 估价:69.00元

韩国蓝皮书
韩国发展报告(2014)
著(编)者:牛林杰　刘宝全　2014年6月出版 / 估价:69.00元

加拿大蓝皮书
加拿大国情研究报告(2014)
著(编)者:仲伟合　唐小松　2013年12月出版 / 估价:69.00元

柬埔寨蓝皮书
柬埔寨国情报告(2014)
著(编)者:毕世鸿　2014年6月出版 / 估价:79.00元

拉美黄皮书
拉丁美洲和加勒比发展报告(2014)
著(编)者:吴白乙　刘维广　2014年4月出版 / 估价:89.00元

老挝蓝皮书
老挝国情报告(2014)
著(编)者:卢光盛　方芸　吕星　2014年6月出版 / 估价:79.00元

美国蓝皮书
美国问题研究报告(2014)
著(编)者:黄平　倪峰　2014年5月出版 / 估价:79.00元

缅甸蓝皮书
缅甸国情报告(2014)
著(编)者:李晨阳　2014年4月出版 / 估价:79.00元

欧亚大陆桥发展蓝皮书
欧亚大陆桥发展报告(2014)
著(编)者:李忠民　2014年10月出版 / 估价:59.00元

欧洲蓝皮书
欧洲发展报告(2014)
著(编)者:周弘　2014年3月出版 / 估价:79.00元

葡语国家蓝皮书
巴西发展与中巴关系报告2014（中英文）
著(编)者:张曙光　David T. Ritchie
2014年8月出版 / 估价:69.00元

日本经济蓝皮书
日本经济与中日经贸关系发展报告（2014）
著(编)者:王洛林　张季风　2014年5月出版 / 估价:79.00元

日本蓝皮书
日本发展报告（2014）
著(编)者:李薇　2014年2月出版 / 估价:69.00元

上海合作组织黄皮书
上海合作组织发展报告（2014）
著(编)者:李进峰 吴宏伟 李伟　2014年9月出版 / 估价:98.00元

世界创新竞争力黄皮书
世界创新竞争力发展报告（2014）
著(编)者:李建平　2014年1月出版 / 估价:148.00元

世界能源黄皮书
世界能源分析与展望（2013~2014）
著(编)者:张宇燕 等　2014年1月出版 / 估价:69.00元

世界社会主义黄皮书
世界社会主义跟踪研究报告（2014）
著(编)者:李慎明　2014年5月出版 / 估价:189.00元

泰国蓝皮书
泰国国情报告（2014）
著(编)者:邹春萌　2014年6月出版 / 估价:79.00元

亚太蓝皮书
亚太地区发展报告（2014）
著(编)者:李向阳　2013年12月出版 / 估价:69.00元

印度蓝皮书
印度国情报告（2014）
著(编)者:吕昭义　2014年1月出版 / 估价:69.00元

印度洋地区蓝皮书
印度洋地区发展报告（2014）
著(编)者:汪戎 万广华　2014年6月出版 / 估价:79.00元

越南蓝皮书
越南国情报告（2014）
著(编)者:吕余生　2014年8月出版 / 估价:65.00元

中东黄皮书
中东发展报告No.15（2014）
著(编)者:杨光　2014年10月出版 / 估价:59.00元

中欧关系蓝皮书
中国与欧洲关系发展报告（2014）
著(编)者:周弘　2013年12月出版 / 估价:69.00元

中亚黄皮书
中亚国家发展报告（2014）
著(编)者:孙力　2014年9月出版 / 估价:79.00元

中国皮书网
www.pishu.cn

栏目设置：

☐　资讯：皮书动态、皮书观点、皮书数据、 皮书报道、皮书新书发布会、电子期刊

☐　标准：皮书评价、皮书研究、皮书规范、皮书专家、编撰团队

☐　服务：最新皮书、皮书书目、重点推荐、在线购书

☐　链接：皮书数据库、皮书博客、皮书微博、出版社首页、在线书城

☐　搜索：资讯、图书、研究动态

☐　互动：皮书论坛

皮书大事记

☆ 2012年12月，《中国社会科学院皮书资助规定（试行）》由中国社会科学院科研局正式颁布实施。

☆ 2011年，部分重点皮书纳入院创新工程。

☆ 2011年8月，2011年皮书年会在安徽合肥举行，这是皮书年会首次由中国社会科学院主办。

☆ 2011年2月，"2011年全国皮书研讨会"在北京京西宾馆举行。王伟光院长（时任常务副院长）出席并讲话。本次会议标志着皮书及皮书研创出版从一个具体出版单位的出版产品和出版活动上升为由中国社会科学院牵头的国家哲学社会科学智库产品和创新活动。

☆ 2010年9月，"2010年中国经济社会形势报告会暨第十一次全国皮书工作研讨会"在福建福州举行，高全立副院长参加会议并做学术报告。

☆ 2010年9月，皮书学术委员会成立，由我院李扬副院长领衔，并由在各个学科领域有一定的学术影响力、了解皮书编创出版并持续关注皮书品牌的专家学者组成。皮书学术委员会的成立为进一步提高皮书这一品牌的学术质量、为学术界构建一个更大的学术出版与学术推广平台提供了专家支持。

☆ 2009年8月，"2009年中国经济社会形势分析与预测暨第十次皮书工作研讨会"在辽宁丹东举行。李扬副院长参加本次会议，本次会议颁发了首届优秀皮书奖，我院多部皮书获奖。

皮书数据库
www.pishu.com.cn

皮书数据库三期即将上线

- 皮书数据库（SSDB）是社会科学文献出版社整合现有皮书资源开发的在线数字产品，全面收录"皮书系列"的内容资源，并以此为基础整合大量相关资讯构建而成。

- 皮书数据库现有中国经济发展数据库、中国社会发展数据库、世界经济与国际政治数据库等子库，覆盖经济、社会、文化等多个行业、领域，现有报告30000多篇，总字数超过5亿字，并以每年4000多篇的速度不断更新累积。2009年7月，皮书数据库荣获"2008～2009年中国数字出版知名品牌"。

- 2011年3月，皮书数据库二期正式上线，开发了更加灵活便捷的检索系统，可以实现精确查找和模糊匹配，并与纸书发行基本同步，可为读者提供更加广泛的资讯服务。

更多信息请登录

中国皮书网
http://www.pishu.cn

中国皮书网的BLOG [编辑]
http://blog.sina.com.cn/pishu

| 中国皮书网 | 皮书微博 | 皮书博客 | 皮书微信 |
| http://www.pishu.cn | http://weibo.com/pishu | http://blog.sina.com.cn/pishu | 皮书说 |

请到各地书店皮书专架／专柜购买，也可办理邮购

咨询／邮购电话：010-59367028　59367070　　　　邮　　箱：duzhe@ssap.cn
邮购地址：北京市西城区北三环中路甲29号院3号楼华龙大厦13层读者服务中心
邮　　编：100029
银行户名：社会科学文献出版社
开户银行：中国工商银行北京北太平庄支行
账　　号：0200010019200365434
网上书店：010-59367070　qq：1265056568
网　　址：www.ssap.com.cn　　　www.pishu.cn